工业和信息化普通高等教育"十二五"规划教材立项项目

 21 世纪高等院校电气工程与自动化规划教材

21 century institutions of higher learning materials of Electrical Engineering and Automation Planning

Fundamentals of Electrical Engineering

电气工程基础

张铁岩　主编

林盛　邓玮　副主编

孙秋野　主审

人民邮电出版社

北　京

图书在版编目（CIP）数据

电气工程基础 / 张铁岩主编. -- 北京 ：人民邮电
出版社，2012.12（2022.6重印）
21世纪高等院校电气工程与自动化规划教材
ISBN 978-7-115-29654-2

Ⅰ．①电… Ⅱ．①张… Ⅲ．①电气工程－高等学校－
教材 Ⅳ．①TM

中国版本图书馆CIP数据核字(2012)第274132号

内 容 提 要

本书共分 12 章，主要内容包括电力系统概述、电力系统设备、电气主接线、电气二次接线、电力系统的负荷、电力网络的稳态分析、电力系统的短路计算、电力系统的继电保护、电力系统的安全保护、电力系统电气设备的选择、电力工程设计以及电力系统运行。本书以电力系统为主，全面论述了发电、输变电和配电系统的构成、设计、运行以及管理的基本理论和设计计算方法，具有内容全面、实用性强、方便教学等特点。

本书可供普通高等院校电气工程及其自动化、自动化等相关专业使用，同时也可供从事发电厂和变电站的电气设计、运行和管理的电气工程技术人员参考。

◆ 主　编　张铁岩
　　副主编　林　盛　邓　玮
　　主　审　孙秋野
　　责任编辑　李海涛
◆ 人民邮电出版社出版发行　　北京市丰台区成寿寺路 11 号
　　邮编　100164　电子邮件　315@ptpress.com.cn
　　网址　http://www.ptpress.com.cn
　　固安县铭成印刷有限公司印刷
◆ 开本：787×1092　1/16
　　印张：20　　　　　　　　　　　2012 年 12 月第 1 版
　　字数：501 千字　　　　　　　　2022 年 6 月河北第 14 次印刷

ISBN 978-7-115-29654-2

定价：39.80 元

读者服务热线：(010)81055256　印装质量热线：(010)81055316
反盗版热线：(010)81055315

　　能源是社会经济发展的基础，电力是最主要的能源之一，电力工业的发展是确保社会经济快速发展的重要条件。近年来，随着经济的快速发展，我国的电力工业也得到了迅速的发展。能源亦称能量资源，是指可产生各种能量或可作功的物质的统称，是能够直接取得或者通过加工、转换而取得有用能的各种资源，包括煤炭、原油、天然气、煤层气、水能、核能、风能、太阳能、地热能、生物质能等一次能源和电力、热力、成品油等二次能源，以及其他新能源和可再生能源。纵观人类发展历史，人类对能源的利用经历了柴草能源时期、煤炭能源时期以及石油天然气能源时期，目前正在朝新能源时期过渡。

　　计算机技术和控制技术的迅速发展和不断成熟，使电气工程的知识体系有了极大的拓展，将控制技术、计算机技术以及网络通信技术融入电力系统的测量、控制和保护中，将实现电力系统的全面自动化。

　　本书是本着重视理论基础、拓展专业知识面和加强理论应用的教学改革需要编写的，覆盖电力系统的各个方面，诸如：电力系统的基本概念和基本知识，发电系统，输变电及配电系统，电力系统负荷，电力网络的稳态分析，电力系统的短路计算，电力系统的安全保护，电气主接线的设计与设备选择，电力系统的设计和运行等。为加强课程内容的理解，书中各章节均附有习题。

　　本书的特点是以工程应用作为出发点，重点培养解决实际工程技术问题的能力。在阐明基本原理的情况下，减少理论推导，使内容通俗易懂。通过例题和设计实例，使学生较好地理解和掌握所学的知识。

　　本书由沈阳工程学院张铁岩教授担任主编，林盛、邓玮担任副主编。全书共分 12 章，第 1 章、第 3 章、第 4 章及第 7 章由林盛编写，第 2 章、第 5 章、第 6 章及第 8 章由张铁岩编写，第 9 章、第 10 章、第 11 章及第 12 章由邓玮编写。同时，我们的硕士生和本科生郭博、张晨、张诗学、顾宜春、赵宇晴、周承锭、刘箭、刘放等，参与了本书的打字、绘图、排版。在此，谨向对我们的编写工作给予积极支持和大力帮助的人们表示诚挚的谢意！

　　全书由张铁岩教授统稿。沈阳工程学院刘莉教授主审了全书，并提出许多宝贵的意见和建议，在此深表谢意。同时，向本书所引用参考文献的所有作者一并表示衷心的感谢！

　　由于编者知识水平有限，编写时间仓促，书中疏漏在所难免，敬请读者批评指正。

编　者

2012 年 11 月

目　　录

第 **1** 章 电力系统概述

电力系统是由发电厂内的发电机、电力网内的变压器及输电线路和用户的各种用电设备，按照一定规律连接组成的整体。为实现这一功能，电力系统在各个环节和不同层次还具有相应的信息与控制系统，对电能的生产过程进行测量、调节、控制、保护、通信和调度，以保证用户获得安全、经济、优质的电能。

1.1 电力系统的发展历程

电力技术的产生和高速发展是理论指导实践的一个鲜活的实例。

1820 年奥斯特通过实验证明了电流的磁效应，1831 年法拉弟发现了电磁感应定律，这些很快促成了电动机和发电机的发明。随之引发人们对电能的开发与应用。

在电能应用的初期，由小容量发电机单独向灯塔、轮船、车间等照明系统供电，可看作是简单的住户式供电系统。白炽灯发明后，出现了中心电站式供电系统，如 1882 年托马斯·阿尔瓦·爱迪生在纽约主持建造的珍珠街电站，它装有 6 台直流发电机（总容量约 670kW），用 110V 电压供 1 300 盏电灯照明。19 世纪 90 年代，三相交流输电系统研制成功，并很快取代了直流输电，成为电力系统大发展的里程碑。

20 世纪以后，人们普遍认识到扩大电力系统的规模可以在能源开发、工业布局、负荷调整、系统安全、经济运行等方面带来显著的社会经济效益。于是，电力系统的规模迅速增长。世界上覆盖面积最大的电力系统是前苏联的统一电力系统，它东西横越 7 000km，南北纵贯 3 000km，覆盖了约 1 000 万平方千米的土地。

1.2 电力系统基本概念

如图 1-1 所示，由发电、变电、输电、配电、用电等环节组成的电能生产与消费系统被称为电力系统。它的功能是将自然界的一次能源通过发电动力装置（一般主要包括锅炉、汽轮机、发电机及电厂辅助生产系统等）转化成电能，再经输、变电系统及配电系统将电能供应到各负荷中心，通过各种设备再转换成动力、热、光等不同形式的能量，为地区经济和人民生活服务。

由于电源点与负荷中心多数处于不同地区，并且电能无法大量储存，故其生产、输送、分配和消费都在同一时间内完成，并在同一地域内有机地组成一个整体，电能生产必须时刻保持与消费平衡。因此，电能的集中开发与分散使用，以及电能的连续供应与负荷的随机变化，就制约了电力系统的结构和运行。因此，电力系统要实现其功能，就需在各个环节和不同层次设置相应的信息与控制系统，以便对电能的生产和输运过程进行测量、调节、控制、保护、通信和调度，确保用户获得安全、经济、优质的电能。

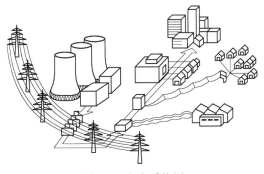

建立结构合理的大型电力系统不仅便于电能生产与消费的集中管理、统一调度和分配，减少总装机容量，节省动力设施投资，且有利于地区能源资源的合理开发和利用，更大限度地满足地区国民经济日益增长的用电需要。电力系统建设往往是国家及地区国民经济发展规划的重要组成部分。

图 1-1　电力系统图

电力系统的出现，使高效、无污染、使用方便、易于调控的电能得到广泛应用，推动了社会生产各个领域的变化，开创了电力时代。电力系统的规模和技术水准已成为一个国家经济发展水平的标志之一。

1.3　发电系统

1.3.1　发电能源简介

能源亦称能量资源或能源资源，是指可产生各种能量（如热量、电能、光能和机械能等）或可做功的物质的统称，是指能够直接取得或者通过加工、转换而取得有用能的各种资源，包括煤炭、原油、天然气、煤层气、水能、核能、风能、太阳能、地热能、生物质能等一次能源和电力、热力、成品油等二次能源，以及其他新能源和可再生能源。纵观人类发展历史，人类对能源的利用经历了柴草能源时期、煤炭能源时期以及石油天然气能源时期，目前正在朝新能源时期过渡。

电能属于二次能源，多由一次能源转化而来。目前世界上用于发电的能源主要有煤炭、石油、天然气、核能、水能，还有少量风能、太阳能、地热能、潮汐能以及生物质能等。发电能源的构成随科学技术的发展而变化。如核能作为发电能源，是在核技术被人类掌握，并在发电领域中成熟应用的结果。随着科学技术的发展，可用于发电的新能源和可再生能源将逐步得到应用。

由于各个国家的政治、经济、社会、资源、地理环境以及科学技术等方面的情况不同，发电能源构成有很大的差异。加拿大、挪威、瑞士等国以水电为主；俄罗斯、日本等国以燃油、燃天然气电站为主；法国以核电为主；美国、德国、印度和中国以燃煤电站为主。

中国的发电能源以煤为主，其次是水能，核电的比重比较小。中国各地区的发电能源结构也不尽相同，主要受各地区一次能源的制约，过去水能作为发电能源多为就地利用，所以华北、华东、东北因水能资源较少，水电比重较低；西南、中南、西北地区水能资源丰富，则水电比重较高。中国近年来实施西部大开发，正在加快西部地区的水电开发，实行"西电东送"。

截至 2009 年年底，全国水电装机容量 1.96 亿 kW，占总装机容量的 22.46%，比重比上年提高 0.68 个百分点，我国已成为世界上水电装机规模最大的国家。另外核电在建施工规模居世界首位。2009 年年底，全国核电装机容量 908 万 kW，位列世界第九位；在建施工规模 2 192 万 kW，居世界首位。并网风电装机和发电量连续四年翻倍增长。2009 年底，全国并网风电装机容量 1 760 万 kW，同比增长 109.82%；2009 年，全国风电发电量增长 111.1%，高于其装机容量增长速度。并网风电装机和发电量连续四年翻倍增长。非化石能源发电装机容量所占比重加大。全国 6 000kW 及以上电厂非化石能源（水电、核电、风电、太阳能、地热、潮汐能等清洁能源以及生物质能、垃圾能、余热余压能等资源循环利用）发电装机容量合计为 2.22 亿 kW。

1.3.2 火力发电

利用煤炭、石油、天然气、油页岩等作为燃料的发电厂通常被称为火力发电厂。按照燃烧能源的种类不同，火电厂可以分为汽轮机电厂、燃气轮机电厂以及蒸汽—燃气轮机联合循环电厂。如果单从能量转换的角度而言，基本过程都是燃料的化学能→热能→机械能→电能的转化过程。首先燃料在锅炉炉膛中燃烧，锅炉中的水受到高温加热后变成高温高压蒸汽，蒸汽推动汽轮机转动，从而带动发电机发电。

我国煤炭资源十分丰富，燃煤火电厂是我国目前最主要的电能产生方式。随着技术的发展，单台大容量、超临界甚至超超临界的机组不断上马，但是出于环保降低碳排放的考虑，国家开始逐渐将电力生产的发展重心转移到核电及其他新能源上。根据国家发改委能源局的统计，截至2009年年底，全国火电装机容量6.51亿kW（其中煤电5.99亿kW），占全部装机容量的74.49%，虽然仍然占有很高的比例，但比上年下降了1.56个百分点，火电装机比重自2002年连续7年提高后，已经实现连续两年下降。

一、火力发电厂生产流程

图1-2所示为燃煤蒸汽动力火力发电厂的生产流程图。燃料（煤粉）被送入锅炉炉膛21，燃烧后放出大量的热量，锅炉中的水受热后，变成高温高压蒸汽进入汽包1，随后经由密封管路送入汽轮机3，高温高压蒸汽推动汽轮机叶片转动做功，热能转化成机械能，汽轮机的转轴带动发电机18发电，机械能转化成电能。做功后的蒸汽温度和压力均大大下降，排入凝汽器4，被冷却水冷却后凝结成水，经过一系列处理工序后，又被重新打入锅炉受热。如此反复循环，燃烧的热能就源源不断地转化成电能。

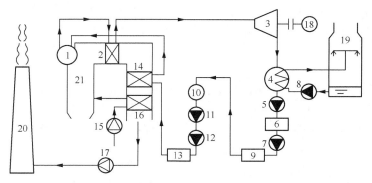

图1-2 凝汽式火力发电厂生产流程图

1—汽包；2—过热器；3—汽轮机；4—凝汽器；5—凝结水泵；6—除盐设备；7—凝结水升压泵；8—循环水泵；
9—低压加热器；10—除氧器；11—前置水泵；12—给水泵；13—高压加热器；14—省煤器；
15—送风机；16—空气预热器；17—引风机；18—发电机；
19—冷却水塔；20—烟囱；21—锅炉炉膛

锅炉、汽轮机和发电机是凝汽式火力发电厂的三大主机。实际上火力发电厂的生产过程要复杂得多，除了三大主机以外，还需要很多辅助系统来维系生产，比如输煤系统、除尘系统、供水系统以及水处理系统等。

在凝汽式火力发电厂中，大量的热量都被流经凝汽器的循环水带走，所以其热效率比较低，只有30%~40%。在有的火电厂中，汽轮机中一部分做过功的蒸汽被抽走供给热用户使用或者经热交换器加热水后供热用户使用，这样一来就减少了被循环水带走的热损耗，热效率可以提高至60%~70%。

二、火力发电厂的主要组成

火力发电厂的整个生产过程可概括为 3 个系统，分别为燃烧系统、汽水系统和电气系统。

1. 燃烧系统

燃料的化学能在锅炉燃烧中转变为热能，加热锅炉中的水使之变为蒸汽，这个系统称为燃烧系统。燃烧系统由运煤、磨煤、燃烧、风烟、灰渣等环节组成，其流程如图 1-3 所示。

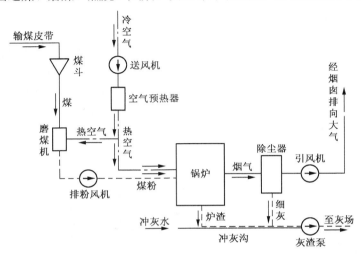

图 1-3　燃烧系统示意图

（1）运煤

火力发电厂的用煤量是很大的，据统计，我国用于发电的煤约占煤炭总产量的 1/2，这部分煤主要靠铁路运输，约占铁路全部运输量的 40%。为保证电厂安全生产，一般要求电厂储备 10天以上的用煤量。

（2）磨煤

将煤运至电厂的储煤场后，经初步筛选处理，用输煤皮带送到锅炉间的原煤仓。煤从原煤仓落入煤斗，由给煤机送入磨煤机磨成煤粉，并经空气预热器来的一次风烘干后带至粗粉分离器。在粗粉分离器中将不合格的粗粉分离返回磨煤机再行磨制，合格的细煤粉被一次风带入旋风分离器，使煤粉与空气分离后进入煤粉仓。

（3）燃烧

煤粉由可调节的给粉机按锅炉需要送入一次风管,同时由旋风分离器送来的气体(含有约10%左右未能分离出的细煤粉),经排粉风机提高压头后作为一次风将进入一次风管的煤粉经喷燃器喷入锅炉炉膛内燃烧。

目前我国新建电厂以 300MW 及以上机组为主。300MW 机组的锅炉蒸发量为 1 000t/h（亚临界压力），采用强制循环的汽包炉；600MW 机组的锅炉为 2 000t/h 直流锅炉。在锅炉的四壁上，均匀分布着 4 支或 8 支喷燃器，将煤粉（或燃油、天然气）喷入锅炉炉膛，炉膛内的火焰呈旋转状燃烧上升，因此又被称为悬浮燃烧炉。在炉的顶端，有储水、储汽的汽包，内有汽水分离装置，炉膛内壁有彼此紧密排列的水冷壁管，炉膛内的高温火焰将水冷壁管内的水加热成汽水混合物上升进入汽包，而炉外下降管则将汽包中的低温水靠自重下降至水连箱与炉内水冷壁管接通。靠炉外冷水下降而炉内水冷壁管中热水自然上升的锅炉叫自然循环汽包炉，而当压力高到 16.66～17.64MPa 时，水、汽重度差变小，必须在循环回路中加装循环泵，即称为强制循环锅炉。当压力超过 18.62MPa 时，应采用直流锅炉。

（4）风烟系统

送风机将冷风送到空气预热器加热，加热后的气体一部分经磨煤机、排粉风机进入炉壁，另一部分经喷燃器外侧套筒直接进入炉膛。炉膛内燃烧形成的高温烟气沿烟道经过过热器、省煤器、空气预热器逐渐降温，再经除尘器除去 90%～99%（电除尘器可除去 99%）的灰尘，经引风机送入烟囱，排向大气。

（5）灰渣系统

炉膛内煤粉燃烧后生成的小灰粒，经除尘器收集成细灰排入冲灰沟；燃烧中因结焦形成的大块炉渣，下落到锅炉底部的渣斗内，经碎渣机破碎后也排入冲灰沟，再经灰渣泵将细灰和碎炉渣经冲灰管道排往灰场。

2. 汽水系统

锅炉产生的蒸汽进入汽轮机，冲动汽轮机的转子旋转，将热能转变为机械能，称为汽水系统，火电厂的汽水系统由锅炉、汽轮机、凝汽器、除氧器、加热器等设备及管道构成，包括给水系统、循环水系统和补充给水系统，如图 1-4 所示。

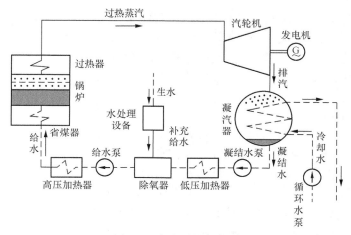

图 1-4　汽水系统示意图

（1）给水系统

由锅炉产生的过热蒸汽沿主蒸汽管道进入汽轮机，高速流动的蒸汽冲动汽轮机叶片转动，带动发电机旋转产生电能。在汽轮机内做功后的蒸汽，其温度和压力大大降低，被排入凝汽器并被冷却水（循环水）冷却凝结成水（凝结水），汇集在凝汽器的热水井中。凝结水由凝结水泵打至低压加热器中加热，再经除氧器除氧并继续加热。

由除氧器出来的水（锅炉给水），经给水泵升压和高压加热器加热，最后送入锅炉汽包。

在现代大型机组中，一般都从汽轮机的某些中间级抽出做过功的部分蒸汽（称为抽汽），用以加热给水（给水回热循环），或把做过一段功的蒸汽以汽轮机某一中间级全部抽出，送到锅炉的加热器中加热后再引入汽轮机的以后几级中继续做功（再热循环）。

（2）补充给水系统

在汽水循环过程中总难免有汽、水泄漏等损失，为维持汽水循环的正常进行，必须不断地向系统补充经过化学处理的软化水，这些补充给水一般补入除氧器或凝汽器中，即是补充给水系统。

（3）循环水系统

为了将汽轮机中做过功后排入凝汽器中的蒸汽冷却凝结成水，需由循环水泵从凉水塔抽取大量的冷却水送入凝汽器，冷却水吸收蒸汽的热量后再回到凉水塔冷却，冷却水是循环使用的。这就是循环水系统。

3. 电气系统

由汽轮机转子旋转的机械能带动发电机旋转，把机械能变为电能，称为电气系统，发电厂的电气系统包括发电机、励磁装置、厂用电系统和升压变电站等，如图1-5所示。

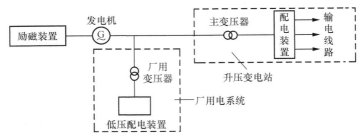

图1-5 电气系统示意图

发电机的机端电压和电流随着容量的不同而各不相同，额定电压一般在10~20kV，而额定电流可达20kA及以上。发电机发出的电能，其中一小部分（占发电机容量的4%~8%）由厂用变压器降低电压后，经厂用电配电装置由电缆供给水泵、送风机、磨煤机等各种辅机和电厂照明等设备用电，称为厂用电（或自用电）。其余大部分电能，由主变压器升压后，经高压配电装置、输电线路送入电力系统。

三、火力发电的特点

火电厂与水电厂和其他类型的发电厂相比，具有以下特点。

（1）火电厂布局灵活，装机容量的大小可按需求决定。

（2）火电厂的一次性建造投资少，仅为水电厂的一半左右。火电厂建造工期短，例如，2×300MW发电机组，工期为3~4年。发电设备年利用小时数较高，约为水电厂的1.5倍。

（3）火电厂耗煤量大，目前发电用煤约占全国煤炭总产量的50%左右，加上运煤费用和大量用水，其生产成本比水力发电要高出3~4倍。

（4）火电厂动力设备繁多，发电机组控制操作复杂，厂用电量和运行人员都多于水电厂，运行费用高。

（5）大型发电机组由停机到开机并带满负荷需要几个到十余个小时，并附加耗用大量燃料。例如，一台12×104kW发电机组启、停一次耗煤可达84t之多。

（6）火电厂担负急剧升降的负荷时，必须付出附加燃料消耗的代价。例如，据统计某电网火电平均煤耗约0.4kg/kW·h，而参与调峰煤耗将增至0.468~0.511kg/kW·h，平均增加22%~29%。

（7）火电厂担负调峰、调频或事故备用，相应的事故增多，强迫停运率增高，厂用电率增高。据此，从经济性和供电可靠性考虑，火电厂应当尽可能担负较均匀的负荷。

（8）火电厂对空气和环境的污染较大。

1.3.3 水力发电

水能是蕴藏在江河湖海水体中的巨大能量，是一种取之不尽、用之不竭的可再生能源。我国地势西高东低、北高南低，有多条大河，因此水力资源十分丰富。2000年到2004年，我国进行了水力资源复查工作，结果显示，我国水力资源的理论蕴藏量高达6.94亿kW，其中技术可开发的装机容量为5.42亿kW，经济可开发装机容量为4.02亿kW，高居世界首位。近年以来，我国水电事业发展迅速，截至 2008 年年底，全国水电装机容量达到 1.72 亿 kW，居世界第一，年发电量达到 5 633 亿 kW 时，分别占全国电力装机容量和年发电量的 21.6%和 16.4%。

水力发电厂简称水电厂，又叫水电站，是把水的势能和动能转化为电能的工厂。其基本能量转化过程是这样的：水能（势能和动能）→机械能→电能。图 1-6 是水电站示意图，通过在河流上游筑坝，从而集中河水的流量并形成较大的落差，水坝内的水通过压力水管流经涡轮机，由于水坝内的水具有较高的势能，从而带动涡轮机转动，涡轮机通过轴再带动发电机发电，最终将水能转化成电能。

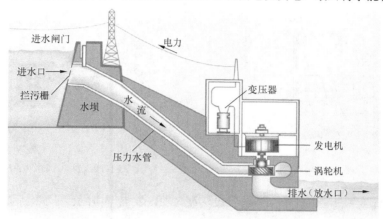

图 1-6 水电站示意图

水电站的发电容量，取决于水的流量和落差，具体计算公式为

$$P = 0.98\eta QH \tag{1-1}$$

其中，P 为发电容量，单位为 kW；Q 为通过涡轮机的流量，单位为 m^3/s；H 为水位落差，也称水头，单位为 m；η 为发电机组的效率，大小一般为 0.80～0.85。

一、水电站的分类

根据水电站取水方式的不同，水电站可分为径流式水电站、堤坝式水电站以及抽水蓄能水电站。

1. **径流式水电站**

径流式水电站，也叫引水式水电站，通常在高落差的中上游湍急河道上修建低堰（拦河闸），然后通过引水渠造成水头，再经过引水管进入水轮机进行发电。这种水电站需要修建的挡水建筑高度较低，淹没少甚至可以不淹没，集中后的水头也可以达到很大的数值，但受所处河流自然径流量或者低堰截面尺寸影响较大，无库容，因此引水流量不会很大，其发电量承担日负荷曲线中的基本负荷。径流式水电站分有压式和无压式两种，分别如图 1-7 和图 1-8 所示。

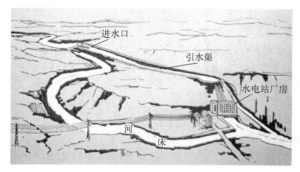

图 1-7 无压径流式水电站

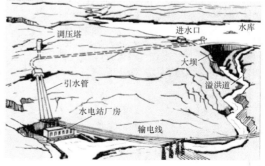

图 1-8 有压径流式水电站

2. 堤坝式水电站

堤坝式水电站是通过在河床上修建拦河大坝把水蓄积起来，从而抬高上游的水位形成大水头来进行发电。堤坝式水电站按照发电厂房和大坝位置关系不同，分为坝后式和河床式两种，分别如图 1-9 和图 1-10 所示。

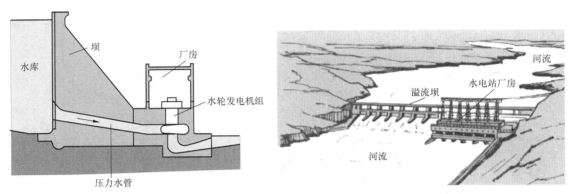

图 1-9　坝后式水电站　　　　　　　　图 1-10　河床式水电站

坝后式水电站通常在河流的中上游峡谷段建设大坝，发电厂房位于堤坝的后方，水压由堤坝承受，如果允许一定的淹没，则堤坝可以建得较高，这样可以制造更大的水头。我国的三峡水电站就属于坝后式水电站。

河床式水电站多建在河道宽阔、坡度平缓的河段上，其大坝和发电厂房连为一体，发电厂房也起到挡水的作用。我国长江上的葛洲坝水力枢纽就属于这一类的水电站。

3. 抽水蓄能水电站

抽水蓄能水电站如图 1-11 所示，是一种特殊形式的水电站。当电网的用电负荷处在低谷时，它利用富裕的电能，用电动机—水泵的工作方式，将下池（水库）的水抽至上池（水库）储存起来。当电网的用电负荷达到高峰的时候，再利用上池储存的水推动水轮机进而带动发电机发电，回馈电网，满足电网调峰的需要。另外抽水蓄能水电站还具备调频、调相、负荷备用以及事故备用等功能。截至 2009 年，我国已建成抽水蓄能水电站 20 座，装机总容量 1 184.5 万 kW，在建的 11 座，总容量 1 308 万 kW。

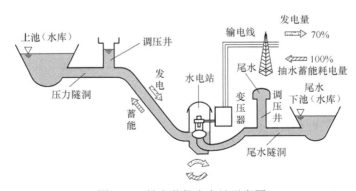

图 1-11　抽水蓄能水电站示意图

二、水电站的特点

水电厂与火电厂和其他类型的发电厂相比，具有以下特点。

（1）可综合利用水能资源。除发电以外，还有防洪、灌溉、航运、供水、养殖及旅游等多方面综合效益，并且可以因地制宜，将一条河流分为若干河段，分别修建水利枢纽，实行梯级开发。

（2）发电成本低、效率高。利用循环不息的水能发电，节省大量燃料。因为不用燃料，也省去了运输、加工等多个环节，运行维护人员少，厂用电率低，发电成本仅是同容量火电厂的 1/3～1/4 或更低。

（3）运行灵活。由于水电厂设备简单，易于实现自动化，机组启动快，水电机组从静止状态到载满负荷运行只需 4～5min，紧急情况时可只用 1min。水电厂能适应负荷的急剧变化，适合于承担系统的调峰、调频和作为事故备用。

（4）水能可储蓄和调节。电能的生产是发、输、用同时完成的，不能大量储存，而水能资源则可借助水库进行调节和储蓄，而且可兴建抽水蓄能发电厂，扩大利用水能能源。

（5）水力发电不污染环境。相反，大型水库可能调节空气的温度和湿度，改善自然生态环境。

（6）水电厂建设投资较大，工期较长。

（7）水电站建设和生产都受到河流的地形、水量及季节气象条件限制，因此发电量也受到水文气象条件的制约，有丰水期和枯水期之别，因而发电不均衡。

（8）大坝以下水流侵蚀加剧，对河坝冲刷造成安全隐患。

（9）对河流的切断造成某些水生动植物生存环境破坏。

（10）修筑大坝的时候，往往需要进行大规模的移民安置，投资巨大。

（11）由于大坝的拦截作用，造成河流泥沙沉淀在坝底，且下游肥沃的冲积土减少给农业生产带来一些不利影响。

1.3.4 风力发电

风是空气流动的结果。地球除了自转以外，还在不停地绕太阳公转，再加上地球表面不同地方的差异，地表的各处受到太阳的辐射强度是不均匀的，这就使得各处的空气产生温度差，由于热空气的上升和冷空气的下沉，产生了大气压力差，最终形成空气的流动，产生了风。这种流动的空气所具有的能量叫做风能，它本质上是太阳能转化而来的，是可再生能源的一种。

从台风巨大的破坏里人们可以看到，风的能量是巨大的。根据斯坦福大学的数据分析，全球风能可利用资源量为 72 万亿千瓦。即使只成功利用了其中的 20%，也相当于世界能源消费量的总和或电力需求的 7 倍。因此很早以来人们就尝试着利用风能，比如风车王国荷兰的众多磨坊。而利用风能进行发电的尝试，最早开始于 20 世纪 30 年代。丹麦、瑞典、前苏联以及美国等一些国家，利用航空工业中的旋翼技术，成功研制出了一些小型的风力发电装置。由于风力发电没有火力发电等过程中造成的环境污染，属于清洁能源，并且风力发电技术也日趋成熟，产品质量可靠，经济性日益提高，从那以后，风力发电的发展十分迅速。在世界各国的发电总量中，风力发电所占的比重也越来越大。

一、风力发电的运行

风力发电系统主要由风力发电机及其控制系统组成。现代风力发电机采用空气动力学原理，就像飞机的机翼一样。风并非"推"动风轮叶片，而是吹过叶片形成叶片正反面的压差，这种压差会产生升力，令风轮旋转并不断横切风流。

风力发电机的风轮并不能提取风的所有功率。根据 Betz 定律，理论上风电机能够提取的最大功率是风的功率的 59.6%，但大多数风电机只能提取风的功率的 40%或者更少。

风力发电机主要包含 3 部分：风轮、机舱和塔杆，如图 1-12 所示。与电网接驳的大型风力发电机最常见的结构是横轴式三叶片风轮，并安装在直立管状塔杆上。

风轮叶片由复合材料制造而成。不像小型风力发电机，大型风电机的风轮转动相当慢。比较简单的风力发电机是采用固定速度的。通常采用两个不同的速度，在弱风下用低速，在强风下用高速。这些定速风电机的感应式异步发电机能够直接产生电网频率的交流电。

机舱上安装的感测器探测风向，透过转向机械装置令机舱和风轮自动转向，面向来风。

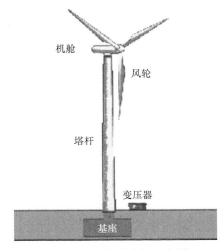

图 1-12　风力发电机示意图

风轮的旋转运动通过齿轮变速箱传送到机舱内的发电机（如果没有齿轮变速箱则直接传送到发电机）。在风电工业中，配有变速箱的风力发电机是很普遍的。不过，为风电机而设计的多极直接驱动式发电机，也有显著的发展。

设于塔底的变压器（或者有些设于机舱内）可提升发电机的电压到配电网电压。

所有风力发电机的功率输出是随着风力而变的。强风下最常见的两种限制功率输出的方法（从而限制风轮所承受压力）是失速调节和斜角调节。使用失速调节的风电机，超过额定风速的强风会导致通过业片的气流产生扰动，令风轮失速。当风力过强时，业片尾部制动装置会动作，令风轮刹车。使用斜角调节的风电机，每片叶片能够以纵向为轴而旋转，叶片角度随着风速不同而转变，从而改变风轮的空气动力性能。当风力过强时，叶片转动至迎气边缘面向来风，从而令风轮刹车。

叶片中嵌入了避雷条，当叶片遭到雷击时，可将闪电中的电流引导到地下去。

二、风力发电的特点

（1）风能是取之不尽、用之不竭的清洁、无污染、可再生能源。用它发电十分有利。与火力发电、燃油发电、核电相比它无需购买燃料，也无需支付运费，更无需对发电残渣、大气进行环保治理。风力发电是绿色能源。风是财富，风是大自然对人类的无私奉献。

（2）风力发电有很强的地域性，不是任何地方都可以建站的。它必须建在风力资源丰富的地方，即风速大、持续时间长。风力资源大小与地势、地貌有关，山口、海岛常是优选地址。如新疆达坂城，年平均风速 6.2m/s；内蒙古辉腾锡勒，年平均风速为 7.2m/s；江西鄱阳湖，年平均风速 7.6m/s；河北张北，年平均风速 6.8m/s；辽宁东港，年平均风速 6.7m/s；广东南澳，年平均风速 8.5m/s；福建平潭岛，年平均风速 8.4m/s，而平潭县海潭岛，年平均风速为 8.5m/s，年可发电风时数为 3343h，为目前中国之冠（以上数字引自"全国风力发电信息中心的并网风电场介绍"）。南海的南沙群岛，该区域一年连续刮六级以上大风有 160 天。

（3）风的季节性决定了风力发电在整个电网中处于"配角"地位。

1.3.5　核能发电

20 世纪 30 年代，科学家发现铀-235 的原子核在吸收一个中子以后能够分裂，同时放出 2～3

个中子和大量的能量，放出的能量比化学反应中释放出的能量大得多，这就是核裂变能，也就是我们所说的核能。

核能最重要的应用是核能发电。核能发电的过程与火力发电类似，核能发电厂是利用反应堆中核燃料裂变链式反应所产生的热能，再按火力发电厂的发电方式，将热能转换为机械能，再转换为电能，它的核反应堆相当于火电厂的锅炉。

核能能量密度高，1g 铀-235 全部裂变时所释放的能量为 8×10^{10}J，相当于 2.7t 标准煤完全燃烧时所释放的能量。作为发电燃料，其运输量非常小，发电成本低。例如一座 1 000MW 的火电厂，每年约需三四百万吨原煤，相当于每天需 8 列火车用来运煤。同样容量的核电厂若采用天然铀作燃料只需 130t，采用 3%的浓缩铀-235 作燃料则仅需 28t。利用核能发电联可避免化石燃料燃烧所产生的日益严重的温室效应又可节约大量的煤、石油和天然气等重要的化工原料。基于以上原因，世界各国对核电的发展都给予了足够的重视。

我国自行设计和建造的第一座核电站为秦山核电站（1 × 300MW），它于 1991 年并网发电，广东大亚湾核电站（2 × 900MW）于 1994 年建成投产，在安装调试和运行管理方面，都达到了世界先进水平。核电对于改善我国的能源结构，减少环境污染，特别是缓解我国缺乏常规能源的东部沿海地区的电力供应，将发挥越来越大的作用。

一、核电站的类别

核电站的系统和设备通常由两大部分组成：核系统及设备（又称核岛）和常规系统及设备（又称常规岛）。目前世界上使用最多的是轻水堆核电站，即压水堆核电站和沸水堆核电站。

1. 压水堆核电站

图 1-13 所示为压水堆核电厂的示意图。压水堆核电厂的最大特点是整个系统分成两大部分，即一回路系统和二回路系统。一回路系统中压力为 15MPa 的高压水被冷却剂主泵送进反应堆，吸收燃料元件的释热后，进入蒸汽发生器下部的 U 形管内，将热量传给二回路的水，再返回冷却剂主泵入口，形成一个闭合回路。二回路系统的水在 U 形管外部流过，吸收一回路水的热量后沸腾，产生的蒸汽进入汽轮机的高压缸做功；高压缸的排汽经再热器再热提高温度后，再进入汽轮机的低压缸做功；膨胀做功后的蒸汽在凝汽器中被凝结成水，再送回蒸汽发生器，形成一个闭合回路。一回路系统和二回路系统是彼此隔绝的，万一燃料元件的包壳破损，只会使一回路水的放射性增加，而不致影响二回路水的品质。这样就大大增加了核电站的安全性。

稳压器的作用是使一回路水的压力维持恒定。它是一个底部带电加热器，顶部有喷水装置的压力容器，其上部充满蒸汽，下部充满水。如果一回路系统的压力低于额定压力，则接通电加热器，增加稳压器内的蒸汽，使系统的压力提高。反之，如果系统的压力高于额定压力，则喷水装置启动，喷冷却水，使蒸汽冷凝，从而降低系统压力。

通常一个压水堆有 2～4 个并联的一回路系统（又称环路），但只有一个稳压器。每一个环路都有一台蒸汽发生器和 1～2 台冷却剂主泵。

压水堆核电厂由于以轻水作慢化剂和冷却剂，反应堆体积小，建设周期短，造价较低；加之一回路系统和二回路系统分开，运行维护方便，需处理的放射性废气、废液、废物少，因此在核电厂中占主导地位。

2. 沸水堆核电站

图 1-14 所示为沸水堆核电站的示意图。在沸水堆核电站中，堆心产生的饱和蒸汽经分离器和干燥器除去水分后直接送入汽轮机做功。与压水堆核电厂相比，省去了既大又贵的蒸汽发生器，

但有将放射性物质带入汽轮机的危险。由于沸水堆心下部含汽量低，堆心上部含汽量高，因此下部核裂变的反应性高于上部。为使堆心功率沿轴向分布均匀，与压水堆不同，沸水堆的控制棒是从堆心下部插入的。

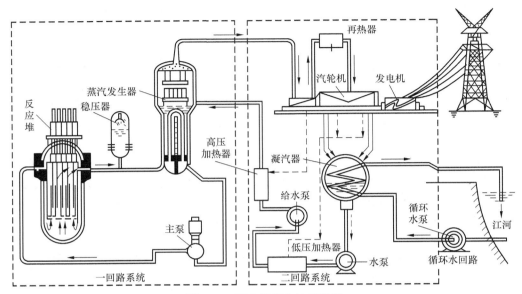

图 1-13　压水堆核电站示意图

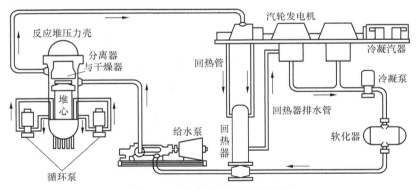

图 1-14　沸水堆核电站示意图

在沸水堆核电厂中反应堆的功率主要由堆心的含汽量来控制，因此在沸水堆中配备一组喷射泵，通过改变堆心水的再循环率来控制反应堆的功率。当需要增加功率时，可增加通过堆心水的再循环率，将汽泡从堆心中扫除，来提高反应堆的功率。万一发生事故时，如冷却循环泵突然断电时，堆心的水还可以通过喷射泵的扩散段对堆心进行自然循环冷却，保证堆心的安全。

由于沸水堆中作为冷却剂的水在堆心中会产生沸腾，因此设计沸水堆时一定要保证堆心的最大热流密度低于所谓沸腾的"临界热流密度"，以防止燃料元件因传热恶化而烧毁。

二、核电站的系统组成

核电站是一个复杂的系统工程，它集中了当代的许多高新技术。为了使其能稳定、经济地运行，以及一旦发生事故时能保证反应堆的安全和防止放射性物质外泄，设置有各种辅助系统、控制系统和安全设施。以压水堆核电站为例，有以下主要系统。

1．核岛的核蒸汽供应系统

核蒸汽供应系统包括以下子系统。

（1）回路主系统，包括压水堆、冷却剂主泵、蒸汽发生器和稳压器等。

（2）化学和容积控制系统，用于实现一回路冷却剂的容积控制和调节冷却剂中的硼浓度，以控制压水堆的反应性变化。

（3）余热排出系统，又称停堆冷却系统。它的作用是在反应堆停堆、装卸料或维修时，用以导出燃料元件发出的余热。

（4）安全注射系统，又称紧急堆心冷却系统。它的作用是在反应堆发生严重事故时，如一回路主系统管道破裂而引起失水事故时为堆心提供应急的和持续的冷却。

（5）控制、保护和检测系统，为上述 4 个系统提供检测数据，并对系统进行控制和保护。

2．核岛的辅助系统

核岛的辅助系统包括以下子系统。

（1）设备冷却水系统，用于冷却所有位于核岛内的带放射性水的设备。

（2）硼回收系统，用于对一回路系统的排水进行储存、处理和监测，将其分离成符合一回路水质要求的水及浓缩的硼酸溶液。

（3）反应堆的安全壳及喷淋系统。核蒸汽供应系统大都置于安全壳内，一旦发生事故安全壳既可以防止放射性物质外泄，又能防止外来袭击，如飞机坠毁等；安全壳喷淋系统则保证事故发生引起安全壳内的压力和温度升高时能对安全壳进行喷淋冷却。

（4）核燃料的装换料及储存系统，用于实现对燃料的装卸和储存。

（5）安全壳及核辅助厂房通风和过滤系统。它的作用是实现安全壳和辅助厂房的通风，同时防止放射性外泄。

（6）柴油发电机组，为核岛提供应急电源。

3．常规岛的系统

常规岛的系统与火电厂的系统相似，它通常包括以下几个方面。

（1）二回路系统，又称汽轮发电机系统，由蒸汽系统、汽轮发电机组、凝汽器、蒸汽排放系统、给水加热系统及辅助给水系统等组成。

（2）循环冷却水系统。

（3）电气系统及厂用电设备。

三、核电站的特点

核能发电厂运行的基本原则和常规火电厂一样，都是根据电厂的负荷需求量来调节供给的热量，使得热功率与电负荷相平衡。由于核电厂是由反应堆供热，因此核电厂的运行和火电厂相比有以下一些新的特点。

（1）核能发电不像火力发电那样排放巨量的污染物质到大气中，因此核能发电不会造成空气污染。核燃料的"燃烧"过程不同于火力发电燃料的化学反应过程，不会产生加重地球温室效应的二氧化碳等气体。

（2）核燃料能量密度比起化石燃料高上几百万倍，故核能电厂所使用的燃料体积小，运输与储存都很方便。核能发电的成本中，燃料费用所占的比例较低，不易受到国际经济形势影响，故发电成本较其他发电方法稳定。

（3）反应堆不管是在运行中或停闭后，都有很强的放射性，这就给电厂的运行和维修带来了一定的困难。核电厂产生的核废料，虽然所占体积不大，但依然具有放射性和很长的半衰期，除了深海掩埋外，目前仍然没有很好的处理手段。

（4）核能发电厂热效率较低，因而比一般化石燃料电厂排放更多废热到环境中去，故核能电厂的热污染较严重。

（5）与火力发电厂相比，核电站的建设费用高，电力公司的财务风险较高。但燃料所占费用较为便宜。为了提高核电厂的运行经济性，极为重要的是要维持高的发电设备利用率，为此，核电厂应在额定功率或尽可能在接近额定功率的工况下带基本负荷连续运行，并尽可能缩短核电厂的停闭时间。

（6）核电厂的反应器内有大量的放射性物质，如果在事故中释放到外界环境，会对生态及民众造成巨大伤害。

（7）核电厂在运行过程中，会产生气态、液态和固态的放射性废物，对这些废物必须遵照核安全的规定进行妥善处理，以确保工作人员和居民的健康，而火电厂中这一问题是不存在的。

1.3.6　太阳能发电

太阳能一般指太阳光的辐射能量。在太阳内部进行着由"氢"聚变成"氦"的原子核反应，同时不停地释放出巨大的能量，并不断向宇宙空间辐射能量，这种能量就是太阳能。太阳内部的这种核聚变反应，可以维持几十亿至上百亿年的时间。太阳向宇宙空间发射的辐射功率为 3.8×10^{23}kW，其中 20 亿分之一到达地球大气层。到达地球大气层的太阳能，30%被大气层反射，23%被大气层吸收，其余的到达地球表面，其功率为 800 000 亿 kW，也就是说太阳每秒钟照射到地球上的能量就相当于燃烧 500 万吨煤释放的热量。

太阳能既是一次能源，又是可再生能源。它资源丰富，既可免费使用，又无需运输，对环境无任何污染，为人类创造了一种新的生活形态，使社会及人类进入一个节约能源减少污染的时代。

人类对太阳能的利用有着悠久的历史。我国早在两千多年前的战国时期，就知道利用铜制四面镜聚焦太阳光来点火；利用太阳能来干燥农副产品。发展到现代，太阳能的利用已日益广泛，它包括太阳能的光热利用，太阳能的光电利用和太阳能的光化学利用等。作为其中之一，太阳能发电是一种新兴的可再生能源利用方式。

使用太阳能电池，通过光电转换把太阳光中包含的能量转化为电能；使用太阳能热水器，利用太阳光的热量加热水，并利用热水发电；利用太阳能进行海水淡化。现在，太阳能的利用还不很普及，利用太阳能发电还存在成本高、转换效率低的问题，但是太阳能电池在为人造卫星提供能源方面得到了应用。虽然太阳能资源总量相当于现在人类所利用的能源的一万多倍，但太阳能的能量密度低，而且它因地而异，因时而变，这是开发利用太阳能面临的主要问题。太阳能的这些特点会使它在整个综合能源体系中的作用受到一定的限制。

太阳能发电一般分为太阳能热发电和太阳能光发电两种基本方式，虽然这两种发电方式都是利用太阳能发电，但各自的发电方式却不同。太阳能热发电通常称集中式太阳能发电，它是利用反射镜通过集热器，将吸收的太阳辐射能转换成电能；而太阳能光发电也称太阳能光伏发电，它是利用太阳能电池的光生伏特效应，直接将太阳能转换成电能。

在太阳能发电系统中，太阳光的反射和聚焦，尤其是高效的光能、热能转换技术，是整个发电过程的关键。

一、太阳能热发电

将吸收的太阳辐射热能转换成电能的发电方式被称为太阳能热发电技术，它又分为两大类型。

一类是利用太阳辐射的热能直接发电,例如半导体或者金属材料的温差发电、真空元器件的热电子和热离子发电以及碱金属热电转换及磁流体发电等。这类太阳能发电的特点是装置本体没有活动部件,到目前为止发电量少,有的方法甚至还处于实验阶段。

另一类利用太阳辐射的热能间接发电,即利用光—热—电转换,通常人们所说的太阳能热发电就是指这种形式的发电。在这种发电中,先将太阳能转换为介质的热能,再通过热机带动发电机进行发电,其基本组成与火力发电装置类似,区别在于其热能的来源为太阳能转换,即用所谓"太阳锅炉"取代火电厂采用的常规锅炉。

1. 线聚焦太阳能热发电系统

线聚焦太阳能热发电,通常采用大量太阳光反射镜,将太阳光聚焦在一条线上,在这条焦线上安装有管状集热器,以吸收聚焦后的太阳辐射能。在集热器里被加热的循环流动传热工质,气化后产生过热蒸汽,从而推动涡轮发电机组发电。这种发电方式是采用线聚焦技术,其特点是热发电系统不需要热交换装置,但需要在整个太阳能发电场中,安装适用于压力的真空传热管道的费用十分昂贵,而且运作温度也比较低。

2. 塔式太阳能发电系统

塔式太阳能热发电系统主要由定日镜系统、吸热与热能传递系统和发电系统组成。定日镜系统对太阳进行实时跟踪,将太阳光通过大量的、大型的、平面型的定日镜,反射到位于太阳能高塔顶部的聚光集热器。吸热与热能传递系统则将集热器里的高热流密度辐射能转化为工作流体的高温热能,通过传热管道传递到地面的蒸汽发生器,产生高温过热蒸汽,推动常规涡轮发电机组发电。其传热工质通常采用熔盐、空气和水/蒸汽。在塔式熔盐系统中,常以熔融硝酸盐为工质。低温熔盐通过熔盐泵从低温熔盐储罐送到塔顶的熔盐集热器,在平均热流密度为 $430 \ kW/m^2$ 的聚焦辐射下,将热量传递给流经集热器的熔盐。吸热后的熔盐温度上升到 565℃,通过传热管道送到地面的高温熔盐罐,再送到蒸汽发生器,产生高温过热蒸汽,推动涡轮发电机组发电。将熔盐作为吸热传热介质具有许多优点:易于蓄热,无压运行,经济、安全性好;在吸热、传热循环中无相变,熔盐热容大,可将集热器造得更为紧凑,进一步降低热损;吸热传热同用熔盐作为介质,可使系统极大简化。缺点是高温熔盐易挥发和腐蚀,其次是熔盐的熔点高,需要夜间保温,清晨开机时要对全部管道预热。在塔式空气系统中,空气系统通常采用容积式吸热器。缺点是空气的热容低、系统结构大和技术风险大。在塔式水/蒸汽系统中,集热器好比是一个将水直接加热成过热蒸汽的太阳能锅炉。美国已有两个规模很大的塔式太阳能热发电示范工程正处于建设中。

3. 抛物面碟式太阳能发电系统

碟式太阳能热发电系统是由旋转抛物面反射镜、集热器、跟踪机构以及热能转换装置组成。反射镜可以是单块旋转抛物面,也可以由聚焦于同一点的多块旋转抛物面反射镜组成。集热器为腔式,与斯特林发电机相连,构成一个紧凑的集热、做功、发电装置。该装置安装于旋转抛物面的聚焦点上,集热器开口对准焦点。整个热发电系统安装于一个双轴跟踪支撑机构上,实现定日跟踪,连续发电。碟式太阳能热发电的特点是聚焦比高达 500~1 000,焦点处的温度超过 1 000℃,发电效率高达 30%,明显高于槽式和塔式。碟式太阳能热发电系统的缺点是单元容量较小,通常为 3~25kW,适用于分布式能源系统,但可将多个单元系统整合成一簇,集中向电网供电。

4. 向下反射式太阳能发电系统

向下反射式太阳能热发电系统有一个高塔,在塔顶中央装有一个反射镜,在地面则装有一个带复合抛物面聚光镜的熔盐式吸热器。位于地面的反射镜场,先将太阳辐射聚焦到塔顶中央反射镜，中央反射镜再将其向下反射到腔式吸热器。优点是经过二次聚焦，极大地提高了太阳辐射热密度，可使集热器做得更紧凑，缺点是系统构件的相关技术和材料有待进一步研发。

5. 太阳能池热发电系统

太阳能池热发电系统是以太阳能池底的高温盐水作为热源，通过热交换器加热传热工质，驱动热机做功发电。太阳能池是热发电系统的核心装置，由 3 层不同浓度的盐水构成。其优点是结构简单、操作方便，适宜在盐湖资源丰富的地区应用。目前正处于试研阶段。

6. 太阳能热气流发电系统

太阳能热气流发电也称太阳烟囱发电。其工作原理是利用太阳能将集热棚中的空气加热，热空气由于高烟囱的拔气作用，沿烟囱内壁快速上升，推动风机做功发电。整个集热棚实际上是一个温室，其室内外温差可达 35℃，在烟囱内形成的上升气流速度可达 15 m/s。太阳能热气流发电的优点是技术简单、材料便宜、易于建造、无需额外的蓄热系统；缺点是发电效率低、占地面积大、热气流烟囱高。

二、太阳能光发电

不通过热过程而直接将太阳能转换成电能的太阳能发电方式被称为太阳能光发电。太阳能光发电包括光伏发电、光化学发电、光感应发电和光生物发电。而光伏发电是当今太阳光发电的主流，拥有多种电池组件和形式，其中包括晶体硅片电池、薄膜电池、高效多结电池、第三代太阳能电池以及光伏发电系统平衡的组件；光感发电和光生物发电目前还处于原理性实验阶段；光化学发电具有成本低、工艺简单等优点，但是工作稳定性问题需要进一步解决。因此，人们通常所说的太阳能光发电就单指光伏发电。

能产生光伏效应的材料有多种，如单晶硅、多晶硅、非晶硅、砷化镓、硒铟铜等。它们的发电原理基本相同，现以晶体硅为例描述光伏效应过程。P 型晶体硅经过掺杂磷可得 N 型硅，形成 P-N 结。

如图 1-15 所示，当光线照射太阳能电池表面时，一部分光子被硅材料吸收，光子的能量传递给了硅原子，使其电子发生了越迁，成为自由电子。自由电子在 P-N 结两侧集聚从而形成电位差，当外部接通电路时，在该电位差的作用下，将会有电流流过外部电路产生一定的输出功率。这个过程的实质是光子能量转换成电能的过程。

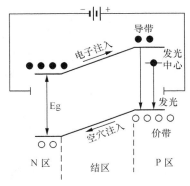

图 1-15　光伏效应原理图

1. 晶体硅片电池

晶体硅片电池被称为第一代太阳能电池。纯硅含有极少量的诸如硼和磷之类的元素。这些元素分别形成空穴型半导体和电子型半导体，而这两种半导体一旦接触将会产生内置电场。正是因为这种电场的存在，半导体装置就会释放出大量电子，电子通过晶体硅片电池将光能转换成电能。在实验室里测出单晶硅太阳能电池的最高转换效率为 23%，而规模生产的单晶硅太阳能电池转换效率只有 15%。

2. 薄膜型太阳电池

第二代太阳能电池是继晶体硅片电池之后发展起来的薄膜型太阳电池，主要有硅基薄膜型太阳电池、化合物半导体薄膜型太阳电池、染料敏化 TiO_2 太阳电池等；若按衬底分，其又分为硬衬底和柔性衬底两大类薄膜型太阳电池。与晶体硅片电池相比，薄膜型太阳电池的特点在于它所采用的半导体层更薄。晶体硅片电池的半导体层厚度为 170～200μm，而薄膜型太阳电池的半导体层厚度为 2～3μm。此外，随着薄膜光伏技术的快速发展，也呈现多样化的特点，除微晶体硅薄膜技术处于发展中外，其他如碲化镉电池（CdTe）、铜铟镓锡（CIGs）电池等技术也在逐步发展起来，并且开始步入商业化。

3. 高效多结电池

第二代太阳电池的另一种类型是高效多结电池，其主要采用《元素周期表》中第三价和第五价元素的化合物。这种多结电池的结构从底至上分别为锗、磷化铟、砷化镓，为三层结构。高效多结电池的这种结构，可使光电转换率达到 40%，但因第三价和第五价元素的材料生产成本居高不下，所以高效多结电池的应用范围受到较大限制。

4. 第三代太阳能电池

目前，科学家们正致力于第三代太阳能电池的研发和探索。一种趋向是研发转换效率非常高的太阳能电池，但会大幅度增加生产成本。目前太阳能电池转换效率处于领先水平的磷化铟、砷化镓多结电池也只有 40.8% 。另一种趋向是研发生产成本较低的电池，虽然降低了生产成本，但其太阳能电池转换效率也较低，如染料敏化电池，这种电池的太阳能电池转换效率仅为 10%，但其制作材料简单，生产成本低廉。再一种趋向是研发包括以量子点为基础的高效电池、有机电池等，但这类电池的研发目前还处于概念性阶段。量子点，又称纳米晶、"人造原子"，是准零维的纳米材料，由少量原子组成，其粒径一般介于 1～10μm。预期采用纳米技术的这种材料，在 21 世纪有着极大的应用前景。

5. 光伏发电的系统平衡

光伏发电的系统平衡不仅涉及太阳能光伏电池，还涉及其他所有光伏系统的组件。太阳能光伏电池组件需要框架结构的支撑，以保持其朝向太阳，并防止户外如风雪等复杂天气的影响。光伏发电系统将太阳光转换成电能，若需将直流电转换成交流电，就需在系统中安装逆变器，就会使转换效率下降 5%～10%，而逆变器也是整个发电系统中的关键部件。不过，提高太阳能发电系统的转换效率，还可以通过在太阳能电池组件上安装跟踪器得以提高。

1.3.7　生物质发电

一、概述

生物质发电是利用生物质所具有的生物质能进行的发电，是可再生能源发电的一种，包括农林废弃物直接燃烧发电、农林废弃物气化发电、垃圾焚烧发电、垃圾填埋气发电、沼气发电。世界生物质发电起源于 20 世纪 70 年代，当时，世界性的石油危机爆发后，丹麦开始积极开发清洁的可再生能源，大力推行秸秆等生物质发电。自 1990 年以来，生物质发电在欧美许多国家开始大发展。

中国是一个农业大国，生物质资源十分丰富，各种农作物每年产生秸秆 6 亿多吨，其中可以作为能源使用的约 4 亿吨，全国林木总生物量约 190 亿吨，可获得量为 9 亿吨，可作为能源利用的总量约为 3 亿吨。如加以有效利用，开发潜力将十分巨大。为推动生物质发电技术的发展，自 2003 年以来，国家先后核准批复了河北晋州、山东单县和江苏如东 3 个秸秆发电示范项目，颁布了《可再生能源法》，并实施了生物质发电优惠上网电价等有关配套政策，从而使生物质发电，特别是秸秆发电迅速发展。最近几年来，国家电网公司、五大发电集团等大型国有、民营以及外资企业纷纷投资参与中国生物质发电产业的建设运营。截至 2007 年年底，国家和各省发改委已核准项目 87 个，总装机规模 220 万 kW。全国已建成投产的生物质直燃发电项目超过 15 个，在建项目 30 多个。可以看出，中国生物质发电产业的发展正在渐入佳境。根据国家"十一五"规划纲要提出的发展目标，未来将建设生物质发电 550 万 kW 装机容量，已公布的《可再生能源中长期发展规划》也确定了到 2020 年生物质发电装机 3000

万 kW 的发展目标。此外，国家已经决定，将安排资金支持可再生能源的技术研发、设备制造及检测认证等产业服务体系建设。总的说来，生物质能发电行业有着广阔的发展前景。

二、生物质利用方式

1. 固体利用方式

固体利用生物质燃料发电与燃煤发电类似，其核心难题在于生物质入炉燃烧前的成型技术。根据不同成型工艺的差别可分为：湿压成型、热压成型和碳化成型。

（1）湿压成型工艺是将原料在一定液体中浸泡数日，生物质在液体中皱裂并部分降解，然后采用一定的方式（通常为高压）将水分挤出，再加工成型做成燃料块。

（2）热压成型工艺过程与型煤燃烧技术类似，经过原料粉碎、干燥混合、挤压成型和冷却包装等过程做成燃料块，其核心是成型方式。

（3）碳化成型是将生物质原料送入机器内压缩，后柱塞将压好的块料送入热解桶内，物料在已设好温度的热解桶内被碳化，得到成型的产品。

2. 液体转化利用方式

生物质转化液体方式主要有发酵工艺、生物质液化以及机械萃取工艺。发酵主要是酯类、淀粉含量较高的生物质制取乙醇，其流程为先将生物质碾碎，通过催化酶作用将淀粉、糖类转化为糖，再用发酵剂将糖转化为乙醇，初步得到乙醇体积分数较低（10%～15%）的产品，蒸馏除去水分和其他一些杂质，最后浓缩的乙醇（一步蒸馏过程可得到体积分数为95%的乙醇）冷凝得到液体乙醇；生物质液化燃油是一种以废弃生物质（如各种废弃农业秸秆、废弃木本植物、草本植物及城市有机垃圾）为原料，经特殊的热化学液化工艺转化、分离所获得的新型、绿色可再生的生物质液体燃料；一些含油率高的能源作物如菜籽、油桐、蓖麻、油菜等可以直接通过机械方式经过压榨、提炼、萃取以及精炼等处理方式得到的液体燃料，对植物油进行酯化处理，经过油脂水解、脂肪酸的酯化、酯交换等过程可生产出品质较好的生物柴油。

3. 气体转化利用方式

气化方式主要有生物化学法和热化学法两种。生物化学生产可燃气体主要指细菌将原料（有机废物）分解为淀粉和纤维素等有机大分子，然后将它们直接转化为脂肪酸（乙酸等），紧接着甲烷化细菌开始起作用进行厌氧消化法生产沼气；热化学法就是将温度加热到 600℃以上，在缺氧的条件下对有机质进行"干馏"，这类热解产物与以煤热解的产物十分相似，固体产物为焦炭类似物，气体产物为"炉煤气"类似物，一部分固体物质，再进入裂解炉（鲁奇法）进行固体物质的裂解或进入二次燃烧室燃烧，炉温可达 900℃以上。这样固体全部转化为气体燃料，便可产生出高质量的气体燃料。

三、生物质发电方式

1. 直接燃烧发电方式

以燃烧秸秆、垃圾等为代表的生物质发电方式为直接燃烧发电。燃烧秸秆发电时，秸秆入炉有多种方式：可以将秸秆打包、粉碎造粒（压块）或打成粉或者与煤混合后打入锅炉。其生产过程为：将秸秆等生物质加工成适于锅炉燃烧的形式（粉状或块状），送入锅炉内充分燃烧，使存储于生物质燃料中的化学能转变成热能；锅炉内加热后产生饱和蒸汽，饱和蒸汽在过热器内继续加热成过热蒸汽进入汽轮机，驱动汽轮机发电机组旋转，将蒸汽的内能转换成机械能，最后由发电机将机械能变成电能，如图 1-16 所示。

2. 沼气发电

沼气发电是随着沼气综合利用的不断发展而出现的一项沼气利用技术，它将沼气用于发动机上，并装有综合发电装置，以产生电能和热能的一种有效利用沼气方式。该系统用一个密闭型的热动力装置，包括一套沼气发动机、发电机和一台带出热量的热交换器。与现用的液体发酵主要区别在于物料有机质不需要液化过程，在高温厌氧环境下将生物质原料直接装入模块式的密封发酵设备，在渗滤液环流作用下使干燥物料潮湿，经过几周时间，变成甲烷含量达 70%～80% 的高质量沼气，通过沼气发动机转换成电能以及余热利用。

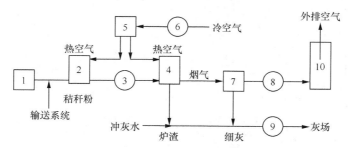

图 1-16　秸秆直接燃烧发电原理流程

3. 整体气化联合发电

生物质气化发电技术是生物质通过热化学转化为气体燃料，将净化后的气体燃料直接送入锅炉、内燃发电机、燃气机的燃烧室中燃烧来发电。气化发电过程主要包括 3 个方面，一是生物质气化，在气化炉中把固体生物质转化为气体燃料；二是气体净化，气化出来的燃气都含有一定的杂质，包括灰分、焦炭和焦油等，需经过净化系统把杂质除去，以保证燃气发电设备的正常运行；三是燃气发电，利用燃气轮机或燃气内燃机进行发电，有的工艺为了提高发电效率，发电过程可以增加余热锅炉和蒸汽轮机。原理流程图如图 1-17 所示。

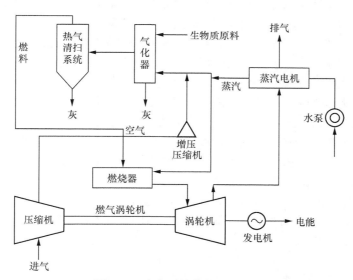

图 1-17　生物质整体气化器循环

1.3.8　潮汐发电

由于引潮力的作用，使海水不断地涨潮、落潮。涨潮时，大量海水汹涌而来，具有很大的动能；同时，水位逐渐升高，动能转化为势能。落潮时，海水奔腾而归，水位陆续下降，势能又转化为动能。海水在运动时所具有的动能和势能统称为潮汐能。潮汐发电与普通水利发电原理类似，如图 1-18 所示，通过出水口，在涨潮时将海水储存在水库内，以势能的形式保存，然后，在落潮时放出海水，利用高、低潮位之间的落差，推动水轮机旋转，带动发电机发电。

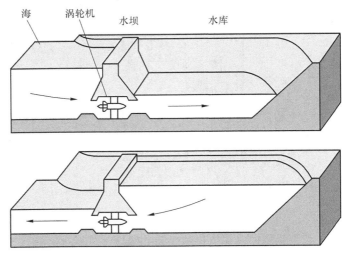

图 1-18 潮汐发电示意图

利用潮汐发电必须具备两个物理条件：首先潮汐的幅度必须大，至少要有几米；第二海岸地形必须能储蓄大量海水，并可进行土建工程。潮汐发电的工作原理与一般水力发电的原理是相近的，即在河口或海湾筑一条大坝，以形成天然水库，水轮发电机组就装在拦海大坝里。潮汐电站可以是单水库或双水库。单水库潮汐电站只筑一道堤坝和一个水库。老的单水库潮汐电站是涨潮时使海水进入水库，落潮时利用水库与海面的潮差推动水轮发电机组。它不能连续发电，因此又称为单水库单程式潮汐电站。新的单水库潮汐电站利用水库的特殊设计和水闸的作用既可涨潮时发电，又可在落潮时运行，只是在水库内外水位相同的平潮时才不能发电。这种电站称之为单水库双程式潮汐电站，它大大提高了潮汐能的利用率。

因此为了使潮汐电站能够全日连续发电就必须采用双水库的潮汐电站。双水库潮汐电站建有两个相邻的水库，水轮发电机组放在两个水库之间的隔坝内。一个水库只在涨潮时进水（高水位库），一个水库（低水位库）只在落潮时泄水；两个水库之间始终保持有水位差，因此可以全日发电。由于海水潮汐的水位差远低于一般水电站的水位差，所以潮汐电站应采用低水头、大流量的水轮发电机组。目前全贯流式水轮发电机组由于其外形小、重量轻、管道短、效率高已为各潮汐电站广泛采用。

据估计到 2000 年全世界潮汐发电站的年发电量可达到 $3 \times 10^{10} \sim 6 \times 10^{10}$ kW·h。潮汐电站除了发电外还有着广阔的综合利用前景，其中最大的效益是围海造田、增加土地，此外还可进行海产养殖及发展旅游。正由于以上原因潮汐发电已倍受世界各国重视。

我国大陆海岸线长，岛屿众多，北起鸭绿江口，南到北仑河口，长达 18 000 多 km，加上 5 000 多个岛屿的海岸线 14 000 多 km，海岸线共长 32 000 多 km，因此潮汐能资源是很丰富的。据不完全统计，全国潮汐能蕴藏量为 1.9 亿 kW，年发电量可达 2 750 kW·h，其中可供开发的约 3 850 万 kW，年发电量 870 亿 kW·h，大约相当于 40 多个新安江水电站。目前我国潮汐电站总装机容量已有 1 万多 kW。

1.4 电能的质量指标

电能质量是指通过公用电网供给用户端的交流电能的品质。理想状态的公用电网应以恒定的频率、正弦波形和标准电压对用户供电。同时，在三相交流系统中，各相电压和电流的幅值应大小相等、相位对称且互差120°。但由于系统中的发电机、变压器和线路等设备非线性或不对称，负荷性质多变，加之调控手段不完善及运行操作、外来干扰和各种故障等原因，这种理想的状态并不存在，因此产生了电网运行、电力设备和供用电环节中的各种问题，也就产生了电能质量的概念。衡量电能的质量指标主要是电压、频率和波形，此外还有电压波动与闪变、三相电压不平衡度等。

一、电压

电压的质量对各类用电设备的安全与经济运行都有直接的影响。

GB 12325—1990《电能质量-供电电压允许偏差》中规定：35kV 及以上供电电压正负偏差的绝对值之和不超过额定电压的10%；10kV 及以下三相供电电压允许偏差为额定电压的±7%；220V 单相供电电压允许偏差为额定电压的±7%～10%。

二、频率

我国电力系统的标称频率为50Hz，GB/T 15945-1995《电能质量-电力系统频率允许偏差》中规定：电力系统正常频率偏差允许值为±0.2Hz，当系统容量较小时，偏差值可放宽到±0.5Hz，标准中没有说明系统容量大小的界限。在《全国供用电规则》中规定供电局供电频率的允许偏差：电网容量在 300 万 kW 及以上者为±0.2Hz；电网容量在 300 万 kW 以下者为±0.5Hz。在实际运行中，从全国各大电力系统运行看都保持在不大于±0.1Hz 范围内。

三、波形

在电力系统的供电要求中，理想的供电电压（电流）的波形应为正弦波。

要满足这样的要求，首先，要求发电机发出符合要求的正弦波电压（电流）；其次，在电能的输送、分配以及使用过程中，要保证波形不产生畸变，比如在变压器或者电抗器的铁芯饱和状态下或者变压器无三角形接法的绕组时，都可能造成波形畸变，必须加以避免；再次，电力系统的负荷复杂化、电力系统中非线性特性的用电设备产生的谐波、电力系统中三相负荷的不平衡等都会造成波形畸变，要加以克服。

四、电压波动与闪变

电压波动和闪变是指电压幅值在一定范围内有规则变动时，电压最大值与最小值之差相对额定电压的百分比，或电压幅值不超过 0.9p.u.～1.1p.u.（标幺值）的一系列随机变化。这种电压变化被称为闪变，以表达电压波动对照明灯的视觉影响。因此，闪变是说明对不同频率电压波动引起灯闪的敏感度及引起闪变刺激性程度的电压波动值，是人眼对灯闪的一种主观感觉。

GB 12326—2000《电能质量-电压允许波动和闪变》中规定：在公共供电点的电压波动允许值：10kV 及以下为 2.5%，35～110kV 为 2%，220kV 及以上为 1.6%。

国标推荐的闪变干扰的允许值，对照明要求较高的白炽灯负荷为 0.4%，对一般性照明负荷为 0.6%。

五、三相电压不平衡度

三相电压不平衡度是指三相系统中三相电压的不平衡度程度，用电压或电流负序分量与正序分量的均方根百分比表示。三相电压不平衡（即存在负序分量）会引起继电保护误动、电机附加振动力矩和发热。额定转矩的电动机，如长期在负序电压含量 4%的状态下运行，由于发热，电动机绝缘的寿命将会降低一半，若某相电压高于额定电压，其运行寿命的下降将更加严重。

GB/T 15543—1995《电能质量-三相电压允许不平衡度》中规定：电力系统公共连接点正常电压不平衡度允许值为 2%，短时不得超过 4%。标准还规定对每个用户电压不平衡度的一般限值为 1.3%。

但是国标规定的三相电压不平衡度的允许值及计算、测量和取值方法只适用于电力系统正常运行方式下在电网公共连接点由负序分量引起的电压不平衡。因此故障方式引起的不平衡（例如单相接地、两相短路故障等）和零序分量引起的不平衡均不在考虑之列。由于电网中较严重的不平衡往往是由于单相或三相不平衡负荷所引起的，因此标准衡量点选在电网的公共连接点，以便在保证其他用户正常用电的基础上，给干扰源用户以最大的限值。值得注意的是国标在确定三相电压不平衡度指标时用 95% 概率作为衡量值。也就是说，标准中规定的"正常电压不平衡度允许值 2%"是在测量时间 95% 内的限值，而剩余 5% 时间可以超过 2%，过大的"非正常值"时间虽短，也会对电网和用电设备造成有害的干扰，特别是对有负序启动元件的快速动作的继电保护和自动装置，容易引起误动。因此标准中对最大的允许值作了"不得大于 4%"的规定。

1.5 电力系统的电压等级

一、三相交流输电

三相交流远距离输电在 1891 年获得成功后，便得到迅速发展。目前，电力系统都采用三相三线制输电、三相四线制配电。三相交流与单相交流相比具有以下优点。

（1）在输送的功率、电压相同和距离、线路损失相等的情况下，采用三相制输电可大大节省输电线的用铜（或铝）量。

（2）工农业生产上广泛使用的三相异步电动机是以三相交流作为电源的，它与单相电动机相比，具有体积小、价格低、效率高、性能好等优点。

（3）三相交流发电机与单相的相比，在体积相同时，三相交流发电机具有输出功率大、效率高等优点。

二、额定电压等级

我国国家标准规定的部分标准电压（额定电压）如表 1-1 所示。

表 1-1 部分标准电压表

控制屏的颜色	用电设备额定线电压	发电机线电压	变压器一次线电压	变压器二次线电压
深灰	220V	230V	220V	330V
黄褐	380V	400V	380V	400V
深绿	3kV	3.15kV	3 和 3.15kV	3.15 和 3.3kV
深蓝	6kV	6.3kV	6 和 6.3kV	6.3 和 6.6kV
绛红	10kV	10.5kV	10 和 10.5kV	10.5 和 11kV
浅绿		13.8kV		
绿		15.75kV		
粉红		18kV		
鲜黄	35kV		35kV	38.5kV
朱红	110kV		110kV	121kV
紫	220kV		220kV	242kV
白	330kV		330kV	363kV
淡黄	500kV		500kV	550kV

通常取线路始末电压的算术平均值作为用电设备以及电力网的额定电压。

由于用电设备的允许电压偏移为 ±5%，而延线路的电压降落一般为 10%，这就要求线路始端电压为额定值的 105%，以保证末端电压不低于 95%。发电机往往接于线路始端，因此发电机的额定电压为线路的 105%。通常，6.3kV 多用于 50MW 及以下的发电机；10.5kV 用于 25～100MW 的发电机；13.8kV 用于 125MW 的汽轮发电机和 72.5MW 的水轮发电机；15.75kV 用于 200MW 的汽轮发电机和 225MW 的水轮发电机；18kV 用于 300MW 的汽轮发电机。

变压器的一次额定电压：升压变压器一般与发电机直接相连，故与发电机相同；降压变压器相当于用电设备，故与线路相同。

变压器的二次额定电压：考虑到变压器内部的电压降落一般为 5%，故比线路高 5%～10%。只有漏抗很小的、二次侧线路较短和电压特别高的变压器，采用 5%。

习惯上把 1kV 以上的电气设备称为高压设备反之为低压设备。

电压等级的使用范围：500kV、330kV、220kV 多半用于大电力系统的主干线；110kV 既用于中小电力系统的主干线，也用于大电力系统的二次网络；35kV、10kV 既用于大城市或大工业企业内部网络，也广泛用于农村网络。大功率电动机用 3kV、6kV、10kV，小功率电动机用 220V、380V；照明用 220V、380V。

1.6　变电站及类型

一、变电站及其组成

变电站又称变电所，就是电力系统中对电能的电压和电流进行变换、集中和分配的场所。为保证电能的质量以及设备的安全，在变电所中还需进行电压调整、潮流（电力系统中各节点和支路中的电压、电流和功率的流向及分布）控制以及输配电线路和主要电工设备的保护。按用途可分为电力变电所和牵引变电所（电气铁路和电车用）。

变电站由主接线，主变压器，高、低压配电装置，继电保护和控制系统，所用电和直流系统，远动和通信系统，必要的无功功率补偿装置和主控制室等组成 。其中，主接线、主变压器、高低压配电装置等属于一次系统；继电保护和控制系统、直流系统、远动和通信系统等属二次系统。主接线是变电所的最重要组成部分。它决定着变电所的功能、建设投资、运行质量、维护条件和供电可靠性。一般分为单母线、双母线、一个半断路器接线和环形接线等几种基本形式。主变压器是变电所最重要的设备，它的性能与配置直接影响到变电所的先进性、经济性和可靠性。一般变电所需装 2～3 台主变压器；330kV 及以下时，主变压器通常采用三相变压器，其容量按投入 5～10 年的预期负荷选择。此外，对变电所其他设备选择和所址选择以及总体布置也都有具体要求。变电所继电保护分系统保护（包括输电线路和母线保护）和元件保护（包括变压器、电抗器及无功补偿装置保护）两类。变电所的控制方式一般分为直接控制和选控两大类。前者指一对一的按钮控制。对于控制对较多的变电所，如采用直接控制方式，则控制盘数量太多，控制监视面太大，不能满足运行要求，此时需采用选控方式。选控方式具有控制容量大、控制集中、控制屏占地面积较小等优点；缺点是直观性较差，中间转换环节多，不便使用。

二、变电站的类型

1. 按照变电所在电力系统中的地位和作用划分

（1）系统枢纽变电站。枢纽变电站位于电力系统的枢纽点，它的电压是系统最高输电电压，目前电压等级有 220kV、330kV（仅西北电网）和 500kV，枢纽变电站连成环网，全站停电后，将引起系统解列，甚至整个系统瘫痪，因此对枢纽变电站的可靠性要求较高。另外枢纽变电站主变压器容量大、供电范围广。

（2）地区一次变电站。地区一次变电站位于地区网络的枢纽点，是与输电主网相连的地区受电端变电站，任务是直接从主网受电，向本供电区域供电。全站停电后，可引起地区电网瓦解，影响整个区域供电。电压等级一般采用 220kV 或 330kV。地区一次变电站主变压器容量较大，出线回路数较多，对供电的可靠性要求也比较高。

（3）地区二次变电站。地区二次变电站由地区一次变电站受电，直接向本地区负荷供电，供电范围小，主变压器容量与台数根据电力负荷而定。全站停电后，只有本地区中断供电。

（4）终端变电站。终端变电站在输电线路终端，接近负荷点，经降压后直接向用户供电，全站停电后，只是终端用户停电。

2. 按照变电站安装位置划分

（1）室外变电站。室外变电站除控制、直流电源等设备放在室内外，变压器、断路器、隔离开关等主要设备均布置在室外。这种变电站建筑面积小，建设费用低，电压较高的变电站一般采用室外布置。

（2）室内变电站。室内变电站的主要设备均放在室内，减少了总占地面积，但建筑费用较高，适宜市区居民密集地区，或位于海岸、盐湖、化工厂及其他空气污秽等级较高的地区。

（3）地下变电站。在人口和工业高度集中的大城市，由于城市用电量大，建筑物密集，将变电站设置在城市大建筑物、道路、公园的地下，可以减少占地，尤其随着城市电网改造的发展，位于城区的变电站乃至大型枢纽变电站将更多的采取地下变电站。这种变电站多数为无人值班变电站。

（4）箱式变电站。箱式变电站又称预装式变电站，是将变压器、高压开关、低压电器设备及其相互的连接和辅助设备紧凑组合，按主接线和元器件不同，以一定方式集中布置在一个或几个密闭的箱壳内。箱式变电站是由工厂设计和制造的，结构紧凑、占地少、可靠性高、安装方便，现在广泛应用于居民小区和公园等场所。箱式变电站一般容量不大，电压等级一般为 3～35kV，随着电网的发展和要求的提高，电压范围不断扩大，现已经制造出了 132kV 的箱式变电站。箱式变电站按照装设位置的不同又可分为户外和户内两种类型。

（5）移动变电站。将变电设备安装在车辆上，以供临时或短期用电场所的需要。

3. 按照值班方式划分

（1）有人值班变电站。大容量、重要的变电站大都采用有人值班变电站。

（2）无人值班变电站。无人值班变电站的测量监视与控制操作都由调度中心进行遥测、遥控，变电站内不设值班人员。

4. 根据变压器的使用功能划分

（1）升压变电站。升压变电站是把低电压变为高电压的变电站，例如在发电厂需要将发电机出口电压升高至系统电压，就是升压变电站。

（2）降压变电站。与升压变电站相反，是把高电压变为低电压的变电站，在电力系统中，大多数的变电站是降压变电站。

本 章 小 结

电力工业在整个国民经济体系中居于重要地位，是一项基础工业，而电力系统则是一个庞大而复杂的系统。

本章从"电"的产生开始，简单介绍了电力系统从产生到发展的历程。"电"属于二次能源，需由其他能源形式转化而来。按照目前用来发电的一次能源的种类划分，发电的形式主要有：火力发电、水力发电、风力发电、核能发电、太阳能发电、生物质发电、潮汐能发电等。同学们应当理解和掌握以上几种发电形式的基本流程、原理、特点。随着人类对环保的日益重视，风力发电、太阳能发电等"清洁"发电形式更加受到青睐，所发电量占发电总量的比重也越来越大。

一次能源在发电厂转化成电能以后，必须通过电力系统输送到用户终端供广大用电客户消费。作为一种特殊产品，电也有自己的质量指标。其中最主要的为电压、频率和波形，要求同学们掌握。

本章还简单介绍了电力系统的电压等级和变电站等相关内容。

习　　题

1-1　什么叫能源？现有的能源有哪些？

1-2　简单描述火力发电的流程。

1-3　水电站主要有哪些种类？各自有什么特点？

1-4　水力发电的基本原理是什么？

1-5　水力发电有哪些优缺点？

1-6　风力发电的主要组成部分有哪些？

1-7　核能发电的流程是怎样的？

1-8　现有的太阳能发电方式有哪些？

1-9　生物质和潮汐能发电各有什么好处？

1-10　衡量电能质量的具体指标有哪些？

1-11　电力系统的电压等级有哪些？各适用于什么场合？

1-12　变电站的作用是什么？有哪些主要类型？

第2章 电力系统设备

由各级电压的电力线路将发电厂、变电站以及电力用户联系起来形成一个发电、输电、变电、配电和用电的整体，这个整体就称为电力系统。而电力系统中的发电机、输变电设备、配电装置、高压电气和用电设备等统称为电力系统设备。

2.1 汽轮发电机

由汽轮机驱动的发电机称为汽轮发电机。汽轮机又被称为"蒸汽透平"，是将蒸汽的热能转化成机械能的一种旋转式原动机。其单机功率大、热经济性高、运行安全可靠、可利用多种燃料驱动且使用寿命长，因此被广泛应用于常规火力发电厂以及核电站用来拖动发电机发电。

电力工业是现代工业国家的基础工业，随着现代工业大发展，对电力的需求越来越旺盛，因此汽轮发电机的单机容量也不断增大。目前我国发电的主力机组为 300MW 的汽轮机组，但很多 600MW 亚临界和超临界机组已经在建或投入运行，创造了可观的经济效益。

采用汽轮机发电的大体流程为：锅炉产生的过热蒸汽进入汽轮机内膨胀做功，使叶片转动而带动发电机发电，做功后的废汽经凝汽器、循环水泵、凝结水泵、给水加热装置等送回锅炉循环使用。

汽轮发电机的转速通常为 3 000r/min（频率为 50Hz）或 3 600r/min（频率为 60Hz）。高速汽轮发电机为了减少因离心力而产生的机械应力以及降低风磨耗，转子直径一般较小，长度较大（即细长转子）。这种细长转子使大型高速汽轮发电机的转子尺寸受到限制。20 世纪 70 年代以后，汽轮发电机的最大容量达 130～150 万千瓦。

汽轮机的结构如图 2-1 所示。

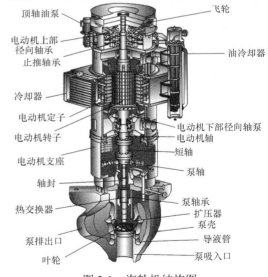

图 2-1 汽轮机结构图

2.2 水轮发电机

水轮机是把水流的能量转换为旋转机械能的动力机械，它属于流体机械中的透平机械。 早在公元前 100 年前后，中国就出现了水轮机的雏形——水轮，用于提灌和驱动粮食加工器械。现代水轮机则大多数安装在水电站内，用来驱动发电机发电。在水电站中，上游水库中的水经引水管引向水轮机，推动水轮机转轮旋转，带动发电机发电。做完功的水则通过尾水管道排向下游。水头越高、流量越大，水轮机的输出功率也就越大。水轮发电机如图 2-2 所示。

水轮机按工作原理可分为冲击式水轮机和反击式水轮机两大类。

冲击式水轮机的转轮受到水流的冲击而旋转，工作过程中水流的压力不变，主要是动能的转换；反击式水轮机的转轮在水中受到水流的反作用力而旋转，工作过程中水流的压力能和动能均有改变，但主要是压力能的转换。

冲击式水轮机按水流的流向可分为切击式（又称水斗式）和斜击式两类。斜击式水轮机的结构与水斗式水轮机基本相同，只是射流方向有一个倾角，只用于小型机组。

早期的冲击式水轮机的水流在冲击叶片时，动能损失很大，效率不高。1889 年，美国工程师佩尔顿发明了水斗式水轮机，它有流线型的收缩喷嘴，能把水流能量高效率地转变为高速射流的动能。

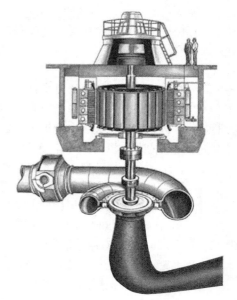

图 2-2　水轮发电机示意图

反击式水轮机可分为混流式、轴流式、斜流式和贯流式。

在混流式水轮机中，水流径向进入导水机构，轴向流出转轮；在轴流式水轮机中，水流径向进入导叶，轴向进入和流出转轮；在斜流式水轮机中，水流径向进入导叶而以倾斜于主轴某一角度的方向流进转轮，或以倾斜于主轴的方向流进导叶和转轮；在贯流式水轮机中，水流沿轴向流进导叶和转轮。

轴流式、贯流式和斜流式水轮机按其结构还可分为定桨式和转桨式。定桨式的转轮叶片是固定的；转桨式的转轮叶片可以在运行中绕叶片轴转动，以适应水头和负荷的变化。

各种类型的反击式水轮机都设有进水装置，大、中型立轴反击式水轮机的进水装置一般由蜗壳、固定导叶和活动导叶组成。蜗壳的作用是把水流均匀分布到转轮周围。当水头在 40m 以下时，水轮机的蜗壳常用钢筋混凝土在现场浇注而成；水头高于 40m 时，则常采用拼焊或整铸的金属蜗壳。

在反击式水轮机中，水流充满整个转轮流道，全部叶片同时受到水流的作用，所以在同样的水头下，转轮直径小于冲击式水轮机。反击式水轮机的最高效率也高于冲击式水轮机，但当负荷变化时，水轮机的效率受到不同程度的影响。

反击式水轮机都设有尾水管，其作用是：回收转轮出口处水流的动能；把水流排向下游；当转轮的安装位置高于下游水位时，将此位能转化为压力能予以回收。对于低水头大流量的水轮机，转轮的出口动能相对较大，尾水管的回收性能对水轮机的效率有显著影响。

2.3　风力发电机

风力发电机如图 2-3 所示，是将风能转换为机械功的动力机械，又称风车。广义地说，它是一种以太阳为热源，以大气为工作介质的热能利用发动机。

风力发电的基本过程是：利用风力带动风车叶片旋转，再通过增速机将旋转的速度提升，从而带动发电机发电。依据目前的技术，只要是不低于 3m/s 的风速度（微风），便可以用来发电。

由于风力发电机的风量不稳定，故其输出的是 13～25V 电压幅值变化的交流电，因此必须先经过整流对蓄电池充电，再经过有保护电路的逆变电源，才能最终变成 220V 的交流电接入电网。

图 2-3　风力发电机示意图

一、风力发电机的结构

风力发电机主要包括以下几个部分。

（1）机舱：机舱包容着风力发电机的关键设备，包括齿轮箱、发电机。维护人员可以通过风力发电机塔进入机舱。机舱左端是风力发电机转子，即转子叶片及轴。

（2）转子叶片：捕获风，并将风力传送到转子轴心。

（3）轴心：转子轴心附着在风力发电机的低速轴上。

（4）低速轴：风力发电机的低速轴将转子轴心与齿轮箱连接在一起。在现代 600kW 风力发电机上，转子转速相当慢，为 19～30r/min。轴中有用于液压系统的导管，来激发空气动力闸的运行。

（5）齿轮箱：齿轮箱左边是低速轴，它可以将高速轴的转速提高至低速轴的 50 倍。

（6）高速轴及其机械闸：高速轴以 1 500r/min 运转，并驱动发电机。它装备有紧急机械闸，用于空气动力闸失效时，或风力发电机被维修时。

（7）发电机：通常被称为感应电机或异步发电机。在现代风力发电机上，最大电力输出通常为 500～1 500kW。

（8）偏航装置：借助电动机转动机舱，以使转子正对着风。偏航装置由电子控制器操作，电子控制器可以通过风向标来感觉风向。图中显示了风力发电机偏航。通常，在风改变其方向时，风力发电机一次只会偏转几度。

（9）电子控制器：包含一台不断监控风力发电机状态的计算机，并控制偏航装置。为防止任何故障（即齿轮箱或发电机的过热），该控制器可以自动停止风力发电机的转动，并通过电话调制解调器来呼叫风力发电机操作员。

（10）液压系统：用于重置风力发电机的空气动力闸。

（11）冷却元件：包含一个风扇，用于冷却发电机。此外，它包含一个油冷却元件，用于冷却齿轮箱内的油。一些风力发电机具有水冷发电机。

（12）塔：风力发电机塔载有机舱及转子。通常高的塔具有优势，因为离地面越高，风速越大。现代 600kW 风汽轮机的塔高为 40～60m。它可以为管状的塔，也可以是格子状的塔。管状的塔对于维修人员更为安全，因为他们可以通过内部的梯子到达塔顶。格状的塔的优点在于它比较便宜。

（13）风速计及风向标：用于测量风速及风向。

二、风力发电机的分类

风力发电机组是一种机电能量转换装置，用来将风能转换成电能，其原理是：运动的风吹转叶片、带动发电机的转子旋转而发电。风力发电机组的设计有恒速定桨距失速调节型风力发电机组、恒速变桨距调节型风力发电机组和变速恒频风力发电机组。

1. 恒速定桨距失速调节型风力发电机组

恒速定桨距失速调节型风力发电机组结构简单、性能可靠。其主要特点是：桨叶和轮毂的连接是固定的，其桨距角（叶片上某一点的弦线与转子平面间的夹角）是固定不变的。失速型是指桨叶翼型本身所具有的失速特性（当风速高于额定值时，气流的攻角增大到失速条件，使桨叶的表面产生涡流，风能转换效率降低，从而达到限制转速和输出功率的目的）。其优点是调节简单可靠、控制系统可以大大简化，其缺点是叶片质量大，轮毂、塔架等部件受到的应力较大，发电效率相对变速风力发电机组来说要低得多。

2. 恒速变桨距调节型风力发电机组

恒速变桨距调节型风力发电机组中变桨矩是指安装在轮毂上的叶片。可以借助控制技术改变其桨距角的大小。其优点是桨叶受力较小，桨叶可以做的比较轻巧。由于桨距角可以随风速的大小而进行自动调节，因而能够尽可能多地捕获风能、增加发电量，又可以在高风速时段保持输出功率平稳，不致引起异步发电机的过载，还能在风速超过切出风速时通过顺桨（叶片的几何攻角趋于零升力的状态）防止大风对风力机的损坏，这是兆瓦级风力发电机的发展方向。其缺点是结构比较复杂、故障率相对较高。

3. 变速恒频风力发电机组

变速恒频风力发电机组中变速恒频是指在风力发电的过程中，发电机的转速可以随风速而变化，然后通过适当的控制措施使其发出的电能变为与电网同频率的电能送入电力系统。其优点是风力机可以最大限度地捕获风能，因而发电量较恒速恒频风力发电机大；较宽的转速运行范围，以适应因风速变化引起的风力机转速的变化；采用一定的控制策略可以灵活调节系统的有、无功功率；可抑制谐波，减少损耗，提高功率。其主要问题是由于增加了交—直—交变换装置，大大增加了设备费用。

2.4　输变电设备

输变电系统是电力系统的有机组成，主要包括变电站和输电线路。发电厂生产的电能经过输变电系统，供给配电系统和用户。输变电系统中包含大量的输变电设备，主要有电压变换设备（变压器），载流导体（架空线、电缆、母线、引线等），开关电器（断路器、隔离开关、熔断器、接触器等），防御过电压、限制故障电流的电器（避雷器、避雷针、避雷线、电抗器等），无功补偿设备（电力电容器、同步调相机、静止补偿器等），接地装置（防雷接地、设备外壳接地、变压器中性点接地等）。

下面将介绍几种主要的输变电设备。

一、变压器

电力变压器是电力系统中实现电力传输和分配的核心设备。在发电厂，发电机的端电压一般为 13.8kV 或 20kV，因此需要用升压变压器将电压升高到输电电压（220kV、500kV 或 750kV），以实现电能的传送。而在用户侧则需要用降压变压器将输电电压降为各级配电电压（35～110kV、6～10kV 及 380/220V）。

由于电力系统中的电压等级众多，因此电力变压器的种类也很多，但大部分变压器都是三相的。在极个别情况，如容量特别大且运输不便时，也可采用 3 个单相变压器接成三相变压器组使用。三相变压器按照每相绕组结构的不同可分为双绕组、三绕组和自耦变压器 3 种类型。一般 220kV 电压等级以上的变压器都采用三绕组（或三绕组自耦）的形式。

有关变压器原理的知识请参考电机学相关教材，本书不再详述。

二、输电线路

在电力系统中，输电线路主要用来传输电能。常用的输电线路主要为架空线路和电缆线路。

1. 架空线路

架空线路户外敷设，如图 2-4 所示。主要由导线、避雷线（架空地线）、杆塔、绝缘子以及金具等组成。其中导线传导电流输送电能；避雷线将雷电引入大地，保护线路避免直接雷击；杆塔则起支撑作用，同时使导线之间以及导线与杆塔之间保持安全净距；绝缘子则使导线之间、导线与杆塔之间绝缘；金具起固定、悬挂、连接作用，是一类金属器件的总称。

（1）导线、避雷线

架空线常年置于空旷裸露的环境当中，经受着各种自然条件的考验；另外敷设于杆塔上的导线和避雷线，尤其是那些架在采用大跨距杆塔上的，需要承受很大的张力。因此架空的导线不但需要有良好的导电性能，还要耐腐蚀，具有柔韧性且有足够的机械强度。

铝的导电性能比铜要差一些，但其密度更小、资源丰富、价格低廉，因此被广泛用于架空导线。由于铝的机械强度低，因此一般只在跨距较小的 10kV 及以下线路上采用铝绞线。钢的机械强度很高，因此用钢做芯的钢芯铝绞线被广泛用于 35kV 及以上线路中，根据使用环境的不同，选择不同的钢、铝截面比。比如一般地区可选钢、铝比低的；而重冰区或大跨度的则选钢、铝比高的。

早期的避雷线均采用钢线，但随着电力系统容量的不断增大，超高压大接地电流系统中开始越来越多采用铜线作为避雷线。避雷线一般是接地的，但绝缘避雷线正常运行时对地绝缘，因此正常运行时避雷线可做载波通信或者用于架空线融冰等。

（2）杆塔

杆塔就是支承架空输电线路导线和架空地线并使它们之间以及与大地之间保持一定距离的杆形或塔形构筑物。世界各国线路杆塔采用钢结构、木结构和钢筋混凝土结构。通常对木和钢筋混凝土的杆形结构称为杆，塔形的钢结构和钢筋混凝土烟囱形结构称为塔。不带拉线的杆塔称为自立式杆塔，带拉线的杆塔称为拉线杆塔。中国缺少木材资源，不用木杆，而在应用离心原理制作的钢筋混凝土杆以及钢筋混凝土烟囱形跨越塔方面有较为突出的成就。

图 2-5 是架空线及杆塔示意图，杆塔按其在输电线路中的用途和功能可分为直线、耐张、转角、终端、换位、跨越 6 种类别的杆塔。

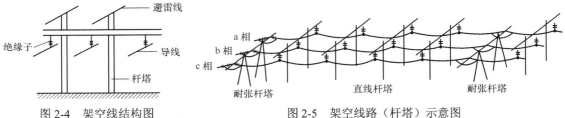

图 2-4　架空线结构图　　　　　　图 2-5　架空线路（杆塔）示意图

直线杆塔。支承导线、架空地线的重力以及作用于它们上面的风力，在施工和正常运行时不承受线条张力的杆塔。导线和架空地线在直线杆塔处不开断，且被定位于导线和架空地线呈直线的线段中。直线杆塔的作用仅是在线路中悬挂导线和架空地线的支承结构。

耐张杆塔。除支承导线和架空地线的重力和风力外，还承受这些线条张力的杆塔。导线和架空地线在耐张杆塔处开断，且被定位于导线和架空地线呈直线的线段中，用来减小线路沿纵向的连续挡的长度，以便于线路施工和维修，并控制线路沿纵向杆塔可能发生串倒的范围。

转角杆塔。支承导线和架空地线的张力，使线路改变走向形成转角的杆塔。导线和架空地线开断直接张拉于杆塔上时称为耐张转角杆塔，导线和架空地线不开断的称为悬垂转角杆塔。

终端杆塔。线路起始或终止的杆塔。终端杆塔定位于变电厂或变电所的配电装置门型构架前，线路一侧的导线和架空地线直接张拉于终端杆塔上，而另一侧以很小的张力与门型构架相连。

换位杆塔。用来改变线路中三相导线排列位置的杆塔。导线在换位杆塔上不开断时称为直线换位杆塔，反之称为耐张或转角换位杆塔。

跨越杆塔。用来支承导线和架空地线跨越江河、湖泊及海峡等的杆塔。导线及架空地线不直接张拉于杆塔上时称为直线跨越杆塔，直接张拉于杆塔上时称为耐张或转角跨越杆塔。为满足航运净空要求，跨越杆塔一般都比较高。为减小杆塔承载，节省材料及降低工程造价，一般多采用直线跨越杆塔。

（3）绝缘子

架空线上常用的绝缘子有针式绝缘子、蝶式绝缘子、悬式绝缘子、瓷横担绝缘子、棒式绝缘子和拉紧绝缘子等。

针式绝缘子主要用于电压不超过 35kV、导线拉力不大的直线杆塔和小转角杆塔上；悬式绝缘子主要用于 35kV 及以上的线路上，在直线型杆塔上组合为悬垂绝缘子串，在耐张型杆塔上组合成耐张绝缘子串。

棒式绝缘子用硬质材料做成一个整体，可替代整串悬式绝缘子。

瓷横担绝缘子是棒式绝缘子的一种特殊形式，可以兼作横担用。其绝缘强度很高，运行安全，维护简单，节省原材料。

（4）金具

金具是架空线所用金属部件的总称。其种类繁多，常见的有线夹、连接金具、接续金具和防震金具。

线夹用来将导线、避雷线固定在绝缘子上；连接金具用来将绝缘子组装成绝缘子串或用于绝缘子串、线夹、杆塔和横担等的相互连接；接续金具主要用来连接导线或避雷器的两个终端，分为液压接续金具和钳压接续金具。防震金具包括线条、阻尼线和防震锤等。

2．电缆线路

电缆是将导电芯线用绝缘层及防护层包裹后，敷设于地下、水中、沟槽等处的电力线路。由于其具有造价高、故障后检测故障点位置和修理较费事等缺点，因而使用范围远不如架空线路广泛。电缆线路的优点是占用土地面积少；受外力破坏的概率低，因而供电可靠；对人身较安全；且可使城市环境美观。因此，在发电厂和变电所的进出线处，在线路需穿过江河处，在缺少空中走廊的大城市中，以及国防或特殊需要的地区，往往都要采用电力电缆线路。此外，采用直流输电的电缆线路完成跨海输电会更显示其优越性。

（1）结构与分类

电力电缆的结构主要包括导体、绝缘层和保护层 3 部分。

导体通常由多股铜绞线或铝绞线构成，根据电缆中导体数目的多少，电缆可分为单芯、三芯和四芯等种类。单芯电缆的导体截面为圆形，三芯、四芯电缆的导体除了圆形外，还可以有扇形和腰圆形。

电缆的绝缘层用来使导体与导体间以及导体与包皮之间保持绝缘。通常电缆的绝缘层包括芯绝缘与带绝缘两部分。芯绝缘层指包裹导体芯体的绝缘，带绝缘层指包裹全部导体的绝缘。芯绝缘和带绝缘间的空隙处要填以填充物。绝缘层所用的材料有油浸纸、橡胶、聚乙烯、交联聚乙烯等。

电缆的保护层用来保护绝缘物及芯线使之不受外力的损坏，可分为内保护层和外保护层两种。内保护层用铅或铝制成，呈筒形，用来提高电缆绝缘的抗压能力，并可防水、防潮、防止绝缘油外渗。外保护层由衬垫层（油提纸、麻绳、麻布等）、铠装层（钢带、钢丝）及外被层（浸沥青的黄麻）组成，其作用是防止电缆在运输、敷设和检修过程中受机械损伤。

电缆除按芯数和导体截面形状分类外，还可按内保护层的结构分为三相统包型、屏蔽型和分相铅包型等。接绝缘材料的不同，又可分为油浸纸绝缘电缆、橡胶绝缘电缆、聚氯乙烯电缆、交联聚氯乙烯电缆及充油、充气电缆等。

统包型电缆的三相芯线绝缘层外有一共同的铅包皮，这种电缆内部电场分布不均匀，绝缘不能得到充分利用，所以只用于 10kV 及以下的线路中。屏蔽型电缆的各相芯线绝缘层外部都包有金属带，分相铅包型电缆的各相芯线分别包以铅包。这种形式电缆的内部电场分布较为均匀，绝缘能得到充分利用，因此通常都用在电压等级较高的 20kV 及 35kV 电缆中。

当额定电压超过 35kV，对绝缘要求更高时，可采用充油电缆、充气电缆及塑料绝缘电缆。

（2）附件

电缆附件主要指电缆的连接头（盒）和电缆的终端盒等。对充油电缆还应包括一整套供油系统。当两盘电缆相互连接时，以及电缆与电机、变压器或架空线连接时，必须剥去外皮和绝缘层，通过连接头或终端盒实现密封连接。连接头和终端盒应能防潮、防水、防酸碱，以保证电缆连接处的可靠绝缘。

电缆连接头可用金属、环氧树脂、塑料或橡胶制作。终端盒可用白铁皮、尼龙、塑料和环氧树脂等制作。户内的终端头也可以是干封的。连接头盒和终端盒都是电缆线路的绝缘薄弱环节，因此，其制作和修理的工艺要求很高，应予特别注意。

三、开关电器

开关电器是断开或接通电路的一类电气设备的总称。按照功能的不同可以划分为以下几种。

（1）仅用于断开或闭合正常工作电流的开关电器，如负荷开关、交流接触器等。

（2）仅用于断开过负荷电流或短路电流的开关电器，如熔断器。

（3）用于断开或闭合正常工作电流、短路电流的开关电器，如交流断路器、直流断路器。

（4）不要求断开或闭合电流，只是用于检修时隔离电压的开关电器，如隔离开关。

上述的几种开关电器中，断路器的性能最完善、结构最复杂，且具备较强的灭弧能力，将在后面重点介绍。

2.5 配电装置

配电装置是发电厂和变电所的重要组成部分。它是按主接线的要求，由开关设备、保护和测量电器、母线装置和必要的辅助设备构成，用来接受和分配电能。

一、对配电装置的基本要求

配电装置是发电厂和变电站中的重要组成部分，它是按主接线的要求，由母线、开关设备、保护电器、测量电器和必要的辅助设备组成的电工建筑物。对配电装置的基本要求是：符合国家技术经济政策，满足有关规程要求；保证运行可靠；设备选择合理，布置整齐、清晰，保证有足够的安全距离；节约用地；运行安全和操作巡视、检修方便；便于安装和扩建；节约用材，降低造价。

二、配电装置的分类和特点

配电装置按电气设备装置地点不同可分为屋内和屋外配电装置；按其组装方式，又可分为由电气设备在现场组装的装配式配电装置和在制造厂预先将开关电器、互感器等安装成套，然后运至安装地点的成套配电装置。

1. 屋内配电装置的特点

（1）由于允许安全净距小和可以分层布置，故占地面积较小。

（2）维修、巡视和操作在室内进行，不受气候影响。

（3）外界污秽空气对电气设备影响较小可减少维护工作量。

（4）房屋建筑投资较大。

2. 屋外配电装置的特点

（1）土建工程量和费用较少，建设周期短。

（2）扩建比较方便。

（3）相邻设备之间距离较大，便于带电作业。

（4）占地面积大。

（5）受外界空气影响，设备运行条件较差，需加强绝缘。

（6）外界气象变化对设备维修和操作有影响。

3．成套配电装置的特点

（1）电气设备布置在封闭或半封闭的金属外壳中，相间和对地距离可以缩小，结构紧凑，占地面积小。

（2）所有电器元件已在工厂组装成一个整体，大大减少现场安装工作量，有利于缩短建设周期，也便于扩建和搬迁。

（3）运行可靠性高，维护方便。

（4）耗用钢材较多，造价较高。

三、配电装置类型的选择

配电装置型式的选择，应考虑所在地区的地理情况及环境条件，因地制宜，节约用地，并结合运行及检修要求，通过经济技术比较确定。一般情况下，在大、中型发电厂和变电站中，110kV 及以上电压等级一般多采用屋外配电装置。35kV 及以下电压等级的配电装置多采用层内配电装置。

四、配电装置的安全净距

配电装置的整个结构尺寸是综合考虑设备外形尺寸、检修和运输的安全距离等因素而决定的。在各种间隔距离中，最基本的是带电部分对接地部分之间和不同相的带电部分之间的空间最小安全净距，即所谓的 A_1 和 A_2 值。最小安全净距，是指在此距离下，无论是处于最高工作电压之下，或处于内外过电压下，空气间隙均不致被击穿。我国《高压配电装置设计技术规程》规定的屋内、屋外配电装置的安全净距，如表 2-1 和表 2-2 所示，其中，B、C、D、E 等类电气距离是在 A_1 值的基础上再考虑一些其他实际因素决定的，其含义如图 2-6 和图 2-7 所示。

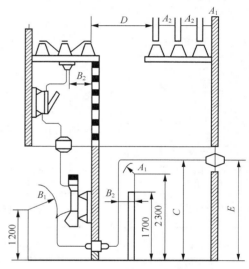

图 2-6　屋内配电装置安全净距离校验图（单位：mm）

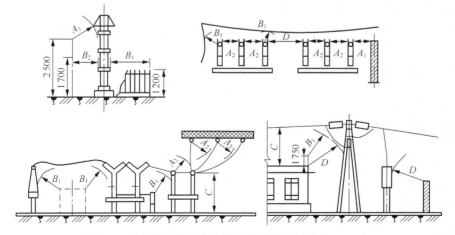

图 2-7　屋外配电装置安全净距离校验图（单位：mm）

表 2-1　　　　　　　　　　　　　　屋内配电装置的安全净距

符号	适用范围	额定电压（kV）									
		3	6	10	15	20	35	60	110J	110	220J
A_1	1．带电部分至接地部分之间 2．网状和板状遮拦向上延伸线距地2.5m处，与遮拦上方带电部分之间	70	100	125	150	180	300	550	850	950	1 800
A_2	1．不同相的带电部分之间 2．断路器和隔离开关的断口两侧带电部分之间	75	100	125	150	180	300	550	900	1 000	2 000
B_1	1．栅状遮拦至带电部分之间 2．交叉的不同时停电检修的无遮拦带电部分之间	825	850	875	900	930	1050	1 300	1 600	1 700	2 550
B_2	网状遮拦至带电部分之间	175	200	225	250	280	400	650	950	1 050	1 900
C	无遮拦裸导体至地（楼）面之间	2 375	2 400	2 425	2 450	2 480	2 600	2 850	3 150	3 250	4 100
D	平行的不同时停电检修的无遮拦裸导体之间	1 875	1 900	1 925	1 950	1 980	2 100	2 350	2 650	2 750	3 600
E	屋外出线套管至屋外通道路面	4 000	4 000	4 000	4 000	4 000	4 000	4 500	5 000	5 000	5 500

表 2-2　　　　　　　　　　　　　　屋外配电装置的安全净距

符号	适用范围	额定电压（kV）								
		3～10	15～20	35	60	110J	110	220J	330J	500J
A_1	1.带电部分至接地部分之间 2.网状遮拦向上延伸线距地2.5m处与遮拦上方带电部分之间	200	300	400	650	900	1 000	1 800	2 500	3 800
A_2	1．不同相的带电部分之间 2.断路器和隔离开关的断口两侧带电部分之间	200	300	400	650	1 000	1 100	2 000	2 800	4 300
B_1	1.设备运输时，其外廓至无遮拦带电部分之间 2.栅状遮拦至绝缘体和带电部分之间 3.交叉的不同时停电检修的无遮拦带电部分之间 4.带电作业时的带电部分至接地部分之间	950	1 050	1 150	1 400	1 650	1 750	2 550	3 250	4 550

续表

符号	适用范围	额定电压（kV）								
		3～10	15～20	35	60	110J	110	220J	330J	500J
B_2	网状遮拦至带电部分之间	300	400	500	750	1 000	1 100	1 900	2 600	3 900
C	1. 无遮拦裸导体至地面之间 2. 无遮拦导体至建筑物、构筑物顶部之间	2 700	2 800	2 900	3 100	3 400	3 500	4 300	5 000	7 500
D	1. 平行的不同时停电检修的无遮拦带电部分之间 2. 带电部分与建筑物、构筑物的边缘部分之间	2 200	2 300	2 400	2 600	2 900	3 000	3 800	4 500	5 800

注：J 指中性点直接接地系统。

五、屋内配电装置

屋内配电装置将电气设备和载流导体安装在室内。在大、中型发电厂和变电站中，35kV 以下电压等级的配电装置多为屋内配电装置。110kV 和 220kV 装置如有特殊要求或处于严重污秽地区时，亦可采用屋内配电装置。

按照布置形式的不同，屋内配电装置可分为单层、二层和三层。单层式多用于中、小容量的发电厂和变电站，采用单母线接线的出线不带电抗器的配电装置、成套开关柜，占地面积较大；二层式是将所有电气设备按照轻重分别布置，较重的设备布置在一层，较轻的设备布置在二层，一般用于有出线电抗器的情况，结构简单、占地较少、运行与检修较方便、综合造价较低；三层式则将所有电气设备依其轻重分别布置在三层中，安全、可靠、占地面积小，但结构复杂、施工时间长、造价高，检修和运行很不方便，目前国内较少采用。

采用屋内配电装置时，同一回路的电器及导体应设于同一间隔内，以保证检修安全和限定故障范围；应尽量把电源进线布置于每段中部，以使母线上的穿越电流较小；比较重的设备需布置在下层；要充分利用间隔空间；要使布置对称且便于操作；要利于扩建，留有空间裕量；要设置必要的操作、维护、防爆等通道；装置的门要向外开，并安装弹簧锁；相邻装置之间的门要可以双向开启；配电装置可开窗以利于采光和通风，但要有防雨雪和小动物等进入的措施。

六、屋外配电装置

屋外配电装置按照电气设备及母线布置的高度和重叠情况的不同，可分为中型、半高型和高型。

中型布置是将所有设备都安装在同一水平面的同一高度（2～2.5m）的基础上，以便带电设备对地保持必要高度，从而保证地面上活动的工作人员的人身安全。需要说明的是，中型布置的母线所在平面要比电器设备所在平面稍高。

而半高型和高型配电装置的母线和电器设备则分别安装在几个不同水平的基础上，并重叠布置。其中半高型把母线隔离开关抬高，母线与断路器、电流互感器等重叠布置；而高型则是一组母线与另一组母线重叠布置。半高型和高型的布置可以大大减少占地面积，但运行和维护不便。

屋外配电装置的结构型式不但与主接线、电压等级、容量及重要性等有关，还与母线、断路器和隔离开关的类型密切相关。必须注意合理布置，保证电气安全净距，同时还要考虑带电检修的可能性。

2.6 高压电器

2.6.1 断路器

高压断路器（高压开关）是变电所主要的电力控制设备，具有灭弧特性。电力系统正常运行的时候，它用来切断或接通线路及各种电气设备的空载或负载电流；电力系统发生故障时，高压断路器与继电保护系统配合，能迅速切断故障电流，防止事故范围的扩大。

一、高压断路器的基本要求

断路器在电力系统中承担着非常重要的任务，不仅能接通或断开负荷电流，而且还能断开短路电流。因此，断路器必须满足以下基本要求。

（1）工作可靠。

（2）具有足够的开断能力。

（3）具有尽可能短的切断时间。

（4）具有自动重合闸性能。

（5）具有足够的机械强度和良好的稳定性能。

（6）结构简单、价格低廉。

二、高压断路器的分类和特点

高压断路器的最主要任务就是断开电路，同时熄灭电弧。按照采用的灭弧装置介质及原理的不同，高压断路器可分为：油断路器（多油和少油）、压缩空气断路器（简称空气断路器）、六氟化硫（SF_6）断路器、真空断路器、磁吹断路器以及自产气断路器等。不同的断路器具有不同介质的灭弧装置。如油断路器利用电弧燃烧使油和气分接从而将电弧吹灭，属于自能式原理灭弧；空气断路器和六氟化硫断路器则利用有压气体或气体本身的灭弧能力将电弧吹灭，属于外能式灭弧原理；真空断路器内真空度高气体稀薄，气体分子碰撞概率很低，具有强烈的去游离作用和高介质强度，产生的电弧随着金属蒸汽蒸发量的减少而很快熄灭。下面着重介绍常用的真空断路器和六氟化硫断路器。

1. 真空断路器

真空断路器利用真空度约为 $10^{-4}Pa$（运行中不低于 $10^{-2}Pa$）的高真空作为内绝缘和灭弧介质。当灭弧室内被抽成 10^{-4} 的高真空时，其绝缘强度要比绝缘油、一个大气压力下的 SF_6 和空气的绝缘强度高很多。所以，真空击穿产生电弧，是由触头蒸发出来的金属蒸气帮助形成的。

目前在我国，真空断路器主要应用在 35kV 及以下电压等级的配电网中。如图 2-8 所示，ZN3-10 型户内式高压真空断路器的外形结构图。

（1）真空断路器的基本结构

真空断路器的总体结构除了采用真空灭弧室外，还由绝缘支撑、传动机构、操动机构、机座（框架）等组成。导电回路由导电夹、软连接、出线板通过灭弧室两端组成。按真空灭弧室的布置方式可分为落地式和悬挂式两种基本形式，以及这两种方式相结合的综合式和接地箱式。落地式真空断路器，是将真空灭弧室安装在上方，用绝缘子支承，操动机构设置在底座的下方，上下两部分由传动机构通过绝缘杆连接起来。

真空灭弧室的结构如图 2-9 所示，是真空断路器中最重要的部件。真空灭弧室的外壳是由绝缘筒、两端的金属盖板和波纹管所组成的密封容器。灭弧室内有一对触头，静触头焊接在静导电杆上，动触头焊接在动导电杆上，动导电杆在中部与波纹管的一个端口焊在一起，波纹管的另一端口与动端盖的中孔焊接，动导电杆从中孔穿出外壳。由于波纹管可以在轴向上自由伸缩，故这种结构既能实现在灭弧室外带动动触头做分合运动，又能保证真空外壳的密封性。

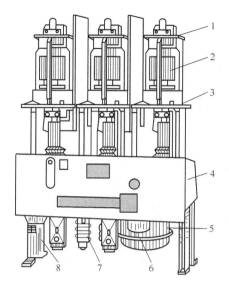 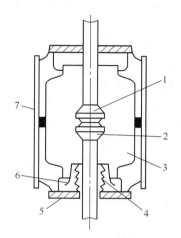

图 2-8　ZN3-10 型户内式高压真空断路器

1—上接线端子；2—真空灭弧室；3—下接线端子；4—操作机构；
5—合闸电磁铁；6—分闸电磁铁；7—短路弹簧；8—底座

图 2-9　真空断路器的真空灭弧室结构

1—静触头；2—动触头；3—屏蔽罩；4—波纹管；
5—金属法兰盘；6—波纹管屏蔽罩；7—玻壳

（2）真空断路器的操作过电压及抑制过电压方法

操作过电压。用真空断路器断开电路时，可能会出现操作过电压，主要形式有：截流过电压，所谓截流就是强制交流电流在自然过零前突然过零的现象，由于电路中存在电感，因此会发生过电压现象；切断电容性负载时的过电压是因熄弧后间隙发生重击穿而引起的。

抑制过电压的方法。操作过电压对其他电气设备尤其是电机绕组绝缘危害很大。常用的抑制方法如下。

① 采用低电涌真空灭弧室。

② 在负载端并联电容。

③ 在负载端并联电阻和电容。

④ 串联电感。

⑤ 安装避雷器。

2. 六氟化硫（SF_6）断路器

（1）SF_6 气体的特性介绍

SF_6 气体是一种无色、无臭、无毒和不可燃的惰性气体，化学性能稳定，具有优良的灭弧和绝缘性能。这种在静止 SF_6 气体中的灭弧能力为空气的 100 倍以上。

SF_6 气体灭弧性能特别强的原因主要是：其一是 SF_6 气体的分子在分解时吸收的能量多，对弧柱的冷却作用强。其二是 SF_6 气体在高温时分解出的硫、氟原子和正负离子，与其他灭弧介质相比，在同样的弧温时有较大的游离度。其三是 SF_6 气体分子的负电性强。所谓负电性，是指 SF_6 气体吸附自由电子而形成负离子的特性。SF_6 气体负电性强，加强了去游离，降低导电率。

（2）SF_6 断路器的结构类型

SF_6 断路器结构按照对地绝缘方式不同可分为以下几种。

① 落地罐式，它把触头和灭弧室装在充有 SF_6 气体并接地的金属罐中，触头与罐壁间的绝缘

采用环氧支持绝缘子，引出线靠绝缘瓷套管引出。这种结构便于安装电流互感器，抗震性能好，但系列性能差。

② 瓷柱式，瓷柱式断路器的灭弧室可布置成"T"形或"Y"形，220kV SF$_6$ 断路器随着开断电流增大，制成单断口断路器可以布置成单柱式。灭弧室位于高电位，靠支柱绝缘瓷套对地绝缘。

按其灭弧方式不同分为：有双压式和单压式两类。双压式具有两个气压系统，压力低的作为绝缘，压力高的作为灭弧。单压式只有一个气压系统，灭弧时，SF$_6$ 的气流靠压气活塞产生。

图 2-10 所示为 LN2-10 型户内式 SF$_6$ 断路器的外形图，它是一种单压式断路器。

（3）灭弧室结构及灭弧过程

单压式（压气式）灭弧室。又称压气式灭弧室。它只有一个气压系统，即常态时只有单一的 SF$_6$ 气体。灭弧室的可动部分带有压气装置，在分闸过程中，压气缸与触头同时运动，将压气室内的气体压缩。触头分离后，电弧即受到高速气流纵吹而将电弧熄灭。单压式灭弧室又分为变开距和定开距两种。

双压式灭弧室。它有高压和低压两个气压系统。灭弧时，高压室控制阀打开，高压 SF$_6$ 气体经过喷嘴吹向低压系统，再吹向电弧使其熄灭。灭弧室内正常时充有高压气体的称为常充高压式；仅在灭弧过程中才充有高压气体的称为瞬时充高压式。

单压式结构简单，但开断电流小、行程大，固有分闸时间长，而且操动机构的功率大。近年来，单压式 SF$_6$ 断路器采用了大功率液压机构和双向吹弧，以被广泛采用，并逐渐取代双压式。

图 2-11 所示为 LN2-10 型户内式 SF$_6$ 断路器的灭弧室结构和工作示意图。

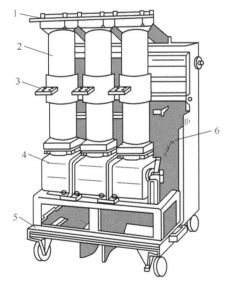

图 2-10 LN2-10 型高压 SF$_6$ 断路器

1—上接线端子；2—绝缘筒（内含气缸和触头）；
3—下接线端子；4—操动机构箱；
5—小车；6—断路弹簧

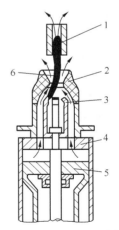

图 2-11 LN2-10 型高 SF$_6$ 断路器灭弧室结构和工作示意图

1—静触头；2—绝缘喷嘴；3—动触头；
4—气缸；5—压气活塞；6—电弧

3. 高压断路器的技术参数

（1）额定电压（U_N）。是指断路器长时间运行时能承受的正常工作电压。

（2）最高工作电压。由于电网不同地点的电压可能高出额定电压 10% 左右，故制造厂规定了断路器的最高工作电压。220kV 及以下设备，其值为额定电压的 1.15 倍；对于 330kV 的设备，规定为 1.1 倍。

（3）额定电流（I_N）。是指铭牌上标明的断路器可长期通过的工作电流。断路器长期通过额定电流时，各部分的发热温度不会超过允许值。额定电流也决定了断路器触头及导电部分的截面。

（4）额定开断电流（I_{Nbr}）。是指断路器在额定电压下能正常开断的最大短路电流的有效值，它表征断路器的开断能力。开断电流与电压有关，当电压不等于额定电压时，断路器能可靠切断的最大短路电流有效值，称为该电压下的开断电流；当电压低于额定电压时，开断电流比额定开断电流有所增大。

（5）额定断流容量（S_{Nbr}）。也表征断路器的开断能力。在三相系统中，它和额定开断电流的关系为 $S_{Nbr} = \sqrt{3} U_N I_{Nbr}$。由于 U_N 不是残压，故额定断流容量不是断路器开断时的实际容量。

（6）关合电流（i_{Ncl}）。保证断路器能关合短路而不致于发生触头熔焊或其他损伤，所允许接通的最大短路电流。

（7）动稳定电流（i_{es}）。是指断路器在合闸位置时，允许通过的短路电流最大峰值。它是断路器的极限通过电流，其大小由导电和绝缘等部分的机械强度所决定，也受触头的结构形式的影响。

（8）热稳定电流（i_t）。是指在规定的某一段时间内，允许通过断路器的最大短路电流。热稳定电流表明了断路器承受短路电流热效应的能力。

（9）全开断（分闸）时间（t_{kd}）。是指断路器接到分闸命令瞬间起到各相电弧完全熄灭为止的时间间隔，它是断路器固有分闸时间 t_{gf} 和燃弧时间 t_h 之和。断路器固有分闸时间是指断路器接到分闸命令瞬间到各相触头刚刚分离的时间；燃弧时间是指断路器触头分离瞬间到各相电弧完全熄灭的时间。

全开断时间是表征断路器开断过程快慢的主要参数。其值越小，越有利于减小短路电流对电气设备的危害、缩小故障范围、保持电力系统的稳定。

（10）合闸时间。合闸时间是指从操动机构接到合闸命令瞬间起到断路器接通为止所需的时间。合闸时间决定于断路器的操动机构及中间传动机构。一般合闸时间大于分闸时间。

（11）操作循环。操作循环也是表征断路器操作性能的指标。我国规定断路器的额定操作循环如下。

① 自动重合闸操作循环：

分 — θ — 合分 — t — 合分

② 非自动重合闸操作循环：

分 — t — 合分 — t — 合分

上二式中，分表示分闸操作；合分表示合闸后立即分闸的动作；θ 表示无电流间隔时间，标准值为0.3s或0.5s；t 表示强送电时间，标准时间为180s。

4. 高压断路器的型号表示

高压断路器的型号表示如图2-12所示。

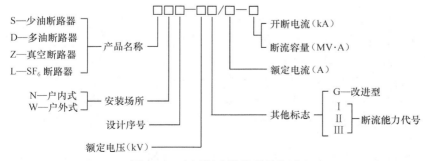

图2-12 高压断路器的型号表示

另外，有的断路器型号中还有第八单元，是特殊环境代号。

例如：型号为 SN10-10/3000-750 的断路器，其含义表示为：少油断路器、户内式、设计序号为 10，额定电压为 10kV，额定电流为 3 000kA，开断容量为 750MVA。

2.6.2　互感器

互感器是按照比例变换电压或电流的设备。在高压电力系统中，为了测量和继电保护的需要，必须用到互感器。其功能主要是将高电压或大电流按比例变换成标准低电压（100V 或 $100\sqrt{3}$ V）或标准小电流（5A 或 1A，均指额定值），以便实现测量仪表、保护设备及自动控制设备的标准化、小型化。同时互感器还可用来隔开高电压系统，以保证人身和设备的安全。

互感器主要分为电压互感器和电流互感器两大类。目前绝大部分互感器的工作原理与变压器类似，都是利用电磁感应原理来进行信号变换的，因此被称为电磁式互感器。但其工作特点、性能要求以及结构与一般变压器有很大差别，尤其电流互感器差别更大。

作为一种检测装置，准确度是对互感器性能的一个主要要求。此外，为了确保设备运行和人员的安全，要求互感器的一次、二次绕组之间要足够绝缘，二次绕组至少有一点接地。电力系统的额定电压越高，则对互感器绝缘等级的要求也越高。不同绝缘等级的要求，是造成互感器结构差别的最主要因素。

一、电压互感器

电压互感器如图 2-13 所示，是一个带铁芯的变压器。它主要由一、二次线圈、铁芯和绝缘组成。当在一次绕组上施加一个电压 U_1 时，在铁芯中就产生一个磁通 ϕ，根据电磁感应定律，则在二次绕组中就产生一个二次电压 U_2。改变一次或二次绕组的匝数，可以产生不同的

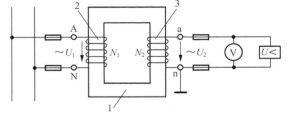

图 2-13　电压互感器的基本结构原理图
1—铁芯；2——次绕组；3—二次绕组

一次电压与二次电压比，这就可组成不同比的电压互感器。电压互感器将高电压按比例转换成低电压，即 100V，电压互感器一次侧接在一次系统，二次侧接测量仪表、继电保护等；主要是电磁式的（电容式电压互感器应用广泛），另有非电磁式的，如电子式、光电式。

1.　电压互感器的工作原理

其工作原理与变压器相同，基本结构也是铁芯和原、副绕组。特点是容量很小且比较恒定，正常运行时接近于空载状态。

电压互感器本身的阻抗很小，一旦副边发生短路，电流将急剧增长而烧毁线圈。为此，电压互感器的原边接有熔断器，副边可靠接地，以免原、副边绝缘损毁时，副边出现对地高电位而造成人身和设备事故。

测量用电压互感器一般都做成单相双线圈结构，其原边电压为被测电压（如电力系统的线电压），可以单相使用，也可以用两台接成 V/V 形作三相使用。实验室用的电压互感器原边往往是多抽头的，以适应测量不同电压的需要。供保护接地用电压互感器还带有一个第三线圈，称三线圈电压互感器。三相的第三线圈接成开口三角形，开口三角形的两引出端与接地保护继电器的电压线圈连接。

正常运行时，电力系统的三相电压对称，第三线圈上的三相感应电动势之和为零。一旦发生单相接地时，中性点出现位移，开口三角的端子间就会出现零序电压使继电器动作，从而对电力系统起保护作用。

线圈出现零序电压则相应的铁芯中就会出现零序磁通。为此，这种三相电压互感器采用旁轭式铁

芯（10kV 及以下时）或采用三台单相电压互感器。对于这种互感器，第三线圈的准确度要求不高，但要求有一定的过励磁特性（即当原边电压增加时，铁芯中的磁通密度也增加相应倍数而不会损坏）。

2. 电压互感器的分类

（1）按安装地点可分为户内式和户外式。35kV 及以下多制成户内式；35kV 以上则制成户外式。

（2）按相数可分为单相式和三相式，35kV 及以上不能制成三相式。

（3）按绕组数目可分为双绕组和三绕组电压互感器，三绕组电压互感器除一次侧和基本二次侧外，还有一组辅助二次侧，供接地保护用。

（4）按绝缘方式可分为干式、浇注式、油浸式和充气式，干式浸绝缘胶电压互感器结构简单、无着火和爆炸危险，但绝缘强度较低，只适用于 6kV 以下的户内式装置；浇注式电压互感器结构紧凑、维护方便，适用于 3～35kV 户内式配电装置；油浸式电压互感器绝缘性能较好，可用于 10kV 以上的户外式配电装置；充气式电压互感器用于 SF$_6$ 全封闭电器中。

（5）此外，还有电容式电压互感器，电容式电压互感器实际上是一个单相电容分压管，由若干个相同的电容器串联组成，接在高压相线与地面之间，它广泛用于 110～330kV 的中性点直接接地的电网中。

3. 电压互感器的接线方式

（1）用一台单相电压互感器来测量某一相对地电压或相间电压的接线方式如图 2-14 所示。

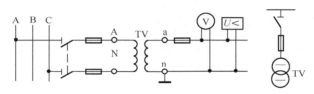

图 2-14　一个单相电压互感器接线

（2）用两台单相互感器接成不完全星形，也称 V/V 接线，用来测量各相间电压，但不能测相对地电压，如图 2-15 所示，广泛应用在 20kV 以下中性点不接地或经消弧线圈接地的电网中。

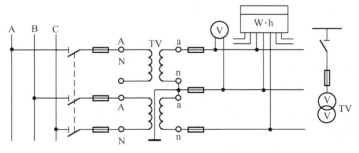

图 2-15　两个单相电压互感器 V/V 型接线

（3）用三台单相三绕组电压互感器构成 YN，yn，d0 或 YN，y，d0 的接线形式，如图 2-16 所示。广泛应用于 3～220kV 系统中，其二次绕组用于测量相间电压和相对地电压，辅助二次绕组接成开口三角形，供接入交流电网绝缘监视仪表和继电器用。用一台三相五柱式电压互感器代替上述 3 个单相三绕组电压互感器构成的接线，除铁芯外，其形式与图 2-15 基本相同，一般只用于 3～15kV 系统。

（4）3 个单相三绕组电压互感器或一个三相五芯柱三绕组电压互感器接成 $Y_0/Y_0/$ ▷（开口三角）形，如图 2-17 所示。其接成 Y_0 的二次绕组，供电给需线电压的仪表、继电器及需线电压的绝缘监视用电压表；接成 ▷（开口三角）形的辅助二次绕组，接电压继电器。

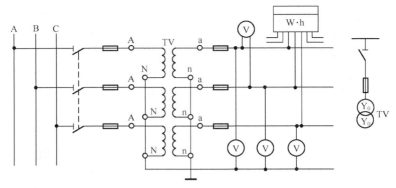

图 2-16　3 个单相电压互感器 Y_0/Y_0 型接线

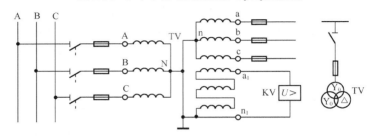

图 2-17　3 个单相三绕组或一个三相五芯柱三绕组电压互感器接成 $Y_0/Y_0/\triangleright$（开口三角）型接线

一次电压正常时，由于 3 个相电压对称，因此 $\triangleright$ 形两端的电压接近于零。当某一相接地时，$\triangleright$ 形两端将出现近 100V 的零序电压，使电压继电器动作，发出信号。

4．电压互感器的型号表示

电压互感器型号表示如图 2-18 所示。

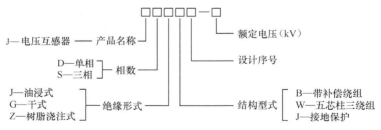

图 2-18　电压互感器型号表示

例如：JDJ-10 表示单相油浸电压互感器，额定电压为 10kV。

5．使用中的注意事项

（1）电压互感器工作时其二次侧不得短路

由于电压互感器一、二次绕组都是在并联状态下工作的，如果二次侧短路，将产生很大的短路电流，有可能烧毁互感器，甚至影响一次电路的安全运行。因此电压互感器的一、二次侧都必须装设熔断器进行短路保护。

（2）电压互感器的二次侧有一端必须接地

这与电流互感器二次侧有一端接地的目的相同，也是为了防止一、二次绕组间绝缘击穿时，一次侧的高电压窜入二次侧，危及人身和设备的安全。

（3）电压互感器在连接时也应注意其端子的极性

过去规定，单相电压互感器的一、二次绕组端子标以 A、X 和 a、x，端子 A 与 a、X 与 x 各为对应的"同名端"或"同极性端";而三相电压互感器,按照相序,一次绕组端子分别标 A、X,B、Y、C、Z,二次绕组端子分别对应地标 a、x,b、y,c、z。端子 A 与 a、B 与 b、C 与 c、X 与 x、Y 与 y、Z 与 z 各为对应的"同名端"或"同极性端"。GB1207—1997《电压互感器》规定,单相电压互感器的一、二次绕组端子标以 A、N 和 a、n,端子 A 与 a、N 与 n 各为对应的"同名端"或"同极性端";而三相电压互感器,一次绕组端子分别标 A、B、C、N,二次绕组端子分别标 a、b、c、n,A 与 a、B 与 b、C 与 c 及 N 与 n 分别为"同名端"或"同极性端",其中 N 与 n 分别为一、二次三相绕组的中性点。

电压互感器连接时端子极性错误也是不行的,要出问题的。

二、电流互感器

在测量交变的大电流时,为便于二次仪表测量,需要转换为比较统一的电流(我国规定电流互感器的二次额定电流为 5A),另外线路上的电压都比较高如直接测量是非常危险的。电流互感器就起到变流和电气隔离作用。它是电力系统中测量仪表、继电保护等二次设备获取电气一次回路电流信息的传感器,电流互感器将高电流按比例转换成低电流,电流互感器一次侧接在一次系统,二次侧接测量仪表和继电保护等。

1. 电流互感器的工作原理

电流互感器的基本结构和原理如图 2-19 所示,一次绕组和二次绕组绕在同一个磁路闭合的铁芯上。如果一次绕组中有电流流过,将在二次绕组中感应出相应的电动势。在二次绕组为通路时,则在二次绕组中产生电流。此电流在铁芯中产生的磁通趋于抵消一次绕组中电流产生的磁通。在理想条件下,电流互感器两侧的励磁安匝相等,二次电流与一次电流之比等于一次绕组与二次绕组匝数比。

2. 电流互感器的分类

电流互感器根据用途一般可分为保护用和计量用两种。两者的区别在于计量用互感器的精度要相对较高,另外计量用互感器也更容易饱和,以防止发生系统故障时大的短路电流造成计量表计的损坏。

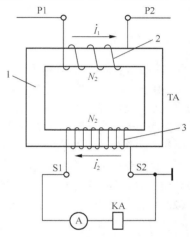

图 2-19 电流互感器的基本结构原理图
1—铁芯;2——次绕组;3—二次绕组

根据对暂态饱和问题的不同处理方法,保护用电流互感器又可分为 P 类和 TP 类。P(protection,保护)类电流互感器不特殊考虑暂态饱和问题,仅按通过互感器的最大稳态短路电流选用互感器,可以允许出现一定的稳态饱和,而对暂态饱和引起的误差主要由保护装置本身采取措施防止可能出现的错误动作行为(误动或拒动)。TP(transient protection,暂态保护)类电流互感器要求在最严重的暂态条件下不饱和,互感器误差在规定范围内,以保证保护装置的正确动作。

此外还有一些其他类型的互感器,比如光互感器、电子式电流互感器等,在实际应用中还很少。

3. 电流互感器的型号表示

电流互感器型号表示如图 2-20 所示。

例如 LMZ-0.66 表示用环氧树脂浇注的穿芯式电流互感器,额定电压为 0.66kV。

4. 使用中的注意事项

(1)电流互感器在工作时其二次侧不得开路

电流互感器正常工作时,由于其二次回路串联的是电流线圈,阻抗很小,因此接近于短路状态。根据磁动势平衡方程式,其一次电流产生的磁动势,绝大部分被二次电流产生的磁动势所抵消,所以总的磁动势很小,励磁电流(即空载电流)只有一次电流的百分之几,很小。但是当二次侧开路时，其电流为 0，这时迫使励磁电流等于一次侧电流，即一次电路的负荷电流。由于这一电流只受一次电路负荷影响，与互感器二次负荷变化无关，从而使励磁电流比正常工作时增大几十倍，使励磁磁动势也增大几十倍，这将会产生如下严重后果。

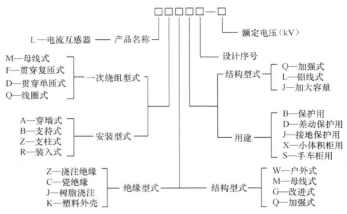

图 2-20　电流互感器的型号表示

① 铁芯由于磁通量剧增而会过热，产生剩磁，降低铁芯准确度级。

② 由于电流互感器的二次绕组匝数远比其一次绕组匝数多，所以在二次侧开路时会感应出危险的高电压，危及人身和设备的安全。

电流互感器在工作时二次侧不允许开路。在安装时，其二次接线要求连接牢靠，且二次侧不允许接入熔断器和开关。如果需要接入仪表测试电流或功率，或更换表计及继电器等，应先将电流回路进线一侧短路或就地造成并联支路，确保作业过程中无瞬间开路。此外，电流回路连接所用导线或电缆芯线必须是截面不小于 $2.5mm^2$ 的铜线，以保证必要的机械强度和可靠性。

（2）电流互感器的二次侧有一端必须接地

电流互感器二次侧有一端必须接地，是为了防止其一、二次绕组间绝缘击穿时，一次侧的高电压窜入二次侧，危及人身和设备的安全。

（3）电流互感器在连接时，要注意其端子的极性

按照规定，我国互感器和变压器的绕组端子，均采用"减极性"标号法。

用"减极性"法所确定的"同名端"，实际上就是"同极性端"，即在同一瞬间，两个对应的同名端同为高电位，或同为低电位。

在安装和使用电流互感器时，一定要注意端子的极性，否则其二次仪表、继电器中流过的电流就不是预想的电流，甚至可能引起事故。

2.7　接地保护

当人体触电时，由于电流的流过会使身体遭到电的刺激或伤害，引发电击或电伤。人体发生触电的情形主要有：与带电部分（感应电、静电或绝缘损坏导致的部件带电）直接接触；发生接地故障时人体恰好处于接触电压和跨步电压的危险区；与带电部分的隔离未达到安全距离。

人体触电时受到伤害的程度与流过人体的电流大小、接触时间、电流流经人体的途径、电流的类型以及人体的状况等很多因素有关。其中尤其与电流大小和接触时间有关。实验分析的结果表明，工频交流电达到 10mA 时，开始对人体产生危害，当超过 50mA 时，即对人体产生致命危险。人体电阻随着人体状况的不同，波动很大，比如人体干燥、洁净、无损伤时，人体电阻可以高达 40 000～

100 000Ω；而皮肤表面有破损或人体潮湿时，人体电阻甚至可以降低到 1 000Ω 以下。在最恶劣的情形下，人所接触的电压只要达到 0.05 × 1 000 = 50V 时，人体就会面临致命危险。

接地保护是将设备的金属外壳、金属构件或互感器的二次侧等接地，防止由于绝缘损坏而导致的设备外壳带危险等级电压，以保护人员在与设备接触时的安全，如图 2-21 所示。

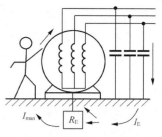

图 2-21 接地保护示意图

当人体触及绝缘损坏的设备外壳时，流过人体的电流为

$$I_{man} = I_E \frac{R_E}{R_{man} + R_t + R_E} \qquad (2\text{-}1)$$

其中 I_E (A)为单相接地电流；R_E (Ω)为接地保护电阻；R_{man} (Ω)为人体电阻；R_t (Ω)为人脚与地面的接触电阻。由式（2-1）可以看出，保护接地电阻越小，流过人体的电流就越小，人体就越安全。因此只要选择适当的接地电阻就可以起到保证人身安全的作用。

一、接地保护的电阻阻值要求

保护接地装置主要由埋入土中的金属接地体（角钢、钢管等）和用来连接的接地线构成。当由于电气设备的绝缘损坏发生接地时，接地电流通过接地体向大地做半球形扩散，形成电流场。大地也具有一定的电阻率，电流在扩散的过程中也会遇到电阻，被称为散流电阻。半球形距离接地体越远面积越大，随之单位长度的散流电阻减小。在距离接地体 15～20m 以外的地方，散流电阻实际上已接近于零。因此，在这个范围之内，距离接地体越近则电位越高；距离接地体越远，则电位越低。这个散流电阻实际就是接地装置的对地电阻。

接地装置的电阻包括接地体的对地电阻和与其相连的导体电阻之和。金属导体的电阻一般很小，因此可以忽略不计。则实际考虑的接地装置电阻就是其对地电阻，其具体数值与接地体材料关系不大，但与接地体的尺寸、形状、布置方式以及周围土壤的电阻率密切相关。

接地故障时，处于故障有效区域中的人有两种触电方式。

其一，如图 2-21 所示，人体某部分触及带电的设备外壳，此时人体的接触点与脚之间产生电压，称为接触电压。通常指人站在距离设备 0.8m 的地面上，手触及带电设备外壳时人体所承受的电压。如果设备外壳所带最高电位为 U_E，距离设备 0.8m 的地面处电压为 U，则可求接触电压为

$$U_{tou} = U_E - U \qquad (2\text{-}2)$$

其二，当人在接地电流形成的分布电压区域沿轴向跨开一步，此时在两脚之间（0.8m）会产生电压，被称为跨步电压。若两脚所处地面电位分别为 U_a 和 U_b，则可求跨步电压为

$$U_s = U_a - U_b \qquad (2\text{-}3)$$

在大电流接地系统中，接地电流 I_E 较大，因此接地体附近形成的分布电压区域也较大，在这种情况下无论是接触电压还是跨步电压都会对人体产生严重威胁。但实际运行时大电流接地系统的故障切除时间很快，经验表明，只要保证接地网电压不超过 2 000V 即可保证人身和设备的安全，此时接地电阻为

$$R_E \leqslant \frac{2\,000}{I_E} \qquad (\Omega) \qquad (2\text{-}4)$$

而在小电流的接地系统中，虽然 I_E 较小，但继电保护常作用于信号，因此接地时间较长，在这种情况下人体接触设备外壳的概率增大，所以必须对接触电压加以限制。若接地装置仅限用于高压设备，则规定接地电压不得高于 250V，此时接地电阻为

$$R_E \leqslant \frac{250}{I_E} \qquad (\Omega) \qquad (2\text{-}5)$$

若接地装置属于高、低压共用，考虑到人体与低压设备的接触机会更多，规定接地电压不得超过 120V，此时接地电阻为

$$R_{\mathrm{E}} \leqslant \frac{120}{I_{\mathrm{E}}} \quad (\Omega) \tag{2-6}$$

一般这种情况的接地电阻不要超过 10Ω，当电压为 1 000V 以内时，接地电阻最好不要超过 4Ω。

二、接地保护的分类

接地保护的形式有两种：一种是设备的金属外壳经各自的接地线（PE 线）直接接地，称 IT 系统，多用于用户高压系统或低压三相三线制系统；另一种是设备的金属外壳经公共的 PE 或 PEN 线接地，也称保护接零，用于三相四线制系统，又可分为 TN 和 TT 系统。

1. IT 系统

在中性点不接地的三相三线制的供电系统中，将设备的金属外壳及其构架等经各自的 PE 线分别直接接地，称为 IT 系统。

在三相三线制系统中，当电气设备绝缘损坏系统发生一相碰壳故障时，设备外壳电位将上升为相电压，人接触设备时，故障电流将全部通过人体流入地中，如图 2-22（a）所示，从而造成触电危险。

当采用 IT 系统后，故障电流将同时沿接地装置和人体两条通路流过，如图 2-22（b）所示。由于流经每条通路的电流与其电阻成反比，而通常人体电阻 R_{b} 比接地电阻 R_{E} 大数百倍，所以流经人体的电流很小，不会发生触电危险。

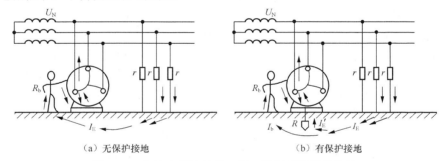

（a）无保护接地 　　　　　　　　　（b）有保护接地

图 2-22　中性点不接地的三相三线制系统保护接地

2. TN 系统

在中性点直接接地的低压三相四线制系统中，将设备金属外壳与中性线（N 线）相连接，称为 TN 系统。当设备发生单相碰壳接地故障时，短路电流经外壳和 PE 或 PEN 线而形成回路，此时短路电流较大，能使设备的过电流保护装置动作，迅速将故障设备从电源断开，从而减小触电的危险，保护人身和设备的安全。TN 系统按其 PE 线的形式可分为 TN-C 系统、TN-S 系统、TN-C-S 系统，如图 2-23 所示。

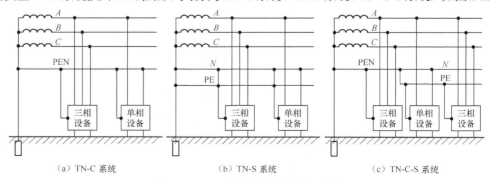

（a）TN-C 系统 　　　　　　（b）TN-S 系统 　　　　　　（c）TN-C-S 系统

图 2-23　TN 型低压配电系统电路图

本 章 小 结

发电机、输变电设备、配电装置以及高压电器是组成电力系统的主要设备元件。这些设备元件的参数是对电力系统进行分析计算的基础。

发电机本质上是一种能量转化装置，根据所用一次能源的不同，现有的发电机主要有汽轮机、水轮机和风力发电机。

电力系统中输变电的核心设备就是电力变压器。如果按照绕组结构划分，电力变压器有双绕组、三绕组和自耦变压器 3 种形式。

电力线路也是输变电设备不可或缺的一环。电力线路主要分为架空线和电力电缆，重点是架空线。架空线造价低、施工简单、维护方便，因此应用广泛。而电力电缆占地少、很少受环境因素影响、更可靠安全，但造价相对更好。

高压断路器（高压开关）是变电所主要的电力控制设备，具有灭弧特性。电力系统正常运行的时候，它用来切断或接通线路及各种电气设备的空载或负载电流；电力系统发生故障时，高压断路器与继电保护系统配合，能迅速切断故障电流，防止事故范围的扩大。要求熟悉高压断路器的型号含义、作用原理及用途。

互感器的作用是隔离二次设备与一次电路和扩大仪表、继电器的使用范围。电流互感器二次额定电流一般为 5A，电流互感器串联于线路中，常用的有 4 种接线方式。在使用时要注意：二次侧不得开路，不允许装设开关或熔断器；二次侧有一端必须接地；注意端子的极性。电压互感器二次额定电压一般为 100V，电压互感器并联在线路中，常用的有 4 种接线方式。在使用时要注意：二次侧不得短路，要装设小空气开关或熔断器；二次侧有一端必须接地；注意端子的极性。

为了保障人身安全，防止触电事故而将电气设备的金属外壳与大地进行良好的电气连接，称为保护接地。

习　　题

2-1　简述汽轮机的结构和工作过程。

2-2　简述水轮机的分类和特点。

2-3　风力发电机的主要部件包括哪些？作用是什么？

2-4　电力系统的输变电设备主要包括哪些？

2-5　架空线的杆塔有哪些结构形式？

2-6　真空灭弧室的真空度对其灭弧作用有何影响？

2-7　电流互感器和电压互感器有何异同？

2-8　什么叫保护接地？

2-9　常用的保护接地有哪几类？

第**3**章 电气主接线

电气主接线表明电气一次设备的连接关系，是发电厂、变电站电气部分运行、检修、操作和事故处理的工作平台。电气主接线的设计布局对电气设备的选择、配电装置的布置、继电保护以及自动控制方式的拟定，都有决定性的影响。

3.1 电气主接线概念

电路中的高压电气设备包括发电机、变压器、母线、断路器、隔离刀闸、线路等。它们的连接方式对供电可靠性、运行灵活性及经济合理性等起着决定性作用，因此必须满足一定的要求，以保证电能的生产、变换和输送。所谓电气主接线，就是指由上述高压电气设备通过连接线按照一定功能要求所组成的接受和分配电力的通道，是一种高电压、强电流的网络，通常又被叫做一次接线或者电气主系统。

对一个电厂而言，电气主接线在电厂设计时就根据机组容量、电厂规模及电厂在电力系统中的地位等，从供电的可靠性、运行的灵活性和方便性、经济性、发展和扩建的可能性等方面，经综合比较后确定。它的接线方式能反映正常和事故情况下的供送电情况。

3.2 电气主接线的形式

3.2.1 概述

发电厂和变电所电气主接线的基本环节包括：电源（发电机或变压器）、母线以及出线（馈线）。不同的发电厂和变电所，基本环节的数目或者种类都是不同的，因此需要采取不同的设备连接方式。这些不同的主要电气设备连接方式，就是主接线的基本形式。一般来说，主接线的基本形式可以分为以下两大类。

（1）有汇流母线的接线形式

又可分为单母线、单母线分段、双母线、双母线分段、增设旁路母线或旁路隔离开关、一台半断路器接线、变压器母线接线等。

（2）无汇流母线的接线形式

又可分为单元接线、桥形接线以及多角形接线等。

3.2.2　有汇流母线的电气主接线

当进出线的数量较多的时候，宜采用汇流母线作为中间环节，以便于电能的汇集和分配，也便于连接、安装和改扩建，使得接线简单清晰，运行操作方便。

1. 单母线接线形式

只有一组汇流母线的主接线形式叫单母线接线。典型的单母线接线如图 3-1 所示，电源 1 和 2 是两路电源，在发电厂为发电机或变压器；在变电所则为变压器或高压进线回路。L1～L4 为 4 路出线线路。电源和出线线路均连接到汇流母线 W 上。母线既保证了两路电源并列工作，又能使 4 条线路中任一条都可以从任意电源获得电能。从图中看，每条线路都装有断路器 QF，因为断路器具有灭弧装置，可以断开或闭合负荷电流和断开短路电流，用来做切断或者接通电路的控制器。断路器的两侧均装有隔离开关，靠近母线一侧的隔离开关叫做母线隔离开关，靠近线路一侧的隔离开关叫做线路隔离开关。隔离开关没有灭弧装置，因此开合电流的能力极低。安装隔离开关的目的是在线路停运的时候用以隔开电源，这样当检修线路或者断路器的时候，可形成一个检修人员看得见的明显的断开点。一旦断路器的合分闸指示器失灵，对检修人员来说也是安全的。QF1 和 QF2 在靠近电源一侧均未设置隔离开关，这样做的原因是，一旦 QF1 或者 QF2 检修，其对应侧的电源均应当停止工作。图中的 QS5 被称作接地刀闸，在检修线路或设备前才将其合上，以使线路或设备对地等电位，防止突然来电，确保检修人员的安全。

同一回路中串联的断路器和隔离开关在运行操作的时候，必须严格遵守下列操作顺序：比如对线路 L4 送电的时候，在接地刀闸 QS5 和断路器 QF3 均断开的前提下，先合上 QS3 和 QS4，然后才可以投入 QF3；相反，若要停止对线路 L4 送电，必须先断开 QF3，若线路或者断路器 QF3 还需要检修，则需再断开 QS4 和 QS3，等到线路 L4 的对侧停电以后，再合上接地刀闸 QS5。

单母线接线的形式结构简单清晰，所需设备少，投资较少，运行操作方便，并且利于扩建和采用成套配电装置。但其可靠性和灵活性较差，当母线或母线隔离开关故障或需检修时，必须将所接电源全部断开，导致整个系统停电；另外在断路器检修期间也必须停止其所在回路的供电。因此这种接线方式只适用于单电源的发电厂或变电所，并且出线的回路数不能太多、用户对供电的可靠性要求不高的场合。具体如下。

（1）6～10kV 配电装置且出线回路数不超过 5。

（2）35～63kV 配电装置且出线回路数不超过 3。

（3）110～220kV 配电装置且出线回路数不超过 2。

2. 单母线分段接线形式

单母线接线在母线故障或者检修时，会造成大范围停电，为了克服这个缺点，对单母线利用断路器 QF1 进行分段，将一段母线分成两段，如图 3-2 所示。对某些重要的用户，可以从两段母线上分别给电。因为两段母线同时出故障的概率极小，可以忽略不计，因此当某段母线故障时，通过断路器 QF1 将故障母线从整个主接线中断开，可以保证正常母线段对用户供电的不间断，这大大增加了供电的灵活性和可靠性。

单母线分段的数目取决于电源数量和容量。段数多，则故障时停电范围小，但所需设备更多，配置和运行方式复杂，因此通常单母线宜分 2～3 段。单母线分段通常适用于以下几种情况。

（1）6～10kV 配电装置，出线回路数为 6 及以上，且每段容量不超过 25MW。

（2）35～60kV 配电装置，出线回路数为 4～8。

（3）110～220kV 配电装置，出线回路数为 2～4。

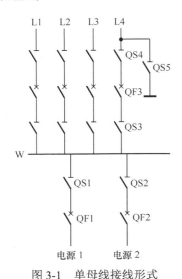

图 3-1　单母线接线形式

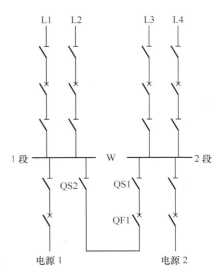

图 3-2　单母线分段接线形式

QF—断路器；QS—隔离开关；W—母线；L—线路

单母线分段接线的优点是：对重要用户可从不同母线段分别引出馈线，由两个电源供电；其中任一段母线故障时，不影响其他段母线的正常供电。缺点是：某段母线或其上的母线隔离开关故障或检修时，所在段母线上的回路必须全部停电，任一回路的断路器故障或检修时，该回路也必须停止工作。

3．单母线加装旁路母线接线形式

断路器经过长时间运行或切断数次短路电流后，都必须进行检修。在单母线接线形式中，为了在检修断路器时不至于使其所在回路的供电中断，可增加旁路母线 W1 和旁路断路器 QF2，如图 3-3 所示。对线路 L4 而言，其经过旁路隔离开关 QS3 与旁路母线相连。正常运行的时候，QF2 和 QS3 均断开。当 L4 回路中的断路器 QF1 需要检修的时候，先闭合 QF2 两侧的隔离开关，再闭合 QS3，再闭合 QF2，然后断开 QF1 及其两侧的隔离开关 QS1 和 QS2，这样虽然 QF1 退出工作进行检修，但不影响 L4 线路的正常供电。如果检修的是电源回路的断路器且不允许断开电源，旁路母线还可以通过隔离开关与电源相连，如图中虚线所示。

有了旁路母线后，检修与其相连的任一回路断路器时，都可以保证该回路不断电，从而提高了供电的可靠性。这种接线方式被广泛应用在出线回路数较多的 110kV 及以上的高压配电装置中。因为电压等级高，则输送距离和传输功率都高，停电造成的影响较大，另外高压断路器检修所需时间也较长。

4．单母线分段加装旁路母线

单母线加装旁路母线的接线形式，需多安装价格很高的旁路断路器和隔离开关，增加了投资。因此在单母线分段加装旁路母线的接线形式中，为了节约投资，不采用专门的旁路断路器，而是让分段断路器兼旁路断路器的作用，如图 3-4 所示。线路正常工作的时候，旁路母线 W2 是不带电的。分段断路器 QF1 以及隔离开关 QS1 和 QS2 均处于闭合状态，而隔离开关 QS3、QS4、QS5 则处于断开状态。此时整个系统运行方式与单母线分段无异。当 QF1 被当作旁路断路器使用时，只需闭合隔离开关 QS1、QS4 以及断路器 QF1 且保证隔离开关 QS2、QS3 处在断开状态，旁路母线即被接入 1 段母线，则 1 段母线按照单母线方式运行；反之，闭合隔离开关 QS2、QS3 以及断路器 QF1 且保证隔离开关 QS1、QS4 处在断开状态，旁路母线即被接入 2 段母线，则 2 段母线按照单母线方式运行。若将隔离开关 QS5 闭合，且使隔离开关 QS2 和 QS3（或 QS1 和 QS4）始终处于断开状态，则系统接线变成单母线加装旁路母线的接线形式。

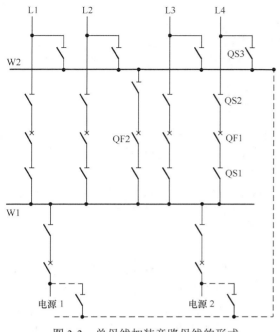

图 3-3 单母线加装旁路母线的形式

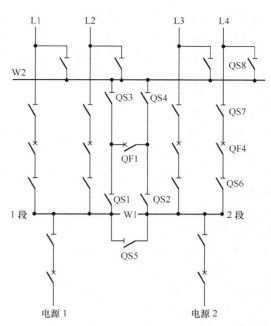

图 3-4 单母线分段加装旁路母线

单母线分段加装旁路母线的接线适用于线路数量较多且容量不大的中、小型发电厂或者 35～110kV 的变电所。

5. 双母线接线形式

如图 3-5 所示,在双母线接线中有 W1 和 W2 两组母线。电源 1 和电源 2 所在回路通过隔离开关分别与 W1 和 W2 相连。线路 L1～L4 所在的回路也分别通过隔离开关与 W1 和 W2 相连。W1 和 W2 之间通过断器器 QF 连接,QF 被称做母联。在电力系统中,双母线接线通常有如下 3 种运行方式。

(1) 母联 QF 断开,一条母线工作,另一条母线备用,所有电源及线路均连接在运行母线上。

(2) 母联 QF 断开,进出线路分别与两条母线相连,两条母线分段运行,此种连接方式在变电所中被称为硬母线分段,可以减少短路电流。

(3) 母联 QF 闭合,电源及出线平均分配接于两条母线,此时若连接方式固定,则继电保护配置最为简单。

采用两组母线后,其运行的可靠性和灵活性大大提高,具体表现如下。

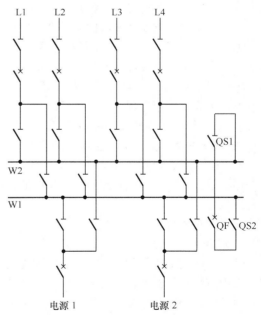

图 3-5 双母线接线形式

(1) 母线检修可轮流进行,且不至于中断用户的供电。

(2) 若其中一条母线故障,可以将连接在其上的回路均倒闸切换到另一条母线上,从而可迅速恢复正常供电,大大缩短停电时间。

(3) 若任意条母线的隔离开关需要检修,则只需断开该回路中与此隔离开关相连的母线,其他回路则可通过另一条母线继续正常运行。

（4）母联断路器可以用来代替任一回路需要检修的断路器，切换时，只需要短暂停电。

（5）如果个别回路需要单独进行试验（如发电机或线路检修后），可以将该回路分出来，单独接到备用母线上运行。

（6）当线路利用短路方式进行融冰时，可以用一条母线作为融冰母线，另一条母线用以保证其他回路正常工作。

（7）双母线接线方式有利于扩建，在两条母线的两个方向上的扩建，均不会影响连接其上的电源和出线线路的自由组合分配，且施工过程中也不会造成原有回路的停电。

双母线的接线方式有很多优点，运行方式多变，这也造成其操作多且复杂，为了避免错误操作造成的故障，在实际运行的时候，必须遵守一定的操作顺序。一般原则为隔离开关相对于断路器要"先通后断"，母线隔离开关相对于线路隔离开关要"先通后断"，在任何情况下都不允许带负荷拉隔离开关。具体的操作规则如下。

（1）轮流检修两条母线的操作

母联断路器处于断开状态，一条母线工作，另一条备用。为了检修母线，必须先把接于工作母线上的所有回路均切换至备用母线上。为此，首先要闭合母联断路器两侧的隔离开关，然后闭合母联断路器，对备用母线充电。若备用母线有故障，则继电保护装置将产生动作，使得母联断路器跳闸。只有当备用母线完好时，母联断路器才能保持接通的状态，此时备用母线经过充电后，与工作母线等电位，因此允许隔离开关进行切换操作，此时应先闭合备用母线的隔离开关，再断开工作母线的隔离开关。当全部回路通过上述步骤均切换完毕后，再断开母联断路器及其两侧的隔离开关即可对工作母线进行检修。为了切实保证检修人员的安全，检修时应将被检修母线接地。

（2）用母联断路器代替线路断路器的操作

为了检修某条出线上的断路器，且要保证不使该出线长时间停电，可采取母联断路器替代的方式。此时必须严格按照如下步骤进行操作。

① 首先检查备用母线是否完好，方法是通过母联断路器对其充电，若母联断路器能保持在闭合状态，则表明备用母线完好，随后断开母联断路器。

② 断开待检断路器及其两侧的隔离开关。

③ 闭合线路隔离开关和备用母线侧隔离开关。

④ 闭合母联断路器，线路重新投入运行。

通过以上步骤，待检断路器所在出线通过母联断路器，由工作母线经备用母线和临时跨条继续得到供电。

双母线接线方式的主要缺点如下。

（1）倒闸操作比较复杂，在运行过程中隔离开关为操作电器，比较容易发生误操作。

（2）若母线出线故障，则需在短时间内切换众多的电源以及负荷；当检修出线断路器时，虽然可采用母联断路器替代的方式，但仍会导致该线路短时间停电。

（3）配电装置比较复杂，投资较多，经济性较差。

鉴于以上缺点，在必要的时候须采用母线分段和增设旁路母线等措施加以完善。

6. 双母线分段接线形式

如图 3-6 所示，备用母线 I 不分段，工作母线被母联 QF$_3$ 和分段电抗器 L 分成 II、III 两段。分段电抗器的任务是当 II 或 III 中的某一段发生短路时限制另一段供给的短路电流。双母线分段的接线方式多用于 6～10kV 的装置中，另外当 220kV 进出回路数较多时，也可采用双母线分段（分四段）接线方式，但不需安装电抗器。

7. 双母线带旁路母线接线形式

如图 3-7 所示，正常运行的时候，旁路断路器 QF1 断开，旁路母线 W3 不带电。若要对任一进出回路的断路器进行检修，都可以通过旁路断路器 QF1 及检修所在线路的刀闸，继续对检修断路器所在线路供电，保证了供电的连续性。

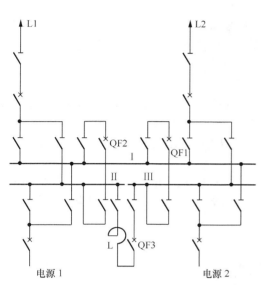

图 3-6　双母线分段接线

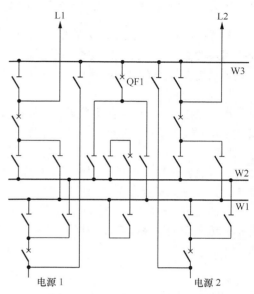

图 3-7　双母线带旁路母线接线

实际由于系统短路容量方面或者为了提高供电可靠性的影响，大规模电力系统中电压等级较高且连接多个电源的大容量枢纽变电站经常将双母线分段跟双母线带旁路母线的接线形式相结合，采用双母线分段带旁路母线的接线形式。

8. 一台半断路器接线形式

如图 3-8 所示，在两条母线之间，每一串上接有三台断路器和两条回路，断路器和回路数目的比为 3∶2，因此这种接线方式又被称做二分之三接线。这种接线方式具备以下优点。

（1）可靠性非常高。任一组母线故障或检修时，或者极端情况下两组母线同时故障，都不会影响所有回路的工作。只有中间的联络断路器故障或检修时，才会影响该串上的回路工作。

（2）运行调度很灵活。正常运行时两组母线及全部断路器均投入工作，从而形成多环形供电，便于灵活调度运行。

（3）检修方便。串上的隔离开关仅作为隔离电器使用，检修时无需进行复杂的倒闸操作。

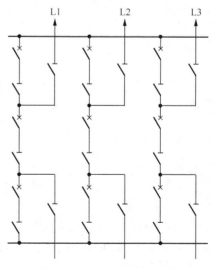

图 3-8　一台半断路器接线

这种接线方式的缺点也很明显，如下。

（1）某一回路如果发生故障，需要两台断路器跳闸，增加了检修维护工作量。

（2）继电保护的整定复杂。

（3）使用设备多，经济性较差。

（4）为了防止某台断路器故障时造成连在一串上的电源全被切掉，在布置时要求"同名不同串"，使得配电装置的布置困难。

鉴于一台半断路器接线的上述特点，这种接线方式更多地用于发电厂和变电站的超高压配电装置中。

3.2.3　无汇流母线的电气主接线

前述的各种有母线的接线方式，均使用了较多数量的断路器，且断路器的数目一般都大于所连接回路的数目。因此最终的配电装置占地很大，建设成本也很高。相对地，无汇流母线的接线方式则只需要较少数目的断路器，因此结构简单，经济性好。

1.　单元接线

在单元接线中，主要的电气设备（发电机、变压器、线路）直接串联组合成单元接线，互相之间并无任何横向联系，从而减少了设备数目，降低了造价，降低了发生故障的可能性。

如图3-9中的（a）、（b）、（c）所示，由发电机和变压器直接串联构成的接线。对图3-9（a）而言，只有发电机和变压器同时正常工作才能保证该单元的正常工作，因此在这二者之间无需设置断路器，这无疑提高了单元的经济性。由于发电机出口不设母线，在一定程度上减小了短路电流。对图 3-9（b）、图 3-9（c）而言，为了保证某一电压侧检修或退出运行时仍能维持其他两侧电压等级之间的联系，在变压器的三侧均需设置断路器。

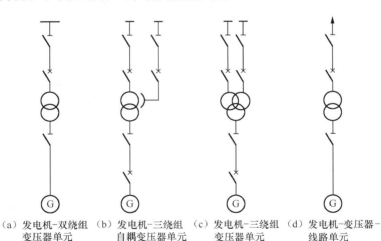

（a）发电机-双绕组　（b）发电机-三绕组　（c）发电机-三绕组　（d）发电机-变压器-
　　变压器单元　　　　自耦变压器单元　　　变压器单元　　　　　线路单元

图3-9　单元接线

另外为了减少变压器的台数和高压侧断路器的数目，节省配电装置占地面积，也可将两台发电机与一台变压器相连组成"扩大单元接线"，如图3-10所示。

2.　桥形接线

当只有两台变压器和两条线路时，可采用桥形接线。桥形接线按照跨接于两条线路之间的断路器位置的不同，可分为内桥形和外桥形，如图3-11所示。

（1）内桥形

内桥形接线适用于输电线路较长、故障几率较多、变压器不需要经常切除的接线。这种接线形式中线路的故障不会影响变压器的正常运行，而一旦变压器需要投切必会造成线路停止工作。穿越功率不大或几乎没有穿越功率的变电所的主接线适合采用这种设计。

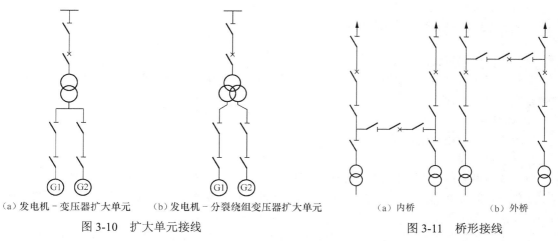

（a）发电机－变压器扩大单元　　（b）发电机－分裂绕组变压器扩大单元

图 3-10　扩大单元接线

（a）内桥　　　　（b）外桥

图 3-11　桥形接线

（2）外桥形

外桥形接线适用于输电线路较短、变压器需要经常投切或系统经两线路换网的情形。这种接线形式中，变压器的故障不影响线路正常运行，但线路故障会导致变压器退出工作。容量较小的发电厂或变电所、有穿越功率通过的变电所适合采用这种设计。

综上所述，桥形接线的可靠性不高，且有时需要隔离开关操作电器。但其布置简单、接线清晰、具备一定的可靠性和灵活性、所用设备较少、造价低。适用于小型的发电厂和变电站，也可作为工程初期的过渡接线。

3. 角形接线

角形接线是一种将各个断路器互相连接构成闭环的一种接线方式，如图 3-12 所示。在这种接线方式中，断路器的数目与回路的数目相等，且每条回路都与两台断路器相连，对某一台断路器进行检修不会导致该回路中断供电，隔离开关只在检修时起到隔离作用，不作为操作电器使用，因此角形接线具有较高的可靠性和灵活性。

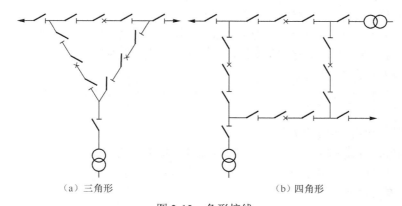

（a）三角形　　　　　　　　　　（b）四角形

图 3-12　角形接线

角形接线的缺点是：当某台断路器检修时，系统需开环运行，此时若另一台断路器发生故障，有可能会造成解列，这无疑降低了系统的可靠性；在开环和闭环两种运行状态下，各条回路通过的电流差别很大，使得设备的选择及保护整定都很复杂；另外角形接线配电装置一旦建成，不利于以后的扩建。因此角形接线适用于进出回路数目不超过 6 且最终规模明确的 110kV 及以上的发电厂和变电所的主接线。

3.3 主变压器和主接线的选择

一、主变压器形式的选择

在发电厂和变电站中，向电力系统或用户输送功率的变压器叫做主变压器。主变压器的型式选择要遵循以下原则。

1. 相数选择

一般应选择三相变压器。

2. 绕组数选择

（1）变电站或单机容量在 125MW 及以下的发电厂，若有 3 个电压等级，可考虑采用三相三绕组变压器，但每侧绕组的通过容量应能达到或超过额定容量的 15%，或者第三绕组需要接入无功补偿设备。否则不如选择两台双绕组变压器更合理。

（2）单机容量为 200MW 及以上的发电厂，因为额定电流和短路电流均很大，发电机出口的断路器制造困难，再加上大型三绕组变压器的中压侧（≥110kV）不希望留有分接头，故采用双绕组变压器加联络变压器的方案更为合理。

（3）凡是采用三绕组普通变压器的场所，如果两侧绕组采用中性点直接接地的系统，应考虑采用自耦变压器，但要防止自耦变压器的工作绕组或串联绕组过负荷。

3. 绕组接线组别

变压器三相绕组的接线组别必须和系统电压的相位一致。

4. 短路阻抗选择

为了提高系统的稳定性和供电质量，短路阻抗选小一些更好，但过分小的短路阻抗会导致短路电流过大，使其他设备的选择变得困难。

国产的普通三绕组变压器和自耦型三绕组变压器从绕组排列上看有升压型和降压型两种结构。升压型变压器的 3 个绕组排列顺序为中压、低压和高压（自铁芯向外），其中低压绕组的阻抗最小；降压型变压器的 3 个绕组排列顺序为低压、中压和高压（自铁芯向外），其中中压绕组的阻抗最小。在发电厂中，其主变压器输送功率的方向主要为由低压到中、高压时，可选用升压型变压器；而在变电站中，当输送方向主要为由高压向中压（或反之）时，应选择降压型变压器。这样可以降低电压及无功损耗，也有利于变压器并列运行时合理分配功率。

5. 变压器冷却方式选择

主变压器可选的冷却方式有：自然风冷、强迫风冷、强迫油循环风冷、强迫油循环水冷、强迫导向油循环冷却等。

二、主变压器容量、台数的选择

主变压器容量、台数及电压的选择主要依据输送的功率容量，此外还应当考虑电力系统长远的发展规划（5～10 年）。如果选得过大，则会造成过度投资，形成资源浪费；如果选得过小，则不能满足生产发展后负荷增长的需要。

1. 单元接线主变压器容量确定

应按照发电机的额定容量减去所在机组的厂用负荷，再考虑 10%的裕量这一原则来确定。扩大单元接线要尽可能采用分裂绕组变压器。

2. 发电机电压母线与升高电压之间主变压器容量确定

（1）若发电机全部投入运行，在满足由发电机电压供电的日最小负荷和厂用电后，主变压器应能够将剩余有功功率送入电力系统。

（2）如果发电机所连母线上的最大一台机组停运，主变压器应当能够从系统倒供给发电机所连电压母线并满足母线最大负荷要求。

（3）如果发电机电压母线连有两台以上主变压器，当其中功率最大的一台因故退出运行时，其他的主变压器在正常允许的过负荷范围内，应能够至少输送剩余功率的 70%。

（4）对于水电等较大的系统，如果要在丰水期限制火电厂的输出功率，主变压器应能从系统倒送功率以满足发电机母线上的负荷要求。

3. 变电站主变压器容量的确定原则

（1）按照变电站建成后 5～10 年内的规划负荷选择，适当考虑 10～20 年的负荷发展。

（2）对于重要的变电站，还需考虑当一台主变压器停运后，剩余的主变压器在过负荷承受能力和允许时间范围内，满足 I、II 类负荷的供电；对于一般变电站，若一台主变压器停运，剩余主变压器能满足全部供电负荷的 70%～80% 即可。

4. 主变压器台数的确定

对于大、中型发电厂或枢纽变电站，主变压器数目应为两台及以上；对于小型发电厂和终端变电站，主变压器数目可为一台。

5. 确定绕组额定电压和调压方式

三、主接线的选择

6～220kV 电压等级的接线形式，由电压等级高低、出线回路数的多少而定。330～750kV 的接线形式，应首先满足可靠性准则的要求。

220kV 及以下，当进出线回路多，输送功率大，可采用有母线的接线形式。一般 110～220kV 出线数为 3～4 回，35～63kV 出线数为 4～8 回，6～10kV 出线 6 回以上时，可采用单母分段接线，超过上述回路数或母线故障不影响供电时，可采用双母线接线。无母线接线，通常用于进出线回路少且不再扩建的情况。

采用单母和双母接线的 110～220kV 电压等级，若停电检修断路器时间较长，一般应设置旁路母线，并采用分段或母联断路器兼旁路断路器的接线形式。只当 110kV 出线 6～7 回以上，220kV 出线 4～5 回及以上时才设专用旁路断路器。

中小发电厂或变电站若有近区用户，常设有 6～10.5kV 电压母线。35kV 以下电压，由于供电距离不远，对重要用户可采用双回线路；若单母分段，也可设置不带专用断路器的旁路母线接线。变电站内 6～10kV 电压可选用成套配电装置。

对 330～500kV 电压等级，当进出线 6 回以上时可采用一台半断路器接线、双母线三分段或四分段接线；当最终出线数较少时，也可采用 3～5 回角形接线。

3.4　工厂供电系统主接线

一、高压配电线路的接线方式

工厂高、低压配电线路的接线方式有：放射式、树干式及环式。

1. 放射式

高压放射式接线是指由工厂变配电所高压母线上引出的一回线路，只直接向一个车间变电所或高压用电设备供电，沿线不分接其他负荷，如图 3-13 所示。这种接线方式简洁、操作维护方便、保护简单、便于实现自动化，但高压开关设备用得多，投资高，线路故障或检修时，由该线路供电的负荷要停电。

2. 树干式

高压树干式接线是指由工厂变配电所高压母线上引出的每路高压配电干线上，沿线分接了几个车间变电所或负荷点的接线方式,如图 3-14(a)所示。这种接线从变配电所引出的线路少,高压开关设备相应用得少。配电干线少可以节约有色金属,但供电可靠性差,干线故障或检修将引起干线上的全部用户停电。所以一般干线上连接的变压器不得超过 5 台,总容量不应大于 3 000kVA。

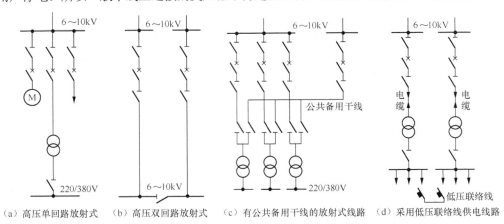

(a)高压单回路放射式　(b)高压双回路放射式　(c)有公共备用干线的放射式线路　(d)采用低压联络线供电线路

图 3-13　高压放射式接线

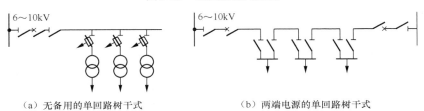

(a)无备用的单回路树干式　　　　　(b)两端电源的单回路树干式

图 3-14　高压树干式

3. 环式

高压环式接线其实是树干式接线的改进,如图 3-15 所示,两路树干式线路连接起来就构成了环式接线。这种接线运行灵活,供电可靠性高。当干线上任何地方发生故障时,只要找出故障段,拉开其两侧的隔离开关,把故障段切除后,全部线路可以恢复供电。由于闭环运行时继电保护整定比较复杂,所以正常运行时一般均采用开环运行方式。

二、低压配电线路的接线方式

1. 放射式

低压放射式供电如图 3-16 所示,可靠性较高,所用开关设备及配电线路也较多。多用于用电设备容量大,负荷性质重要,车间内负荷排列不整齐及车间有爆炸危险的厂房等情况。

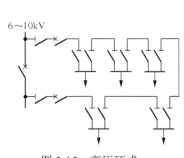

图 3-15　高压环式

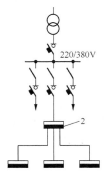

图 3-16　低压放射式接线

2.　树干式

低压树干式接线如图 3-17 所示，引出的配电干线较少，采用的开关设备较少，干线出现故障就会使所连接的用电设备均受到影响，供电可靠性较差。

3.　环式

低压环式接线如图 3-18 所示，这种接线方式供电可靠性高，一般线路故障或检修只是引起短时停电或不停电，经切换操作后就可恢复供电。保护装置整定配合比较复杂，所以低压环形供电多采用开环运行。

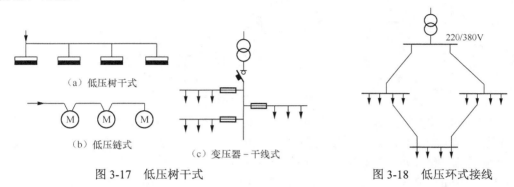

图 3-17　低压树干式　　　　　　　　　　图 3-18　低压环式接线

3.5　建筑配电系统接线

在现代电力系统中，大型的发电厂往往远离负荷中心。发电厂发出来的电能，一般要通过高压或超高压输电网络送到负荷中心，然后在负荷中心由电压等级较低的网络把电能分配到不同电压等级的用户。这种主要起分配电能作用的网络就称为配电网。它通常是指电力系统中二次降压变电站低压侧直接或降压后向用户供电的网络。配电网由架空线或电缆配电线路、配电所或柱上降压变压器直接接入用户所构成。

配电网按电压等级分类，可分为高压配电网（35～220kV）、中压配电网（6～10kV）、低压配电网（220～660V）；按供电区的功能分类，可分为城市配电网、农村配电网和企业配电网等。

配电网因主要供给一个地区的用电，因而属于地方电力网。相对于区域电力网来说，电压等级低且供电范围要小一些，但敏锐地反映着用户在安全、质量、经济等方面的要求，特别是城市配电网往往在一个较小的地理范围内集中了很多用户，因此配电网在设计、运行等方面都具有不同于输电网的特点。

在图 3-19 中，配电线路上没有分段用的开关设备。若配电线路发生故障，必然停用该配电线路供电的所有负荷。为了提高供电可靠性，往往要求架设二回配电线路，每个用户都同时从每回配电线路上 T 接电源，构成所谓的双"T"接线。

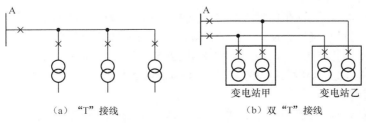

（a）"T"接线　　　　　　　　　（b）双"T"接线

图 3-19　"T"型接线 I

在图 3-20 中，配电线路经过分段用的开关设备分成多段（又称为手拉手接线）。当配电线路发生故障时，可以利用开关设备将故障隔离在两个开关设备之间（称为配电网故障隔离）。一般而言，分段数不宜太多。两端供电的中压线路，分段数以 3～5 分段为宜。用于分段的开关设备可以是断路器、负荷开关，也可以是配电网专用的开关设备。图 4-2 所示接线形式也可以构成双"T"接线。

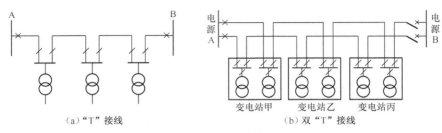

（a）"T"接线　　　（b）双"T"接线

图 3-20　"T"型接线 II

"T"接线的主要优点是简单、投资少、有较高的可靠性。单电源双"T"接线的继电保护方式简单可靠，对架空线路装设自动重合闸装置。变电站装备用电源自动投切。考虑到同一线路停电时的影响范围，接在每同线路上的变压器台数不宜多。当有条件时把单侧电源的双"T"发展成双侧电源，供电可靠性大为提高，正常时只有一侧送电，当一侧电源退出时，另一侧电源自动投入送电。

当变电站配置 3 台变压器时，一般需要 3 回电源进线。但为了简化接线，常常利用 2 回电源进线进行"T"接，称"3T"接线，如图 3-21 所示。与双"T"比较，其优点是设备利用率提高了，变电站可用容量由 50%（按低负荷率计算）提高到了 67%，线路也如此。

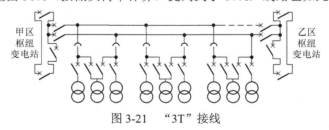

图 3-21　"3T"接线

3.5.1　城网主接线

一、城网主电源

220kV 及以上输电线路和变电站是输电网的组成部分，又是城网主电源。因此城网主电源的规划、设计、运行属于输电网范畴，其可靠性要求很高。

为了保证城网的供电可靠性，一般在城市外围建设由架空线路组成的双环网。输电双环网在地理上环绕城区。在不能形成地理上的环网时，也可以采用 C 型电气环网。随着负荷的增长，当环网的短路容量过大时，可以在现有环网的外围建设更高一级电压的环网，将原有环网分片开环运行。对大城市，可以直接建设地理上的分片环网或分片 C 型电气环网。

某些负荷密集、用电量很大的市区，可以采用 220kV 深入市区的供电方式，一般称为 220kV 直供。这种为市区供电的 220kV 线路和变电站属于城网规划范围，即属于城市高压配电网。

二、城市高压配电网

城市高压配电网一般包括 110kV、63kV 和 35kV 的线路和变电站。

当高压线路采用架空线时，由于市区通道有限，为充分利用有限的地理空间，一般采用同杆双回的供电方式。架空线的载流量较大，沿线可以"T"接多个变电站。这种接线在遭受雷击和其他自然灾害以及线路检修时有同时停运的可能，因此，有条件时常在两端配备电源，线路分段运行，即一般采用图 3-20 所示"T"接方式接成双"T"接线。

当高压配电线路采用电缆时，不受通道限制，可以多于两回路，因此很少有停运的可能性，因此，单侧电源的电缆可"T"接两个变电站。但"T"接两个以上变电站时，也宜在两端配备电源，且线路分段运行。

高压变电站的进线和变压器一次侧之间常采用线路变压器组接线、桥形接线和其他有母线接线。其中，线路变压器组接线最为灵活，适用于终端变压器，在高压配电网中也常见。有时候为了接线的简洁，可省去线路变压器组中的断路器，配置远方跳闸机构。

高压变电站变压器二次侧也有多种接线方式。例如，单母线分段接线，单母线分段带旁路接线和双母线接线等。

三、城市中压配电网

城市中压配电网由 10kV 线路、配电所、开闭所、箱式配电站、杆架变压器等组成。

一般中压配电网根据高压变电站的位置和负荷分布分成若干相对独立的分区。各个分区配电网具有大致明确的供电范围，且相互之间一般不交错重叠。为了降低损耗和提高用户侧电压，单回中压线路的长度以不超过 4～6km 为宜。此外，高压变电站之间的中压电网应该具有足够的联络容量，正常时开环运行，异常时能转移负荷。

中压架空线配电网沿道路架设电网，线路遍布每一条道路，在道路交叉点互联，全网用杆架开关分段，形成多分段多联络的开式运行网络。每段电网有一馈入点，自变电站用电缆线馈入电源，每一段中又可分成两个以上小段，以便在需要时将负荷切换至邻近段电网。

电缆网因敷设回路数可以较多，因此供电能力大，且不影响环境。随着大城市的改革开放，电缆网将普遍采用。电缆网普遍采用开环运行的单环网，正常时开环运行，发生故障后，可以自动操作从而很快恢复供电。

当地区内同时存在架空线和电缆时，应该设置专门的联络点将架空线和电缆的供电范围分开。

3.5.2 农网主接线

农村电网根据负荷对供电可靠性的要求程度，其接线方式一般分为两大类：无备用接线和有备用接线。

一、无备用接线

无备用接线是指用户只能从一个方向取得电能的接线方式，是目前农村电网应用最广泛的接线方式。这类接线方式又分为放射式、干线式和树枝式 3 种。

无备用接线方式的特点是：简单、经济、运行方便，但供电可靠性和灵活性较差，线路发生故障或检修时就要中断供电。

二、有备用接线

有备用接线是指用户能从两个或两个以上方向取得电能的接线方式，如双回路、环形网、两端供电网络等。农村电力网开始建设时一般都比较简单，但随着农村电气化程度的提高，农村电力网的规模在扩大，对供电可靠性的要求也不断提高。有备用的接线方式，已经在一些地区农村电力网建设中采用。

有备用接线的特点是：供电可靠，但运行操作和继电保护整定复杂，建设造价高。

根据当前农村电网的实际情况，主要用户是电力排灌、农副产品加工和生活照明，对于要求连续性供电比较高的乡镇企业、农业生产和畜牧业用户还比较少，用户一般为二、三类负荷，因此可以采用无备用接线方式。至于选择哪一种接线方案为好，则可根据电源（或区域电力网的变电站）和用户的相对地理位置，经过技术经济比较确定。

在做接线方案时，可遵循下列原则。

（1）凡是负荷围绕电源分布的，可采用放射式。

（2）凡是负荷集中分布在电源同一方向的，可采用干线式。

（3）凡是负荷集中分布在电源的多个方向的，可采用树枝式。

（4）对若停电有可能造成人身伤亡、设备损坏或家禽家畜死亡的用户，应采用有备用的接线方式。

本 章 小 结

电气主接线，就是指各种高压电气设备通过连接线按照一定功能要求所组成的接受和分配电力的通道，是一种高电压、强电流的网络，通常又被叫做一次接线或者电气主系统。本章详细介绍了电气主接线的基本概念、形式、特点和使用场合。本章还另外介绍了主变压器极其主接线的选择、工厂供电系统主接线的选择以及建筑配电系统主接线的选择。

习 题

3-1 变电所高压电源进线采用隔离开关-熔断器接线与采用隔离开关-断路器接线各有哪些优缺点？各适用于哪些场合？

3-2 什么叫内桥接线和外桥接线？各适用于什么场合？

3-3 试比较放射式接线和树干式接线的优缺点及适用范围？

3-4 变电所的主变压器台数如何确定？主变压器容量又如何确定？

3-5 工厂供电主接线的形式有哪些？各有什么特点？

3-6 城网主接线的类型和特点是什么？

3-7 农网主接线的类型和特点是什么？

第 4 章 电气二次接线

在电力系统中，对一次设备（主要包括变压器、高压开关电器、高压互感器、高压避雷器、各种高压电抗器和电容器等）的工作进行监测、控制、调节、保护以及为运行、维护人员提供运行工况或生产指挥信号所需的低压电气设备被统称为二次设备。如熔断器、控制开关、继电器、控制电缆等。虽然二次设备的工作电压低（通常在 220V 以下），但对发电厂和变电站的安全运行同样起着重要作用。

4.1 二次接线基本概念

将二次设备按照工艺要求，互相连接组合在一起所形成的对一次设备进行监测、控制、调节和保护的电气回路称为二次接线，也叫做二次回路。为了设计和运行的方便，一般将二次回路划分为控制回路、信号回路、保护回路、监测回路和自动装置回路，为保证二次回路的用电，还有相应的操作电源回路等，如图 4-1 所示。

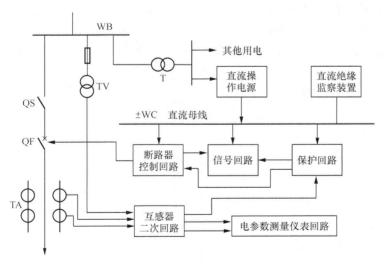

图 4-1　二次回路组成示意图

将二次设备按照一定的要求连接在一起的图被称为二次接线图。二次接线图按照作用的不同可分为：原理接线图和安装接线图。二次接线图需采用国标规定的图形符号以及文字进行绘制。

4.1.1 原理接线图

在供配电系统中，用来表示继电保护、监视和测量仪表以及自动装置的工作原理的电路图叫做原理接线图，原理接线图可按归总式和展开式两种方式绘制。

1. 归总式原理接线图

图 4-2 所示为 6～10kV 线路保护归总式原理接线图，图中每个元器件以整体形式绘出，它对整个装置的构成有一个明确的概念，便于掌握其互相关系和工作原理。其优点是较为直观；缺点是当元器件较多时电路的交叉多，交、直流回路及控制与信号回路均混合在一起，清晰度差。

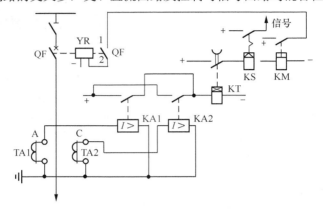

图 4-2　归总式原理接线图

归总式原理接线图可用来分析工作原理，但对于复杂线路，看图较困难，因此，应用较广泛的是展开式原理接线图。

2. 展开式原理接线图

图 4-3 所示为展开式原理接线图。展开式原理接线图是按二次接线使用电源来分别画出交流电流回路、交流电压回路、直流操作回路及信号回路中各元件的线圈和触点，所以，属于同一个设备或元件的电流线圈、电压线圈、控制触点分别画在不同的回路里。为了避免混淆，属于同一个元件的线圈和触点采用相同的文字符号，但各支路需标上不同的数字回路标号。

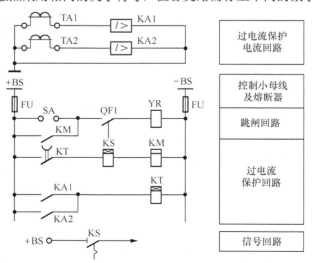

图 4-3　展开式原理接线图

展开图分成交流电流回路、交流电压回路、直流控制操作回路和信号回路等几个主要组成部分。每一部分又分行排列，交流回路按 A、B、C 的相序排列，控制回路按继电器的动作顺序由上往下分别排列，各回路右侧通常有文字说明。图中各元件和回路按统一规定的图形、文字符号绘制。较简单图形可省略回路标号。

二次接线图中所有开关电器和继电器触点都是按照开关断开时的位置和继电器线圈中无电流时的状态绘制。

展开图的优点是接线清晰，回路次序明显，便于了解整个装置的动作程序和工作原理。目前工程中主要采用这种图形。展开图既是运行和安装中一种常用的图纸，又是绘制安装接线图的依据。

4.1.2　安装接线图

根据电气施工安装的要求，用来表示二次设备的具体位置和布线方式的图形，称为二次回路的安装接线图。安装图是二次回路设计的最后阶段，用来作为设备制造、现场安装的实用二次接线图，也是运行、调试、检修的主要图纸。在安装图上设备均按实际位置布置，设备的端子和导线，电缆的走向均用符号、标号加以标志。二次接线安装图由屏面元件布置图、屏后接线图和端子板接线图等几部分组成。原理接线图绘制较简单，下面以安装接线图为例介绍二次接线基本要求及二次接线图的绘制方法。

一、二次接线基本要求

按《电气装置安装工程盘、柜及二次回路接线施工及验收规范》（GB 50171—1992）规定，二次回路的接线应符合下列要求。

（1）按图施工，接线正确。

（2）导线与电气元件间采用螺栓、插接、焊接或压接等方法连接，均应牢固可靠。

（3）盘、柜内的导线不应有接头，导线芯线应无损伤。

（4）电缆芯线和所配导线的端部均应标明其回路编号，编号应正确，字迹清晰且不易褪色。

（5）配线应整齐、清晰、美观，导线绝缘良好，无损伤。

（6）每个接线端子的每侧接线宜为 1 根，不得超过 2 根；对于插接式端子，不同截面的两根导线不得接在同一端子上；对于螺栓连接端子，当接两根导线时，中间应加平垫片。

（7）二次回路接地应设专用螺栓。

（8）盘、柜内的二次回路配线：电流回路应采用电压不低于 500V 的铜芯绝缘导线，其截面不应小于 $2.5mm^2$；其他回路截面不应小于 $1.5mm^2$；对于电子元件回路、弱电回路采用锡焊连接时，在满足载流量和电压降及有足够机械强度的情况下，可采用不小于 $0.5mm^2$ 截面的绝缘导线。

二、二次回路的编号

为了在安装接线、检查故障等接线、查线过程中不至于混淆，需对二次回路进行编号。表 4-1 和表 4-2 所示分别为直流回路和交流回路编号范围。交流电压、电流回路的编号前附上该点所属相别（A、B、C、N）。直流回路在每行主要压降元件左侧使用奇数号、右侧使用偶数号，后两位为 33 的回路为断路器跳闸回路专用，03 为合闸回路专用，安装、调试、检修时应特别注意。

表 4-1　　　　　　　　　　　　直流回路编号范围

回路类型	保护回路	控制回路	励磁回路	信号及其他回路
编号范围	01～099 或 $j_{1\sim799}$	1～599	601～699	701～999

表 4-2 交流回路编号范围

回路类型	控制保护及信号回路	电流回路	电压回路
编号范围	1～399	400～599	600～799

三、安装接线图的绘制

安装接线图一般应表示出各个项目（指元件、器件、部件、组件和成套设备等）的相对位置、项目代号、端子号、导线号、导线类型和导线截面等内容。

1. 二次设备的表示方法

由于二次设备是从属于某一次设备或电路的，而一次设备或电路又从属于某一成套装置，因此为避免混淆，所有二次设备都必须按 GB/T 5094.2—2003 标明其项目种类代号。电气图中的项目种类代号具体要求如下。

（1）电气图中每个用图形符号表示的项目，应有能识别其项目种类和提供项目层次关系、实际位置等信息的项目代号。

（2）项目代号可分为 4 个代号段，每个代号段应由前缀符号和字符组成，各代号段的名称及其前缀符号应符合下列规定：

第 1 段 高层代号，其前缀符号为 "="；

第 2 段 位置代号，其前缀符号为 "+"；

第 3 段 种类代号，其前缀符号为 "—"；

第 4 段 端子代号，其前缀符号为 "："。

每个代号段的字符可由拉丁字母或阿拉伯数字构成，或二者组合构成，字母应大写。可使用前缀符号将各代号段以适当方式进行组合。

（3）项目代号应以一个系统、成套装置的依次分解为基础。一个代号表示的项目应是前一个代号所表示项目的一部分。

例如，某高压线路的测量仪表本身的种类代号为 P。现有有功电能表、无功电能表和电流表，它们的代号分别为 P1、P2、P3。而这些仪表又从属于某一线路，线路的种类代号为 WL，因此对不同线路又要分别标为 WL1、WL2、WL3 等。假设此有功电能表 P1 属于线路 WL3 上使用的，则此有功电能表的项目种类代号应标为 "+WL3–P1"。假设对整个变电站来说，线路 WL3 又是 3 号开关柜内的线路，而开关柜的种类代号为 A，因此有功电能表 P1 的项目种类代号，可以更详尽地标为 "=A3+WL3–P1"。

2. 接线端子的表示方法

屏（柜）外的导线或设备与屏上二次设备相连时，必须经过端子排。端子排是由专门的接线端子板组合而成的。

端子排的一般形式如图 4-4 所示，最上面标出安装项目名称、端子排代号和安装项目代号。下面的端子在图上画为三格，中间一格注明端子排的序号，一侧列出屏内设备的代号及其端子代号，另一侧标明引至设备的代号和端子号或回路编号。端子排的文字代号为 X，端子的前缀符号为 "："。若上述有功电能表 P1 有 8 个端子，则端子①应标为 "=A3+WL3–P1：1"。

接线端子板分为普通端子、连接端子、试验端子和终端端子等形式。普通端子板用来连接由屏外引至屏上或由屏上引至屏外的导线；连接端子板有横向连接片，可与邻近端子板相连，用来连接有分支的二次回路导线；试验端子板用来在不断开二次回路的情况下，对仪表、继电器进行试验；终端端子板用来固定或分隔不同安装项目的端子排。

3. 连接导线的表示方法

接线图中端子之间的连接导线有下面两种表示方法。

（1）连续线是指两端子之间的连接导线的线条是连续的。用连续线表示的连接导线需要全线画出，连线多时显得过于复杂。

（2）中断线是指两端子之间的连接导线的线条是中断的，如图 4-5 所示。在线条中断处必须标明导线的去向，即在接线端子出线处标明对端端子的代号，这种标号方法称为"相对标号法"。此法简明清晰，对安装接线和维护检修都很方便。

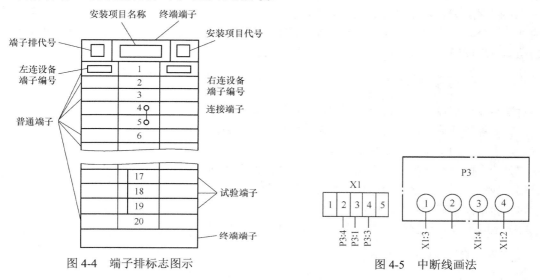

图 4-4　端子排标志图示

图 4-5　中断线画法

4.2　控制回路

变电站在运行时，由于负荷的变化或系统运行方式的改变，需要将变压器线路投入和切除，都要用断路器进行操作。断路器的操作是通过它的操作机构来完成的，断路器的控制回路就是用以控制操作机构动作的电路。

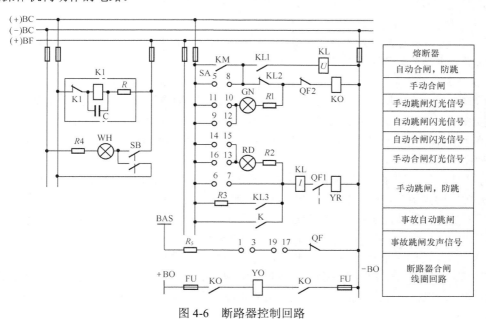

图 4-6　断路器控制回路

发电厂和变电站内对断路器的控制按照地点的不同可分为集中控制和就地控制两大类。所谓集中控制就是在主控制室内集中进行的控制，在这种控制方式下被控的断路器与控制室之间一般都有几十米到几百米的距离。而就地控制则是在断路器的安装地点就近进行控制，这种控制方式可大大减少主控室的建筑面积并节省控制电缆。对于主要的电气设备（发电机、主变压器、母线分段或母联、旁路断路器、35kV 及以上电压的线路、高低压常用变压器）采用集中控制的方式，对 6～10kV 线路及厂用电动机等采取就地控制的方式。另外如果按照操作方式的不同，对断路器的控制又可分为手动控制和自动控制。前者需要人工现场操作，而后者则是通过自动控制设备实现自动的就地或远程操作，不需要人员到现场进行操作。

4.2.1　对控制回路的一般要求

对断路器进行控制的回路应满足如下所述基本要求。

（1）既能进行动跳、合闸，又能由继电保护与自动装置实现自动跳、合闸，当跳、合闸操作完成后，应能自动切断跳、合闸脉冲电流。

（2）应有防止断路器多次连续跳、合闸的"跳跃"闭锁装置。

（3）应能指示断路器的合闸与分闸位置的信号。

（4）自动跳闸或合闸应有明显的信号。

（5）应能监视熔断器的工作状态及断路器跳、合闸回路的完整性。

4.2.2　控制回路的组成

断路器控制回路主要由控制元件、中间放大元件和操作机构组成。

1. 控制元件

控制元件包括控制开关和按钮，目前多采用控制开关。控制开关是发电厂和变电站中一种常用的二次装置，主要有两种类型。一种是跳、合闸操作都分两步进行，手柄有两个固定位置和两个操作位置；另一种是跳、合闸操作只用一步进行，手柄有一个固定位置和两个操作位置。前者用于火力发电厂和有人值班的变电站中，后者用于遥控及无人值班的变电站中。

2. 中间放大器件

由于控制元件和控制回路流过的电流很小，容量有限，而断路器合闸需要的电流很大，因此二者之间需要中间放大器进行功率放大。

3. 操作机构

高压断路器的操作机构有电磁式、弹簧式和液压式等，操作机构不同，其控制回路不尽相同，但基本接线相似。用户变电站的断路器常采用电磁式操作机构。下面以电磁式断路器为例，说明控制回路和信号回路的动作过程，如图 4-7 所示。表 4-3 所示为 LW2 型控制开关触点表的示例，它有 6 种操作位置。

为了说明操作手柄在不同位置时，各接点通、断情况，一般都列出触点图表。表 4-3 为 LW2 型控制开关的触点图表。1a、4、6a、40、20、6a 为开关上所带触点盒的形式，它们的排列次序就是从手柄处算起的装配顺序；斜线后面的 F8 为面板及手柄的形式（面板有两种：方形用 F 表示，圆形用 O 表示。手柄有 9 种，分别用数字 1～9 表示）。

表中手柄样式是正面图，这种控制开关是有两个固定位置（垂直和水平）和两个操作位置（由垂直位置再顺时针转 45°和由水平位置再逆时针转 45°）的开关，由于有自由行程的接点是紧跟着轴转动的，所以按操作顺序的先后，触点位置实际上有 6 种，即："跳闸后"、"预备合闸"、"合

闸"、"合闸后"、"预备跳闸"和"跳闸"。当断路器是在断开状态时，操作手柄是在"跳闸后"位置（水平位置）。如需要进行合闸操作，则应首先顺时针方向将手柄转动 90°至"预备合闸"位置（垂直位置），然后再顺时针方向旋转 45°至"合闸"位置，此时 4 型触点盒内的接点 5-8 接通，发出合闸命令，此命令称为合闸脉冲。合闸操作必须用力克服控制开关中自动复位弹簧的反作用力，当操作完成松开手后，操作手柄在复位弹簧的作用下自动返回到原来的垂直位置，但这次复位是在发出合闸命令之后，所以称其为"合闸后"位置。从表面上看，"预备合闸"与"合闸后"手柄是处在同一固定位置上的，但从触点图表可以看出，对于具有自由行程的 40、20 两种形式的触点盒，其接通情况是前后不同的，因为在进行合闸操作时，40、20 型触点盒中的动触点随着切换，但在手柄自动复归时，它们仍保留在"合闸"时的位置上，未随着手柄一起复归。

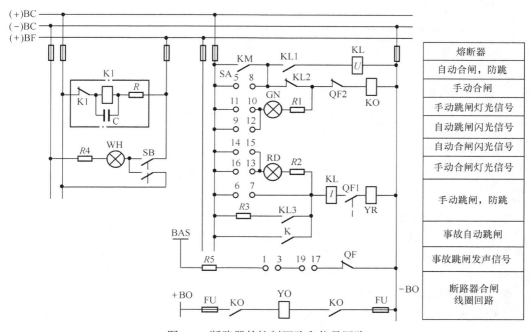

图 4-7　断路器的控制回路和信号回路

SA—控制开关　BC—小母线　BF—闪光母线　KL—防跳继电器
KM—中间继电器　KO—合闸接触器　YO—合闸线圈　YR—跳闸线圈
BAS—事故音响小母线　K—继电保护触点　K1—闪光继电器　SB—试验按钮

表 4-3　　　　　　　　　　　　　　　**LW2 控制开关触点图表**

在"跳闸后"位置的手柄（正面）的样式和触点盒（背面）的接线图	合 / 跳	1 / 2 / 4 / 3	5 / 6 / 8 / 7	9 / 10 / 12 / 11	13 / 14 / 16 / 15	17 / 18 / 20 / 19	21 / 22 / 24 / 23

续表

手柄和触点盒的形式		F8	1a		4		6a			40			20			6a		
触点号		–	1-3	2-4	5-8	6-7	9-10	9-12	10-11	13-14	14-15	13-16	17-19	17-18	18-20	21-22	21-24	22-23
触点位置	跳闸后		–	×	–	–	–	–	×	–	×	–	–	–	×	–	–	×
	预备合闸		×	–	–	×	×	–	–	×	–	–	×	–	–	×	–	–
	合闸		–	×	–	×	–	×	–	–	–	×	×	–	–	–	×	–
	合闸后		×	–	–	–	×	×	–	–	–	×	×	–	–	–	×	–
	预备跳闸		–	×	–	–	×	×	–	–	×	–	–	–	×	–	–	×
	跳闸		–	–	–	×	–	–	×	–	×	–	–	–	×	–	–	×

跳闸操作是从"合闸后"位置（垂直位置）开始，沿逆时针方向进行。即先将操作手柄逆时针方向转动 90°至"预备跳闸"位置，然后继续用力旋转 45°至"跳闸"位置。此时 4 型触点盒中的触点 6-7 接通，发出跳闸脉冲。松开手后，手柄自动复归，此时的位置称为"跳闸后"位置。这样，跳、合闸操作都分成两步进行，对于防止误操作有很大的意义。

在看控制开关触点图表时必须注意，表中所给出的触点盒背面接线图是从屏后看的，而手柄是从屏前看的。两者对照看时，当手柄顺时针方向转动，触点盒中的可动触点应沿逆时针方向转动，两者恰相反。表中有"×"号表示触点接通，有"–"者表示触点断开。

4. 操动机构

操动机构是断路器本身附带的跳、合闸传动装置，其种类很多，有电磁操动机构、弹簧操动机构、液压操动机构、气压操动机构等，其中应用最广的是电磁操动机构。

与电气二次接线关系比较密切的是操动机构中跳、合闸线圈的电气参数。各种型式操动机构的跳闸电流一般都不很大（当直流操作电压为 110～220V 时跳闸电流 0.5～5A），而 65 合闸电流则相差较大，如利用弹簧、液压、气压等操作，则合闸电流较小（当直流操作电压为 110～220V 时，一般不大于 5A），如利用电磁操动机构合闸，则合闸电流很大，可由几十安培至数百安培，此点在设计控制回路时必须注意。对于电磁型操动机构，合闸线圈回路不能利用控制开关触点直接接通，必须采用中间接触器，利用接触器带灭弧装置的触点去接通合闸线圈回路。

4.2.3 控制回路和信号回路操作过程分析

1. 手动合闸

合闸前，断路器处于"跳闸后"状态，断路器的辅助触点 QF2 闭合，控制开关 SA 10-11 闭合，绿灯 GN 回路接通发亮。但由于电阻 R1 的限流，不足以使合闸接触器 KO 动作。绿灯亮表示断路器处于"跳闸"位置，且控制电源和合闸回路完好。

当控制开关扳到"预备合闸"位置时，触点 SA9-10 接通，绿灯改接在闪光母线 BF 上，发出绿灯闪光，说明情况正常，可以合闸。当开关再旋转 45° 至"合闸"位置时，触点 SA5-8 接通，合闸接触器 KO 动作，使合闸线圈 YO 通电，断路器合闸。合闸后，辅助触点 QF2 断开，切断合闸回路，同时 QF1 闭合。

当操作人员将手柄放开之后，在弹簧的作用之下，开关回到"合闸后"位置，触点 SA13-16 闭合，红灯 RD 电路接通，红灯亮表示断路器在合闸状态。

2. 自动合闸

控制开关在"跳闸后"位置，若自动装置的中间继电器接点 KM 闭合，将使合闸接触器 KO 动作合闸。自动合闸后，信号回路经控制开关中 SA14-15、红灯 RD、辅助触点 QF1，与闪光母线 BF 接通，RD 发出红色闪光，表示断路器是自动合闸的，只有当运行人员将手柄扳到"合闸后"位置，红灯才能发出平光。

3. 手动跳闸

首先将开关扳到"预备跳闸"位置，SA13-14 接通，RD 发出红色闪光。再将手柄扳到"跳闸"位置，SA6-7 接通，断路器跳闸线圈 YR 通电，断路器跳闸。松手后，开关又自动弹回到"跳闸后"位置。跳闸完成后，辅助触点 QF1 断开，红灯熄灭，QF2 闭合，通过触点 SA10-11 使绿灯亮。

4. 自动跳闸

如果由于故障继电保护装置动作，使继电保护触点 K 闭合，引起断路器跳闸。由于"合闸后"位置 SA9-10 已接通，于是绿灯发出闪光。

在事故情况下，除用闪光信号显示外，控制电路还备有音响信号，在图 4-7 中，开关触点 SA1-3 和 SA19-17 与触点 QF 串联，接在事故音响母线 BAS 上，断路器因事故跳闸而出现"不对应"关系时，音响信号回路的触点全部接通而发出音响，引起运行人员的注意。

5. 防跳装置

断路器的"跳跃"，是指运行人员手动合闸断路器于故障元件时，断路器又被继电保护动作于跳闸，由于控制开关位于"合闸"位置，则会引起断路器重新合闸。为了防止这一现象，断路器控制回路设有跳跃闭锁继电器 KL。KL 具有电流和电压两个线圈，电流线圈接在断路器跳闸线圈 YR 之前，电压线圈则经过其本身的常开触点 KL1 与合闸接触器线圈 KO 并联。当继电保护装置动作，即触点 K 闭合使断路器跳闸线圈 YR 接通时，同时也接通了 KL 的电流线圈并使之启动，于是防跳继电器的常闭触点 KL2 断开，将 KO 回路断开，避免了断路器再次合闸，同时常开触点 KL1 闭合，通过 SA5-8 触点或自动装置触点 KM 使 KL 的电压线圈接通并自保持，从而防止了断路器的"跳跃"。触点 KL3 与继电器触点 K 并联，用来保护后者，使其不致断开超过其触点容量的跳闸线圈电流。

6. 闪光电源装置

闪光电源装置由 DX-3 型闪光继电器 K1、附加电阻 R 和电容 C 等组成，接线图见图 4-7 左部。当断路器发生事故跳闸后，断路器处于跳闸状态，而控制开关仍保留在"合闸后"位置，这种情况称为"不对应"关系。在此情况下，触点 SA9-10 与断路器辅助触点 QF2 仍接通，电容器 C 开始充电，电压升高，待其升高到闪光继电器 K1 的动作值时，闪光继电器 K1 动作，从而断开通电回路，上述循环不断重复，闪光继电器 K1 触点也不断开闭，闪光母线（+）BF 上便出现断续正电压使绿灯闪光。

控制开关在"预备合闸"位置、"预备跳闸"位置以及断路器自动合闸、自动跳闸时，也同样能启动闪光继电器，使相应的指示灯发出闪光。

SB 为试验按钮，按下时白信号灯 WH 亮，表示本装置电源正常。

4.3 信号回路

为了实时指示发电厂或变电站中各种电气设备的运行状态，必须在发电厂或变电站中安装各种信号装置。比如能够反映设备不正常运行的预告信号、反映设备故障的事故信号、用来传达命令的指示信号、各个生产车间之间进行联系的联络信号以及能够指示设备状态的位置信号等。所有这些信号装置，都有助于现场工作人员随时掌握各个电气设备的运行状态，提醒他们及时发现故障或非正常工作状态的性质、范围及发生地点，从而有助于他们迅速做出判断，采取正确的应对处理措施。

由信号电源、信号发生装置以及相关设施之间的连接线所构成的回路被称作信号回路。一般来说，各种不同的信号装置通常都由灯光信号和声音信号两大部分组成。灯光有助于现场工作人员分析判断问题，而声音则能够最大限度引起工作人员的注意。

4.3.1 位置信号

位置信号可以反映出电气设备的工作状态。比如断路器的合闸和跳闸状态可采用红灯和绿灯（或者位置继电器）来指示；隔离开关本身的位置指示装置即可反映其工作状态；发电机运行时的调相状态和发电状态也可采用相应的灯光信号加以指示；有载调压变压器设有与调压开关配套的位置指示器来指示分接头的位置等。

4.3.2 事故信号

若由于内部出现故障而导致断路器跳闸，便会产生事故信号通知运行值班人员。断路器跳闸而引发的事故信号包括声音信号和灯光信号。前者通常为高音电喇叭，且被设计为全厂公用，即无论哪一台断路器报警，都采用同一只喇叭发声；事故灯光信号则被设计成与各台断路器一一对应的方式，便于在事故发生时，值班人员能迅速辨明事发地点。一旦值班人员在事故信号的提醒下，获悉事故的发生，便可以将事故信号中的声音信号解除，以免喇叭长时间高声鸣叫影响事故分析和处理。

4.3.3 预告信号

预告信号是指在某些电气设备出现了不正常运行状态时检测装置所发出的信号，提醒运行值班人员采取相应措施加以消除。比如：变压器的过负荷、变压器油温过高、轻瓦斯保护动作、变压器风扇故障、电压互感器二次回路断线、直流回路绝缘损坏、中性点不接地系统的单相接地和控制回路断线等均需发出预告信号，以便值班人员及时处理，从而避免事故的发生。

预告信号也分为声音信号和灯光信号。为了与事故信号加以区分，预告信号的声音信号采用电铃的方式，而灯光信号则采用光字牌。光字牌在正常的时候是熄灭的，当发生上述的某种不正常状态时，光字牌才点亮，显示出具体的不正常状态内容。

上述 3 种信号中的故障和预告信号全厂共用一套，传统设计中发电厂都设有中央信号屏，故障和预告信号的相应装置都安装在此屏上，因此又被统称为中央信号。传统的中央信号回路通过断路器事故跳闸发出脉冲从而启动脉冲继电器而引发动作。脉冲继电器可以接收各种事故脉冲并转换成声音信号和引发多次重复动作。脉冲继电器的执行元件虽然经历了干簧继电器、极化继电器和晶体管继电器的更新换代历程，但接收信号数量总是有限且信号不够完善。计算机技术的飞速发展和应用，使得发电厂和变电站的二次回路发生质的飞跃。无人值守变电站技术逐渐完善和成熟，综合保护和监控装置体系使得二次系统融为一个整体，其中的跳闸矩阵单元、跳闸元件、跳闸回路监视元件、外来保护输入插件和公用信号会根据具体保护动作情况按照预先设定好的方式跳闸；而有控制信号到达时，则会启动声音振荡器，产生的音频信号经过放大处理后驱动扬声器发出不同频率的声响；事故发生时除了伴有声音和灯光信号外，还有标明继电保护和自动装置的指示信号，帮助值班人员迅速分析事故和检验装置动作的正确性。

4.4 变电站的综合自动化

4.4.1 变电站自动化的含义

变电站自动化是应用控制技术、信息处理技术和通信技术，通过计算机系统或自动装置，代替人工进行各种运行作业，提高变电站运行管理水平。变电站自动化包括综合自动化技术、远动技术、继电保护技术及变电站其他智能技术等多种技术。

变电站综合自动化是将变电站二次回路设备（包括控制、信号、测量、保护、自动及远动装置等）利用计算机技术和现代通信技术，经过功能组合和优化设计，对变电站执行自动监视、测量、控制和调节的一种综合性自动化系统。它可以收集比较齐全的数据和信息，有计算机的高速运行能力和判断功能，可以方便地监视和控制变电站内各种设备的运行和操作。它是变电站的一种现代化技术装备，是自动化、计算机和通信技术在变电站中的综合应用。它具有不同程度的功能综合化，设备及操作、监视计算机化，结构分布分层化，通信网络光缆化及运行管理智能化等特征。变电站综合自动化为变电站的小型化、智能化、扩大监控范围及变电站安全、可靠、优质、经济地运行提供了现代化手段和基础保证。

它的应用将为变电站无人值班，提供有力的现场数据采集和监控支持，在此基础上可实现高水平的无人值班变电站的运行管理。

4.4.2 变电站综合自动化的发展历程

国外变电站综合自动化的研究工作始于 20 世纪 70 年代。20 世纪 70 年代末，英、意大利、澳大利亚等国新装的远动装置都是微机型的。变电站综合自动化的研究工作于 20 世纪 70 年代中、后期开始。

国外研究工作突出的特点是他们彼此间一开始就十分重视这一领域的技术规范和标准的制定与协调。

我国变电站综合自动化的研究工作始于 20 世纪 80 年代中期。1987 年清华大学电机工程系研究成功国内第一个符合国情的综合自动化系统，在山东威海望岛变电站成功投入运行。这是我国第一个变电站综合自动化系统，有显著的经济效益和社会效益。其成功的投入运行，证明了我国完全可以自行研究、制造出具有国际先进水平、符合国情的变电站综合自动化系统。

20 世纪 90 年代中期后，综合自动化系统迅速发展。随着微机技术的不断发展和已投入运行的变电站综合系统取得的经济效益和社会效益，吸引了全国许多用户和科研单位和高等院校，因此变电站综合自动化系统到 20 世纪 90 年代，成为热门话题。

4.4.3 变电站综合自动化的特点

1. 功能综合化

变电站综合自动化系统综合了变电站内除了交、直流电源以外的全部二次设备的功能。它以计算机保护和监控系统为主体，加上变电站其他智能设备，构成功能综合化的变电站自动化系统。根据用户需求，还可以增加故障录波、故障定位和小电流接地选线等功能。变电站综合自动化系统是个技术密集，多种专业技术相互交叉、相互配合的系统。

2. 设备及操作、监视计算机化

变电站综合自动化系统的各子系统全部计算机化，完全摒弃了常规变电站中的各种机电式、机械式、模拟式设备，大大提高了二次系统的可靠性和电气性能。不论是否有人值班，通过计算机上的 CRT 显示器和键盘，就可以监视全变电站的实时运行情况和对各开关设备进行操作控制。

3. 结构分布、分层化

变电站综合自动化系统是一个分布式系统，其中计算机保护、数据采集和控制及其他智能设备等子系统都是按分布式结构设计的，一个综合自动化系统可以有十几个甚至几十个微处理器同时并行工作，实现各种功能。这样一个由庞大的 CPU 群构成的综合系统用以实现变电站自动化的所有综合功能。另外按变电站的物理位置和各子系统的不同功能，其综合自动化系统的总体结构又按 IEC 标准分为两层，即变电站层和间隔层，由此可构成分散（层）分布式综合自动化系统。

4. 通信局域网络化、光缆化

通信局域网络化、光缆化，从而使变电站综合自动化系统具有较高的抗电磁干扰的能力，能实现数据的高速传输，满足实时要求，组态更灵活，可靠性也大大提高，而且大大简化了常规变电站繁杂量大的各种电缆。

5. 运行管理智能化

智能化的含义不仅是能实现自动化功能，如自动报警、报表生成、无功调节、小电流接地选线、故障录波、事故判别与处理等以外，智能化还表现为能实现故障分析和故障恢复操作智能化，而且能实现自动化系统本身的故障自诊断、自闭锁和自恢复功能，并实时地将其送往调度（控制）中心。此外，用户可以根据运行管理的要求对其不断扩展和完善。

总之，变电站实现综合自动化可以全面地提高变电站的技术水平和运行管理水平，使其能适应现代化大电力系统运营的需要。

4.4.4 变电站综合自动化的基本功能

1. 计算机保护

计算机保护包括线路保护、变压器保护、馈出线保护、母线保护、电容器保护、备用电源自动投入装置以及接地选线装置保护等，变压器及高压线路则包括主保护和后备保护。作为综合自动化重要环节的计算机保护应具有以下功能。

（1）故障记录报告（分辨率 2ms），且掉电保持。

（2）时钟校时（中断或广播方式或其他方式）。

（3）存储多套整定值，并能显示整定值和当地修改整定值。

（4）实时显示保护状态（功能投入情况及输入量等）。

（5）与监控系统通信，主动上传故障信息、动作信息、动作值及自诊断信息，接受监控系统选择保护类型和修改保护整定值的命令等，与监控系统通信应采用标准规约。

2. 数据采集

对变电站运行状态的监视和运行参数的实时采集是变电站综合自动化的基本功能之一。变电站的运行参数包括状态量、模拟量、脉冲量。

（1）状态量。变电站内检测的状态量主要有：断路器、隔离开关的分合位置，变电站一次设备状态及报警信号，变压器分接头位置信号等。

（2）模拟量。变电站监测的典型模拟量有：各段母线电压、线路电压、电流和功率值，馈线电流、电压及功率值，频率等。此外还有变压器油温、变电器室温、直流电源电压、所用电压和功率等。

（3）脉冲量。指脉冲电能表输出的以脉冲信号表示的电度量。

3．数据处理与记录

变电站综合自动化系统处理和记录的数据主要包括如下。

（1）变电站运行参数。包括输电线路、变压器的有功功率、无功功率、电压、电流、功率因数、电能的统计计算；进线和母线电压各次谐波电压畸变率的分析；各类负荷报表的生成和负荷曲线的绘制。

（2）变电站事件记录。例如，断路器动作次数；断路器切除故障时故障电流和跳闸操作次数的累计数；断电保护装置和各种自动装置动作的类型、时间等。

（3）越限报警和记录。当变电站内设备运行参数越限时，在发出声光报警的同时，记录监测量的名称、限值越限值、时间等信息。

4．控制与操作闭锁

断路器和隔离开关的分合，变压器分接头的调节以及电容器组的投切都可以通过综合自动化系统的 CRT 屏幕进行操作。为防止计算机系统故障时无法操作被控设备，变电站综合自动化系统应当保留人工直接跳合闸手段。

操作闭锁应包括以下内容。

（1）操作出口具有跳、合闭锁功能。

（2）操作出口具有并发性操作闭锁功能。

（3）根据实时信息，实现断路器、刀闸操作闭锁功能。

适应一次设备现场维修操作的"计算机五防操作及闭锁"功能，即：防止带负荷拉、合隔离开关；防止误入带电间隔；防止误分、合断路器；防止带电挂接地线；防止带地线合隔离开关。CRT 屏幕操作闭锁功能，只有输入正确的操作口令和监护口令才有权进行操作控制。

5．电压、无功综合控制

在供配电系统中，保证电压合格，实现无功基本就地平衡是非常重要的控制目标。在运行中，通常通过调整变压器的分接头，投切电容器组、电抗器组以及调整同步调相器，将电压和无功潮流调整到预定值。

6．通信功能

变电站综合自动化系统的通信功能兼有 RTU 的全部功能，在实现遥测、遥信、遥控、遥调的基础上还增加了远方修改整定保护定值、故障录波与测距信号的远传等功能。系统的通信功能既包括系统内部各子系统与上位机（监控主机）及各子系统之间的数据通信，还包括系统与上级的信息交换（电力部门调度中心的信息交换）。通信系统的通信规约应符合国家标准和 IEC 标准。

4.4.5　变电站综合自动化的结构

变电站综合自动化系统的结构模式可分为集中式、分散式集中组屏和分布分散式 3 种类型。

1．集中式结构

这种结构的特点是将变电站中所有的保护、控制、数据采集、测量、远动等都集中在一个控制器上，完成了变电站的集中控制，如图 4-8 所示。但正是由于全部集中于一个控制器处理，导致控制器承担的工作太多，常常顾此失彼，反应速度慢。集中式系统结构的可靠性低，功能有限，其系统的扩展性和维护性都较差，远远不能满足国家标准和变电站实际运行要求。

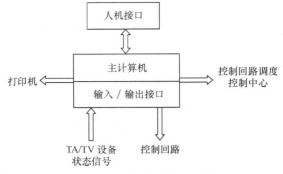

图 4-8   集中式结构示意图

2. 分散式集中组屏结构

分散式集中组屏结构按功能能划分成数据采集单元、控制单元和计算机保护单元等若干子模块，然后分别集中安装在变电站控制室的数据采集屏、控制屏和计算机保护屏上，通过网络与主控机相连，如图 4-10 所示。

这种按功能设计的模块结构的软件相对简单，调试维护方便，组态灵活。系统便于扩充和维护，整体可靠性高，其中一个环节故障，不会影响其他部分的正常运行。但因为采用集中组屏方式，所需连接电缆和信号电缆较多。因此，分布式集中组屏结构适用于主变电站的回路数相对较少，一次设备比较集中，从一次设备到数据采集柜和控制柜等所用的信号电缆不长，易于设计，安装和维护管理的 10～35kV 供配电系统变电站。

3. 分布分散式结构

变电站综合自动化系统的分布分散结构如图 4-9 所示，是按回路设计的，它将变电站内各回路的数据采集，计算机保护和监控单元组合成一套装置，就地安装在数据源现场的开关柜上。每条回路对应一套装置，装置的设备及装置与装置之间相互独立通过网络电缆连接，与变电站主控机通信。该结构的特点是减少了变电站内的二次设备和电缆，节省了投资，简化了维护，具有模块化的特点，装置相互独立，系统中任一部分故障时，只影响部分，因此，提高了整个系统的可靠性，也增强了系统的可扩展性和运行的灵活性。

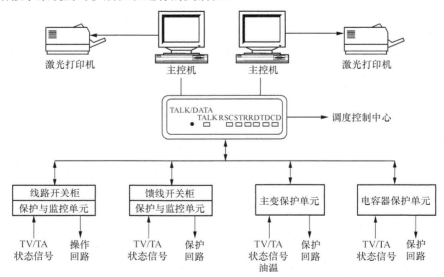

图 4-9   分散分布式结构

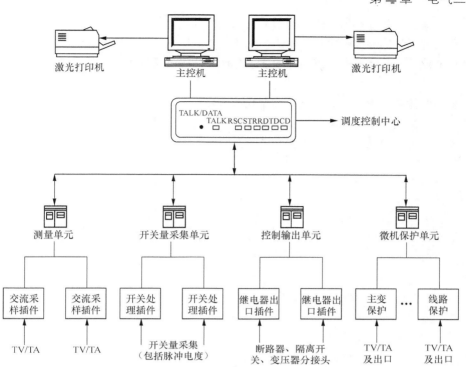

图 4-10 分散式集中组屏结构

本 章 小 结

根据测量、控制、保护和信号显示的要求，表示二次设备互相连接关系的电路称为二次回路或二次接线，亦称二次系统，包括控制系统、信号系统、监测系统及继电保护和自动化系统等。

二次接线图分为原理接线图和安装接线图，原理接线图可按归总式及展开式绘制。对于二次系统的布线与安装，应按国家标准及有关规定进行。

断路器控制及信号系统是二次回路的重要部分，断路器的控制有手动控制、电动控制、继电保护控制和自动控制等方式，信号系统包括灯光监视系统、音响监视系统和闪光装置。

变电所中央信号装置分为事故信号和预告信号，两种信号动作时采用了不同的表示方式；另外，还有专门指示断路器和隔离开关当前状态的位置信号。

电气测量仪表是监视供电系统运行状况、计量电能消耗必不可少的设备，在装设和使用过程中应严格按照国家的有关规定进行。

变电站综合自动化是将变电所二次回路设备（包括控制、信号、测量、保护、自动及远动装置等）利用计算机技术和现代通信技术，经过功能组合和优化设计，对变电所执行自动监视、测量、控制和调节的一种综合性自动化系统。

习 题

4-1 什么叫二次接线？按二次接线的用途来分，有哪些主要回路？

4-2 什么叫二次接线图？二次接线图分为哪几种形式？

4-3 什么是二次回路操作电源？常用的直流、交流操作电源各有哪几种？

4-4 对断路器控制和信号回路的基本要求是什么？何谓断路器事故跳闸信号回路的"不对应原理"？

4-5 信号装置的作用是什么？它包括哪几种信号？

4-6 什么是变电站综合自动化？变电站综合自动化系统有哪些特点？

4-7 变电站综合自动化系统的主要功能有哪些？

第 5 章　电力系统的负荷

电力系统中有数量众多的用电设备,这些设备千差万别,包括诸如异步电动机、同步电动机、各种电炉、整流设备、电子仪器、照明设施以及众多的家用电器等。这些用电设备被统称为电力系统的用户。而电力系统的用户在某一时刻所消耗的电功率的总和,被称为电力系统的综合负荷,简称负荷。负荷加上电网的功率损耗,被称为电力系统的供电负荷;而供电负荷与发电厂的厂用电之和则被统称为电力系统的发电负荷。

5.1　电力系统负荷的分类

电力系统的用户众多,分属于工农业、企业、交通运输、科学研究机构、文化娱乐和人民生活等各个方面。根据电力用户的不同特征,电力负荷可区分为各种工业负荷、农业负荷、交通运输业负荷和人民生活用电负荷等;而功率可以分为有功功率、无功功率及视在功率,因此电力系统的负荷又可划分为有功负荷、无功负荷和视在负荷3种。

按照不同的分类方法,电力系统负荷可以被划分为很多种类。

1. 根据所消耗功率的性质划分

(1)用电负荷。用户用电设备在某一时刻各类消耗功率的总和称为用电负荷。

(2)供电负荷。用电负荷加上电力网中损耗的功率称为供电负荷。即系统中各发电厂应供应的功率。

(3)发电负荷。供电负荷再加上发电厂本身的消耗功率(厂用电)称为发电负荷,即系统中所有发电机应发的总功率。

2. 根据供电的可靠性要求划分

如果对电力负荷根据对供电可靠性的要求及中断供电在政治、经济上所造成损失或影响的程度进行分级,可分为以下3类。

(1)一级负荷。这类负荷在中断供电将造成人身伤亡;将在政治、经济上造成重大损失,例如:重大设备损坏、重大产品报废、用重要原料生产的产品大量报废、国民经济中重点企业的连续生产过程被打乱需要长时间才能恢复等;将影响有重大政治、经济意义的用电单位的正常工作,例如:重要交通枢纽、重要通信枢纽、重要宾馆、大型体育场馆、经常用于国际活动的大量人员集中的公共场所等用电单位中的重要电力负荷。在一级负荷中,当中断供电将发生中毒、爆炸和火灾等情况的负荷以及特别重要场所的不允许中断供电的负荷,应视为特别重要的负荷。

(2)二级负荷。这类负荷在中断供电时将在政治、经济上造成较大损失,例如:主要设备损坏、大量产品报废、连续生产过程被打乱需较长时间才能恢复、重点企业大量减产等；将影响重要用电单位的正常工作，例如：交通枢纽、通信枢纽等用电单位中的重要电力负荷；将造成大型影剧院、大型商场等较多人员集中的重要的公共场所秩序混乱等。

（3）三级负荷。不属于上述一、二级的其他电力负荷，如附属企业、附属车间和某些非生产性场所中不重要的电力负荷等。

3. 根据电力用户的不同划分

（1）工业用电负荷。我国的经济结构中，除了个别地区外，工业用电负荷的比重在整个用电构成中都居于首位。工业用电负荷的大小与工业用户的生产方式、设备利用情况、企业的班制、用户所处行业的特点、季节因素等密切相关。

除了部分建材、榨糖企业外，大部分工业用电负荷在一年的范围内都是比较恒定的，但也有一些变化因素。比如北方的集中供暖地区，冬季用电明显要高过夏季；而南方的高温地区，由于通风降温的原因，则是夏季用电要高于冬季。一些连续生产的化工企业，由于夏季生产的单位能耗较高，因此夏季多停产检修。一些连续生产的冶金企业，由于夏季炉旁温度过高，劳动条件差，往往也停产检修。另外在春节期间，大部分工业企业的用电下降都较大。

（2）农、林、牧、渔、水利用电负荷。这类负荷与工业负荷相比，受气候、季节等自然条件影响很大。由于我国幅员辽阔，不同的地区自然环境相差很大，比如一场大雨可能会使北方地区农业生产暂停从而造成用电骤降，而南方地区则可能会因抗洪排涝的需要用电剧增。在整个用电构成中，这类负荷所占比重不大。

（3）建筑用电负荷。近些年由于房地产的兴起与迅速发展，这类用电负荷剧增。

（4）交通运输、邮电通信用电负荷。主要包括铁路、公路、航运及其配套的车站、码头、航空港等的动力、通风、通信及其他用电等。这类负荷在全年时间内变化都不大，占整个用电构成的比重也不大。

（5）餐饮、供销、仓储等用电负荷。这类负荷覆盖面大，增长平稳，具有相当的规律性。

（6）居民生活用电负荷。随着改革开放以来国民经济的迅速发展，人们的生活水平日益提高，各类家用电器日趋普及，走进千家万户，导致此类用电负荷随之剧增。

5.2 电力系统负荷曲线

电力负荷是随机变化的。用电设备的启动或停止，负荷随工作的变化，这些都是随机的。然而却又显示出某种程度的规律性。例如某些负荷随季节（冬、夏季）、企业工作制（一班或倒班作业）的不同而出现特定程度的变化，这种变化的规律性可用负荷曲线来描述。所谓负荷曲线就是指在某一段时间内用电设备有功、无功负荷随时间变化的曲线。绘制在直角坐标系中，通常用横坐标表示时间（单位为小时），纵坐标表示负荷，分别构成有功负荷曲线（P）和无功负荷曲线（Q）。其中最常用的是有功负荷曲线。

负荷曲线按负荷对象分，有工厂的、车间的或某类设备的负荷曲线；按负荷性质分，有有功和无功负荷曲线。按所表示的负荷变动时间分，有年的、月的、日的或工作班的负荷曲线。

1. 日负荷曲线

日负荷曲线指的是电力系统负荷在一日（24 小时）之内随时间的变化规律。用户不同、季节不同、地区不同的有功功率（无功功率）日负荷曲线是有较大差别的，但如果将它们叠加在一起组成的系统综合负荷曲线是大致相同的。图 5-1 是一班制工厂的日有功负荷曲线。

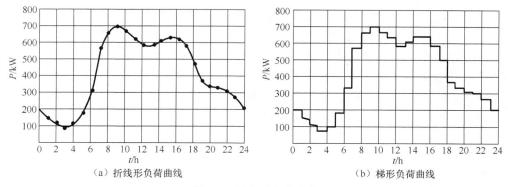

（a）折线形负荷曲线　　　　　　　（b）梯形负荷曲线

图 5-1　日有功负荷曲线

其中最高处为 $P_{\max}$，称为日最大负荷，又称为尖峰负荷（峰荷）；最低处为 $P_{\min}$，称为日最小负荷，又称为谷荷。日负荷曲线可用测量的方法绘制，绘制方法如下。

（1）以某个检测点为参考点，在 24h 中各个时刻记录有功功率表的读数，逐点绘制而成折线形状，称折线形负荷曲线，如图 5-1（a）所示。

（2）通过接在供电线路上的电能表，每隔一定的时间间隔（一般为半小时）将其读数记录下来，求出半小时的平均功率，再依次将这些点画在坐标上，把这些点连成阶梯状的称梯形负荷曲线，如图 5-1（b）所示。

为便于计算，负荷曲线多绘成梯形，横坐标一般按半小时分格，以便确定"半小时最大负荷"。当然，其时间间隔取得越短，曲线越能反映负荷的实际变化情况。

2. 年负荷曲线

在电力系统的运行分析中，还经常用到年持续负荷曲线，这种曲线按照一年内系统负荷数值的大小及持续时间（小时）依次排列绘制而成。如图 5-2（c）所示，全年按 8 760h 计。

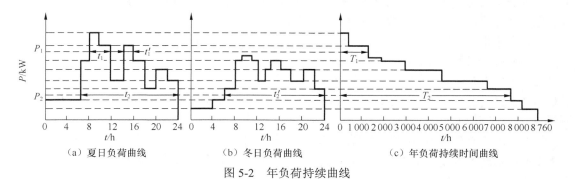

（a）夏日负荷曲线　　　　　（b）冬日负荷曲线　　　　　（c）年负荷持续时间曲线

图 5-2　年负荷持续曲线

上述年负荷曲线，根据其一年中具有代表性的夏日负荷曲线（图 5-2（a））和冬日负荷曲线（图 5-2（b））来绘制。其夏日和冬日在全年中所占的天数，应视当地的地理位置和气温情况而定。例如在我国北方，可近似地认为夏日 165 天，冬日 200 天；而在我国南方，则可近似地认为夏日 200 天，冬日 165 天。假设绘制南方某厂的年负荷曲线（图 5-2（c）），其中 P_1 在年负荷曲线上所占的时间 $T_1 = 200(t_1 + t_1')$，P_2 在年负荷曲线上所占的时间 $T_2 = 200t_2 + 165t_2'$，其余类推。

在电力系统的设计和运行中，不仅需要了解一昼夜内负荷的变化规律，还要知道一年之内的负荷变化规律。这其中最常用的就是年最大负荷曲线，如图 5-3 所示，这种曲线反映了年初到年终一个整年内逐月（日）综合最大负荷的变化规律。从图中可以看出，夏季最大负荷较小，其原因在于夏季昼长夜短，照明负荷相对小。但如果季节性负荷（农业、空调制冷等）比重较大，也会出现夏季最大负荷超过冬季的情况。图中年终负荷比年初大的原因在于工矿企业为了超额完成年度计划往往在年末增产。年最大负荷曲线是制作发电机组检修计划的依据，也是有计划地扩建发电机组或新建发电厂的依据。

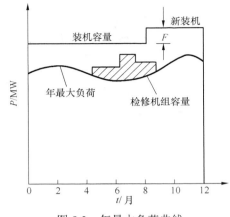

图 5-3　年最大负荷曲线

从各种负荷曲线上可以直观地了解电力负荷变动的情况。通过对负荷曲线的分析，可以更深入地掌握负荷变动的规律，并可从中获得一些对设计和运行有用的资料。因此了解负荷曲线对于从事供配电系统设计和运行的人员来说，都是很必要的。

5.3　电力系统负荷的计算

进行电力设计的基本原始资料是用电部门提供的用电设备安装容量。这些用电设备品种多、数量大、工作情况复杂。如何根据这些资料正确估计所需的电力和电量是一个非常重要的问题。估计的准确程度，影响电力设计的质量，如估算过高，将增加供电设备的容量，使供配电系统复杂，浪费有色金属，增加初期投资和运行管理工作量；而估算过低，又会使供配电系统投入运行后，供电系统的线路和电气设备由于承担不了实际负荷电流而过热，加速绝缘老化的速度，降低使用寿命，增大电能损耗，影响供电系统的正常可靠运行。

求计算负荷的工作称为负荷计算。计算负荷是根据已知的用电设备安装容量确定的、预期不变的最大假想负荷。这个负荷是设计时作为选择供配电系统供电线路的导线截面、变压器容量、开关电器及互感器等的额定参数的依据，所以非常重要。

一、几个相关参数的定义

1. 年最大负荷和年最大负荷利用小时

（1）年最大负荷 P_{max}：全年中负荷最大的工作班内（该工作班的最大负荷不是偶然出现的，而是在负荷最大的月份内至少出现过 2~3 次）消耗电能最大的半小时的平均功率。因此年最大负荷也称为半小时最大负荷 P_{30}。

（2）年最大负荷利用小时 T_{max}：假设电力负荷按年最大负荷 P_{max} 持续运行时，在时间 T_{max} 内电力负荷所消耗的电能恰好等于该电力负荷全年实际消耗的电能，如图 5-4 所示。因此，年最大负荷利用小时是一个假想时间，其定义计算公式为

$$T_{max} \stackrel{def}{=} \frac{W_\alpha}{P_{max}} \tag{5-1}$$

其中，W_α 为一年中年实际消耗的电量。

年最大负荷利用小时是反映电力负荷特征的一个重要参数，与工厂的生产班制有明显的关系。例如一班制工厂，T_{max} 为 1 800~3 000h；两班制工厂，T_{max} 为 3 500~4 800h；三班制工厂，T_{max} 为 5 000~7 000h。

2. 平均负荷和负荷系数

（1）平均负荷 P_{av}：电力负荷在一定时间 t 内平均消耗的功率，也就是电力负荷在该时间 t 内

消耗的电能 W_t 除以时间 t 的值，即

$$P_{av} \stackrel{def}{=} \frac{W_t}{t} \qquad (5\text{-}2)$$

年平均负荷 P_{av} 的说明如图 5-5 所示。年平均负荷 P_{av} 的横线与两坐标轴所包围的矩形截面恰等于年负荷曲线与两坐标轴所包围的面积 W_α，即年平均负荷为

$$P_{av} \stackrel{def}{=} \frac{W_\alpha}{8\,760} \qquad (5\text{-}3)$$

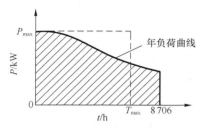

图 5-4　年最大负荷及利用小时

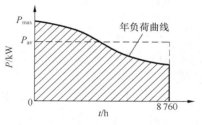

图 5-5　年平均负荷

（2）负荷系数，指的是平均负荷与最大负荷的比值，定义式为

$$K_L \stackrel{def}{=} \frac{P_{av}}{P_{max}} \qquad (5\text{-}4)$$

对负荷曲线来说，负荷系数亦称负荷曲线填充系数，它表征负荷曲线不平坦的程度，即表征负荷起伏变动的程度。从充分发挥供电设备的能力、提高供电效率角度来说，希望此系数越高越趋近于 1 越好。从发挥整个电力系统的效能来说，应尽量使不平坦的负荷曲线"削峰填谷"，提高负荷系数。

对用电设备来说，负荷系数就是设备的输出功率 P 与设备额定容量 P_N 的比值，负荷系数通常以百分值表示。

二、三相用电设备组计算负荷的确定

1．概述

供电系统要能安全可靠地正常运行，其中各个元器件（包括电力变压器、开关设备及导线、电缆等）都必须选择得当，除了应满足工作电压和频率的要求外，最重要的就是要满足负荷电流的要求，因此必须对供电系统中各个环节的电力负荷进行计算。

通过负荷的统计计算求出的、用来按发热条件选择供电系统中各元件的负荷值，称为计算负荷（calculated load）。根据计算负荷选择的电气设备和导线电缆，如果以计算负荷连续运行，其发热温度不会超过允许值。

由于导体通过电流达到稳定温升的时间需 $3\tau \sim 4\tau$（τ 为发热时间常数），截面在 16mm^2 及以上的导体，其 $\tau \geqslant 10\text{min}$，因此载流导体大约经 30 min 后可达到稳定温升值。由此可见，计算负荷实际上与从负荷曲线上查得的半小时最大负荷 P_{30}（亦即年最大负荷 P_{max}）是基本相当的。所以计算负荷也可以认为就是半小时最大负荷。本来有功计算负荷可表示为 P_c，无功计算负荷可表示为 Q_c，计算电流可表示为 I_c，但考虑到"计算"的符号 c 易与"电容"的符号 C 相混淆，因此一般都用半小时最大负荷 P_{30} 来表示有功计算负荷，无功计算负荷、视在计算负荷和计算电流相应地表示为 Q_{30}、S_{30} 和 I_{30}。

计算负荷是供电设计计算的基本依据。计算负荷确定得是否正确合理，直接影响到电器和导线电缆的选择是否经济合理。如果计算负荷确定得过大，将使电器和导线电缆选得过大，造成投资和有色

金属的浪费；如果计算负荷确定得过小，又将使电器和导线电缆处于过负荷下运行，增加电能损耗，产生过热，导致绝缘过早老化甚至燃烧引起火灾，同样会造成更大损失。由此可见，正确确定计算负荷意义重大。但是，负荷情况复杂，影响计算负荷的因素很多，虽然各类负荷的变化有一定的规律可循，但仍难准确确定计算负荷的大小。实际上，负荷也不是一成不变的，它与设备的性能、生产的组织、生产者的技能及能源供应的状况等多种因素有关。因此，负荷计算只能力求接近实际。

我国目前普遍采用的确定用电设备计算负荷的方法有需要系数法和二项式法。需要系数法是国际上普遍采用的确定计算负荷的基本方法，最为简便；二项式法的应用局限性较大，但在确定设备台数较少而容量差别悬殊的分支干线的计算负荷时，较之需要系数法合理，且计算也较简便。下面将介绍这两种计算方法。

2. **按需要系数法确定计算负荷**

用电设备组的计算负荷，是指用电设备组从供电系统中取用的半小时最大负荷 P_{30}，如图 5-6 所示。用电设备组的设备容量 P_e，是指用电设备组所有设备（不含备用的设备）的额定容量 P_N 之和，即 $P_e = \Sigma P_N$。而设备的额定容量 P_N，是设备在额定条件下的最大输出功率（出力）。由于用电设备组的设备实际上不一定都同时运行，而运行的设备也不太可能都满负荷，同时设备本身有功率损耗，因此用电设备组的有功计算负荷应为

$$P_{30} = \frac{K_\Sigma K_L}{\eta_e \eta_{WL}} P_e \qquad (5\text{-}5)$$

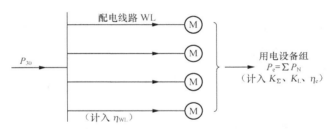

图 5-6 用电设备组的计算负荷图示

其中，K_Σ 为设备组的同时系数，亦即设备组在最大负荷时运行的设备容量与全部容量的比值；K_L 为设备组的负荷系数，亦即设备组在最大负荷时的输出功率与运行的设备容量的比值；η_e 为设备组的平均效率，亦即设备组在最大负荷时输出功率与取用功率的比值；η_{WL} 为配电线路的平均效率，亦即配电线路在最大负荷时其末端功率（设备组取用功率）与首端功率（计算负荷）之比。

若令 $K_d = \dfrac{K_\Sigma K_L}{\eta_e \eta_{WL}}$，则 K_d 被称为需用系数，其定义计算公式为

$$K_d \stackrel{def}{=} \frac{P_{30}}{P_e} \qquad (5\text{-}6)$$

即用电设备组的需要系数，为用电设备组的半小时最大负荷与其设备容量的比值。由此，可得按需要系数法确定三相用电设备组有功计算负荷的基本公式为

$$P_{30} = K_d P_e \qquad (5\text{-}7)$$

实际上，需要系数 K_d 不仅与用电设备组的工作性质、设备台数、设备效率和线路损耗等因素有关，而且与操作人员的技能和生产组等多种因素有关，因此应尽可能地通过实测分析确定，使之尽量接近实际。

必须注意：表 5-1 所列需要系数值是按车间范围内设备台数较多的情况来确定的，所以需要系数

值一般都比较低，例如冷加工机床组的需要系数值平均只有 0.2 左右。因此需要系数法较适用于确定车间的计算负荷。如果采用需要系数法来计算分支干线上用电设备组的计算负荷，则表 5-1 中的需要系数值往往偏小，宜适当取大。只有 1～2 台设备时，可认为 $K_d = 1$，即 $P_{30} = P_e$。对于电动机，由于它本身功率损耗较大，因此当只有一台电动机时，其 $P_{30} = P_N / \eta$，这里 P_N 为电动机额定容量，η 为电动机效率。在 K_d 适当取大的同时，$\cos\varphi$ 也宜适当取大。

表 5-1　　　　　　　　用电设备组的需要系数、二项式系数及功率因数

用电设备组名称	需用系数 K_d	二项式系数		最大容量设备台数 $X^{①}$	$\cos\varphi$	$\tan\varphi$
		b	c			
小批量生产的金属冷加工机床电动机	0.16～0.2	0.14	0.4	5	0.5	1.73
大批量生产的金属冷加工机床电动机	0.18～0.25	0.14	0.5	5	0.5	1.73
小批量生产的金属热加工机床电动机	0.25～0.3	0.24	0.4	5	0.6	1.33
大批量生产的金属热加工机床电动机	0.3～0.35	0.26	0.5	5	0.65	0.17
通风机、水泵、空压机及电动发电机组电动机	0.7～0.8	0.65	0.25	5	0.8	0.75
非连锁的连续运输机械及铸造车间整砂机械	0.5～0.6	0.4	0.4	5	0.75	0.88
连锁的连续运输机械及铸造车间整砂机械	0.65～0.7	0.6	0.2	5	0.75	0.88
锅炉房和机加工、机修、装配等类车间的吊车（$\varepsilon = 25\%$）	0.1～0.15	0.06	0.2	3	0.5	1.73
铸造车间的吊车（$\varepsilon = 25\%$）	0.15～0.25	0.09	0.3	3	0.5	1.73
自动连续装料的电阻炉设备	0.75～0.8	0.7	0.3	2	0.95	0.33
实验室用的小型电热设备（电阻炉、干燥箱等）	0.7	0.7	0		1.0	0
工频感应电炉（未带无功补偿设备）	0.8				0.35	2.68
高频感应电炉（未带无功补偿设备）	0.8				0.6	1.33
电弧熔炉	0.9				0.87	0.57
点焊机、缝焊机	0.35				0.6	1.33
对焊机、铆钉加热机	0.35				0.7	1.02
自动弧焊变压器	0.5				0.4	2.29
单头手动弧焊变压器	0.35				0.35	2.68
多头手动弧焊变压器	0.4				0.35	2.68
单头弧焊电动发电机组	0.35				0.6	1.33
多头弧焊电动发电机组	0.7				0.75	0.88
生产厂房及办公室、阅览室、实验室照明	0.8～1				1.0	0
变配电所、仓库照明^{②}	0.5～0.7				1.0	0
宿舍（生活区）照明^{②}	0.6～0.8				1.0	0
室外照明、应急照明^{②}	1				1.0	0

① 如用电设备组的设备总台数 $n < 2X$，则取 $n = X/2$，且按"四舍五入"的修约规则取其整数。

② 这里的 $\cos\varphi$ 和 $\tan\varphi$ 的值均为白炽灯照明的数值。如为荧光灯照明，则取 $\cos\varphi = 0.9$，$\tan\varphi = 0.48$；如为高压汞灯或钠灯照明，则取 $\cos\varphi = 0.5$，$\tan\varphi = 1.73$。

这里还要指出：需要系数值与用电设备的类别和工作状态关系极大，因此在计算时，首先要正确判明用电设备的类别和工作状态，否则将造成错误。例如机修车间的金属切削机床电动机，应属小批量生产的冷加工机床电动机，因为金属切削就是冷加工，而机修不可能是大批量生产；压塑机、拉丝机和锻锤等，应属热加工机床；起重机、行车、电动葫芦等，均属吊车类。

在求出有功计算负荷 P_{30} 后，可按下列各式分别求出其余的计算负荷。

无功计算负荷为

$$Q_{30} = P_{30} \tan \varphi \tag{5-8}$$

视在计算负荷为

$$S_{30} = P_{30} / \cos \varphi \tag{5-9}$$

计算电流为

$$I_{30} = S_{30} / \sqrt{3} U_{N} \tag{5-10}$$

如果为一台三相电动机，则其计算电流应取为其额定电流，即

$$I_{30} = \frac{P_{N}}{\sqrt{3} U_{N} \cos \varphi} \tag{5-11}$$

负荷计算中常用的单位：有功功率为"千瓦"（kW），无功功率为"千乏"（kvar），视在功率为"千伏安"（kV·A），电流为"安"（A），电压为"千伏"（kV）。

3. 按二项式法确定计算负荷

二项式法的基本公式为

$$P_{30} = bP_{e} + cP_{x} \tag{5-12}$$

其中，bP_{e} 为用电设备组的平均功率，其中 P_{e} 是用电设备组的总容量，其计算方法如前需要系数法所述；cP_{x} 为用电设备组中 x 台容量最大的设备投入运行时增加的附加负荷，其中 P_{x} 是 x 台最大容量的设备总容量；b、c 均为二项式系数。

其余的计算负荷 Q_{30}、S_{30} 和 I_{30} 的计算与前述需要系数法的计算相同。

表 2-1 中也列有部分用电设备组的二项式系数 b、c 和最大容量的设备台数 x 值，供参考。

但必须注意：按二项式法确定计算负荷时，如果设备总台数少于表 2-1 中规定的最大容量设备台数 x 的 2 倍，即 $n < 2x$ 时，其最大容量设备台数 x 宜适当取小，建议取为 $n = 2x$，且按"四舍五入"规则取整数。例如某机床电动机组只有 7 台时，则其 $n = 7/2 \approx 4$。

如果用电设备组只有 1～2 台设备时，则可认为 $P_{30} = P_{e}$。对于单台电动机，则 $P_{30} = P_{N} / \eta$，其中 P_{N} 为电动机额定容量，η 为其额定效率。在设备台数较少时，$\cos \varphi$ 也宜适当取大。

由于二项式法不仅考虑了用电设备组最大负荷时的平均负荷，而且考虑了少数容量最大的设备投入运行时对总计算负荷的额外影响，所以二项式法比较适于确定设备台数较少而容量差别较大的低压干线和分支线的计算负荷。但是二项式计算系数 b、c 和 x 的值，缺乏充分的理论根据，且只有机械工业方面的部分数据，从而使其应用受到一定局限。

三、单相用电设备组计算负荷的确定

1. 概述

在工厂里，除了广泛应用的三相设备外，还应用有电焊机、电炉、电灯等各种单相设备。单相设备接在三相线路中，应尽可能均衡分配，使三相负荷尽可能均衡。如果三相线路中单相设备的总容量不超过三相设备总容量的 15%，则不论单相设备如何分配，单相设备可与三相设备综合

按三相负荷平衡计算。如果单相设备容量超过三相设备容量的 15% 时，则应将单相设备容量换算为等效三相设备容量，再与三相设备容量相加。

由于确定计算负荷的目的，主要是为了选择线路上的设备和导线（包括电缆），使线路上的设备和导线在通过计算电流时不致过热或损坏，因此在接有较多单相设备的三相线路中，不论单相设备接于相电压还是线电压，只要三相负荷不平衡，就应以最大负荷相有功负荷的 3 倍作为等效三相有功负荷，以满足安全运行的要求。

2. 单相设备组等效三相负荷的计算

（1）单相设备接于相电压时的等效三相负荷计算。等效三相设备容量 P_e 应按最大负荷相所接单相设备容量 $P_{e \cdot m\varphi}$ 中的 3 倍计算，即

$$P_e = 3P_{e \cdot m\varphi} \tag{5-13}$$

等效三相计算负荷则按前述需要系数法计算。

（2）单相设备接于线电压时的等效三相负荷计算。由于容量为 $P_{e \cdot \varphi}$ 的单相设备接在线电压上产生的电流 $I = P_{e \cdot \varphi}/(U\cos\varphi)$，这一电流应与等效三相设备容量 P_e 产生的电流 $I' = P_e/(\sqrt{3}U\cos\varphi)$ 相等，因此其等效三相设备容量为

$$P_e = \sqrt{3}P_{e \cdot \varphi} \tag{5-14}$$

（3）单相设备分别接于线电压和相电压时的等效三相负荷计算。首先应将接于线电压的单相设备换算为接于相电压的设备容量，然后分相计算各相的设备容量和计算负荷。总的等效三相有功计算负荷为其最大有功负荷相的有功计算负荷 $P_{30 \cdot m\varphi}$ 的 3 倍，即

$$P_e = 3P_{30 \cdot m\varphi} \tag{5-15}$$

总的等效三相无功计算负荷为最大有功负荷相的无功计算负荷 $Q_{30 \cdot m\varphi}$ 中的 3 倍，即

$$Q_{30} = 3Q_{30 \cdot m\varphi} \tag{5-16}$$

关于将接于线电压的单相设备容量换算为接于相电压的设备容量的问题，可按下列换算公式进行换算。

对 A 相

$$P_A = p_{AB-A}P_{AB} + p_{CA-A}P_{CA} \tag{5-17}$$

$$Q_A = q_{AB-A}P_{AB} + q_{CA-A}P_{CA} \tag{5-18}$$

对 B 相

$$P_B = p_{BC-B}P_{BC} + p_{AB-B}P_{AB} \tag{5-19}$$

$$Q_B = q_{BC-B}P_{BC} + q_{AB-B}P_{AB} \tag{5-20}$$

对 C 相

$$P_C = p_{CA-C}P_{CA} + p_{BC-C}P_{BC} \tag{5-21}$$

$$Q_C = q_{CA-C}P_{CA} + q_{BC-C}P_{BC} \tag{5-22}$$

其中，P_A、P_B、P_C 分别为换算成 A、B、C 相的有功设备容量；P_{AB}、P_{BC}、P_{CA} 分别为接于 AB、BC、CA 相间的有功设备容量；Q_A、Q_B、Q_C 分别为换算成 A、B、C 相的无功设备容量；p_{**-*}、q_{**-*} 则分别为接于 AB、BC 等相间的设备容量换算成 A、B 等相设备容量的有功和无功换算系数，其值如表 5-2 所示。

表 5-2   相间负荷换算为相负荷的功率换算系数

功率换算系数	负荷功率因数								
	0.35	0.4	0.5	0.6	0.65	0.7	0.8	0.9	1.0
P_{AB-A}、P_{BC-B}、P_{CA-C}	1.27	1.17	1.0	0.89	0.84	0.8	0.72	0.64	0.5
P_{AB-B}、P_{BC-C}、P_{CA-A}	−0.27	−0.17	0	0.11	0.16	0.2	0.28	0.36	0.5
q_{AB-A}、q_{BC-B}、q_{CA-C}	1.05	0.86	0.58	0.38	0.3	0.22	0.09	−0.05	−0.29
q_{AB-B}、q_{BC-C}、q_{CA-A}	1.63	1.44	1.16	0.96	0.88	0.8	0.67	0.53	0.29

5.4   电网损耗的计算

一、线路的损耗计算

1．线路的功率损耗

线路的功率损耗包括有功功率和无功功率两大部分。

（1）线路的有功功率损耗是电流通过线路电阻所产生的，按下式计算

$$\Delta P_{WL} = 3I_{30}^2 R_{WL} \tag{5-23}$$

其中，I_{30} 为线路的计算电流；R_{WL} 为线路的每相电阻，可查询有关手册。

（2）线路的无功功率损耗是电流通过线路电抗所产生的，按下式计算

$$\Delta Q_{WL} = 3I_{30}^2 X_{WL} \tag{5-24}$$

其中，R_{WL} 线路的每相电抗，可查询有关手册（如果是架空线，详细计算参见第 6 章）。

2．线路的电能损耗计算

线路上全年的电能损耗是由于电流通过线路电阻产生的，可按下式计算

$$\Delta W_\alpha = 3I_{30}^2 R_{WL}\tau \tag{5-25}$$

其中，τ 为年最大负荷损耗小时。其代表意义为：假设供配电系统元件（含线路）持续通过计算电流 I_{30} 时，在此时间 τ 内所产生的电能损耗恰与实际负荷电流全年在此元件（含线路）上产生的电能损耗相等。年最大负荷损耗小时 τ 与年最大负荷利用小时 T_{max} 有一定关系。

由式（5-1）和式（5-3）可得

$$P_{max} T_{max} = 8\,760 P_{av} \tag{5-26}$$

当负荷（$\cos\varphi$）及线路电压恒定时，$P_{max} \propto I_{30}$，$P_{av} \propto I_{av}$，所以有

$$I_{30} T_{max} = 8\,760 I_{av} \tag{5-27}$$

所以，

$$I_{av} = I_{30} T_{max} / 8\,760 \tag{5-28}$$

所以全年的电能损耗应为

$$\Delta W_\alpha = 3I_{av}^2 R \times 8\,760 = \frac{3I_{30}^2 T_{max}^2}{8\,760} \tag{5-29}$$

由参考式（5-25）和式（5-29）可得

$$\tau = T_{max}^2 / 8\,760 \tag{5-30}$$

针对不同的负荷，可做出 τ 与 T_{max} 的曲线如图 5-7 所示，从图中可以方便地根据 T_{max} 和 $\cos\varphi$ 的值查得 τ。

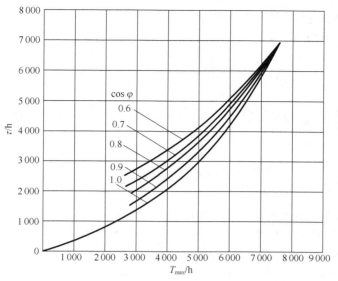

图 5-7　$\tau - T_{\max}$ 关系曲线

二、变压器损耗的计算

1. 功率损耗计算

变压器的功率损耗也包括有功功率损耗和无功功率损耗两大部分。

（1）变压器的有功功率损耗。变压器的有功功率损耗包括两部分：铁芯中的有功功率损耗简称"铁损"。它在变压器一次绕组的外施电压和频率不变的条件下是固定不变的，与负荷无关。铁损可由变压器空载实验测定。变压器的空载损耗 ΔP_0 可认为就是铁损 ΔP_{Fe}，因为变压器的空载电流 I_0 很小，在一次绕组中产生的有功功率损耗可略去不计；一、二次绕组中的功率损耗俗称"铜损"。它与负荷电流（或功率）的平方成正比。铜损可由变压器短路实验测定。变压器的短路损耗（亦称负载损耗）ΔP_k 可认为就是铜损 ΔP_{Cu}，因为变压器二次侧短路时，一次侧的短路电压（亦称阻抗电压）U_k 很小，在铁芯中产生的有功功率损耗可略去不计。

因此，变压器的有功功率损耗计算式为

$$\Delta P_{\mathrm{T}} = \Delta P_{\mathrm{Fe}} + \Delta P_{\mathrm{Cu}} \left(\frac{S_{30}}{S_{\mathrm{N}}}\right)^2 \approx \Delta P_0 + \Delta P_k \left(\frac{S_{30}}{S_{\mathrm{N}}}\right)^2 \qquad （5\text{-}31）$$

其中，S_{N} 为变压器的额定容量；S_{30} 为变压器的计算负荷。

（2）变压器的无功功率损耗。变压器的无功功率损耗也由两部分组成：用来产生磁通即励磁电流的一部分无功功率。它只与一次绕组电压有关，与负荷无关。它与励磁电流或近似地与空载电流成正比，即

$$\Delta Q_0 \approx \frac{I_0 \%}{100} S_{\mathrm{N}} \qquad （5\text{-}32）$$

其中，$I_0 \%$ 为变压器空载电流占额定一次电流的百分值。

消耗在变压器一、二次绕组电抗上的无功功率。额定负荷下的这部分无功功率损耗用 ΔQ_{N} 表示。由于变压器的电抗远大于电阻，因此 ΔQ_{N} 近似地与阻抗电压（即短路电压）成正比，即

$$\Delta Q_{\mathrm{N}} \approx \frac{U_{\mathrm{Z}} \%}{100} S_{\mathrm{N}} \qquad （5\text{-}33）$$

其中，$U_{\mathrm{Z}} \%$ 为变压器阻抗电压占额定一次电压的百分值。

这部分无功功率损耗与负荷电流（或功率）的平方成正比。

因此，变压器的无功功率损耗为

$$\Delta Q_{\mathrm{T}} = \Delta Q_0 + \Delta Q_{\mathrm{N}} \left(\frac{S_{30}}{S_{\mathrm{N}}} \right)^2 \approx S_{\mathrm{N}} \left[\frac{I\%}{100} + \frac{U_{\mathrm{Z}}\%}{100} \left(\frac{S_{30}}{S_{\mathrm{N}}} \right)^2 \right] \qquad (5\text{-}34)$$

在电力负荷计算中，通常采用简化公式。对 $S7$、$SL7$、$S9$ 等型低损耗电力变压器的功率损耗，可采用下列简化公式计算。

$$\Delta P_{\mathrm{T}} \approx 0.015 S_{30} \qquad (5\text{-}35)$$

$$\Delta Q_{\mathrm{T}} \approx 0.06 S_{30} \qquad (5\text{-}36)$$

2. 电能损耗计算

变压器的电能损耗包括铁损和铜损两部分。

（1）全年的铁损 ΔP_{Fe} 产生的电能损耗可近似地按其空载损耗 ΔP_0 计算，即

$$\Delta W_{\alpha(1)} = 8\,760 \Delta P_{\mathrm{Fe}} \approx 8\,760 \Delta P_0 \qquad (5\text{-}37)$$

（2）全年的铜损 ΔP_{Cu} 产生的电能损耗与负荷电流平方成正比，即与变压器负荷率 β （即 S_{30}/S_{N}）成正比，可近似地按其短路损耗 ΔP_k 计算，即由此可得变压器全年的电能损耗为

$$\Delta W_{\alpha(2)} = \Delta P_{\mathrm{Fe}} \beta^2 \tau \approx \Delta P_k \beta^2 \tau \qquad (5\text{-}38)$$

由此可得变压器全年的电能损耗为

$$\Delta W = \Delta W_{\alpha(1)} + \Delta W_{\alpha(2)} \approx 8\,760 \Delta P_0 + \Delta P_k \beta^2 \tau \qquad (5\text{-}39)$$

5.5　用户负荷的计算

确定用户的计算负荷是选择电源进线和一、二次设备的基本依据，是供配电系统设计的重要组成部分，也是与电力部门签定用电协议的基本依据。

确定等效三相设备容量用户计算负荷的方法很多，可根据不同情况和要求采用不同的方法。在制定计划、初步设计，特别是方案比较时可用较粗略的方法。在供电设计中进行设备选择时，则应进行较详细的负荷计算。

一、按逐级计算法确定用户的计算负荷

根据用户的供配电系统图，从用电设备开始，朝电流方向逐级计算，最后求出用户总的计算负荷的方法称为逐级计算法。

如图 5-8 所示，用户的计算负荷（这里以有功负荷为例）$P_{30.1}$ 应该是高压配电所母线上所有高压配电线计算负荷之和，再乘上一个同时系数。而高压配电线的计算负荷 $P_{30.2}$ 应该是该线路所供用户变电所低压侧的计算负荷 $P_{30.3}$ 加上变压器的功率损耗 ΔP_{T} 和高压配电线的功率损耗 ΔP_{WL1}，依此类推。但对一般企业供配电系统来说，由于其高低压配电线路一般不长，所以在确定企业计算负荷时往往略去不计。

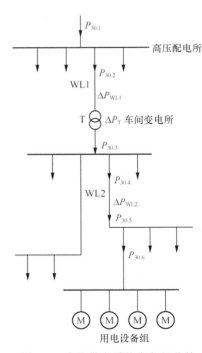

图 5-8　企业供电系统中各部分的计算负荷和功率损耗

二、按需要系数法确定用户的计算负荷

将用户用电设备的总容量 P_e （不包括备用设备容量）乘上一个需要系数 K_d，可得到企业的有功计算负荷，即

$$P_{30} = K_d P_e \qquad (5\text{-}40)$$

用户的无功计算负荷、视在计算负荷和计算电流，分别按式（5-8）、式（5-9）和式（5-10）计算。

三、按年产量估算用户计算负荷

将用户年产量 A 乘以单位产品耗电量 α，就可得到企业全年的耗电量

$$W_\alpha = A\alpha \qquad (5\text{-}41)$$

各类用户的单位产品耗电量 α 可由有关设计单位根据实测统计资料确定，亦可查有关设计手册。在求出年耗电量 W_α 后，除以用户的年最大负荷利用小时 T_{max}，就可求得用户的有功计算负荷

$$P_{30} = \frac{W_\alpha}{T_{max}} \qquad (5\text{-}42)$$

其他计算负荷的计算，与上述需要系数法相同。

5.6　尖峰电流的计算

尖峰电流是指单台或多台用电设备持续时间 $1\sim2$s 的短时最大负荷电流。它是由于电动机启动、电压波动等原因引起的，它与计算电流不同，计算电流是指半小时最大电流，尖峰电流比计算电流大得多。

计算尖峰电流的目的是选择熔断器和低压断路器，整定继电保护装置，计算电压波动及检验电动机自启动条件等。

一、给单台用电设备供电的支线尖峰电流计算

单台用电设备的尖峰电流就是其启动电流，因此尖峰电流为

$$I_{pk} = I_{st} = K_{st} I_N \qquad (5\text{-}43)$$

其中，I_{st} 为用电设备的启动电流；I_N 为用电设备的额定电流；K_{st} 为用电设备的启动电流倍数（可查产品样本或铭牌，对笼型电动机一般为 $5\sim7$，对绕线转子电动机一般为 $2\sim3$，直流电动机一般为 $1\sim7$，对电焊变压器一般为 3 或稍大）。

二、给多台用电设备供电的干线尖峰电流计算

引至多台用电设备的线路上的尖峰电流按下式计算

$$I_{pk} = K_\Sigma \sum_{i=1}^{n-1} I_{Ni} + I_{st\cdot max} \qquad (5\text{-}44)$$

或者

$$I_{pk} = I_{30} + (I_{st} - I_N)_{max} \qquad (5\text{-}45)$$

其中，$I_{st\cdot max}$ 和 $(I_{st} - I_N)_{max}$ 分别为用电设备中启动电流与额定电流之差为最大的那台设备的启动电流及其启动电流与额定电流之差；$\sum_{i=1}^{n-1} I_{Ni}$ 为将启动电流与额定电流之差为最大的那台设备除外的其他 $(n-1)$ 台设备的额定电流之和；K_Σ 为上述 $(n-1)$ 台的同时系数，按台数多少选取，一般为 $0.7\sim1$；I_{30} 为全部设备投入运行时线路的计算电流。

5.7 功率因数的确定与补偿

用户中绝大多数用电设备，如感应电动机、电力变压器、电焊机、电弧炉及气体放电灯等，它们都要从电网吸收大量无功电流来产生交变磁场，其功率因数均小于 1。而功率因数是衡量供配电系统是否经济运行的一个重要指标。

一、功率因数的确定

工厂电力供应在设计阶段要根据设计计算的功率因数和供电局指定的功率因数提出为提高功率因数所用的补偿装置类型和容量。

在设计阶段应用的功率因数是不同用电设备在最大负荷工作班测定利用系数时取得的，因为在这一段时间内，同时也测定了无功电能的消耗量。即

$$\cos \varphi = \frac{W_{pi}}{\sqrt{W_{pi}^2 + W_{qi}^2}} \tag{5-46}$$

其中，W_{pi} 为某组用电设备在最大负荷工作班内的有功电能消耗量；W_{qi} 为某组用电设备在最大负荷工作班内的无功电能消耗量。

对于多组用电设备或全厂自然功率因数（由用电设备本身性质决定的功率因数称为自然功率因数）正切的均权平均值，在设计阶段可以按下式计算

$$\tan \varphi \frac{K_{x1}P_{N1} \tan \varphi_1 + K_{x2}P_{N2} \tan \varphi_2 + \cdots}{K_{x1}P_{N1} + K_{x2}P_{N2} + \cdots} \tag{5-47}$$

设工厂的自然功率因数均权平均正切值为 $\tan \varphi_1$，供电部门要求的功率因数正切值为 $\tan \varphi_2$，则补偿容量可按下式计算

$$Q_c = P_{av}(\tan \varphi_1 - \tan \varphi_2) \tag{5-48}$$

其中，P_{av} 为求得的全厂最大负荷工作班的平均功率。

或者

$$Q_c = \Delta q_c P_{av} \tag{5-49}$$

其中，$\Delta q_c = \tan \varphi_1 - \tan \varphi_2$ 称为无功补偿率或补偿容量，其表示要使 1kW 的有功功率由 $\cos \varphi_1$ 提高到 $\cos \varphi_2$ 所需要的无功补偿容量千乏值。

为简单起见，设计时也可以根据计算负荷求出的功率因数确定补偿容量

$$\cos \varphi = \frac{P_c}{\sqrt{(P_c)^2 + (Q_c)^2}} \tag{5-50}$$

在确定了总的补偿容量后，即可根据所选并联电容器的单个容量 q_c 来确定电容器的个数

$$n = \frac{Q_c}{q_c} \tag{5-51}$$

由式（5-51）计算所得的电容器个数 n，对单相电容器（其全型号后标"1"者）来说，应取 3 的倍数，以便三相均衡分配，在实际工程中，都选用成套电容器补偿柜。

在《供电营业规则》中规定，"用户在当地供电企业规定的电网高峰负荷时的功率因数，应达到下列规定：100kV·A 及以上高压供电的用户，功率因数为 0.90 以上。其他电力用户和大、中型电力排灌站、趸购转售电企业，功率因数为 0.85 以上"。并规定，凡功率因数未达到上述规定的，应增添无功补偿装置，通常采用并联电容器进行补偿。

这里所指功率因数，即为最大负荷时的功率因数，按下式计算

$$\cos \varphi = \frac{P_{30}}{S_{30}} \tag{5-52}$$

二、功率因数补偿方法

工厂中由于有大量的感应电动机、电焊机、电弧炉及气体放电灯等感性负荷，还有感性变压器，从而使功率因数降低。如在充分发挥设备潜力、改善设备运行性能、提高自然电力系统中的谐波功率因数的情况下，尚达不到规定的功率因数要求时，必须考虑进行无功功率的人工补偿。

1. 提高自然功率因数

功率因数不满足要求时，首先应提高自然功率因数。自然功率因数是指未装设任何补偿装置的实际功率因数。提高自然功率因数，就是不添置任何补偿设备，采取科学措施减少用电设备无功功率的需要量，使供电系统总功率因数提高。它不需增加设备，是最理想最经济改善功率因数的方法。工厂里感应电动机消耗了工厂无功功率的 60% 左右，变压器消耗了约 20% 的无功功率，其余无功功率消耗在整流设备和各种感性负载上。提高工厂功率因数的主要途径是如何减少感应电动机和变压器上消耗的无功功率。

感应电动机产生的电磁转矩大小与电动机定子绕组两端的相电压的平方成正比例关系，但电压越高，感应电动机消耗的无功功率就越大，要提高电网功率因数，必须在保证产品质量的前提下，合理调整生产加工工艺过程，适量降低定子绕组相电压，减少电动机消耗的无功功率，达到改善功率因数的目的。如额定运行时定子绕组为三角形接线的感应电动机，若拖动的机械负荷是重载、轻载交替变化，则可在轻载时将电动机定子绕组自动改接成星形接法，则电动机定子绕组电压降为额定电压的 $1/\sqrt{3}$ ，电动机消耗的无功功率就大大减少。

合理选择感应电动机的额定容量，避免大功率电动机拖动小负载运行，尽量使电动机运行在经济运行状态。因为感应电动机消耗的无功功率的大小与电动机的负载大小关系不大，一般感应电动机空载时消耗的无功功率约占额定运行时消耗的无功功率的 60%～80%，故一般选择电动机的额定功率为拖动负载的 1.3 倍左右。

合理配置工厂配电变压器的容量和变压器的台数，是提高工厂功率因数的重要方法。

工厂里的大用电设备不一定同时用电，但配电变压器所需的无功电流和基本铁耗与变压器负载的轻重关系不大。因此，当变压器容量选择过大而负荷又轻时，变压器运行很不经济，系统功率因数恶化。若工厂配电变压器选用两台或多台变压器并联供电（也可选一台变压器供电，其额定容量约为负荷的 1.6 倍左右），根据不同负荷来决定投入并联变压器的台数，达到供电变压器经济运行，减少系统消耗的无功功率。

用大功率晶闸管取代交流接触器，可大量减少电网的无功功率负荷。晶闸管开关不需要无功功率，开关速度远比交流接触器快，并且无噪声、无火花、拖动可靠性增强。如钢厂有些生产机械要求每小时动作 1 500～3 000 次，使用交流接触器一星期就要损坏，改用晶闸管开关则寿命大大延长，维修工作量大大减少，促进了钢产量的增加（接触器的开断时间是毫秒级，晶闸管是微秒级）。

在不要求调速的生产工艺过程中，选用同步电动机代替感应电动机，采用晶闸管整流电源励磁，根据电网功率因数的高低自动调节同步电动机的励磁电流。当电网功率因数较低时，使同步电动机运行在过励状态，同步电动机向电网发送出无功功率，这是改善工厂电网功率因数的一个最好的方法（在转速较低的拖动系统中，低速同步电动机的价格比感应电动机价格低，而且外形尺寸相对还要小些）。

2．人工补偿功率因数

用户功率因数仅靠提高自然功率因数一般是不能满足要求的，因此，还必须进行人工补偿。

（1）并联电容器补偿。即采用并联电容器的方法来补偿无功功率，从而提高功率因数，是目前用户、企业内广泛采用的一种补偿装置。它具有以下优点。

① 有功损耗小，为 0.25%～0.5%，而同步调相机为 1.5%～3%。

② 无旋转部分，运行维护方便。

③ 可按系统需要，增加或减少安装容量和改变安装地点。

④ 个别电容器损坏不影响整个装置运行。

⑤ 短路时，同步调相机会增加短路电流，增大用户开关的断流容量，电容器无此缺点。

并联电容器补偿的缺点如下。

① 只能有级调节，不能随无功功率变化进行平滑的自动调节。

② 当通风不良及运行温度过高时易发生漏油、鼓肚、爆炸等故障。

国内外工厂广泛采用静电电容器补偿功率因数，单台静电电容器能发出的无功功率较小，但容易组成所需的补偿容量。我国生产的 BW 系列电容器的单台容量为 6～10kV 的为 12kvar，0.5kV 以下的可做到 4kvar，而且安装拆卸简单，但在使用电容器时需注意环境温度应在-40℃～＋40℃之间；电容器的额定电压应为电网电压的 1.1 倍以上。当将电容器从电网上切除时，由于有残余电荷，为了工作人员的安全，对切除的电容器要立即放电（最好采用电阻自动放电装置）；另外还要注意电网的频率要与电容器的额定频率接近。

静电电容器的补偿方式分为 3 种：个别补偿、分组补偿和集中补偿。个别补偿是在电网末端负荷处补偿，可以最大限度地减少线路损耗和节省有色金属消耗量。对感应电动机的个别补偿是以空载时补偿到功率因数接近 1 为准。个别补偿利用率低，易受环境条件的影响，适用于长期稳定负荷且需无功功率较大的负载。分组补偿是在电网末端多个用电设备共用一组电容器补偿装置，分组补偿的电容器利用率高，比起单个补偿可节省电容器的容量。集中补偿是将电容器安装在工厂变电所变压器的低压侧或高压侧，一般安装在低压侧，这样可以提高变压器的负荷能力。最好的补偿方法是根据工厂实际情况采用电容器集中补偿与分散相结合的补偿方法。

（2）同步电动机补偿。同步电动机补偿是在满足生产工艺的要求下，选用同步电动机，通过改变励磁电流来调节和改善供配电系统的功率因数。过去，由于同步电动机的励磁装置是同轴的直流电动机，其价格高，维修麻烦，所以同步电动机应用不广。现在随着半导体变流技术的发展，励磁装置已比较成熟，因此采用同步电动机补偿是一种比较经济实用的方法。

（3）动态无功功率补偿。在现代工业生产中，有一些容量很大的冲击性负荷（如炼钢电炉、黄磷电炉、轧钢机等），它们使电网电压严重波动，功率因数恶化。一般并联电容器的自动切换装置响应太慢，无法满足要求。应此，必须采用大容量、高速的动态无功功率补偿装置，如晶闸管开关快速切换电容器、晶闸管励磁的快速响应式同步补偿机等。

目前已投入到工业运行的静止动态无功功率补偿装置有：可控饱和电抗器式静止补偿装置；自饱和电抗器式静止补偿装置；晶闸管控制电抗器式静止补偿装置；晶闸管开关电容器式静止补偿装置；强迫换流逆变式静止补偿装置；高阻抗变压器式静止补偿装置等。

三、补偿后用户的负荷计算和功率因数计算

用户装设了补偿容量以后，则在确定补偿装置装设地点以前的总计算负荷时，应扣除无功补偿容量，即总的无功计算负荷为

$$Q'_{30} = Q_{30} - Q_c \qquad （5-53）$$

无功补偿后，总的视在计算负荷为

$$S'_{30} = \sqrt{P_{30}^2 + (Q_{30} - Q_c)^2} \quad\quad （5-54）$$

由上式可以看出，在变电所低压侧装设无功补偿装置后，由于低压侧总的视在计算负荷减小，从而可使变电所主变压器的容量选得小一些。这不仅可降低变电所的初期投资，而且可减少企业的电费开支。因为我国供电部门对工业用户一般实行"两部电费制"：一部分称为"基本电费"，按所装主变压器容量来计费。主变压器容量减小，基本电费相应减少。另一部分称为"电度电费"，按每月实际耗电量来计费，且根据月平均功率因数的高低调整电费。凡月平均功率因数高于规定值时，可按一定比率减收电费。而低于规定值时，则要按一定比率加收电费。由此可见，提高工厂功率因数对整个电力系统大有好处，同时对企业本身也是有一定经济实惠的。

5.8　电力系统负荷的特性

由于负荷是电力系统的一个重要组成部分，因此要分析电力系统在各种状态下的特性就必须研究系统的负荷特性并建立与之对应的数学模型。

将电力系统覆盖区域内的用户合并为数量有限的负荷，分接在不同地区、不同电压等级的母线上。这其中的每一个负荷都表示一定数量各类用电设备及相关变配电设备的综合，这样的综合就叫做综合负荷。综合负荷功率大小不等，成分差异也很大，其可以代表一个企业，也可能代表一个地区。

电力系统的综合负荷功率随系统的运行参数（主要是电压或者频率）变化而变化的规律，被称为电力系统的负荷特性，主要包括静态特性和动态特性两类。静态特性反映系统稳态下负荷功率与电压及频率之间的变化规律；而动态特性则反映系统的电压和频率急剧变化时对应的负荷变化规律。若负荷的端电压保持恒定，负荷功率与频率之间的相应变化规律叫做负荷的静态频率特性；若系统的频率维持恒定，负荷功率与端电压之间的相应变化规律叫做负荷的静态电压特性。

负荷的数学模型则是在电力系统的计算中对负荷特性的物理模拟或数学描述。其分类众多，比如，从模型是否反映负荷的动态特性看则可分为静态模型和动态模型。显然前者为代数表达式，而后者则为微分方程。

5.8.1　负荷的静特性与动特性

电力系统的综合负荷可以近似表示为一个静态（不旋转）负荷跟一台等值异步电机的组合，如图 5-9 所示。

一、静态负荷的负荷特性

系统中的静态负荷主要是照明负荷，若以白炽灯为主，则照明负荷与频率无关，其有功功率、无功功率与电压关系如下

$$P_L = P_N \left(\frac{U_L}{U_N} \right)^{p_u} \quad\quad （5-55）$$

$$Q_L = Q_N \left(\frac{U_L}{U_N} \right)^{q_u} \quad\quad （5-56）$$

其中

$$p_u = \frac{\Delta P / P}{\Delta U / U} \qu\quad （5-57）$$

$$q_u = \frac{\Delta Q / Q}{\Delta U / U} \qquad (5\text{-}58)$$

上述式子中 U_N、U_L 和 ΔU 分别表示额定电压、负荷端电压和负荷端电压变化量；P_{L0}、P_L 和 ΔP 分别表示额定有功功率、负荷有功功率和负荷有功功率变化量；Q_N、Q_L 和 ΔQ 分别表示额定无功功率、负荷无功功率和负荷无功功率变化量。

对白炽灯而言，p_u 变化范围为 1.4～1.6，q_u 约为 0；若负荷中含有荧光灯，则 p_u 为 1.8 左右，而 q_u 约为 0.8。这种情况下有功功率与频率之间的关系很大，频率每变化 1%，有功功率则改变 0.5%～0.8%。

对静态负荷而言，对电力系统进行分析时，完全可以用其静态特性来表示其动态特性。

二、异步电动机负荷特性

与静态负荷不同，异步电动机的静态特性与动态特性存在巨大差异。这种差异的原因在于滑差的迅速改变而导致的电流变化。

异步电动机的等效电路如图 5-10 所示。

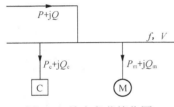

图 5-9 综合负荷简化图

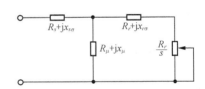

图 5-10 异步电动机等效电路图

$x_{s\sigma}$—定子绕组漏抗；$x_{r\sigma}$—转子绕组漏抗；R_r—转子绕组电阻；x_μ—励磁支路电抗

1. 异步电动机的静特性

异步电动机的微分方程表达式为

$$T_J \frac{\mathrm{d}\omega^*}{\mathrm{d}t} = \frac{P_a^*}{\omega^*} = M_a^* \qquad (5\text{-}59)$$

其中，T_J 为异步电动机的惯性时间常数，通常为 2s；M_a^* 为异步电动机转子净加速转矩，上标 "*" 表示标幺值（详见第 7 章），下同；P_a^* 为异步电动机转子净加速功率；ω^* 为异步电动机角速度。

M_a 为异步电动机的电磁转矩 M_e 和负载机械转矩 M_m 的代数和，即

$$M_a^* = M_e^* - M_m^* \qquad (5\text{-}60)$$

被拖动的负载大致可分为 3 类：①与转速无关的恒定转矩；②与转速近似成正比的转矩；③与转速平方近似成正比的转矩。其可以统一用通式做如下表示

$$M_m = K[\alpha + (1-\alpha)(1-s)]^\beta \qquad (5\text{-}61)$$

其中，α 为恒定转矩部分所占权重，称为静止力矩，一般取 0.15；β 为与转矩特性有关的指数，一般取 1～2；s 为转速差；K 为异步电动机的负荷率，即实际负荷与额定负荷的比值。

由图 5-10 的等效电路可知，通过气隙传递到转子一侧的有功功率为

$$P_{ea} = U^2 \cdot \frac{1}{(R_s + R_r/s)^2 + (x_{s\sigma} + xr\sigma)^2} \cdot \frac{R_r}{s} \qquad (5\text{-}62)$$

而转子绕组中的有功功率损耗为

$$\Delta P_e = U^2 \cdot \frac{1}{(R_s + R_r/s)^2 + (x_{s\sigma} + x_{r\sigma})^2} \cdot R_r \tag{5-63}$$

因此电磁功率（转化为机械功率的）为

$$P_e = P_{ea} - \Delta P_e = U^2 \cdot \frac{1}{(R_s + R_r/s)^2 + (x_{s\sigma} + x_{r\sigma})^2} \cdot R_r \cdot \left(\frac{1}{s} - 1\right) \tag{5-64}$$

转子轴上的电磁转矩为

$$M_e = P_e / \omega = U^2 \cdot \frac{1}{(R_s + R_r/s)^2 + (x_{s\sigma} + x_{r\sigma})^2} \cdot \frac{R_r}{s} \tag{5-65}$$

设 $R_s = 0$，则由式（5-65）可得临界滑差

$$s_{cr} = \frac{R_r}{x_{s\sigma} + x_{r\sigma}} \tag{5-66}$$

所以轴上的最大电磁转矩为

$$M_{e\max} = \frac{U^2}{2(x_{s\sigma} + x_{r\sigma})} = \frac{U^2}{2x_\sigma} \tag{5-67}$$

其中 $x_\sigma = x_{s\sigma} + x_{r\sigma}$ 表示异步电动机的总漏抗。

异步电动机的无功功率

$$Q = Q_s + Q_\mu \tag{5-68}$$

其中，Q_s 为无功漏磁功率，Q_μ 为无功励磁功率，分别用公式表示为

$$Q_s = U^2 \cdot \frac{x_{s\sigma} + x_{r\sigma}}{(R_s + R_r/s)^2 + (x_{s\sigma} + x_{r\sigma})^2} = P_e \cdot \frac{s}{s_{cr}} \tag{5-69}$$

$$Q_\mu = \frac{U^2}{x_\mu} \tag{5-70}$$

2. 异步电动机的动特性

如果不计异步电动机的电磁暂态过程，则其运动方程可表示为

$$T_J p\omega = \frac{P_e - P_m}{\omega_n} = M_e - M_m \tag{5-71}$$

假设负载转矩 $M_m = M_0$ 恒定，且 $M = \phi(s)$ 为直线，则上式可简化为

$$T_J \frac{d\omega}{dt} = \frac{d(1-s)}{dt} = M_0 - Ks \tag{5-72}$$

5.8.2 负荷的综合特性

电力系统各种负荷当中，不同型号的电动机约占到总负荷的 50%以上，因此，负荷的综合特性主要取决于电动机的行为。但是由于负荷模拟的情况复杂，虽然经过多年的研究，也未找到一种能准确描述负荷特性的模型。在实际计算过程中，主要用到的有以下几种。

一、恒定阻抗模型

这种模型的表达式最简单，但是误差较大，因此多用于负荷端电压变化很小、负荷容量小且对计算精度要求不高的场合。

二、多项式模型

$$P_L = P_N[a_P(U_L/U_N)^2 + b_L(U_L/U_N) + c_P] = P_N(a_P U_L^{*2} + b_P U_L^* + c_P) \tag{5-73}$$

$$Q_L = Q_N[a_Q(U_L/U_N)^2 + b_Q(U_L/U_N) + c_Q] = Q_N(a_Q U_L^{*2} + b_Q U_L^* + c_Q) \tag{5-74}$$

上述两式表征了频率不变时，负荷吸收的功率与节点电压之间的关系，是一种静态模型。从表达式的结构可以看出，负荷的有功和无功均包括 3 个部分，第一部分与电压平方成正比，代表恒定阻抗消耗的功率；第二部分与电压成正比，代表恒定电流负荷消耗的功率；第三部分则为恒定功率的负荷。

其中的各个参数对于不同的节点取值是不同的，可利用最小二乘法进行拟合，这些系数满足如下公式

$$a_P + b_P + c_P = 1 \tag{5-75}$$

$$a_Q + b_Q + c_Q = 1 \tag{5-76}$$

三、指数形式模型

$$P_L = P_N(U_L/U_N)^\alpha(1 + k_{\omega p}\Delta\omega) \tag{5-77}$$

$$Q_L = P_N(U_L/U_N)^\beta(1 + k_{\omega q}\Delta\omega) \tag{5-78}$$

当 $\Delta\omega = 0$ 即频率恒定不变时，若让 $\alpha(\beta)$ 分别取 0、1、2，则式（5-77）和式（5-78）分别表示了恒定功率、恒定电流和恒定阻抗 3 种情形。实际计算中 α 通常取 0.5～1.8，而 β 随着节点的不同变化更大，一般取 1.5～6。

本 章 小 结

本章介绍了负荷曲线的基本概念、类别及有关物理量，电力负荷的分级及有关概念，讲述了用电设备容量的确定方法，重点介绍了负荷计算的方法，电力系统的功率损耗与电能损耗的计算，尖峰电流及其计算方法，功率因数的确定及补偿。

（1）负荷曲线是表征电力负荷随时间变动情况的一种图形。按照时间单位的不同，分日负荷曲线和年负荷曲线。日负荷曲线以时间先后绘制，而年负荷曲线以负荷的大小为序绘制，要求掌握两者的区别。

（2）与负荷曲线有关的物理量有年最大负荷曲线、年最大负荷利用小时、计算负荷、年平均负荷和负荷系数等，年最大负荷利用小时用以反映负荷是否均匀；年平均负荷是指电力负荷在一年内消耗的功率的平均值。要求理解这些物理量各自的物理含义。

（3）确定负荷计算的方法有多种，本章重点介绍了需要系数法和二项式法。需要系数法适用于求多组三相用电设备的计算负荷，二项式法适用于确定设备台数较少而容量差别较大的分支干线的较少负荷。要求掌握三相负荷和单相负荷的计算方法。

（4）当电流流过供配电线路和变压器时，势必要引起功率损耗和电能损耗。在进行用户负荷计算时，应计入这部分损耗。要求掌握线路及变压器的功率损耗和电能损耗的计算方法。

（5）进行用户负荷计算时，通常采用需要系数法逐级进行计算，要求重点掌握逐级进行计算。

（6）尖峰电流是指单台或多台用电设备持续 1～2s 的短时最大负荷电流。计算尖峰电流的目的是用于选择熔断器和低压断路器、整定继电保护装置、检验电动机自启动条件等。

（7）功率因数太低对电力系统有不良影响，所以要提高功率因数。提高功率因数的方法是首先提高自然功率因数，然后进行人工补偿。其中人工补偿最常用的是并联电容器补偿。要求能熟

练计算补偿容量。

本章还简单介绍了电力系统负荷的静特性、动特性以及综合特性。

习　　题

5-1　什么叫电力系统的负荷？如何分类？

5-2　什么叫负荷特性曲线？其作用是什么？

5-3　什么是年最大负荷利用小时数？

5-4　电力负荷按重要程度分哪几级？各级负荷对供电电源有何要求？

5-5　什么叫负荷曲线？有哪几种？与负荷曲线有关的物理量有哪些？

5-6　什么叫年最大负荷和年最大负荷利用小时？

5-7　什么叫计算负荷？为什么计算负荷通常采用半小时最大负荷？正确确定计算负荷有何意义？

5-8　确定用电设备组计算负荷的需要系数法和二项式法各有什么特点？各适用于哪些场合？

5-9　在接有单相用电设备的三相线路中，什么情况下可将单相设备与三相设备综合按三相负荷的计算方法确定计算负荷？而在什么情况下应进行单相负荷计算？

5-10　什么叫做尖峰电流？如何计算？

5-11　有一个大批生产的机械加工车间，拥有金属切削机床电动机容量共 800kW，通风机容量共 56kW，线路电压为 380V。试分别确定各组和车间的计算负荷 P_{30}、Q_{30}、S_{30} 和 I_{30}。

5-12　有一机修车间，拥有冷加工机床 52 台，共 200kW；行车 1 台，共 5.1kW（$\varepsilon = 15\%$）；通风机 4 台，共 5kW；点焊机 3 台，共 10.5kW（$\varepsilon = 65\%$）。车间采用 220/380V 三相四线制供电。试确定该车间的计算负荷 P_{30}、Q_{30}、S_{30} 和 I_{30}。

第 **6** 章 电力网络的稳态分析

电力网络的稳态分析，主要讨论输电线路及变压器的相关参数计算和等值电路、电力网络元件的电压和功率分布的计算、电力网络的潮流计算等。其中，潮流计算是计算给定运行条件下电网中各节点的电压和通过网络各元件的功率，其主要作用如下。

（1）在电力系统规划、设计中用于选择系统接线方式，选择电气设备及导线截面。

（2）在电力系统运行中，用于确定运行方式，制定电力系统经济运行计划，确定调压措施，研究电力系统的稳定性。

（3）提供继电保护、自动装置的设计与整定要求的数据等。

本章主要讨论电力系统稳态分析的计算基础——潮流计算方法。电力系统潮流计算可采用解析算法，也可采用计算机算法。计算机运算速度快，结果精度高，使复杂电力系统的高精度计算成为可能，现代电力系统的潮流计算几乎都采用计算机算法。但解析算法具有物理概念清晰的特点，是掌握潮流计算原理的基础。因此，从学习和掌握潮流计算的基本原理出发，本章重点讨论解析算法。

6.1 输电线路的参数计算与等值电路

6.1.1 参数计算

输电线路的基本参数有电阻、电抗、电导和电纳。物理学的知识告诉我们，输电线路的相关参数沿着线路长度线性分布，即单位长度的线路参数固定，电阻为 r_0，电抗为 x_0，电导为 g_0，电纳为 b_0。导线的种类、尺寸以及布置方式的不同，都会导致上述参数的不同。4 个参数中，电阻反映电流流过导线时的有功功率损耗；电抗反映导线流过电流时周围的磁场效应；电导反映线路工作时绝缘介质中的泄露电流以及线路周围空气游离的电晕现象而导致的有功功率损耗；电纳反应线路工作时周围产生的电场效应。由于输电线路稳态运行时三相对称，因此其等效电路完全可用考虑了其余两相影响的单相电路来表示。

1. 电阻

金属导线单位长度的直流电阻计算公式为

$$r_0 = \frac{\rho}{S} \quad (\Omega/\text{km}) \tag{6-1}$$

其中 ρ 为导线的电阻率，单位为 $\Omega \cdot \text{mm}^2/\text{km}$，$S$ 为导线载流部分的截面积，单位为 mm^2，

比如若为钢芯铝绞线则指铝线部分的截面积。

架空线多使用绞线，扭绞使得绞线中每一根单独导线的长度不尽相等但都大于直线长度（一般都长 2%～3%），因此若要准确计算绞线的电阻，需要根据每一根导线的实际长度算出其电阻，然后把所有根数的电阻加以并联才是绞线的电阻。我国电工手册中，单位长度的绞线直流电阻计算公式如下

$$r_0 = \frac{K\rho}{nS} \quad (\Omega/\text{km}) \qquad (6\text{-}2)$$

其中 n 为绞线中的股数（对钢芯铝线，仅指铝线）；K 为绞入系数。

按照式（6-2）计算或者从电工手册中获得的各类导线的电阻值均指温度为 20℃时的数据，如有特殊需要，如求 t ℃时的单位长度电阻值 r_t，则可按照下式计算

$$r_t = r_{20}[1 + \alpha(t - 20)] \qquad (6\text{-}3)$$

其中 α 表示温度系数，单位 1/℃。对于铜 α =0.003 82；对于铝 α =0.003 6。

通过三相工频交流电的情况下的集肤效应和临近效应会使电流在导体中分布不均，使其交流电阻比直流电阻增大 0.2%～1.0%，我国电线手册中按照下面公式计算，并绘制成曲线，进行修正

$$\frac{r_{\text{ac}}}{r_{\text{dc}}} = 1 + y_z \qquad (6\text{-}4)$$

其中 r_{ac} 表示交流（有效）电阻值；r_{dc} 表示直流电阻值；y_z 表示集肤效应系数。

手册中一般给出 $y_z \sim x$ 的关系，其中 x 由下式决定

$$x = 0.50134\sqrt{\frac{\mu f}{r'}} \qquad (6\text{-}5)$$

其中 f 为交流电的频率；r' 为最高温度时单位长度导体的直流电阻；μ 为导线的等效导磁率。

另外如果考虑到导线的制造过程中导线实际的载流截面积都比额定面积略小，在实际计算过程中导线电阻率的取值一般为

铜——18.8 $\Omega \cdot \text{mm}^2/\text{km}$；

铝——31.5 $\Omega \cdot \text{mm}^2/\text{km}$。

2. 电抗

输电线路的电抗是电力系统分析计算中的一个重要参数。尤其在高压线路中，电抗占有主要地位。

输电电路中通过三相对称的交流电时，导线周围会产生由此电流决定的交变磁场。此时导线的电抗为

$$x = 2\pi f L \qquad (6\text{-}6)$$

其中 L 为导线的电感系数，单位为 H。

若导线中通的是三相对称正序（负序）交流电，则式（6-6）的计算结果为每相线路的等值正序（负序）电抗，简称每相电抗。

经过完全换位的三相电路，每相导体电感系数计算公式为

$$L = \frac{\mu_0}{2\pi}\ln\frac{D_{\text{eq}}}{r} \qquad (6\text{-}7)$$

其中 $\mu_0 = 4\pi \times 10^{-7}$ H/m，为空气导磁率；r 为导线的半径；D_{eq} 为导线的等值几何间距。

将式（6-7）代入式（6-6）得每相导线单位长度的电抗为

$$x_0 = \mu_0 f \ln \frac{D_{eq}}{r} \times 10^3 \quad (\Omega/\text{km}) \qquad (6\text{-}8)$$

三相导线水平排列时，$D_{ab} = D_{bc} = D, D_{ca} = 2D$，则 $D_{eq} = \sqrt[3]{D \cdot D \cdot 2D} = 1.26D$；当三相导线为等边三角形排列时，$D_{ab} = D_{bc} = D_{ca} = D$，则 $D_{eq} = \sqrt[3]{D \cdot D \cdot D} = D$。

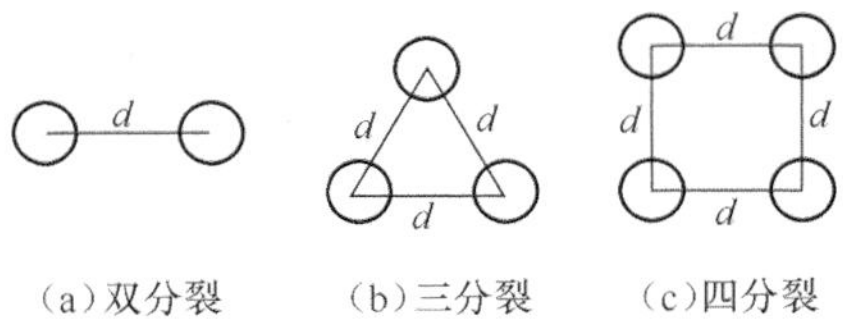

如果再考虑导线的内感，则有

（a）双分裂　（b）三分裂　（c）四分裂

图 6-1　分裂导线

$$x_0 = f \mu_0 \left(\ln \frac{D_{eq}}{r} + 0.25 \mu_r \right) \times 10^3 \quad (\Omega/\text{m}) \qquad (6\text{-}9)$$

其中，μ_r 是导线的相对导磁系数，对于铜、铝等材料，可取 $\mu_r = 1$。

如果采用分裂导线，式（6-9）中的 r 要用分裂导线的等值半径代替，即

$$r_{eq} = \sqrt[m]{r' \prod_{k=2}^{m} d_{1k}} \qquad (6\text{-}10)$$

其中，m 为每相导线的分裂根数；r' 为每一根导线的半径；d_{1k} 为分裂导线一相中第 1 根导线与第 k 根导线的间距。经过式（6-10）的换算，再将各参数代入式（6-9）并将自然对数转化为以 10 为底的对数可得

$$x_0 = 0.1145 \lg \frac{D_{eq}}{r_{eq}} + \frac{0.0157}{m} \quad (\Omega/\text{km}) \qquad (6\text{-}11)$$

从式（6-11）不难看出，导线分裂根数越多，则线路电抗下降越厉害，但当分裂根数超过 4 以后，电抗的下降不再明显。导线分裂间距的增大也可使电抗下降，但过大的间距又不利于防止电晕。因此，导线分裂根数一般不超过 4，且子导线的间距一般取 400～500mm。

导线的半径和等值几何间距虽然也对电抗产生影响，但它们与导线电抗之间呈对数关系，因此其影响有限。在实际工程计算中，单根导线每公里长度的电抗一般为 0.4Ω 左右，而 2 根、3 根和 4 根分裂导线相应则为 0.33Ω、0.3Ω 和 0.28Ω 左右。

3. 电导

架空线的电导主要反映泄漏电流及电晕现象所引起的有功功率损耗。由于线路的绝缘水平一般都很高，泄漏电流很小，因此在计算中可以忽略不计，主要考虑电晕现象引起的损耗。所谓电晕是在强电场作用下导线周围的空气游离从而导致的局部放电现象。电晕的产生与导线上的电压强度、导线的结构、导线表面的光滑程度、导线周围的空气状况甚至气象状况都有关系。其中起主要作用的还是导线上施加的电压。架空线路刚开始出现电晕的电压被称为临界电压，其经验计算公式为

$$U_{cr} = 84 m_1 m_2 \delta r \left(1 + \frac{0.301}{\sqrt{\delta r}} \right) \lg \frac{D_{eq}}{r} \quad (\text{kV}) \qquad (6\text{-}12)$$

其中，m_1 为导线表面光滑系数，对于表面光滑的单股导线可取 1，对于使用久的单股导线可取 0.93～0.98，对于多股导线一般取 0.83～0.87；m_2 为气象状况系数，干燥晴朗的天气取 1，恶劣天气取 0.8～1；$\delta = 2.89 \times \dfrac{P}{273+t} \times 10^{-3}$ 为空气相对密度，P 为大气压力，单位 cmHg，t 为空气温度，当大气压力为 76cmHg（1.014×10^5 Pa），$t = 20℃$ 时 $\delta = 1$。

电力线路在设计时，已经避免了正常天气情况下电晕的产生，因此在实际计算中，可以不考虑电导的影响。但当线路中的实际电压高于产生电晕的临界电压时，每相线路单位长度电导可通过下面的经验公式进行计算

$$g_0 = \frac{\Delta P_g}{U^2} \times 10^{-3} \quad (\text{S/km}) \qquad (6\text{-}13)$$

其中，ΔP_g 为实测的单位长度三相电路电晕损耗功率，单位 kW/km；U 为线路的线电压值，单位 kV。

4. 电纳

线路的电纳取决于相与相之间以及相与地之间存在的分布电容。分布电容的大小与相间距、导线的截面积、杆塔的结构尺寸等众多因素有关。当三相电路对称运行或经过完全换位后，单根导线线路每相单位长度的等值电容为

$$C_0 = \frac{2\pi\varepsilon_0}{\ln\dfrac{D_{eq}}{r}} \times 10^3 \quad (\text{F/km}) \qquad (6\text{-}14)$$

取 $\varepsilon_0 = \dfrac{10^{-9}}{36\pi}$ F/m，代入式（6-14）得

$$g_0 = 2\pi f C_0 = \frac{7.58}{\lg\dfrac{D_{eq}}{r}} \times 10^{-6} \quad (\text{S/km}) \qquad (6\text{-}15)$$

与电抗类似，架空线路的电纳对导线半径和导线之间等值间距的变化不敏感，对单根导线，一般 $g_0 \approx 2.8 \times 10^{-6}$ S/km；对于分裂导线，只需用 r_{eq} 取代式（6-15）中的 r 即可计算，分裂导线的根数分别为 2、3 和 4 时，对应的 g_0 分别约为 3.4×10^{-6} S/km、3.8×10^{-6} S/km 和 4.1×10^{-6} S/km。很明显，采用分裂导线后，线路的电纳值会大大增加。

6.1.2 等值电路

输电线路正常运行时其参数沿着线路实际是均匀分布的，可用链形电路表示，如图 6-2 所示。

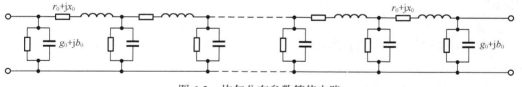

图 6-2 均匀分布参数等值电路

输电线路的总长往往在数十千米甚至数百千米，如果用分布参数等值电路来表示，会使计算非常繁琐。研究表明，当输电线路的长度在 300km 以下时，可用集中参数表示的等值电路来代替分布参数等值电路。集中参数等值电路有 Π 型和 T 型两种，如图 6-3 所示。

如果输电线的长度不超过 100km，电压等级为 35kV 及以下时，线路的电纳可忽略不计，因此集中参数表示的等值电路可进一步简化为如图 6-4 所示。

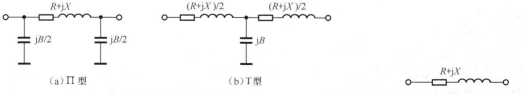

（a）Π 型   （b）T 型   R+jX

图 6-3 集中参数表示的等值电路   图 6-4 短距离线路的简化等值电路

图 6-3 和图 6-4 中，$R = r_0 l$，$X = x_0 l$，$B = b_0 l$。其中 l 为输电线路的长度，单位为 km。

若输电线路的长度超过 300km，可将线路分成长度均在 300km 以下的几段，再对每段用集中参数的等值电路来表示。

【例 6-1】 某输电线路的长度为 100km，电压等级为 110kV，导线水平排列，型号为 LGJ-185，相间距为 4m，导线表面的光滑系数 $m_1 = 0.85$，所经地区的气象状况系数 $m_2 = 1$，空气相对密度 $\delta = 1$。试绘制其集中参数等值电路。

解：

（1）单位长度电阻

$$r_0 = \frac{\rho}{S} = \frac{31.5}{185} = 0.17 \quad (\Omega/\text{km})$$

（2）单位长度电抗

$$x_0 = 0.144\,5\lg\frac{D_{jp}}{r} + 0.015\,7 = 0.144\,45\lg\frac{1.26 \times 4\,000}{9.51} + 0.015\,7 = 0.409 \quad (\Omega/\text{km})$$

（3）单位长度电纳

$$b_0 = \frac{7.58}{\lg\dfrac{D_{jp}}{r}} \times 10^{-6} = \frac{7.58}{\lg\dfrac{1.26 \times 4\,000}{9.51}} \times 10^{-6} = 2.78 \times 10^{-6} \quad (\text{S/km})$$

（4）单位长度电导

$$g_0 = 0$$

（5）全线路参数

$$R = r_0 l = 0.17 \times 100 = 17 \quad (\Omega)$$
$$X = x_0 l = 0.409 \times 100 = 40.9 \quad (\Omega)$$
$$B = b_0 l = 2.78 \times 10^{-6} \times 100 = 2.78 \times 10^{-4} \quad (\text{S})$$

绘图略。

6.2 变压器的参数计算与等值电路

变压器等值电路参数通过变压器开路和短路实验获得，一般由厂家提供，在铭牌上标示。其中空载有功损耗 P_0 和空载电流相对额定电流百分数 $I_0\%$ 由开路试验求得，短路损耗 P_k 和短路电压相对额定电压的百分数 $U_k\%$ 由短路试验求得，再由这些参数求得等值电路参数。

6.2.1 双绕组电力变压器

双绕组变压器一般采用短路电阻 R_T、短路电抗 X_T、励磁电导 G_T 和励磁电纳 B_T 4 个参数组成的 Γ 型等值电路表示，如图 6-5 所示。

1. 电阻计算

短路试验时，变压器一侧绕组短接，另一侧利用调压变压器加压直到短路侧电流达到其额定电流为止，此时测得的有功功率即为短路损耗。由于电压很低，铁损可忽略不计，因此短路损耗近似等于铜耗，即

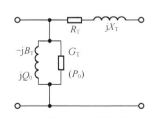

图 6-5 双绕组变压器等值电路图

$$P_k \approx P_{Cu} = 3I_N^2 R_T \times 10^{-3} = 3\left(\frac{S_N}{\sqrt{3}U_N}\right)^2 \times 10^{-3} = \frac{S_N^2}{U_N^2}R_T \times 10^{-3} \quad \text{(kW)} \qquad (6\text{-}16)$$

因此可得

$$R_T = \frac{U_N^2}{S_N^2}P_k \times 10^3 \quad (\Omega) \qquad (6\text{-}17)$$

其中，R_T（Ω）为每相绕组（原边和副边，后文的电导等均如此）的总电阻；I_N（A）、S_N（kVA）、U_N（kV）分别为变压器的额定电流、额定功率及额定线电压。

2. 电抗计算

在短路试验时，变压器通过的是额定电流，因此短路电压等于变压器阻抗在额定电流下产生的压降，所以有

$$U_k\% = \sqrt{(U_X\%)^2 + (U_R\%)^2} \qquad (6\text{-}18)$$

对于中、大型变压器，$X_T \gg R_T$，所以可以忽略 R_T 影响，所以有

$$U_k\% = \frac{\sqrt{3}I_N X_T \times 10^{-3}}{U_N} \times 100 = \frac{S_N X_T \times 10^{-3}}{U_N^2} \times 100 \qquad (6\text{-}19)$$

所以

$$X_T = \frac{U_k\% U_N^2}{S_N} \times 10 \quad (\Omega) \qquad (6\text{-}20)$$

3. 电导计算

变压器空载试验时，一侧开路，另一侧加额定电压。因为空载电流远小于额定电流，因此铜耗很小，变压器的空载损耗近似等于铁损，即

$$P_0 \approx P_{Fe} = U_N^2 G_T \times 10^3 \quad \text{(kW)} \qquad (6\text{-}21)$$

所以

$$G_T = \frac{P_0}{U_N^2} \times 10^{-3} \quad \text{(S)} \qquad (6\text{-}22)$$

4. 电纳计算

空载运行时，空载电流由电导中的有功分量和电纳中的无功分量两部分组成，对应的相量图如图 6-6 所示。由于有功分量的大小远小于无功分量的大小，因此空载电流与流经电纳的电流在大小上近似相等，所以有

$$\frac{Q_0}{S_N} \times 100 = \frac{\sqrt{3}U_N I_b}{\sqrt{3}U_N I_N} \times 100 \approx \frac{\sqrt{3}U_N I_0}{\sqrt{3}U_N I_N} \times 100 = I_0\% \qquad (6\text{-}23)$$

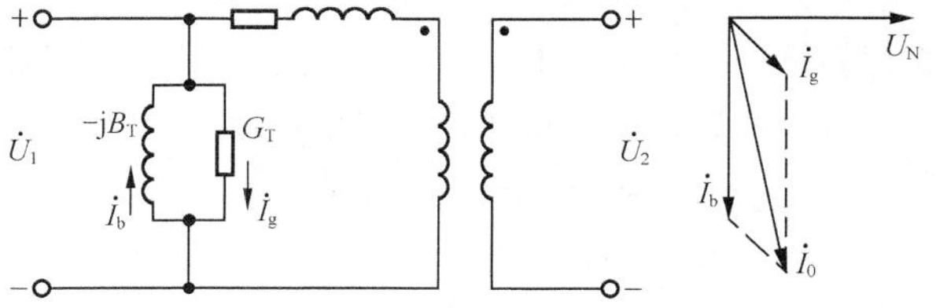

图 6-6 空载运行相量图

所以

$$B_{\mathrm{T}} = \frac{Q_0}{U_{\mathrm{N}}^2} \times 10^{-3} = \frac{I_0 \% S_{\mathrm{N}}}{U_{\mathrm{N}}^2} \times 10^{-5} \quad (\mathrm{S}) \qquad (6\text{-}24)$$

在利用公式进行计算时需要注意：公式中的 U_{N} 既可以取高压侧的值也可以取低压侧的值，要根据实际需要确定；计算过程要注意各个参数的单位。

【**例 6-2**】 有一台 121/10.5kV 容量为 315 00kVA 的三相双绕组变压器，其铭牌数据为：$P_k = 200\,\mathrm{kW}$，$P_0 = 47\,\mathrm{kW}$，$U_k \% = 10.5$，$I_0 \% = 2.7$。试计算变压器的等值阻抗和导纳。

解：取 $U_{\mathrm{N}} = 121\,\mathrm{kV}$，所有参数都归算到低压侧。

变压器短路电阻

$$R_{\mathrm{T}} = \frac{P_k U_{\mathrm{N}}^2}{S_{\mathrm{N}}^2} \times 10^3 = \frac{200 \times 121^2}{31\,500^2} \times 10^3 = 2.95 \quad (\Omega)$$

变压器短路电抗

$$X_{\mathrm{T}} = \frac{U_k \% U_{\mathrm{N}}^2}{S_{\mathrm{N}}} \times 10 = \frac{10.5 \times 121^2}{31\,500} \times 10 = 48.8 \quad (\Omega)$$

变压器励磁电导

$$G_{\mathrm{T}} = \frac{P_0}{U_{\mathrm{N}}^2} \times 10^{-3} = \frac{47}{121^2} \times 10^{-3} = 3.21 \times 10^{-6} \quad (\mathrm{S})$$

变压器励磁电纳

$$B_{\mathrm{T}} = \frac{Q_0}{U_{\mathrm{N}}^2} \times 10^{-3} = \frac{I_0 \% S_{\mathrm{N}}}{U_{\mathrm{N}}^2} \times 10^{-5} = \frac{2.7 \times 31\,500}{121^2} \times 10^{-5} = 5.81 \times 10^{-5} \quad (\mathrm{S})$$

6.2.2 三绕组电力变压器

电力系统实际应用中除了使用双绕组变压器外，还大量使用三绕组变压器，以连接 3 个不同电压等级的电网。三绕组变压器的等值电路如图 6-7 所示，图中星形部分 3 条支路阻抗表示 3 个绕组的等值电阻和漏抗，并联导纳代表变压器励磁回路。

三绕组变压器等值电路导纳支路的参数计算公式与双绕组的完全相同。阻抗支路等值参数的计算与双绕组的也无本质差别，但由于三绕组变压器各个绕组的容量比有不同的组合，且其绕组在铁芯上的排列又有不同，因此其阻抗计算方法有所不同。

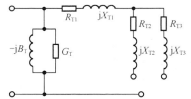

图 6-7 三绕组变压器等值电路图

1. 电阻的计算

三绕组变压器的短路试验只在两个绕组间进行，另一绕组开路。我国新型三绕组变压器按照 3 个绕组容量比不同有 3 种类型：100/100/100、100/100/50 和 100/50/100，其中第 I 种类型的第三绕组（低压）和第 III 种类型的第二绕组（中压）容量只有变压器额定容量的 50%。

（1）100/100/100 类变压器。短路试验时将 3 个绕组依次一个短路、一个开路、一个加压至额定电流，分别测得短路损耗 $P_{k(1-2)}$、$P_{k(2-3)}$ 和 $P_{k(3-1)}$，因为

$$\begin{cases} P_{k(1-2)} = P_{k1} + P_{k2} \\ P_{k(2-3)} = P_{k2} + P_{k3} \\ P_{k(3-1)} = P_{k3} + P_{k1} \end{cases} \qquad (6\text{-}25)$$

所以

$$\begin{cases} P_{k1} = \dfrac{1}{2}(P_{k(1-2)} + P_{k(3-1)} - P_{k(2-3)}) \\[2mm] P_{k2} = \dfrac{1}{2}(P_{k(1-2)} + P_{k(2-3)} - P_{k(3-1)}) \\[2mm] P_{k3} = \dfrac{1}{2}(P_{k(3-1)} + P_{k(2-3)} - P_{k(1-2)}) \end{cases} \tag{6-26}$$

（2）100/100/50 或 100/50/100 类变压器。这两类变压器短路试验时有两组数据是按照 50%容量绕组达到额定电流时测得，因此必须进行折算。比如对于一台容量比为 100/50/100 的变压器，$P'_{k(1-2)}$ 和 $P'_{k(2-3)}$ 都是当第二绕组流过变压器额定电流的 1/2 时测得，而 $P_{k(3-1)}$ 则仍是在流过变压器额定电流时测得。对 $P'_{k(1-2)}$ 和 $P'_{k(2-3)}$ 进行换算

$$\begin{cases} P_{k(1-2)} = P'_{k(1-2)}\left(\dfrac{I_{\mathrm{N}}}{I_{\mathrm{N}}/2}\right)^2 = P'_{k(1-2)}\left(\dfrac{S_{\mathrm{N}}}{S_{\mathrm{N}}/2}\right)^2 = P'_{k(1-2)}\left(\dfrac{100}{100/2}\right)^2 = 4P'_{k(1-2)} \\[3mm] P_{k(2-3)} = P'_{k(2-3)}\left(\dfrac{S_{\mathrm{N}}}{S_{\mathrm{N}}/2}\right)^2 = P'_{k(2-3)}\left(\dfrac{S_{\mathrm{N}}}{S_{\mathrm{N}}/2}\right)^2 = P'_{k(2-3)}\left(\dfrac{100}{100/2}\right)^2 = 4P'_{k(1-2)} \end{cases} \tag{6-27}$$

经过上述折算，再根据公式（6-17）即可求得 R_{T1}、R_{T2} 和 R_{T3}。

2．电抗的计算

按照国标的规定，铭牌上标示短路电压百分数已经折算到变压器额定电流时的数值。因此在计算过程中，短路电压不需进行折算。因为各绕组之间的短路电压百分数满足

$$\begin{cases} U_{k(1-2)}\% = U_{k1}\% + U_{k2}\% \\ U_{k(2-3)}\% = U_{k2}\% + U_{k3}\% \\ U_{k(3-1)}\% = U_{k3}\% + U_{k1}\% \end{cases} \tag{6-28}$$

易得各绕组等值的短路电压百分数为

$$\begin{cases} U_{k1}\% = \dfrac{1}{2}[(U_{k(1-2)}\% + U_{k(3-1)}\%) - U_{k(2-3)}\%] \\[2mm] U_{k2}\% = \dfrac{1}{2}[(U_{k(2-3)}\% + U_{k(1-2)}\%) - U_{k(3-1)}\%] \\[2mm] U_{k3}\% = \dfrac{1}{2}[(U_{k(3-1)}\% + U_{k(2-3)}\%) - U_{k(1-2)}\%] \end{cases} \tag{6-29}$$

再根据公式（2-9）即可求得 X_{T1}、X_{T2} 和 X_{T3}。

对 100/100/50 或 100/50/100 容量比的三绕组变压器而言，其绕组有两种排列方式，如图 6-8 所示，这导致同种容量和电压等级的变压器的短路电压百分数有所不同。对第 I 种方式的排列而言，低压绕组与高压绕组或低压绕组与中压绕组之间联系都很紧密，适用于从低压侧向高、中压侧传送功率，这种结构被称为升压结构；对第 II 种结构而言，适用于从高压侧向中、低压侧传送功率，因此被称为降压结构。

【例 6-3】　有一变压器型号为 SFSL1-20000/110，容

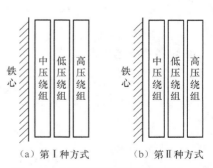

图 6-8　三绕组变压器两种排列方式

量比为 100/50/100。已知 $P'_{k(1-2)} = 52 \text{ kW}$，$P_{k(3-1)} = 148.2 \text{ kW}$，$P'_{k(2-3)} = 47 \text{ kW}$，$U_{k(1-2)}\% = 18$，$U_{k(2-3)}\% = 6.5$，$U_{k(3-1)}\% = 10.5$，$P_0 = 50.2 \text{ kW}$，$I_0\% = 4.1$。试求出变压器的阻抗、导纳，参数归到高压侧。

解：（1）求电阻

先进行折算

$$P_{k(1-2)} = 4P'_{k(1-2)} = 4 \times 52 = 208 \quad (\text{kW})$$

$$P_{k(2-3)} = 4P'_{k(2-3)} = 4 \times 47 = 188 \quad (\text{kW})$$

计算短路损耗

$$P_{k1} = \frac{1}{2}(P_{k(1-2)} + P_{k(3-1)} - P_{k(2-3)}) = \frac{1}{2}(208 + 148.2 - 188) = 84.1 \quad (\text{kW})$$

$$P_{k2} = \frac{1}{2}(P_{k(2-3)} + P_{k(1-2)} - P_{k(3-1)}) = \frac{1}{2}(188 + 208 - 148.2) = 123.9 \quad (\text{kW})$$

$$P_{k3} = \frac{1}{2}(P_{k(3-1)} + P_{k(2-3)} - P_{k(1-2)}) = \frac{1}{2}(148.2 + 188 - 208) = 64.1 \quad (\text{kW})$$

所以 3 个绕组电阻为

$$R_{\text{T1}} = \frac{P_{k1}U_\text{N}^2}{S_\text{N}^2} \times 10^3 = \frac{84.1 \times 110^2}{20\ 000^2} \times 10^3 = 2.54 \quad (\Omega)$$

$$R_{\text{T2}} = \frac{P_{k2}U_\text{N}^2}{S_\text{N}^2} \times 10^3 = \frac{123.9 \times 110^2}{20\ 000^2} \times 10^3 = 4.2 \quad (\Omega)$$

$$R_{\text{T3}} = \frac{P_{k3}U_\text{N}^2}{S_\text{N}^2} \times 10^3 = \frac{64.1 \times 110^2}{20\ 000^2} \times 10^3 = 1.94 \quad (\Omega)$$

（2）求电抗

计算短路电压百分数

$$U_{k1}\% = \frac{1}{2}[(U_{k(1-2)}\% + U_{k(3-1)}\%) - U_{k(2-3)}\%] = \frac{1}{2}(18 + 10.5 - 6.5) = 11$$

$$U_{k2}\% = \frac{1}{2}[(U_{k(2-3)}\% + U_{k(1-2)}\%) - U_{k(3-1)}\%] = \frac{1}{2}(6.5 + 18 - 10.5) = 7$$

$$U_{k3}\% = \frac{1}{2}[(U_{k(3-1)}\% + U_{k(2-3)}\%) - U_{k(1-2)}\%] = \frac{1}{2}(10.5 + 6.5 - 18) = -0.5$$

所以各绕组电抗为

$$X_{\text{T1}} = \frac{U_{k1}\%U_\text{N}^2}{S_\text{N}} \times 10 = \frac{11 \times 110^2}{20\ 000} \times 10 = 66.55 \quad (\Omega)$$

$$X_{\text{T2}} = \frac{U_{k2}\%U_\text{N}^2}{S_\text{N}} \times 10 = \frac{7 \times 110^2}{20\ 000} \times 10 = 42.35 \quad (\Omega)$$

$$X_{\text{T3}} = \frac{U_{k3}\%U_\text{N}^2}{S_\text{N}} \times 10 = \frac{-0.5 \times 110^2}{20\ 000} \times 10 = -3.03 \approx 0 \quad (\Omega)$$

（3）求导纳

$$G_{\mathrm{T}} = \frac{P_0}{U_{\mathrm{N}}^2} \times 10^{-3} = \frac{50.2}{110^2} \times 10^{-3} = 4.15 \times 10^{-6} \quad (\mathrm{S})$$

$$B_{\mathrm{T}} = \frac{I_0\% S_{\mathrm{N}}}{U_{\mathrm{N}}^2} \times 10^{-5} = \frac{4.1 \times 20\,000}{110^2} \times 10^{-5} = 6.78 \times 10^{-5} \quad (\mathrm{S})$$

从计算过程可以看出，定值参数中的 X_{T3} 出现了负值，这是正常现象。实际上负值总是出现在位置居中的绕组上，这是由于处于两侧的绕组 1 和 2 漏抗较大且大于绕组 2 和 3 及绕组 3 和 1 的漏抗之和。出现负值并不意味着电抗是容性的，且由于其值不大，通常做零处理。

6.2.3 自耦变压器

自耦变压器如图 6-9 所示。大型超高压电力系统中，多采用自耦变压器来连接两个电压等级的电网。自耦变压器一般均为三绕组形式，即每相都有串联绕组、公共绕组和第三绕组。其中第三绕组可用来连接调相机、所用电等，容量比变压器额定容量要小。仅就断点条件而言，自耦变压器与普通变压器是等值的，因此其等值电路参数计算也与普通三绕组变压器相同。

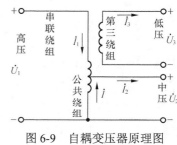

图 6-9　自耦变压器原理图

但由于自耦变压器第三绕组容量小于变压器额定容量，因此与其有关的参数（短路损耗和短路电压百分数）在使用前需要先进行折算。其中短路损耗的折算同公式（6-27），短路电压百分数折算公式如下

$$\begin{cases} U_{k(3-1)}\% = U_{k(3-1)}'\% \dfrac{S_{\mathrm{N}}}{S_{\mathrm{N3}}} \\[3mm] U_{k(2-3)}\% = U_{k(2-3)}'\% \dfrac{S_{\mathrm{N}}}{S_{\mathrm{N3}}} \end{cases} \tag{6-30}$$

【例 6-4】　有一自耦变压器型号为 OSFPSL-120000/220，容量比为 100/100/50。已知 $P_{k(1-2)}' = 455\ \mathrm{kW}$，$P_{k(3-1)}' = 366\ \mathrm{kW}$，$P_{k(2-3)}' = 346\ \mathrm{kW}$，$U_{k(1-2)}'\% = 9.35$，$U_{k(2-3)}'\% = 5.4$，$U_{k(3-1)}'\% = 8.275$，$P_0 = 73.25\ \mathrm{kW}$，$I_0\% = 0.346$。试求出变压器的阻抗、导纳，参数归到高压侧。

解：（1）与第三绕组有关的短路损耗折算

$$P_{k(3-1)} = 4 P_{k(3-1)}' = 4 \times 366 = 1\,464 \quad (\mathrm{kW})$$

$$P_{k(2-3)} = 4 P_{k(2-3)}' = 4 \times 346 = 1\,384 \quad (\mathrm{kW})$$

（2）与第三绕组有关的短路电压百分数折算

$$U_{k(3-1)}\% = U_{k(3-1)}'\% \frac{S_{\mathrm{N}}}{S_{\mathrm{N3}}} = 8.275 \times \frac{120\,000}{60\,000} = 33.1$$

$$U_{k(2-3)}\% = U_{k(2-3)}'\% \frac{S_{\mathrm{N}}}{S_{\mathrm{N3}}} = 5.4 \times \frac{120\,000}{60\,000} = 21.6$$

（3）计算短路损耗

$$P_{k1} = \frac{1}{2}(P_{k(1-2)} + P_{k(3-1)} - P_{k(2-3)}) = \frac{1}{2}(455 + 1\,464 - 1\,384) = 267.5 \quad (\text{kW})$$

$$P_{k2} = \frac{1}{2}(P_{k(2-3)} + P_{k(1-2)} - P_{k(3-1)}) = \frac{1}{2}(1\,384 + 455 - 1\,464) = 187.5 \quad (\text{kW}) \quad 、$$

$$P_{k3} = \frac{1}{2}(P_{k(3-1)} + P_{k(2-3)} - P_{k(1-2)}) = \frac{1}{2}(1\,464 + 1\,384 - 455) = 1196.5 \quad (\text{kW})$$

（4）电阻计算

$$R_{T1} = \frac{P_{k1}U_N^2}{S_N^2} \times 10^3 = \frac{267.5 \times 220^2}{120\,000^2} \times 10^3 = 0.899 \quad (\Omega)$$

$$R_{T2} = \frac{P_{k2}U_N^2}{S_N^2} \times 10^3 = \frac{1\,187.5 \times 220^2}{120\,000^2} \times 10^3 = 0.63 \quad (\Omega)$$

$$R_{T3} = \frac{P_{k3}U_N^2}{S_N^2} \times 10^3 = \frac{1\,196.5 \times 110^2}{120\,000^2} \times 10^3 = 4.02 \quad (\Omega)$$

（5）计算各绕组短路电压百分数

$$U_{k1}\% = \frac{1}{2}[(U_{k(1-2)}\% + U_{k(3-1)}\%) - U_{k(2-3)}\%] = \frac{1}{2}(9.35 + 33.1 - 21.6) = 10.425$$

$$U_{k2}\% = \frac{1}{2}[(U_{k(2-3)}\% + U_{k(1-2)}\%) - U_{k(3-1)}\%] = \frac{1}{2}(21.6 + 9.35 - 33.1) = -1.075$$

$$U_{k3}\% = \frac{1}{2}[(U_{k(3-1)}\% + U_{k(2-3)}\%) - U_{k(1-2)}\%] = \frac{1}{2}(33.1 + 21.6 - 9.35) = 22.675$$

（6）电抗计算

$$X_{T1} = \frac{U_{k1}\% U_N^2}{S_N} \times 10 = \frac{10.425 \times 220^2}{120\,000} \times 10 = 42.044 \quad (\Omega)$$

$$X_{T2} = \frac{U_{k2}\% U_N^2}{S_N} \times 10 = \frac{-1.075 \times 220^2}{120\,000} \times 10 = -4.34 \approx 0 \quad (\Omega)$$

$$X_{T3} = \frac{U_{k3}\% U_N^2}{S_N} \times 10 = \frac{22.675 \times 220^2}{120\,000} \times 10 = 91.448 \quad (\Omega)$$

（7）导纳的计算

$$G_T = \frac{P_0}{U_N^2} \times 10^{-3} = \frac{73.25}{220^2} \times 10^{-3} = 1.51 \times 10^{-6} \quad (\text{S})$$

$$B_T = \frac{I_0\% S_N}{U_N^2} \times 10^{-5} = \frac{0.346 \times 120\,000}{220^2} \times 10^{-5} = 8.58 \times 10^{-6} \quad (\text{S})$$

6.2.4 分裂绕组变压器

随着变压器容量不断增加，如果其副侧发生短路，则短路容量会很大。为了能有效切除故障，必须在其副侧安装具有很大切断能力的断路器。分裂绕组变压器在正常工作和低压侧短路时，呈现出不同的电抗值，这能起到限制短路电流的作用。因此大型电厂多用分裂绕组变压器作为联系两台发电机的主变压器、启动变压器或高压厂用变压器。

分裂绕组变压器是将普通双绕组变压器的低压绕组分裂成额定容量相等且完全对称的两个绕组。其布置形式决定了两个分裂绕组之间仅仅有磁的联系而没有电的联系。为了获得良好的分裂效果，这种磁的联系也是弱联系。因为分裂绕组完全对称，故其短路电抗相等。

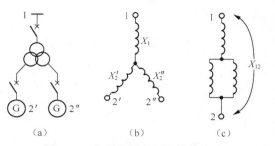

图 6-10　分裂绕组变压器等值电路

分裂绕组变压器等值电路如图 6-10 所示。X_1 为高压侧绕组的电抗，$X_{2'}$ 和 $X_{2'}$ 分别为高压侧开路时两个分裂绕组的电抗，X_{12} 为变压器正常工作时的等值电抗。

6.3 电力网络元件的电压和功率分布计算

6.3.1 输电线路

电力系统的潮流计算中，通常说负荷取用多少功率，线路、变压器通过多少功率；而不说取用多少电流，通过多少电流。因此潮流计算的面向对象是通过电力网络中各元件的功率及节点电压，这区别于普通电路的计算。对于给定的网络元件，如输电线路，首、末端两个节点的电压和功率共 4 个运行变量中，定解条件是给定其中的两个量而计算另外两个量。这样，由于给定量的不同，网络元件的电压和功率分布计算可归结为两种类型：给定同一节点（首端或末端）的功率及电压；给定不同节点的功率和电压。

1. 已知同一节点的运行参数

图 6-11 所示的输电线路等值电路，$\dot{U}_1$ 和 $\dot{U}_2$ 分别是线路首端和末端的线电压，$\dot{S}_1$ 和 $\dot{S}_2$ 分别为线路首端和末端的三相复功率，$\dot{I}$ 为线路中流过电流。

假设 $\dot{U}_2$ 和 $\dot{S}_2$ 为已知条件，求解 $\dot{U}_1$ 和 $\dot{S}_1$ 的步骤如下。

（1）末端导纳支路的功率损耗

$$\Delta\dot{S}_{y2} = \sqrt{3}\dot{U}_2\overline{I}_{y2} = \sqrt{3}\dot{U}_2\frac{\overline{U}_2(-\mathrm{j}B/2)}{\sqrt{3}} = -\mathrm{j}\frac{B}{2}U_2^2 \tag{6-31}$$

其中 $\overline{I}_{y2}$ 为 $\dot{I}_{y2}$（末端导纳支路电流）的共轭，$\overline{U}_2$ 为 $\dot{U}_2$ 的共轭。

（2）流出线路阻抗支路功率

$$\dot{S}_2' = \dot{S}_2 + \Delta\dot{S}_{y2} = \dot{S}_2 - \mathrm{j}\frac{B}{2}U_2^2 = P_2' + \mathrm{j}Q_2' \tag{6-32}$$

（3）阻抗支路功率损耗

$$\Delta\dot{S}_{\mathrm{L}} = \sqrt{3}d\dot{U}_2\overline{I} = [\frac{\overline{S}_2'}{\overline{U}_2}(R+\mathrm{j}X)]\frac{\dot{S}_2'}{\dot{U}_2} \tag{6-33}$$

即

$$\Delta\dot{S}_{\mathrm{L}} = \left(\frac{S_2'}{U_2}\right)^2(R+\mathrm{j}X) = \frac{P_2'^2 + Q_2'^2}{U_2^2}(R+\mathrm{j}X) = \Delta P_{\mathrm{L}} + \mathrm{j}\Delta Q_{\mathrm{L}} \tag{6-34}$$

（4）首端电压

$$\dot{U}_1 = \dot{U}_2 + \sqrt{3}\dot{I}(R+\mathrm{j}X) = \dot{U}_2 + \left(\frac{\overline{S}'_2}{\dot{U}_2}\right)(R+\mathrm{j}X) = \dot{U}_2 + \frac{P'_2 - \mathrm{j}Q'_2}{\dot{U}_2}(R+\mathrm{j}X)$$ （6-35）

$$= \dot{U}_2 + \frac{P'_2 R + Q'_2 X}{\dot{U}_2} + \mathrm{j}\frac{P'_2 X - Q'_2 R}{\dot{U}_2} = \dot{U}_2 + \Delta\dot{U}_2 + \mathrm{j}\delta\dot{U}_2$$

若取 $\dot{U}_2$ 为参考相量，则有，$\dot{U}_2 = U_2$，所以

$$\dot{U}_1 = U_2 + \Delta U_2 + \mathrm{j}\delta U_2 = U_1\angle\theta$$ （6-36）

易知

$$U_1 = \left|\dot{U}_1\right| = \sqrt{(U_2 + \Delta U_2)^2 + (\delta U_2)^2}$$ （6-37）

$$\theta = \angle\dot{U}_1 = \tan^{-1}\frac{\delta U_2}{U_2 + \Delta U_2}$$ （6-38）

$$\Delta U_2 = \frac{P'_2 R + Q'_2 X}{U_2}$$ （6-39）

$$\delta U_2 = \frac{P'_2 X - Q'_2 R}{U_2}$$ （6-40）

ΔU_2 和 δU_2 分别为串联支路上电压降落的纵分量和横分量，其相量关系如图 6-12 所示。一般情况下，$U_2 + \Delta U_2 \cdot \delta U_2$，所以有

$$U_1 \approx U_2 + \Delta U_2 + \frac{(\delta U_2)^2}{2(U_2 + \Delta U_2)}$$ （6-41）

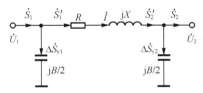

图 6-11　输电线路等值电路

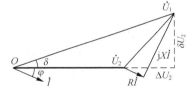

图 6-12　电压相量图

（5）首端导纳支路功率损耗

$$\Delta\dot{S}_{y1} = -\mathrm{j}\frac{B}{2}U_1^2$$ （6-42）

（6）首端功率

$$\dot{S}_1 = \dot{S}'_1 + \Delta\dot{S}_{y1} = \dot{S}'_2 + \Delta\dot{S}_L + \Delta\dot{S}_{y1} = \dot{S}'_2 + \Delta\dot{S}_L - \mathrm{j}\frac{B}{2}U_1^2 = P_1 + \mathrm{j}Q_1$$ （6-43）

若已知条件为首端的功率和电压，计算过程类似，只需将首端电压作为参考相量即可，公式如下。

串联支路上的功率损耗为

$$\dot{S}'_2 = \dot{S}'_1 - \Delta\dot{S}_L = \dot{S}'_1 - \frac{P'^2_1 + Q'^2_1}{U_1^2}(R+\mathrm{j}X)$$ （6-44）

其中

$$\dot{S}'_1 = \dot{S}_1 + \mathrm{j}\frac{B}{2}U_1^2 = P'_1 + \mathrm{j}Q'_1$$ （6-45）

$$U_2 = \sqrt{(U_1 - \Delta U_1)^2 + (\delta U_1)^2} \tag{6-46}$$

$$\delta = -\tan^{-1} \frac{\delta U_1}{U_1 - \Delta U_1} \tag{6-47}$$

串联支路上电压降落的纵分量和横分量分别为

$$\Delta U_1 = \frac{P_1' R + Q_1' X}{U_1} \tag{6-48}$$

$$\delta U_1 = \frac{P_1' X - Q_1' R}{U_1} \tag{6-49}$$

一般情况下， $\Delta U_1 \neq \Delta U_2$ ， $\delta U_1 \neq \delta U_2$ 。

2．已知不同节点的运行参数

在实际的电力系统中，已知的往往是输电线路的首端电压和末端输出功率，要求确定首端的输入功率和末端电压。这样就无法直接利用电压降落公式（6-39）和公式（6-40）及功率损耗公式（6-34）来进行分布计算，在这种情况下，可采用迭代法得到满足一定精度的结果，其计算步骤如下。

（1）假定线路末端电压初值为 $\dot{U}_2^{(0)}$ ，迭代次数 $i = 1$ 。

（2）利用末端电压 $\dot{U}_2^{(i-1)}$ 和已知的末端功率 $\dot{S}_2$ ，由末端向首端推算一次，求出首端电压 $\dot{U}_1^{(i)}$ 和首端功率 $\dot{S}_1^{(i)}$ 。

（3）利用已知的首端电压 $\dot{U}_1$ 和推算出的首端功率 $\dot{S}_1^{(i)}$ ，由首端向末端推算，求出末端电压 $\dot{U}_2^{(i)}$ 和末端功率 $\dot{S}_2^{(i)}$ 。

（4）计算迭代误差： $e_S = \left| S_2 - S_2^{(i)} \right|$ ， $e_U = \left| U_1 - U_1^{(i)} \right|$ 。若 $e_S \leqslant e_{S \cdot \max}$ ， $e_U \leqslant e_{U \cdot \max}$ 均满足，则迭代停止，给出结果；若不满足，则 $i = i + 1$ ，转向步骤（2），继续执行迭代运算。

6.3.2　变压器

变压器常被用 Γ 型等值电路来表示。其励磁损耗可由等值电路中励磁支路的导纳来确定

$$\Delta \dot{S}_{T0} = (G_T + jB_T)U^2 \tag{6-50}$$

一般电力网络不会偏离额定电压太大，因此这部分损耗可看成固定不变的损耗，因此变压器励磁支路可直接采用空载实验数据来表示

$$\Delta \dot{S}_{T0} = \Delta P_T + j\Delta Q_0 = \Delta P_0 + j\frac{I_0\%}{100} S_N \tag{6-51}$$

电压等级为 35kV 及以下的电力网络，由于变压器的励磁损耗相对很小，在计算过程中可以忽略不计。

变压器阻抗支路中的电压降落和功率损耗的计算方法与输电线路相同。因为变压器两侧电压的相位角差很小，因此在计算过程中可将电压降落的横分量省略。

此外变压器的阻抗功率损耗可不利用变压器的阻抗做计算，而直接根据变压器的短路试验数据和变压器的负荷进行计算

$$\Delta \dot{S}_{Tz} = \Delta P_T + j\Delta Q_T = \Delta P_k \frac{S_2^2}{S_N^2} + j\frac{U_k(\%)}{100} \frac{S_2^2}{S_N^2} \tag{6-52}$$

其中， S_2 为通过变压器的负荷功率，单位 kVA。因此变压器损耗为

$$\Delta \dot{S}_T = \Delta \dot{S}_{T0} + \Delta \dot{S}_{Tz} \tag{6-53}$$

6.4 电力网络的无功功率和电压调整

电压是衡量电能质量的重要指标,各种电气设备都被设计为在额定电压下运行,这样既安全又有最高的效率。

电力网络在正常运行时,由于电压损耗的存在,如果用电负荷变化或系统运行方式变化,网络中的电压损耗也将随之发生变化,从而,网络中的电压分布将不可避免地随之发生变化。

随着电力工业的发展,供电范围不断扩大,网络的电压损耗也增大,要使系统中各处的电压都保持在允许的偏移范围内,需要采取多种调压措施。

6.4.1 无功功率调整

1. 无功负荷和无功损耗功率

(1)无功负荷。除白炽灯消耗有功外,绝大部分异步电动机消耗无功。

异步电动机的无功消耗为

$$Q_M = Q_m + Q_\sigma = \frac{U^2}{X_m} + I^2 X_\sigma \qquad (6-54)$$

其中,Q_M 为异步电动机的激磁功率,它与施加于异步电动机的电压平方成正比;Q_σ 为异步电动机漏抗 X_σ 中的无功损耗,它与负荷电流平方成正比。

要保持负荷的电压水平,就得供给负荷所需要的无功功率,只有当系统有能力供给足够的无功时,负荷的端电压才能维持在正常的水平。如果系统的无功电源容量不足,负荷的端电压将被迫降低,所以维持电力系统的电压水平与无功功率之间有着不可分割的关系。

电力系统综合无功负荷的静态电压特性如图 6-13 所示。它的特点是电压略低于额定值时,无功功率随电压下降较为明显;当电压下降幅度较大时,无功功率减小的程度逐渐变小。

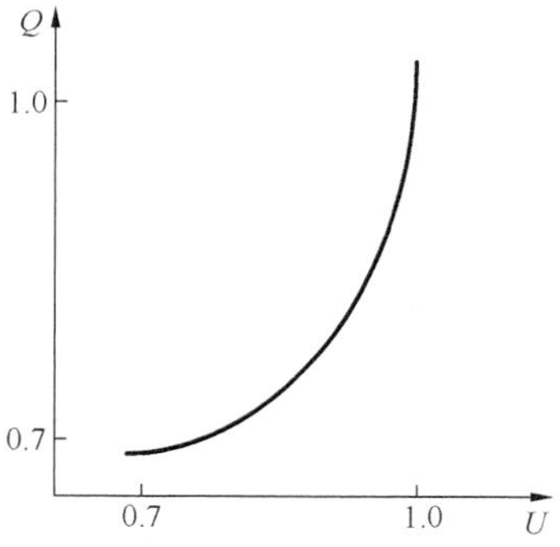

(2)变压器无功损耗。变压器中的无功功率损耗分为两部分,即励磁支路损耗和绕组漏抗中损耗。其中,励磁支路损耗的百分值基本上等于空载电流 I_0 的百分值,约为1%~2%;绕组漏抗中损耗,在变压器满载时,基本上等于短路电压 U_k 的百分值,约为10%。因此,对一台变压器或一级变压器的网络而

图 6-13 综合无功负荷电压静特性

言,变压器中的无功功率损耗并不大,满载时约为它额定容量的百分之十几。但对多级电压网络,变压器中的无功功率损耗就相当可观。

变压器的无功损耗为

$$Q_T = \Delta Q_0 + \Delta Q_T = U^2 B_T + I^2 X_T = \frac{I_0(\%)}{100} S_N + \frac{U_k(\%) S^2}{100 S_N} \qquad (6-55)$$

其中,ΔQ_0 为变压器空载无功损耗,它与所施的电压平方成正比;ΔQ_T 为变压器绕组漏抗中的无功损耗,与通过变压器的电流平方成正比。

(3)输电线路无功损耗。输电线路的无功功率损耗分为两部分,其串联电抗中的无功功率损耗与通过线路的功率或电流的平方成正比,而其并联电纳中发出的无功功率与电压平方成正比。输电线路等值的无功消耗特性取决于输电线路传输的功率与运行电压水平。当线路传输功

率较大，电抗中消耗的无功功率大于电容中发出的无功功率时，线路等值为消耗无功；当传输功率较小、线路运行电压水平较高，电容中产生的无功功率大于电抗中消耗的无功功率时，线路等值为无功电源。电力线路上的无功功率损耗也分为两部分，即并联导纳和串联电抗中的无功功率损耗。

并联电纳中的无功功率损耗 ΔQ_b 可表示为

$$\Delta Q_b = -U^2 \frac{B}{2} \tag{6-56}$$

可见，并联电纳中的无功功率与线路电压的平方成正比，呈容性，又称为线路的充电功率。

而串联电抗中的无功功率损耗 ΔQ_x 可表示为

$$\Delta Q_x = I^2 X = \frac{P^2 + Q^2}{U^2} X \tag{6-57}$$

可见，串联电抗中的无功功率与负荷电流的平方成正比，呈感性。

以上两部分无功功率的总和反映线路上的无功功率损耗。如果容性大于感性，则向系统输送无功；如果感性大于容性，则向系统吸收无功。因此，电力线路究竟是损耗无功还是发无功，则需要按具体情况作具体的分析、计算。

2. 无功电源

电力系统的无功电源有发电机、同步调相机、静电电容器及静止补偿器等。

（1）发电机

同步发电机不仅是电力系统唯一的有功电源，也是电力系统的主要无功电源。当发电机处于额定状态下运行时，发出的无功功率为

$$Q_{GN} = S_{GN} \sin \varphi_N = \frac{P_{GN}}{\cos \varphi_N} \sin \varphi_N = P_{GN} \mathrm{tg} \varphi_N \tag{6-58}$$

其中，S_{GN} 为发电机额定视在功率；P_{GN} 为发电机额定有功功率；$\cos \varphi_N$ 为发电机额定功率因数。

图 6-14 所示为汽轮发电机有功与无功功率出力图。下面根据此图分析发电机在非额定功率因数下运行时，可能发出的无功功率。图中 $\overline{OA}$ 代表发电机额定电压 $\dot{U}_{GN}$，$\dot{I}_{GN}$ 为发电机额定定子电流，它滞后于 $\dot{U}_{GN}$ 一个额定功率因数角 φ_N。$\overline{AC}$ 代表 $\dot{I}_{GN}$ 在发电机电抗 X_d 上引起的电压降，正比于定子额定电流，所以 $\overline{AC}$ 亦正比于发电机的额定视在功率 S_{GN}。这样，C 点表示了发电机的额定运行点，而 $\overline{AC}$ 在纵坐标和横坐标上的投影分别正比于发电机的额定有功功率 Q_{GN}。$\overline{OC}$ 为发电机电势 $\dot{E}_q$，它正比于发电机的额定激磁电流。

当改变功率因数运行时，受转子电流不能超过额定值的限制，发电机运行不能越出以 O 为圆心，以 $\overline{OC}$ 为半径的圆弧 $\overline{BC}$；受定子电流不能超过额定值（正比于额定视在功率）的限制，发电机运行不能越出以 A 为圆心，以 $\overline{AC}$ 为半径的圆弧 $\overline{ECD}$；此外，发电机有功出力还要受汽轮机出力的限制，发电机运行不能越出水平线 $\overline{HC}$。从对图 6-14 的分析可知，当发电机运行于 $\overline{HC}$ 段时，发电机发出的无功功率低于额定运行情况下的无功输出；而当发电机运行于 $\overline{BC}$ 段时，发电机可以在降低功率因数、减少有功输出的情况下多发无功功率；只有在额定电压、额定电流和额定功率因数（即 C 点）下运行时，发电机的视在功率才能达到额定值，其容量也利用得最充分。当系统中有功功率备用容量较充裕时，可使靠近负荷中心的发电机在降低有功功率出力的条件下运行，从而可多发无功功率，改善系统的电压质量。

分析图 6-14 中由 $\overline{OAC}$ 组成的发电机电势相量图，可以得出发电机的无功输出与电压的关系。

由 $E\sin\delta = X_d I_{GN}\cos\varphi_N$ 可得：

$$P_{GN} = U_{GN}I_d\cos\varphi_N = \frac{EU_{GN}}{X_d}\sin\delta \tag{6-59}$$

又因为 $E\cos\delta = U_{GN} + I_{GN}X_d\sin\varphi$，所以有：

$$Q_{GN} = U_{GN}I_{GN}\sin\varphi_N = \frac{EU_{GN}}{X_d}\cos\delta - \frac{U_{GN}^2}{X_d} \tag{6-60}$$

结合式（6-58），当 P_{GN} 为定值时，有：

$$Q_{GN} = \sqrt{\left(\frac{EU_{GN}}{X_d}\right)^2 - P_{GN}^2} - \frac{U_{GN}^2}{X_d} \tag{6-61}$$

由上式可见，当电势 E 为一定值时，Q 同 U 的关系，是一条向下开口的抛物线，如图 6-15 曲线 1 所示。

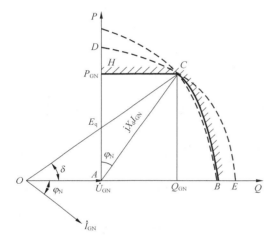

图 6-14　同步发电机有功和无功功率出力图

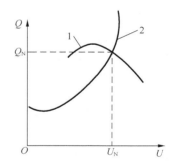

图 6-15　无功与电压静态特性曲线

1—发电机无功与电压的静特性；
2—异步电动机无功与电压的静特性

（2）电力电容器

电力电容器并接于电网，它供给的无功功率与其端电压的平方成正比，即使：

$$Q_C = U^2/X_C \tag{6-62}$$

其中，U 为电容器所在母线电压；$X_C = 1/\omega C$ 为电容器的容抗。

（3）同步调相机

同步调相机是专门设计的无功功率发电机，其工作原理又相当于空载运行的同步电动机。在过励磁运行时，同步调相机向系统输送无功功率，欠励磁运行时，它从系统吸收无功功率。所以，通过调节调相机的激磁可以平滑地改变其输出的无功功率的大小和方向。由于同步调相机主要用于发出无功功率，它在欠励磁运行时的容量仅设计为过励磁运行时容量的 50%～60%。调相机一般装在接近负荷中心处，直接供给负荷无功功率，以减少传输无功功率所引起的电能损耗和电压损耗。调相机的无功功率与电压静特性与发电机相似。

和电容器相比,调相机的优点在于能平滑调节它所供应或吸收的有功功率,而电容器只能成组地投入、切除;调相机具有正的调节效应,即它所供应的无功功率随端电压的下降而增加,这对电力系统的电压调整是有利的,而电容器则与之相反,即它供应的无功功率随端电压的下降而减少。但电容器是静止元件,具有有功损耗小、适合于分散安装等优点。这两种无功电源均广泛地用于电力系统的无功补偿。

近年来,在国内外电力系统中已开始推广使用静止无功补偿器。静止无功补偿器是由晶闸管控制的可调电抗器与电容器并联组成,既可发出无功功率,又可吸收无功功率,且调节平滑、安全、经济、维护方便。可以预料,这种补偿装置将得到越来越广泛的应用。

3. 无功功率的平衡与运行电压水平

电力系统中所有无功电源发出的无功功率,是为了满足整个系统无功负荷和网络无功损耗的需要。在电力系统运行的任何时刻,电源发出的无功功率总是等于同时刻系统负荷和网络的无功损耗之和,即

$$Q_{GC}(t) = Q_{LD}(t) + \Delta Q_{\Sigma}(t) \qquad (6-63)$$

其中,$Q_{GC}(t)$ 为系统中所有的无功电源,即发电机、同步调相机、静止电容器等发出的无功功率;$Q_{LD}(t)$ 为系统中所有负荷消耗的无功功率;$\Delta Q_{\Sigma}(t)$ 为系统中所有变压器、输电线等网络元件的无功功率损耗。

如图 6-16 所示,表示按系统无功功率平衡确定的运行电压水平。曲线 1 表示系统等值无功电源的无功电压静态特性,曲线 2 表示系统等值负荷的无功电压静态特性。两曲线的交点 a 为无功功率平衡点,此时对应的运行电压为 U_a。当系统无功负荷增加时,其无功电压静特性如曲线 2′所示。这时,如系统的无功电源出力没有相应的增加,即电源的无功电压静特性维持为曲线 1。这时曲线 1 和曲线 2′的交点就代表了新的无功功率平衡点,对应的运行电压为 U'_a。显然,$U'_a < U_a$,这说明负荷增加后,系统的无功电源已不能满足在电压 U_a 下无功平衡的需要,因而只好降

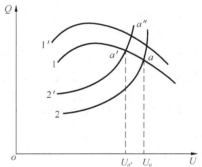

图 6-16 无功平衡与电压水平的关系

低电压水平,以取得在较低电压水平下的无功功率平衡。如果这时系统无功电源有充足的备用容量,多发无功功率,使无功电源的无功电压静态特性曲线上移至曲线 1′,从而使曲线 1′和曲线 2′的交点 a''所确定的运行电压达到或接近 U_a。由此可见,系统无功电源充足时,可以维持系统在较高的电压水平下运行。为保证系统电压质量,在进行规划设计和运行时,需制订无功功率的供需平衡关系,并保证系统有一定的备用容量。无功备用容量一般为无功负荷的 7%~8%。在无功电源不足时,应增设无功补偿装置。无功补偿装置应尽可能装在负荷中心,以做到无功功率的就地平衡,减少无功功率在网络中传输而引起的网络功率损耗和电压损耗。

6.4.2 中枢点电压管理

电力系统调压的目的是,使用户的电压偏移保持在规定的范围内。由于电力系统结构复杂,负荷极多,不可能对每个负荷点的电压都进行监视和调整。一般是选定少数有代表性的节点作为电压监视的中枢点。所谓中枢点是指那些反映系统电压水平的主要发电厂或枢纽变电站的母线,系统中大部分负荷由这些节点供电。它们的电压一经确定,系统其他各点的电压也就确定了。因此,应根据负荷对电压的要求,确定中枢点的电压允许调整范围。

假定有一简单电力网如图 6-17（a）所示，中枢点 O 向负荷点 A 和 B 供电，而负荷点电压 U_A 和 U_B 的允许变化范围均为（0.95～1.05）U_N，两处的日负荷曲线如图 6-17（b）所示。当线路参数一定时，线路上的电压损耗 ΔU_A 和 ΔU_B 的变化曲线如图 6-17（c）所示。现在来确定中枢点 O 的允许电压变化范围。

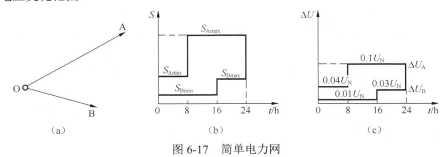

图 6-17　简单电力网

为了满足负荷节点 A 的调压要求，中枢点电压应控制的变化范围是：

在 0～8 时，$U_{(A)} = U_A + \Delta U_A = (0.95 \sim 1.05)\,U_N + 0.04 U_N = (0.99 \sim 1.09) U_N$；

在 8～24 时，$U_{(A)} = U_A + \Delta U_A = (0.95 \sim 1.05)\,U_N + 0.1 U_N = (1.05 \sim 1.15) U_N$。

同理可以算出负荷节点 B 对中枢点电压变化范围的要求是：

在 0～16 时，$U_{(B)} = U_B + \Delta U_B = (0.96 \sim 1.06) U_N$；

在 16～24 时，$U_{(B)} = U_B + \Delta U_B = (0.98 \sim 1.08) U_N$。

考虑 A、B 两个负荷对 O 点的要求，可得出 O 点电压的允许变化范围，如图 6-18 所示。图中阴影部分表示可同时满足 A、B 两个负荷点电压要求的 O 点电压的变化范围。尽管 A、B 两点允许电压偏移量都是 ±5%，即有 10% 的变化范围，但由于负荷 A 和负荷 B 的变化规律不同，从而使 ΔU_A 和 ΔU_B 的大小和变化规律差别较大，在某些时间段，中枢点的电压允许变化范围很小。可以想象，如由同一中枢点供电的各用户负荷的变化规律差别很大，调压要求又不相同，就可能在某些时间段内，中枢点的电压允许变化范围找不到同时满足所有用户的电压质量要求的部分。在这种情况下，仅靠控制中枢点的电压不能保证所有负荷点的电压偏移都在允许范围内，必须采取其他调压措施。

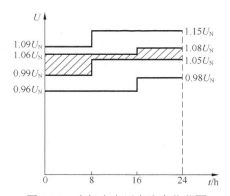

图 6-18　中枢点电压允许变化范围

在进行电力系统规划设计时，由系统供电的较低电压级电网可能尚未建成，这时对中枢点的调压方式只能提出原则性的要求。考虑到大负荷时，由中枢点供电的线路的电压损耗大，将中枢点的电压适当升高些（比线路额定电压高 5%），小负荷时将中枢点电压适当降低（取线路的额定电压），这种调压方式称为"逆调压"。"逆调压"适合于供电线路较长，负荷变动较大的中枢点，是比较理想的调压方式。由于从发电厂到中枢点也存在电压损耗，若发电机端电压一定，则在大负荷时中枢点电压会低些，小负荷时中枢点电压会高些，中枢点电压的这种变化规律与逆调压要求相反，这时可以采用"顺调压"，即在大负荷时允许中枢点电压不低于线路额定电压的 102.5%，小负荷时不高于线路额定电压 107.5%，这种调压方式适于供电线路不长，负荷变动不大的中枢点。介于上述两种调压方式之间的为"常调压"，即在任何负荷下都保持中枢点电压为线路额定电压的 102%～105%。

6.4.3　电力系统调压措施

明确了对电压调整的要求，就可进一步讨论为达到这些要求而可能采取的措施。以下通过图 6-19 所示简单电力系统来说明可能采取的调压措施所依据的基本原理。

发电机通过升压变压器、线路和降压变压器向用户供电。要求调整负荷节点 b 的电压 U_b。为简单起见，略去线路的电容充电功率和变压器的激磁功率，变压器的参数均已归算到高压侧。这时，b 点的电压为

$$U_b = (U_G K_1 - \Delta U) / K_2 = \left(U_G K_1 - \frac{PR + QX}{U} \right) / K_2 \qquad （6-64）$$

由式（6-64）可见，为调整用户端电压 U_b，可采取的措施是：改变发电机端电压 U_G；改变变压器比 K；增设无功补偿装置，以减少网络传输的无功功率；改变输电线路的参数（电阻、电抗）。下面分别加以讨论。

1. 利用发电机调压

发电机的端电压可以通过改变发电机励磁电流的方法进行调整，这是一种经济、简单的调压方式。在负荷增大时，电力网的电压损耗增加，用户端电压降低，这时增加发电机励磁电流，提高发电机的端电压；在负荷减小时，电力网的电压损耗减小，用户端电压升高，这时减少发电机励磁电流，降低发电机的端电压。即对发电机实行"逆调压"以满足用户的电压要求。按规定，发电机运行电压的变化范围在发电机额定电压的 + 5%以内。在直接以发电机电压向用户供电的系统中，如供电线路不长，电压损耗不大，用发电机进行调压一般就可满足调压要求。

2. 改变变压器变比调压

改变变压器的变比可以升高或降低变压器次级绕组的电压。为了实现调压，双绕组变压器的高压绕组，三绕组变压器的高、中压绕组都设有若干分接头以供选择。对应变压器额定电压的分接头称为主接头或主抽头。容量为 6 300kVA 及以下的变压器，高压侧一般有 3 个分接头，各分接头对应的电压分别为 $1.05U_N$、U_N 和 $0.95U_N$。容量为 8000kVA 及以上的变压器，高压侧有 5 个或更多个分接头，5 个分接头电压分别为 $1.05U_N$、$1.025U_N$、U_N、$0.975U_N$ 和 $0.95U_N$。变压器的低压绕组不设分接头。变压器选用不同的分接头时原、副方绕组的匝数比不同，从而使变压器变比不同。因此，合理地选择变压器分接头，可以调整电压。

下面以图 6-20 所示双绕组降压变压器分接头的选择为例，说明其调压的基本方法。

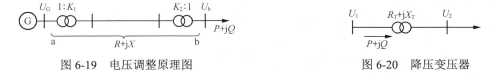

图 6-19　电压调整原理图　　　　　　　　图 6-20　降压变压器

若进入变压器的功率为 $P + jQ$，其高压侧母线的实际电压给定为 U_1，变压器归算到高压侧的阻抗为 $R_T + jX_T$，则归算到高压侧的变压器电压损耗为

$$\Delta U_T = \frac{PR_T + QX_T}{U_1} \qquad （6-65）$$

若低压侧要求的电压为 U_2，则有

$$U_2 = \frac{U_1 - \Delta U_T}{K_T} \qquad （6-66）$$

其中，$K_T = U_{1t}/U_{2N}$ 为变压器的变比；U_{1t} 为待选择的变压器高压绕组的分接头电压；U_{2N} 为变压器低压绕组的额定电压。

将 K_T 代入式（6-66），便得高压侧分接头电压为

$$U_{1t} = \frac{U_1 - \Delta U_T}{U_2} U_{2N} \qquad (6\text{-}67)$$

普通双绕组变压器的分接头只能在停电的情况下改变，而变压器通过的负荷功率是随时变化的。为了使得在变压器通过任何正常的负荷功率时只使用一个固定的分接头，这时应按两种极端情况（变压器通过最大负荷和最小负荷的情况）下的调压要求确定分接头电压。变压器通过最大负荷时对分接头电压的要求为

$$U_{1t\max} = (U_{1\max} - \Delta U_{\max})U_{2N}/U_{2\max} \qquad (6\text{-}68)$$

其中，$U_{1\max}$、$U_{\max}$ 和 $U_{2\max}$ 分别为变压器高压侧在最大负荷时给定的电压值、变压器在通过最大负荷时其阻抗中的电压损耗和变压器低压侧在最大负荷时要求的电压值。

考虑到在最大和最小负荷时变压器要用同一分接头，故取 $U_{1\max}$ 和 $U_{1t\min}$ 的算术平均值，即：

$$U_{1t av} = \frac{1}{2}(U_{1t\max} + U_{1t\min}) \qquad (6\text{-}69)$$

再根据 $U_{1t av}$ 值选择一个与它最接近的变压器标准分接头电压。选定变压器分接头后，应校验所选的分接头在最大负荷和最小负荷时变压器低压母线上的实际电压是否符合调压要求。如果不满足要求，还需考虑采取其他调压措施。

【例 6-5】 其降压变电所有一台变比 $K_T = (110 + 2 \times 2.5\%)/11 K$ 的变压器，归算到高压侧的变压器阻抗为 $Z_T = (2.44 + j40)\ \Omega$，最大负荷时进入变压器的功率为 $S_{\max} = (28 + j14)$ MVA，最小负荷时为 $S_{\min} = (10 + j6)$ MVA。最大负荷时，高压侧母线电压 113kV，最小负荷时 115kV，低压侧母线电压允许变化范围为 10～11kV，试选择变压器分接头。

解：

最大负荷及最小负荷时变压器的电压损耗为

$$\Delta U_{\max} = \frac{P_{\max}R_T + Q_{\max}X_T}{U_{1\max}} = \frac{28 \times 2.44 + 14 \times 40}{113} = 5.56 \quad (\text{kV})$$

$$\Delta U_{\min} = \frac{P_{\min}R_T + Q_{\min}X_T}{U_{1\min}} = \frac{10 \times 2.44 + 6 \times 40}{115} = 2.3 \quad (\text{kV})$$

按最大和最小负荷情况选变压器的分接头电压

$$U_{1t\max} = \frac{U_{1\max} - \Delta U_{\max}}{U_{2\max}}U_{2N} = \frac{113 - 5.6}{10} \times 11 = 118.2 \quad (\text{kV})$$

$$U_{1t\min} = \frac{U_{1\min} - \Delta U_{\min}}{U_{2\min}}U_{2N} = \frac{115 - 2.3}{11} \times 11 = 112.7 \quad (\text{kV})$$

取平均值

$$U_{1t av} = \frac{1}{2}(U_{1t\max} + U_{1t\min}) = \frac{1}{2}(118.2 + 112.7) = 115.45 \quad (\text{kV})$$

选择最接近的分接头电压 115.5kV，即 110 + 5% 的分接头。按所选分接头校验低压母线的实际电压

$$U_{2\max} = \frac{113 - 5.6}{115.5} \times 11 = 10.23 > 1 \quad (\text{kV})$$

$$U_{2\min} = \frac{115 - 2.3}{115.5} \times 11 = 10.73 < 11 \quad (\text{kV})$$

均未超出允许电压范围 $10\sim11kV$，可见所选分接头能满足调压要求。

升压变压器分接头的选择方法与上述降压变压器的选择方法基本相同。但在通常的运行方式下，升压变压器的功率方向与降压变压器相反，是从低压侧流向高压侧的。故式（6-67）中电压损耗项 ΔU_{T} 前的符号应相反，即应将电压损耗和高压侧电压相加，得

$$U_{1t} = \frac{U_1 + \Delta U_{\mathrm{T}}}{U_2} U_{2N} \tag{6-70}$$

式中，U_2 为升压变压器低压侧的实际电压或给定电压；U_1 为变压器高压侧所要求的电压。

在采用普通变压器不能满足调压要求的场合，如供电线路长、负荷变动大的情况，可采用有载调压变压器。有载调压变压器可以在带负荷的情况下切换分接头。因此，可以在最大负荷和最小负荷时选择不同的分接头。

3. 利用无功功率补偿调压

改变变压器分接头调压虽然是一种简单而经济的调压手段，但改变分接头并不能增减无功功率。当整个系统无功功率不足引起电压下降时，要从根本上解决系统电压水平问题，就必须增设新的无功电源。无功功率补偿调压就是通过在负荷侧安装同步调相机、并联电容器或静止补偿器，以减少通过网络传输的无功功率，降低网络的电压损耗而达到调压的目的。

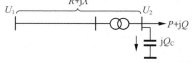

图 6-21 电力系统无功功率补偿

如图 6-21 所示电力网，在未装补偿装置时，电力网首端电压可表示为

$$U_1 = U_2' + \frac{PR + QX}{U_2'} \tag{6-71}$$

其中，U_2' 为变压器低压侧归算到高压侧的电压值。

在负荷侧装设容量为 Q_{C} 的无功补偿装置后，电力网的首端电压可表示为

$$U_1 = U_{2C}' + \frac{PR + (Q - Q_{\mathrm{C}})X}{U_{2C}'} \tag{6-72}$$

其中，U_{2C}' 为装设补偿装置后变压器低压侧归算到高压侧的电压值。

若首端电压 U_1 保持不变，则有

$$U_2' + \frac{PR + QX}{U_2'} = U_{2C}' + \frac{PR + (Q - Q_{\mathrm{C}})X}{U_{2C}'} \tag{6-73}$$

由此可求出补偿容量为

$$Q_{\mathrm{C}} = \frac{U_{2C}'}{X}[(U_{2C}' - U_2') + \frac{PR + QX}{U_{2C}'} - \frac{PR + QX}{U_2'}] \tag{6-74}$$

上式中，由于 U_{2C}' 与 U_2' 差别一般不大，故方括号内计算电压损耗的后两项数值一般相差很小，可以略去，这样便得如下简化形式

$$Q_{\mathrm{C}} = \frac{U_{2C}'}{X}(U_{2C}' - U_2') \tag{6-75}$$

如变压器变比为 K_{T}，则

$$Q_{\mathrm{C}} = \frac{K_{\mathrm{T}}^2 U_{2C}}{X}\left(U_{2C} - \frac{U_2'}{K_{\mathrm{T}}}\right) \tag{6-76}$$

其中，U_{2C} 为变压器低压侧实际要求的电压值。

无功功率补偿装置主要有静止电容器和同步调相机。

（1）静止电容器容量的选择

对于在大负荷时降压变电所低压侧电压偏低，小负荷时电压偏高的情况，在选择静止电容器作补偿设备时，由于电容器只能发出无功功率以提高电压，故应考虑在最小负荷时将电容器全部切除，在最大负荷时全部投入的运行方式。由式（6-76）可见，无功补偿容量还与变压器变比的选择有关。因此，在与变压器分接头选择相配合确定无功补偿容量时，可按在最小负荷时不补偿（即电容器不投入）来确定变压器分接头。

$$U_{1t} = \frac{U'_{2min}}{U_{2min}} U_{2N} \qquad (6-77)$$

其中，U'_{2min} 和 U_{2min} 为最小负荷时变压器低压母线归算到高压侧的电压和低压母线要求的电压值。

选定与 U_{1t} 最接近的分接头后，变比即已确定，再按最大负荷时的调压要求计算无功补偿容量，即

$$Q_C = \frac{U_{2Cmax}}{X}\left(U_{2Cmax} - \frac{U'_{2max}}{K_T}\right)K_T^2 \qquad (6-78)$$

其中，U'_{2max} 和 U_{2max} 为最大负荷时变压器低压母线归算到高压侧的电压值和低压母线要求的电压值。

（2）同步调相机容量的选择

当选用同步调相机作补偿装置时，由于同步调相机既可发出无功功率以升高电压，又可吸收无功功率以降低电压。故应考虑在最大负荷时同步调相机满发无功。由此，调相机的容量应为

$$Q_{CN} = \frac{U_{2Cmax}}{X}\left(U_{2Cmax} - \frac{U'_{2max}}{K_T}\right)K_T^2 \qquad (6-79)$$

在最小负荷时同步调相机吸收无功功率，考虑到同步调相机通常设计在只能吸收 $(0.5 \sim 0.6)Q_{CN}$ 的无功功率，所以有

$$-(0.5 \sim 0.6)Q_{CN} = \frac{U_{2Cmin}}{X}\left(U_{2Cmin} - \frac{U'_{2min}}{K_T}\right)K_T^2 \qquad (6-80)$$

式（6-79）和式（6-80）相除，可解出变比 K_T，选择与 K_T 值最接近的变压器高压绕组分接头电压，即确定了变压器的实际变比，再将实际变比代入以上两式中任一式即可求出为满足调压要求所需的调相机容量 Q_{CN}。

【例 6-6】 电力网如图 6-22 所示，归算到高压侧的线路和变压器阻抗为 $Z = (6 + j120)\ \Omega$。供电点提供的最大负荷 $S_{max} = (20 + j15)\ \text{MVA}$，最小负荷 $S_{max} = (10 + j8)\ \text{MVA}$，降压变压器低压侧母线电压要求保持为 10.5kV。若 U_1 保持为 110kV 不变，试配合变压器分接头选择，确定用电容器作无功补偿装置时的无功补偿容量。

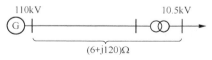

图 6-22 例 6-6 图示

解：计算未补偿时，最大及最小负荷时变电所低压母线归算到高压侧的电压

$$U'_{2\max} = U_1 - \Delta U_{\max} = \left(110 - \frac{20 \times 6 + 15 \times 120}{110}\right) = 92.5 \quad \text{(kV)}$$

$$U'_{2\min} = U_1 - \Delta U_{\min} = \left(110 - \frac{10 \times 6 + 8 \times 120}{110}\right) = 100.7 \quad \text{(kV)}$$

最小负荷时，将电容器全部切除，选择分接头电压

$$U_{1t} = \frac{U'_{2\min}}{U_{2N}} U_{2N} = \frac{100.7}{10.5} \times 11 = 105.5 \quad \text{(kV)}$$

选最接近的分接头 104.5kV，即 110（1−5%）的分接头，则

$$K_T = \frac{104.5}{11} = 9.5$$

按最大负荷时的调压要求，确定电容器的容量

$$Q_C = \frac{U_{2\max}}{X}\left(U_{2\max} - \frac{U'_{2\max}}{K_T}\right) K_T^2$$

$$= \frac{10.5}{120} \times \left(10.5 - \frac{92.5}{9.5}\right) \times 9.5^2 = 6.03 \quad \text{Mvar}$$

取补偿容量为 6Mvar，验算低压母线实际电压值

$$U_{2C\max} = \frac{U_1 - \Delta U_{C\max}}{K_T} = \frac{110 - \dfrac{20 \times 6 + (15-6) \times 120}{110}}{9.5} = 10.43 \quad \text{(kV)}$$

$$U_{2\min} = \frac{U_1 - \Delta U_{\min}}{K_T} = \frac{110 - \dfrac{10 \times 6 + 8 \times 120}{110}}{9.5} = 10.6 \quad \text{(kV)}$$

可见选取此补偿容量能基本满足调压要求。

4. 改变输电线路的参数调压

从电压损耗的计算公式可知，改变网络元件的电阻 R 和电抗 X 都可以改变电压损耗。从而达到调压的目的。由于网络中变压器的电阻 R 和电抗 X 已由变压器的结构决定，一般不宜改变。故在电力网设计或改建时，可考虑采用改变输电线的电阻和电抗参数以满足调压要求。减小线路电阻将意味着增大导线截面，多消耗有色金属。对于 10kV 及以下电压等级的电力网中电阻比较大的线路，当采用其他调压措施不适宜时，才考虑增大导线截面以减小线路的电阻。而对于 X 比 R 大的 35kV 及以上电压等级的电力线路，电抗上的电压降占的比重较大，可以考虑采用串联电容补偿的方法以减小 X。

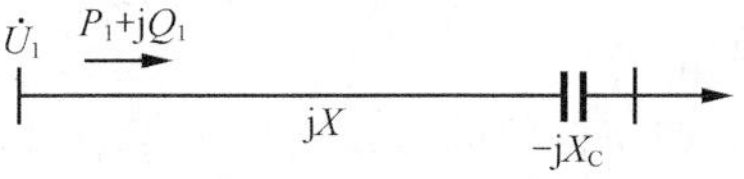

如图 6-23 所示配电线，在未装设串联电容时，线路的电压损耗为

图 6-23　电网的串联电容补偿

$$\Delta U = \frac{P_1 R + Q_1 X}{U_1} \qquad （6-81）$$

装设串联电容 C（其容抗为 X_C）后，线路的电压损耗为

$$\Delta U_C = \frac{P_1 R + Q_1(X - X_C)}{U_1} \qquad （6-82）$$

串联电容补偿的目的是为了减小线路的电压损耗，提高线路末端运行电压的水平，电压提高的数值应是补偿前后的电压损耗之差，即

$$\Delta U - \Delta U_{C} = \frac{Q_1 X_C}{U_1} \tag{6-83}$$

所以

$$X_C = \frac{U_1(\Delta U - \Delta U_C)}{Q_1} \tag{6-84}$$

式中，$\Delta U - \Delta U_C$ 为补偿前后线路的电压损耗值之差，当线路首端电压 U_1 保持不变时，也是补偿后线路末端电压的升高值。

从式（6-83）可以看出，串联电容补偿的调压效果与负荷的无功功率 Q_1 成正比，从而与负荷的功率因数有关。在负荷功率因数较低时，线路上串联电容调压效果较显著。因此，串联电容补偿一般适用负荷波动大且功率因数低的配电线路。

综上所述，电力系统的电压调整，是一个涉及面广的复杂问题。一般来说，发电机调压主要适用于地方性供电网，对于区域性电力网仅作为辅助调压措施。在系统无功功率充裕时，首先应考虑采用改变变压器变比调压。对于无载调压变压器，一般只适用于季节性负荷变化的情况。当系统无功电源不足时，不宜采用调整变压器变比的方法来提高电压，因为当某一地区的电压由于变压器分接头的改变而升高后，该地区所需的无功功率也增大了，这就可能扩大系统的无功缺额，从而导致整个系统电压水平更加下降，这时必须增设无功补偿容量。无功功率的就地补偿虽需增加投资，但这样不仅能提高运行电压水平，还能通过减少无功功率在网络中的传输而降低网络的有功功率损耗。串联电容补偿可用于配电网的调压，但近年来，串联电容补偿用于超高压输电线带来的对潮流控制、系统稳定性的提高等方面的综合效益已日益引起人们的关注。

6.5 潮流计算

电力网络是不同电压等级的输变电设备组成的有机整体，按照构成电力网络的输电线路和变压器的不同电力网络可分为简单电力网络和复杂电力网络。潮流计算的目的就是按照给定的运行条件确定特定的电力网络的运行状态，即计算网络中各个节点的电压、各个支路的功率以及功率损耗等。电力系统的设计和运行均需要潮流计算的结果，比如设计时选择导线截面，确定网络主接线方案，计算电能损耗和运行费用等；运行时制定检修计划，校验电能质量，继电保护和自动装置的整定等。

潮流计算的方法有经典手算法和计算机算法。本书将只介绍经典手算法，它具有物理概念明晰的特点，是潮流计算的基础，可以实现简单电力网络的潮流计算。计算机算法包括牛顿-拉夫逊法、P-Q 分解算法等，有兴趣同学可参考相关书籍。

6.5.1 同电压等级开式电力网络

开式电力网一般由一个电源点通过辐射状网络向若干节点进行供电，是一种结构最简单的电力网络，可分为仅由输电线路构成的同一电压等级网络和由输电线路和变压器构成的多电压等级网络两种。

图 6-24（a）所示的是一个简单的同一电压等级开式电力网，供电点 A 通过馈电线向负荷

节点 b、c 和 d 供电，各节点功率已知。若节点 d 的电压也已知，就可从节点 d 开式，利用已知的电压和功率计算线路 3 的电压降落和功率损耗，从而得到节点 c 的电压，并可算出线路 2 末端的功率。然后一次计算出线路 2 和 1 的电压降落及功率损耗，一次性完成整个网络的潮流计算。

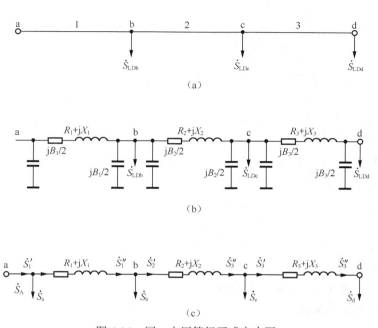

图 6-24 同一电压等级开式电力网

但实际过程的情况比较复杂，通常需要完成已知电源节点的电压和负荷节点的功率的潮流计算。此时可采用已知不同节点运行参数的迭代算法求得满足一定精度的潮流计算结果。为了使计算过程简便，亦可采用近似计算法。

首先，对网络的等值电路（图 6-24（b））进行简化，也就是把各段输电线路 Π 型等值电路首、末端的电纳支路分别用额定电压下的充电功率替代，即 $\Delta Q_{yi} = -\dfrac{1}{2}B_i U_N^2$，同时将各个节点的所有功率合成为该节点的负荷功率，如下

$$\dot{S}_a = \mathrm{j}\Delta Q_{y1} = -\mathrm{j}B_1 U_N^2 / 2 = \mathrm{j}Q_a$$

$$\dot{S}_b = \dot{S}_{LDb} + \mathrm{j}\Delta Q_{y1} + \mathrm{j}\Delta Q_{y2} = P_{LDb} + \mathrm{j}[Q_{LDb} - (B_1 + B_2)U_N^2 / 2] = P_b + \mathrm{j}Q_b$$

$$\dot{S}_c = \dot{S}_{LDc} + \mathrm{j}\Delta Q_{y2} + \mathrm{j}\Delta Q_{y3} = P_{LDc} + \mathrm{j}[Q_{LDc} - (B_2 + B_3)U_N^2 / 2] = P_c + \mathrm{j}Q_c$$

$$\dot{S}_d = \dot{S}_{LDd} + \mathrm{j}\Delta Q_{y3} = P_{LDd} + \mathrm{j}(Q_{LDd} - B_3 U_N^2 / 2] = P_d + \mathrm{j}Q_d$$

习惯上把这些合并而成的负荷功率称为电力网络的运算负荷。至此，原网络被简化为由 3 个集中阻抗原件串联且在 4 个节点均有运算负荷的等值网络，如图 6-24（c）所示。

根据图 6-24（c），可按照下列步骤进行潮流计算。

第一步，从距离电源点最远的节点 d 开式，利用线路额定电压，逆着功率传输方向依次计算各段线路阻抗中的功率损耗和功率分布，如表 6-1 所示。

表 6-1   网络功率分布计算结果

计算顺序	线路	流出线路 i 阻抗支路功率	线路 i 阻抗支路的功率损耗	流入线路 i 阻抗支路功率
1	3	$\dot{S}_3'' = \dot{S}_d'$	$\Delta \dot{S}_{L3}'' = \dfrac{P_3''^2 + Q_3''^2}{U_N^2}(R_3 + jX_2)$	$\dot{S}_3' = \dot{S}_3'' + \Delta \dot{S}_{L3}$
2	2	$\dot{S}_2'' = \dot{S}_c + \dot{S}_3'$	$\Delta \dot{S}_{L2}'' = \dfrac{P_2''^2 + Q_2''^2}{U_N^2}(R_2 + jX_2)$	$\dot{S}_2' = \dot{S}_2'' + \Delta \dot{S}_{L2}$
3	1	$\dot{S}_1'' = \dot{S}_b + \dot{S}_2'$	$\Delta \dot{S}_{L1}'' = \dfrac{P_1''^2 + Q_1''^2}{U_N^2}(R_1 + jX_1)$	$\dot{S}_1' = \dot{S}_1'' + \Delta \dot{S}_{L1}$

根据表 6-1，可求得 $\dot{S}_A = \dot{S}_1' + \dot{S}_a$。

第二步，利用第一步求得的功率分布，从电源点开式，顺着功率传送的方向，依次计算各段线路的电压降落，求出各个节点的电压。先用 U_A 和 $\dot{S}_1'$ 计算出 U_b，如下

$$\Delta U_1 = (P_1'R_1 + Q_1'X_1)/U_A$$
$$\delta U_1 = (P_1'X_1 - Q_1'R_1)/U_A$$
$$U_b = \sqrt{(U_A - \Delta U_1)^2 + \delta U_1^2}$$

再利用 U_b 和 $\dot{S}_2'$ 算出 U_c；最后利用 U_c 和 $\dot{S}_3'$ 算出 U_d。

经过以上两步，便可完成一轮近似潮流计算。为了提高精确度，可重复上述步骤。在后续轮次的计算中，第一步的功率损耗计算，可以利用上一轮次第二步求得的各个节点的电压。

6.5.2 多电压等级开式电力网络

对于含有变压器的开式电力网的潮流计算，有两种处理方式。

方法一：将变压器表示为理想变压器与变压器阻抗相串联。

这里，所谓的理想变压器，就是无损耗、无漏磁、无需励磁的变压器，在电路中只以硒反映变压器的变比，而变压器的损耗通过变压器阻抗和导纳体现。图 6-25（a）是一个两级电压开式电网的接线图，图 6-25（b）表示其带理想变压器的等值电路。在此等值电路中，各节点电压均反映实际电压值，各不同电压等级的输电线仍保持原各级额定电压下的参数，图 6-25（b）中的变压器阻抗位于理想变压器的一次侧，故其参数应为归算到一次电压侧的值。反之，如变压器阻抗置于理想变压器的二次侧，则其参数应为归算到二次电压侧的值。在建立了这种含有理想变压器的开式电力网的等值电路后，即可按照前述处理同一电压等级开式电力网的类似方法进行电力网的潮流计算。如果在计算工程中遇到理想变压器时，要利用变比计算变压器另一侧的电压值，即遇到理想变压器时要做电压的归算；由于理想变压器没有任何损耗，故流出理想变压器的功率恒等于流入理想变压器的功率，即通过理想变压器的功率不变。

方法二：将变压器二次侧的所有元件参数全部归算到变压器的一次侧。

这时的网络等值电路如图 6-25（c）所示，等值电路中不含理想变压器，但变压器二次侧元件的参数均为已归算到变压器一次侧的值。这时整个网络就转换为同一个电压等级，其潮流计算方法即为同一电压等级的开式电力网的计算方法。值得指出的是，除一次侧外，此时求解出的网络各节点电压均不是各点的实际电压值，而是各节点归算到一次侧的电压值。因此，要想获得各节点的实际电压值，还要通过变压器的变比将这些电压值归算为各节点的实际电压值。

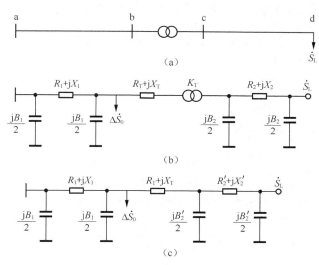

图 6-25 不同电压等级开式电力网

从以上两种处理方法比较来看，第一种方法的等值电路中虽含有不同的电压等级，但只要在各电压级计算中选用各级电压值，并未给实际计算带来多少困难。而且，这种方法具有物理概念清晰、不必进行元件参数的归算并能直接求得各节点的实际电压等优点，使用起来较为方便。

6.5.3 两端供电电力网络功率分布

负荷可以从两个及以上方向获得电能的电力网络被称为闭式电力网。其最大的优点是供电可靠性高，任一原件发生故障，均能保证继续对所有用户的供电。

负荷可以从两个及两个以上方向获得电能的电力网称为闭式电力网。闭式电力网的最大优点是供电可靠性高，任一元件发生故障，均能继续保证所有用户的供电，故在具有重要用户的电力网中获待了广泛的应用。闭式电力网的形式多样，结构也比较复杂，但从结构上看，最终可简化为两端供电电力网和环形电力网两种。如将环形电力网在某个电源点拆开，即形成了一个两端电源电势相同的两端供电电力网。本小节仅讨论两端供电电力网的功率分布计算方法。

闭式电力网与开式电力网相比，计算的主要困难在于闭式电力网的功率分布、甚至某些支路的功率方向亦是不确定的。对图 6-26（a）所示的两端供电电力网，其等值电路如图 6-26（b）所示，虽然两个负荷 $\dot{S}_1$ 和 $\dot{S}_2$ 给定，但 3 段线路中的功率分布，甚至通过阻抗 Z_C 支路的功率方向是不能直观确定的。在解析计算中，要直接计算网络损耗的功率分布往往比较困难。工程上通常分两步计算，即首先确定不计网络损耗时电力网中的功率分布，此为初步潮流分布计算。在此基础上，将闭式电力网拆成开式电力网，再确定计及网络损耗时的功率和电压分布，此为最终潮流分布计算。

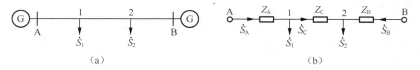

图 6-26 两端供电电力网及等值电路

6.5.4 考虑损耗时两端供电电力网络功率和电压分布

为计算图 6-26（a）所示两端供电电力网的功率分布，先假定各支路功率方向如图 6-26（b）所示。根据基尔霍夫第一定律，可以列出

$$\dot{S}_C = \dot{S}_A - \dot{S}_1 \tag{6-85}$$

$$\dot{S}_B = \dot{S}_2 - \dot{S}_C = \dot{S}_1 + \dot{S}_2 - \dot{S}_A \tag{6-86}$$

又根据基尔霍夫第二定律，有

$$\dot{U}_A - \dot{U}_B = \sqrt{3}(\dot{I}_A Z_A + \dot{I}_C Z_C - \dot{I}_B Z_B) \tag{6-87}$$

根据三相复功率的表达式 $S = \sqrt{3}\dot{U}\overline{I}$，得 $\sqrt{3}\dot{I} = \overline{S}/\overline{U}$。这里，"—"为共轭复数符号。如不计网络损耗，假设全电力网各点电压均为网络的额定电压 U_N，并取为参考相量，则有

$$\dot{U}_A - \dot{U}_B = \frac{\overline{S}_A}{\overline{U}_N}Z_A + \frac{\overline{S}_C}{\overline{U}_N}Z_C - \frac{\overline{S}_B}{\overline{U}_N}Z_B \tag{6-88}$$

对式（6-88）两边取共轭，再将式（6-85）和式（6-86）代入，经整理后得

$$\dot{S}_A = \frac{\overline{Z}_B + \overline{Z}_C}{\overline{Z}_A + \overline{Z}_B + \overline{Z}_C}\dot{S}_1 + \frac{\overline{Z}_B}{\overline{Z}_A + \overline{Z}_B + \overline{Z}_C}\dot{S}_2 + \frac{\overline{U}_A - \overline{U}_B}{\overline{Z}_A + \overline{Z}_B + \overline{Z}_C}U_N \tag{6-89}$$

$$\dot{S}_B = \frac{\overline{Z}_A + \overline{Z}_C}{\overline{Z}_A + \overline{Z}_B + \overline{Z}_C}\dot{S}_2 + \frac{\overline{Z}_A}{\overline{Z}_A + \overline{Z}_B + \overline{Z}_C}\dot{S}_1 + \frac{\overline{U}_B - \overline{U}_A}{\overline{Z}_A + \overline{Z}_B + \overline{Z}_C}U_N \tag{6-90}$$

在求出供电点输出的功率 $\dot{S}_A$ 和 $\dot{S}_B$ 之后，即可在线路上各点按线路功率和负荷功率相平衡的条件，求出整个电力网不计网络损耗的功率分布。

对于式（6-89），令 $Z_\Sigma = Z_A + Z_B + Z_C$，$Z_1 = Z_B + Z_C$，$Z_2 = Z_B$ 有

$$\dot{S}_A = \frac{\overline{Z}_1 \dot{S}_1 + \overline{Z}_2 \dot{S}_2}{\overline{Z}_\Sigma} + \frac{\overline{U}_A - \overline{U}_B}{\overline{Z}_\Sigma}U_N \tag{6-91}$$

一般地，当两端电源向两个负荷供电时，有

$$\dot{S}_A = \frac{\sum_{i=1}^{n}\overline{Z}_i \dot{S}_i}{\overline{Z}_\Sigma} + \frac{\overline{U}_A - \overline{U}_B}{\overline{Z}_\Sigma}U_N \tag{6-92}$$

式中，Z_Σ 为两电源 A 与 B 之间的总阻抗，单位为Ω；Z_i 为第 i 个负荷点到电源 B 之间的阻抗，单位为Ω。

分析式（6-92），可得到以下结论。

每个电源点发出的功率由两个分量组成，第一个分量所含的项数与负荷个数相等，其中的每一项可看作各负荷单独存在时，两电源之间的功率按阻抗共轭成反比分配；第二个分量与负荷无关，其值取决于两端电源的电压相量差，且与线路总阻抗成反比，称为循环功率，当两端电源的电压相同时，循环功率为零。

如果电力网各段线路采用相同型号的导线，且导线之间的几何均距亦相等，这时各段线路单位长度的阻抗都相等，这种电力网称为均一网络。在均一网络的情况下，可将式（6-92）中的第一个分量 $\dot{S}_{ALD}$ 简化为

$$\dot{S}_{ALD} = \frac{\sum\limits_{i=1}^{n} \overline{Z}_i \dot{S}_i}{\overline{Z}_\Sigma} = \frac{\sum\limits_{i=1}^{n} \overline{Z}_0 l_i \dot{S}_i}{\overline{Z}_0 l_\Sigma} = \frac{\sum\limits_{i=1}^{n} l_i \dot{S}_i}{l_\Sigma} \tag{6-93}$$

其中，Z_0 为线路单位长度的阻抗，单位为Ω；l_Σ 为两电源间线路的总长，单位为 km；l_i 为第 i 个负荷点到电源 B 间的线路总长，单位为 km。

$$\dot{S}_{BLD} = \frac{\sum\limits_{i=1}^{n} l_i' \dot{S}_i}{l_\Sigma} \tag{6-94}$$

其中，l_i' 为第 i 个负荷点到电源 A 间的线路总长，单位 km。

显然，这时电源间各负荷功率按线路长度成反比分配，潮流分布计算大为简化。

实际上，在电力系统中，从经济性角度考虑，线路均一的电力网并不多。但在电压较高的电压网中，线路导线截面较大，为了运行、检修的灵活性，各段线路导线截面差别不超过国标额定截面的 2～3 个等级。又由于在同一电压等级下，导线材料相同，线间几何均距接近相等，这种电力网已接近均一网，在简化计算中，允许近似用线路长度代替阻抗，即按均一网作潮流分布计算。

应该指出的是，上述循环功率的产生是由于两端供电电源的电压相量差所致。这种循环功率也可能产生于含有变压器的环形电力网中。图 6-27 所示含变压器的环形电力网，如两变压器的变比不匹配，或取用不同的电压抽头，当网络空载且开环运行时，开口两侧将有电压差；闭环运行时，网络中将出现循环功率。显然，这个循环功率的大小将取决于此

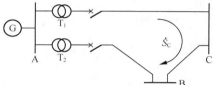

图 6-27 含变压器的环形电力网

环形电力网开环的电压差和环形电力网的总阻抗，其表达式仍与两端供电电力网功率算式（6-92）中的循环功率相似，只是由开环的电压差取代两端电源时的电压差。

6.6 直流输电简介

6.6.1 艰难的发展史

直流输电站最早出现于 1882 年，采用的是直流发电机串联组成的高压直流电源，由于直流发电机换向困难，可靠性差，所以一直没有得到进一步发展，在此以后相当长时间内，三相交流输电占主要地位。

第二次世界大战以后，由于对电力的需求更加迫切，并且交流输电的局限性（传输容量和距离受同步运行稳定性的制约）变得更加明显，直流输电重新被提到议事日程，科技人员利用交流发电机作电源，用空气吹弧换流阀、闸流管、引燃管或汞弧阀作为换流器进行直流输电。1954 年，商业性的高压直流输电首次成功地应用于瑞典大陆与哥特兰岛之间的输电线路，这条线路的功率为 20MW，从此以后，高压直流输电得到了稳步发展。进入 20 世纪 60 年代后，可控硅的发明给直流输电带来了活力。1972 年加拿大建成了世界上第一座可控硅换流站，这个被称为依尔河的系统，连接了加拿大新不伦威克省和魁北克省，容量为 320MW，其容量之大、造价之低、可靠性之高居世界之首。从此以后，可控硅阀就成为直流换流站的标准设备。1975 年之前，全世界投入运行的直流输电工程仅为 11 项，总容量为 5GW；而到了 1996 年，就猛增为 56 项，总容量也达

到 54.166GW，发展异常迅猛。

我国的高压直流输电起步较晚。1977 年初建成的浙江舟山 100kV 跨海直流输电工程，为我国直流输电的发展提供了宝贵的经验。1987 年，我国又建成了从葛洲坝到上海相距 1 080km 的 500kV的超高压直流输电工程。

6.6.2　独特的功能

（1）海底电缆输电。高压交流电缆线路由于电容光电电流的影响，输电距离和输电功率也受到一定的影响，而直流输电无电容电流的影响，因此绝缘厚度相同的电缆，直流工作电压为交流工作电压的 3 倍。在输送相同的功率时，直流电缆线路建设投资要比交流电缆小得多，而且直流电缆的金属护套及绝缘材料中基本没有电能损失，其寿命比交流电缆长得多。我国海岸线很长，与各岛屿电力系统相连，选择直流输电最佳。

（2）远距离大容量输电、直流输电比交流输电造价低，尤其是在长距离大容量的情况下，直流输电的经济性就更加明显。我国西部电力向东部输送，如用直流输电时会取得最佳联网效果。

（3）交流电力系统之间的非同步联络。直流输电技术适用于不同额定功率之间的耦合。我国幅员辽阔，目前已形成东北、华北、华东、西北、西南、华南 7 个跨省的电力系统。如果用直流输电联络，既可获得联网效果，又可成为相对独立、便于经营的交流电力系统，避免因总容量和总面积过大而使交流系统发生问题。

6.6.3　两端直流输电系统

直流输电系统按照与交流电力系统连接的节点数量不同，可划分为两端和多端直流输电两类。到目前为止，由于直流断路器尚处于应用研制阶段，世界各国已建成和在建的直流输电工程，除个别外，都为两端直流输电。

两端直流输电系统由整流站、直流输电线路和逆变站 3 部分组成，如图 6-28 所示。图中交流电力系统 I 和 II 用直流输电系统连接。交流电力系统 I 将功率送给整流站的交流母线，经换流变压器送至整流器，把交流功率变换成直流功率，再经直流线路送到对端逆变站内的逆变器，由逆变器把直流功率又变换成交流功率，再经换流变压器 2 升压后送入受端的交流电力系统 II，完成了直流电力的传输过程。整流站和逆变站统称为换流站。

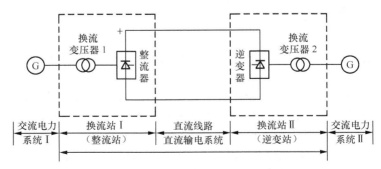

图 6-28　两端直流输电系统示意图

两端直流输电系统的构成可分为单极、双极和无直流输电线路 3 类。无直流输电线路即为两侧换流器背靠背装设在一起的非同步联络站，或称变频站。

一、单极系统

在单极系统中，输电线路只用一根导线。一般采用正极接地，负极线路运行，又称一线一地制。接地正极以大地和海水作回流线路。其优点是投资省,且负极性运行的直流架空线路受雷击的几率,以及电晕引起的无线电干扰都比正极性运行时小。单极系统的主要缺点是地中电流所经之处的金属构件电化腐蚀严重,若海水中流过电流时,对航行、通信和渔业等有不同程度的影响。因此单极系统也有用金属导体作回流线路,称两线制。由于投资大,这种方式仅作为分期建设中的过渡接线形式。

二、双极系统

双极系统可看作两个单极系统叠加而成,其接线分为两端中性点接地方式,一端中性点接地方式和中性线方式 3 种,如图 6-29 所示。

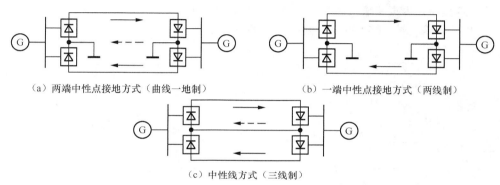

（a）两端中性点接地方式（曲线一地制）　　　　（b）一端中性点接地方式（两线制）

（c）中性线方式（三线制）

图 6-29　双极直流输电系统示意图

（1）两端中性点接地方式,如图 6-29（a）所示,也称两线一地制。它可以看做由两个对称的一线一地制单极系统叠加而成。如果两极参数对称,理论上两接地点之间是不存在直流电流的。实际上在正常运行时,地回路中有不平衡电流流过。它的数值不大,只有额定电流的百分之几。因此大大减轻了大地或海水作回流电路时对金属设施的腐蚀。当任一导线发生故障时,健全相可以用大地和海水作回流电路,保持输送一半的电力。

（2）一端中性点接地方式,如图 6-29（b）所示,也称两线制。接地端可以固定直流输电系统的基准地电位,避免发生系统电位的浮动而威胁设备和线路的安全。优点是避免了建设接地装置的巨大投资,缺点是一根导线发生故障时不得不停止送电。

（3）中性线方式,如图 6-29（c）所示,也称三线制。与两线一地制比,直流输电线一极故障时,可以避免以大地或海水作回流电路所带来的弊端。

三、非同步联络站

非同步联络站是输电线路长度为零的直流输电系统,可以联络两个额定频率相同或不同的交流电力系统。

6.6.4　直流输电特点及应用范围

一、直流输电优点

（1）造价低,电能损耗少。

（2）无电抗影响,远距离输电不存在失去稳定的问题。

（3）稳态下,不存在交流长电缆线路的容性电纳引起的电压升高。

（4）直流输电系统响应快,调节精确,有利于故障时交流系统间的快速紧急支援和减少功率扰动。

（5）可联络两个额定频率相同或不同的交流电力系统,联网后交流系统的短路容量不因互联而显著增大。

二、直流输电缺点

（1）换流站造价高，换流器工作时需要消耗较多的无功功率，产生较大的谐波电流和电压。

（2）直流断路器熄弧困难，使多端直流输电的发展受到一定的影响。

三、应用范围

远距离大功率输电；交流系统的互联；过海电缆输电；用电缆向大城市市区供电。

6.6.5　高压直流输电系统的主要电气设备

如图 6-30 所示，为直流输电系统主接线，其电压为 $\pm500\text{kV}$，输送容量单极 $60\times10^4\text{kW}$，双极 120 万 kW，线路全长 1 052.25km，主要设备的作用如下。

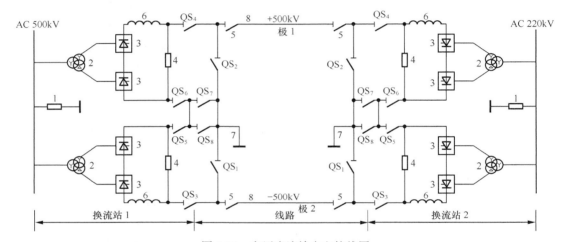

图 6-30　高压直流输电主接线图

（1）换流器。一般接成三相全控桥式整流或逆变电路，直流系统中又称换流桥，6 个桥臂称为换流阀。通常，换流器在工频一个周期内的换相次数称为脉波数。单桥换流器是 6 脉波的，直流侧电压含有 $6n$ 次基波频率的谐波，交流侧含有 $6n\pm1$ 次特征谐波电流。两单桥串联成双桥换流器，是 12 脉波的，直流侧含有 $12n$ 次谐波电压，交流侧含有 $12n+1$ 次谐波电流（其中 $n=1$，2，3，…）。双桥换流器最低谐波次数高，谐波总含量少，因此双桥优于单桥。

目前可控硅元件的单个芯片直径已达 100mm 以上，能承受 6kV 电压，4kA 以上电流。故直流输电用的可控硅换流阀由几十个以至于上百个硅元件串联而成，配备有散热器、循环冷却系统、均压阻尼电路、阀电抗器和门极触发电路等机电热光的辅助系统和电子元器件。

（2）换流变压器。直流输电系统如每极采用双桥换流器，需要两组相位差 300 的交流电源供电。因此，共安装 6 台单相三绕组变压器，每极 3 台，接成 Y₀/Y/△，结构与普通型变压器基本相同。由于阀侧绕组需同时承受交直流电压，又为了减少高次谐波，故对变压器的绝缘强度和参数的三相对称性有严格的要求，同时换流变压器应有宽的有载调压范围。

（3）平波电抗器。作用是抑制直流电流变化时的上升速度，减少直流线路中电压和电流的谐波分量。

（4）无功补偿装置。有调相机、并联电容器、交流滤波器或静止补偿器等。另外，交流滤波器在滤除高次谐波的同时，向交流系统提供一定数量的容性无功。

（5）滤波器。由电容、电感、电阻串并联组成。由于换流装置是一个谐波源，在交流侧是一

25

个谐波电流源，在直流侧则是一个谐波电压源。其含有的谐波分量会引起电容器、变压器、电动机等的谐波附加损耗、振动和严重发热，干扰邻近通信线路，并使换流器的触发控制不稳定。所以在交流母线上安装单调谐滤波器，分别滤去 5，7，11，13 次谐波电流。用高通滤波器吸收高次谐波电流。同样，在直流侧用直流滤波器吸收平波电抗器后的 6，12，18 等次残余谐波分量。

（6）直流断路器。由于直流电流无自然过零点，电弧难以熄灭，至今超高压直流断路器尚未研制出成熟可靠的产品。目前两端直流输电系统故障是借助于控制系统限制故障电流，再将故障切除。

（7）交直流避雷器。是交直流系统绝缘配合的基础。由于直流电弧难以熄灭，故目前均采用性能优良的、无间隙的氧化锌避雷器。

（8）直流互感器。由磁放大器和电子元器件组成。

（9）控制及保护设备。直流系统之所以能实现快速调节，与具有性能优良的控制保护系统有关。通过控制桥阀触发脉冲相位，调节功率大小和方向。调节可按不同参数实现，如定电流、定电压、定功率和定熄弧角等。保护系统有交流设备保护，换流阀保护和直流设备、线路保护等。

6.6.6 光明的前景

光纤和计算机等新技术的迅速发展，使直流输电的控制、调节与保护日趋完善，进一步提高了直流输电系统运行的可靠性，特别是当今高温超导的研究方兴未艾，它在强电方面应用的可能性与日俱增。

本 章 小 结

本章详细介绍了输电线路和变压器的参数计算及其等值电路的绘制。

电阻、电抗、电导和电纳等是电力线路的重要参数，其大小受各种因素影响。要学会根据导线型号、其在杆塔上的布置型式以及线路长度通过计算或查表求取线路参数，并能够画出等值电路。

变压器等值电路参数通过变压器开路和短路实验获得，一般由厂家提供，在铭牌上标示。其中空载有功损耗 P_0 和空载电流相对额定电流百分数 $I_0\%$ 由开路试验求得；短路损耗 P_k 和短路电压相对额定电压的百分数 $U_k\%$ 由短路试验求得。再由这些参数求得等值电路参数。不同结构型式的变压器的等值电路有差异，因此其参数计算也不尽相同。这其中双绕组变压器的等值电路变换及参数计算是最基本的。

电力网络在正常运行时，随着用电负荷变化或系统运行方式变化，网络中的电压分布将不可避免地随之发生变化。而电压是衡量电能质量的重要指标，电力网络中的各种电气设备都必须在额定电压下运行，以保证安全和高效。由于电力工业的发展，供电范围不断扩大，为了保证系统中各处的电压都保持在允许的偏移范围内，需要采取多种措施进行调压。

潮流计算就是按照给定的运行条件计算网络中各个节点的电压、各个支路的功率以及功率损耗等。电力系统的设计和运行均需要潮流计算的结果，据此在设计时选择导线截面，确定网络主接线方案，计算电能损耗和运行费用等；在运行时制定检修计划，校验电能质量，继电保护和自动装置的整定等。

最后，本章简单介绍了高压直流输电的产生、发展、特点、应用范围和系统组成。

习　题

6-1　有哪些因素影响输电线的电抗和电纳值？影响程度如何？在近似计算中，如何估算架空线路单位长度的电抗和电纳值？

6-2　变压器的参数与变压器铭牌上哪些值有关？如何确定变压器的实际变比？

6-3　有一长 120km、额定电压为 110kV 的双回架空输电线，导线型号为 LGJ-150，水平排列，相间距离为 4m，试计算双回线路并列运行时的参数，并画出其等值电路。

6-4　500kV 双分裂架空输电线，导线型号为 $2 \times$ LGJQ-400（计算半径 $r = 13.6$mm），分裂间距 $d = 400$mm，三相对称排列，相间距离 $D = 10$m，试计算输电线单位长度的参数。

6-5　某台 SSPSOL 型三相三绕组自耦变压器，容量比为 300 000/300 000/150 000kVA。变比为 242/121/13.8kV，查得 $\Delta P'_{k(1-2)} = 950 \, \text{kW}$，$\Delta P'_{k(1-3)} = 500 \, \text{kW}$，$\Delta P'_{k(2-3)} = 620 \, \text{kW}$，$U'_{k(1-2)}\% = 13.73$，$U'_{k(1-3)}\% = 11.9$，$U'_{k(2-3)}\% = 18.64$，$\Delta P_0 = 123 \, \text{kW}$，$I_0\% = 0.5$。试求归算到高压侧的变压器参数，并画出其等值电路。

6-6　电力系统无功电源有哪些？发电机的运行极限图是如何确定的？

6-7　什么是电压中枢点？通常选择什么母线作为电压中枢点？

6-8　电压中枢点的调压方式有哪几种？哪一种方式容易实现，哪一种方式不容易实现，为什么？

6-9　静止补偿器有哪几种类型？主要特点是什么？

6-10　电力系统有哪几种主要调压措施？

6-11　潮流计算与电路计算的主要区别是什么？已知送端电压和受端功率的开式电力网，潮流计算一般采用什么方法？

6-12　闭式电力网潮流计算与开式电力网潮流计算的主要区别是什么？闭式电力网潮流分布的规律是什么？变比不同的变压器并联运行为何会产生循环功率？

6-13　有一条额定电压为 110kV 的输电线路，长度为 100km，$r_0 = 0.12\Omega/\text{km}$，$b_0 = 2.74 \times 10^{-6}\text{S/km}$。如果已知末端负荷为 $40 + \text{j}30$MVA，始端电压始终保持为 110kV，试求：（1）正常运行时末端的功率和电压；（2）空载时末端的电压及电压偏移。

第 7 章 电力系统的短路计算

电力网络的短路故障是不可避免的，有必要对短路产生的原因、可能造成的危害、短路种类加以阐述。同时，对短路故障时电力网络参数的计算是设计时对电气设备进行选择和校验以及继电保护装置选择和整定计算的基础。本章重点讲述无限大容量和有限容量电力网络发生三相短路时的暂态过程，用标幺值法计算短路回路元件阻抗和三相短路电流的方法；同时讲述不对称短路电流的计算；介绍短路电流的热效应和电动力效应。

7.1 电力网络短路故障概述

要保证电力系统的安全和稳定运行，在对电力系统分析和设计的时候，不单要考虑电力系统的正常运行状态，还要考虑电力系统故障时候的状态以及可能由此引发的后果。在电力系统的各种可能故障当中，短路是出现频率最高且危害最为严重的一种。

所谓短路，就是电力网络中的一相或者多相载流导体之间或者导体与地之间产生通路并由此引发超出规定值的大电流的情况。

一、短路的原因和后果

电力网络产生短路的原因主要有以下几种。

（1）电力设备由于绝缘老化或者其他原因造成的机械损坏。

（2）电力设备由于设计、安装或者维护不良而导致的缺陷。

（3）架空线由于自然灾害引起的覆冰或倒塌，或由于鸟兽跨接裸露导体。

（4）操作人员违反操作规程。

短路故障一旦发生，由于故障所在路段的阻抗大为减小，因此将在系统中产生几倍甚至于几十倍正常工作电流的短路电流。如此大的短路电流，将造成严重后果，表现在以下几方面。

（1）电气设备发热急剧增加，如果短路时间过长，将使设备因为过热而损坏甚至烧毁。

（2）系统电压大幅下降，系统中的主要负荷异步电动机因此而转矩下降甚至停转，最终导致生产线的产品损坏甚至报废。

（3）巨大的电流会使相邻电气设备之间产生巨大的电动力，导致设备变形甚至损坏。

（4）巨大的短路电流会在周围空间产生强大的电磁场，严重干扰临近的通信网络、信号系统、可控硅触发系统以及自动控制系统等。

（5）严重短路会导致电力网络中的功率分配突变，并列运行的发电厂可能因此失去同步，系统的稳定性遭到破坏，进而引发大面积停电，这是短路可能造成的最严重后果。

二、短路的类型

电力网络中的短路类型与其电源的中性点是否接地有关，主要包括：三相短路、两相短路、单相（接地）短路和两相接地短路。三相短路时，由于被短路的三相阻抗相等，因此电压和电流依旧对称，又被称为对称短路。其余几种短路发生时，由于系统的三相对称遭到破坏，电压和电流不再对称，因此被统称为不对称短路。表 7-1 列出了各种短路的示意图和表示符号。

表 7-1　　　　　　　　　　　　　　短路类型

短路类型	示意图	代表符号	性质	所占比例
三相短路		$k^{(3)}$	三相同时在一点短接，属于对称短路	5%
两相短路		$k^{(2)}$	两相同时在一点短接，属于不对称短路	10%
单相（接地）短路		$k^{(1)}$	在中性点接地系统中，一相与地短接，属于不对称短路	65%
两相接地短路		$k^{(1.1)}$	在中性点接地系统中，两相在不同地点与地短接，属于不对称短路	20%

三、短路电流的计算目的及假设

1. 短路电流计算的目的

为确保电气设备在短路情况下不致损坏，减轻短路危害和防止故障扩大，必须事先对短路电流进行计算。计算短路电流的目的如下。

（1）选择和校验电气设备。

（2）进行继电保护装置的选型与整定计算。

（3）分析电力系统的故障及稳定性能，选择限制短路电流的措施。

（4）确定电力线路对通信线路的影响等。

2. 短路电流计算的基本假设

选择和校验电气设备时，一般只需近似计算在系统最大运行方式下可能通过设备的最大三相短路电流值。设计继电保护和分析电力系统故障时，应计算各种短路情况下的短路电流和各母线接点的电压。要准确计算短路电流是相当复杂的，在工程上多采用近似计算法。这种方法建立在一系列假设的基础上，计算结果稍偏大。基本假设有以下几种。

（1）忽略磁路的饱和与磁滞现象，认为系统中各元件参数恒定。

（2）忽略各元件的电阻。高压电网中各种电气元件的电阻一般都比电抗小得多，各阻抗元件均可用一等值电抗表示。但短路回路的总电阻大于总电抗的 1/3 时，应计入电气元件的电阻。此外，在计算暂态过程的时间常数时，各元件的电阻不能忽略。

（3）忽略短路点的过渡电阻。过渡电阻是指相与相或者相与地之间短接所经过的电阻。一般情况下，都以金属性短路对待，只是在某些继电保护的计算中才考虑过渡电阻。

（4）除不对称故障处出现局部不对称外，实际的电力系统通常都可以看做三相对称的。

四、计算短路电流的方法

短路电流的计算方法有欧姆法（又称有名单位制法）、标幺值法（又称相对单位制法）和短路容量法（又称兆伏安法）。限于篇幅，欧姆法和短路容量法在本书中不加以介绍，这里将只介绍在工程设计中应用广泛的标幺值法，其他方法的介绍可查阅相关文献。

7.2 标幺值

一、标幺值的概念

在电路计算中，一般比较熟悉的是有名单位。在电力系统计算中，可以把电流、电压、功率、阻抗和导纳等物理量分别用相应的单位 A（安培）、V（伏特）、VA（伏安）、Ω（欧姆）、S（西门）等有名单位来表示，在进行诸如低压系统的短路电流计算时，常采用有名单位制；但计算高压系统的短路电流，由于有多个电压等级，存在着阻抗换算问题，为使计算简化，常采用这些物理量的相对值来表示，即采用标幺值。

所谓标幺值，就是把各种元件的物理量不用有名单位值，而用相对值来表示的一种运算方法。比如相对值（A_d^*）就是实际有名值（A）与选定的基准值（A_d）间的比值，即

$$A_d^* = \frac{A}{A_d} \tag{7-1}$$

从式（7-1）看出，标幺值是没有单位的；另外，采用标幺值法计算时必须先选定基准值。

按标幺值法进行短路计算时，一般先选定基准容量 S_d 和基准电压 U_d。确定了基准容量 S_d 和基准电压 U_d 以后，根据三相交流电路的基本关系，基准电流 I_d 就可按式（7-2）计算

$$I_d = \frac{S_d}{\sqrt{3}U_d} \tag{7-2}$$

基准电抗 X_d 则按式（7-3）进行计算

$$X_d = \frac{U_d}{\sqrt{3}I_d} = \frac{U_d^2}{S_d} \tag{7-3}$$

据此，可以直接写出容量标幺值

$$S^* = \frac{S}{S_d} \tag{7-4}$$

电压标幺值

$$U^* = \frac{U}{U_d} \tag{7-5}$$

电流标幺值

$$I^* = \frac{I}{I_d} = \frac{\sqrt{3}IU_d}{S_d} \tag{7-6}$$

电抗标幺值

$$X^* = \frac{X}{X_d} = \frac{XS_d}{U_d^2} \tag{7-7}$$

在工程设计中，为计算方便起见通常取基准容量 $S_d = 100\text{MV·A}$，基准电压 U_d 通常就取元

件所在处的短路计算电压，即 $U_d = U_c$。

二、标幺值法计算的优点

（1）在三相电路中，标幺值相量等于线量。

（2）三相功率和单相功率的标幺值相同。

（3）当电网的电源电压为额定值时（$U^* = 1$），功率标幺值与电流标幺值相等，且等于电抗标幺值的倒数，即

$$S^* = I^* = \frac{1}{X^*} \tag{7-8}$$

（4）两个标幺值相加或相乘，仍得同一基准下的标幺值。

基于以上优点，采用标幺值进行短路电流计算时，可以使计算过程更加简便，计算结果更加明显，有助于迅速判断计算结果的准确性。

三、标幺值法的计算步骤

按标幺值法进行短路电流计算的步骤如下。

（1）绘出短路的计算电路图，并根据短路计算目的确定短路计算点。

（2）确定基准值，取 $S_d = 100\text{MV} \cdot \text{A}$，$U_d = U_c$（有几个电压级就取几个 U_d），并求出所有短路计算点电压下的 I_d。

（3）计算短路电路中所有主要元件的电抗标幺值。

（4）绘出短路电路的等效电路图，用分子标元件序号，分母标元件的电抗标幺值，并在等效电路图上标出所有短路计算点。

（5）针对各短路计算点分别简化电路，并求其总电抗标幺值，然后按有关公式计算其所有短路电流和短路容量。

【例 7-1】 无限大功率电源供电的系统如图 7-1 所示。已知电力系统出口断路器的断流容量为 500MV·A，试求用户配电所 10kV 母线上 k–1 点短路和车间变电所低压 380V 母线上 k–2 点短路的三相短路电流和短路容量。

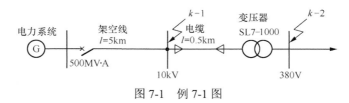

图 7-1　例 7-1 图

解：

一、先用欧姆法求解

（1）先求 k–1 点的三相短路电流及短路容量（$U_{c1} = 10.5 \text{ kV}$）

① 短路电路中各元件的电抗及总电抗计算如下。

电力系统的电抗：$X_1 = \dfrac{U_{c1}^2}{S_{OC}} = \dfrac{10.5^2}{500} \approx 0.22\Omega$

架空线的电抗（查手册可知 $X_0 = 0.38\Omega/\text{km}$）：$X_2 = X_0 l = 0.38 \times 5 = 1.9\Omega$

因此，可绘制 k–1 点的等效电路图，如图 7-2（a）所示。

因此，其总电抗为

$$X_{\Sigma(k-1)} = X_1 + X_2 = 0.22 + 1.9 = 2.12\Omega$$

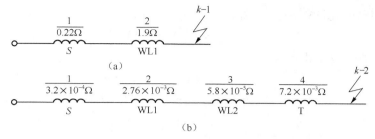

图 7-2　例 7-1 的等效电路图（欧姆法）

② 接着可以计算 $k-1$ 点的三相短路电流和容量。

三相短路电流周期分量有效值为

$$I_{k-1}^{(3)} = \frac{U_{c1}}{\sqrt{3}X_{\Sigma(k-1)}} = \frac{10.5}{\sqrt{3}\times2.12} \approx 2.86\text{kA}$$

三相次暂态短路电流和短路稳态电流为

$$I''^{(3)} = I_{\infty}^{(3)} = I_{k-1}^{(3)} = 2.86\text{kA}$$

三相短路冲击电流及有效值为

$$i_{\text{sh}}^{(3)} = 2.55I''^{(3)} = 2.55\times2.86 \approx 7.29\text{kA}$$

$$I_{\text{sh}}^{(3)} = 1.51I''^{(3)} = 1.51\times2.86 \approx 4.32\text{kA}$$

因此，三相短路容量为

$$S_{k-1}^{(3)} = \sqrt{3}U_{c1}I_{k-1}^{(3)} = \sqrt{3}\times10.5\times2.86 \approx 52.01\text{MV}\cdot\text{A}$$

（2）再求 $k-2$ 点的三相短路电流和短路容量（$U_{c2} = 0.4\text{kV}$）

① 步骤如上，还是先计算短路电路中各元件的电抗和总电抗。

电力系统的电抗：$X_1' = \dfrac{U_{c2}^2}{S_{\text{OC}}} = \dfrac{0.4^2}{500} \approx 3.2\times10^{-4}\ \Omega$

架空线的电抗（查手册可知 $X_0 = 0.38\Omega/\text{km}$）为

$$X_2' = X_0l\left(\frac{U_{c2}}{U_{c1}}\right)^2 = 0.38\times5\times\left(\frac{0.4}{10.5}\right)^2 = 2.76\times10^{-3}\ \Omega$$

电缆线路的电抗（查手册可知 $X_0 = 0.08\Omega/\text{km}$）为

$$X_3' = X_0l\left(\frac{U_{c2}}{U_{c1}}\right)^2 = 0.08\times0.5\times\left(\frac{0.4}{10.5}\right)^2 = 5.8\times10^{-5}\ \Omega$$

电力变压器的电抗（查手册可知 $U_k\% = 4.5$）为

$$X_4 = \frac{U_k\%}{100}\frac{U_{c2}^2}{S_{\text{N}}} = \frac{4.5}{100}\times\frac{0.4^2}{1000} = 7.2\times10^{3}\ \Omega$$

因此，可绘制 $k-2$ 点的等效电路图如图 7-2（b）所示。所以其总电抗为

$$X_{\Sigma(k-1)} = X_1' + X_2' + X_3' + X_4 = 3.2\times10^{-4} + 2.76\times10^{-3} + 5.8\times10^{-5} + 7.2\times10^{-3} = 0.01034\Omega$$

② 计算 $k-2$ 点的三相短路电流和容量。

三相短路电流周期分量有效值为

$$I_{k-2}^{(3)} = \frac{U_{c2}}{\sqrt{3}X_{\Sigma(k-2)}} = \frac{0.4}{\sqrt{3}\times0.01034} \approx 22.3\text{kA}$$

三相次暂态短路电流和短路稳态电流为

$$I''^{(3)} = I^{(3)}_\infty = I^{(3)}_{k-2} = 22.3 \text{kA}$$

三相短路冲击电流及有效值为

$$i^{(3)}_{\text{sh}} = 1.84 I''^{(3)} = 1.84 \times 22.3 \approx 41.0 \text{kA}$$

$$I^{(3)}_{\text{sh}} = 1.09 I''^{(3)} = 1.09 \times 22.3 \approx 24.3 \text{kA}$$

因此，三相短路容量为

$$S^{(3)}_{k-2} = \sqrt{3} U_{c2} I^{(3)}_{k-2} = \sqrt{3} \times 0.4 \times 22.3 \approx 15.5 \text{MV·A}$$

二、采用标幺值求解

先确定基准值 $S_d = 100\text{MVA}$，$U_{c1} = 10.5\text{kV}$，$U_{c2} = 0.4\text{kV}$，因此

$$I_{d1} = \frac{S_d}{\sqrt{3} U_{c1}} = 5.50 \text{kA} , \quad I_{d2} = \frac{S_d}{\sqrt{3} U_{c2}} = 144 \text{kA}$$

再计算短路电路中各主要元件的电抗标幺值。

电力系统（可知 $S_{oc} = 500\text{MV·A}$）

$$X^*_1 = 100/500 = 0.2$$

架空线（$X_0 = 0.38\Omega/\text{km}$）

$$X^*_2 = 0.38 \times 5 \times 100/10.5^2 = 0.036$$

电缆线路（$X_0 = 0.08\Omega/\text{km}$）

$$X^*_3 = 0.08 \times 0.5 \times 100/10.5^2 = 0.036$$

电力变压器（$U_k\% = 4.5$）

$$X^*_4 = \frac{U_k \% S_d}{100 S_N} = \frac{4.5 \times 100 \times 10^3}{100 \times 1000} = 4.5$$

据此，可绘制短路线路的等效电路图，如图 7-3 所示，在图上标出各元件的序号及电抗标幺值。

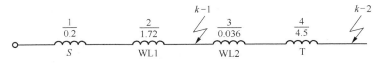

图 7-3　例 7-1 的等效电路图（标幺值法）

① 求 $k-1$ 点的短路电路总电抗标幺值及三相短路电流和容量。

总电抗标幺值

$$X^*_{\Sigma(k-1)} = X^*_1 + X^*_2 = 0.2 + 1.72 = 1.92$$

三相短路电流周期分量有效值

$$I^{(3)}_{k-1} = \frac{I_{d1}}{X^*_{\Sigma(k-1)}} = \frac{5.50}{1.92} = 2.86 \text{kA}$$

其他三相短路电流

$$I''^{(3)} = I^{(3)}_\infty = I^{(3)}_{k-1} = 2.86 \text{kA}$$

三相短路冲击电流及有效值为

$$i^{(3)}_{\text{sh}} = 2.55 I''^{(3)} = 2.55 \times 2.86 \approx 7.29 \text{kA}$$

$$I^{(3)}_{\text{sh}} = 1.51 I''^{(3)} = 1.51 \times 2.86 \approx 4.32 \text{kA}$$

因此，三相短路容量为

$$S_{k-1}^{(3)} = \frac{S_d}{X_{\Sigma(k-1)}^*} = \frac{100}{1.92} \approx 52.0 \text{MV} \cdot \text{A}$$

② 求 $k-2$ 点的短路电路总电抗标幺值及三相短路电流和容量。

总电抗标幺值

$$X_{\Sigma(k-2)}^* = X_1^* + X_2^* + X_3^* + X_4^* = 0.2 + 1.72 + 0.036 + 4.5 = 6.456$$

三相短路电流周期分量有效值

$$I_{k-2}^{(3)} = \frac{I_{d2}}{X_{\Sigma(k-1)}^*} = \frac{144}{6.456} = 22.3 \text{kA}$$

其他三相短路电流

$$I''^{(3)} = I_\infty^{(3)} = I_{k-2}^{(3)} = 22.3 \text{kA}$$

三相短路冲击电流及有效值为

$$i_{sh}^{(3)} = 2.55 I''^{(3)} = 1.84 \times 22.3 \approx 41.0 \text{kA}$$
$$I_{sh}^{(3)} = 1.51 I''^{(3)} = 1.09 \times 22.3 \approx 24.3 \text{kA}$$

因此，三相短路容量为

$$S_{k-2}^{(3)} = \frac{S_d}{X_{\Sigma(k-2)}^*} = \frac{100}{6.456} \approx 15.5 \text{MV} \cdot \text{A}$$

两种方法的计算结果一致，但是后者明显要比前者简便。

7.3　无限大功率电源供电网的三相短路电流计算

所谓无限大功率电源即指容量无限大且内阻抗为零的电源。这种电源供电的网络，其外电路发生短路而引起的功率变化对电源本身来讲影响甚微，且由于其内阻抗为零则不存在内压降，所以可以认为电源的端电压是保持恒定的。

在实际系统中，无限大功率电源是不可能存在的，只能是一个相对的概念。由于实际电力系统的容量和阻抗都有一定的数值，且系统容量越大，则系统内阻抗就越小，所以，当供电电源的容量足够大到一定程度，其内阻抗会很小，此时若有外部电路短路，则短路回路中的各个元器件（输电线、变压器、电抗器等）的等值阻抗将比电源内阻抗大很多，因而电源的端电压变化将非常小，可以看作不变。在实际的短路电流计算中，只要供电网的电源总阻抗不超过短路回路总阻抗的 5%～10%，或其容量超过用户总容量的 50 倍时，就可以近似认为此电网为无限大功率电源供电网。

一、三相短路暂态分析

电力系统的短路故障往往是突然发生的。短路发生后，电力系统就由工作状态经过一个暂态过程（或称短路瞬变过程）进入短路后的稳定状态。电流也将由原来正常的负荷电流突然增大，再经过暂态过程达到短路后的稳态值。由于暂态过程中的短路电流比起稳态值要大得多，所以暂态过程虽然时间很短，但它对电气设备的危害远比稳态短路电流的危害要严重得多。因此，有必要对三相短路的暂态过程加以分析。

图 7-4 所示的是一个无限大功率电源供电网发生三相短路时的电路图。在发生短路故障前，整个电路处于稳态。由于电路是三相对称的，因此可只写出其中一相的电压和电流计算公式

$$u = U_m \sin(\omega t + \alpha) \tag{7-9}$$

$$i = I_{\mathrm{m}} \sin\left(\omega t + \alpha - \varphi_{[0]}\right) \tag{7-10}$$

其中，$I_{\mathrm{m}} = \dfrac{U_{\mathrm{m}}}{\sqrt{\left(R + R'\right)^2 + \omega^2 \left(L + L'\right)^2}}$；$\varphi_{[0]} == \arctan \dfrac{\omega\left(L + L'\right)}{R + R'}$。

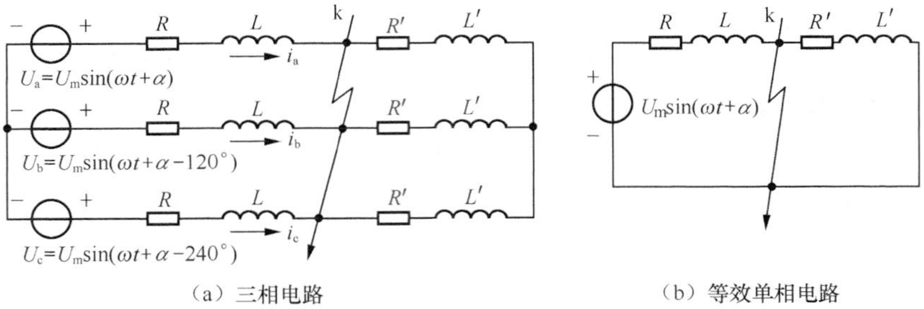

（a）三相电路　　　　　　　　　　　　（b）等效单相电路

图 7-4　无限大功率电源供电网三相短路

短路故障发生以后，以短路点为界，电路被分成左右两个部分。左半部分的电路依旧与电源相连；而右半部分的电路则变成没有电源供电的短路电路，其中流经的电流将从短路发生的瞬间初值开始不断衰减，直到其所存储的能量全部被电阻消耗转化成热量为止。

而与电源相连的左半部分电路，每相的阻抗则由短路前的 $\left(R + R'\right) + \mathrm{j}\omega\left(L + L'\right)$ 减小至 $R + \mathrm{j}\omega L$。阻抗的减小必然引起电流的增大，因此短路故障时的暂态分析主要针对这部分电路。

由于发生短路的时刻，左半部分电路依旧是三相对称的，因此可取其中的一相（a 相）进行分析，则有

$$L \frac{\mathrm{d}i_k}{\mathrm{d}t} + Ri_k = U_{\mathrm{m}} \sin\left(\omega t + \alpha\right) \tag{7-11}$$

由高等数学的知识可知，式（7-11）的微分方程的解由两部分构成：一部分是微分方程的特解，代表了短路电流中的强制分量；一部分是式（7-10）对应的齐次微分方程的通解，代表了短路电流中的自由分量。

短路电流中的强制分量，来源于短路后左半部分电源的作用，与电源电压的变化规律相同，因此在整个暂态过程中幅值保持不变。因为强制分量是周期性变化的，因此又被称作周期分量，其表达式为

$$i_{\mathrm{p}} = \frac{U_{\mathrm{m}}}{Z} \sin\left(\omega t + \alpha - \varphi\right) = I_{\mathrm{pm}} \sin\left(\omega t + \alpha - \varphi\right) \tag{7-12}$$

其中，$I_{\mathrm{pm}} = U_{\mathrm{m}} / \sqrt{R^2 + \left(\omega L\right)^2}$ 为周期分量的幅值；$\varphi = \tan^{-1}\left(\dfrac{\omega L}{R}\right)$ 为每相阻抗的阻抗角；α 为电源的初始相角（又被称为合闸角）。

而短路电流中的自由分量则来源于电路右半部分在短路前存储的能量，它是一个不断衰减的直流电流，通常被称为非周期分量，表达式为

$$i_{\mathrm{np}} = A e^{-\frac{t}{T_{\mathrm{a}}}} \tag{7-13}$$

其中 A 由初始条件决定，等于非周期分量的初始值 i_{np0}；$T_{\mathrm{a}} = L / R$ 为短路回路的时间常数，反映非周期分量衰减的快慢。

根据式（7-12）和式（7-13）可知，短路全电流为周期分量和非周期分量之和，即为

$$i_k = i_p + i_{np} = I_{pm} \sin(\omega t + \alpha - \varphi) + Ae^{-\frac{t}{T_a}} \tag{7-14}$$

楞次定律告诉我们，电感中的电流不可能发生突变，短路电路中含有电感，因此其电流不可能发生突变。因此，在短路发生的 $t = 0$ 的时刻，应有

$$i(0) = I_m \sin(\alpha - \varphi_{[0]}) = i_k(0) = I_{pm} \sin(\alpha - \varphi) + A \tag{7-15}$$

所以

$$A = i_{np0} = I_m \sin(\alpha - \varphi_{[0]}) - I_{pm} \sin(\alpha - \varphi) \tag{7-16}$$

将式（7-16）代入式（7-14）得短路全电流为

$$i_k = I_{pm} \sin(\omega t + \alpha - \varphi) + [I_m \sin(\alpha - \varphi_{[0]}) - I_{pm} \sin(\alpha - \varphi)]e^{-\frac{t}{T_a}} \tag{7-17}$$

式（7-17）即为短路后 a 相短路电流的计算公式。若要计算 b 相或 c 相的短路电流，只需用 $(\alpha - 120°)$ 或 $(\alpha + 120°)$ 取代其中的 α 即可。

图 7-5 所示为短路的一瞬间三相中的一相短路电流的各个分量之间的关系。其中 $\dot{I}_m$ 和 $\dot{I}_{pm}$ 在 t 轴上的投影 $i_{[0]}$ 和 i_{p0} 分别表示短路前和短路后电流中的周期分量在 $t = 0$ 时刻的瞬时值，它们的差即为短路后电流中的自由分量的初始值。由图可以看出，这一自由分量的初始值与短路发生的时刻有关，即与合闸角有关。当 $\dot{I}_m$ 和 $\dot{I}_{pm}$ 的相量差与 t 轴平行的时候，其值最大；当 $\dot{I}_m$ 和 $\dot{I}_{pm}$ 的相量差与 t 轴垂直的时候，其值最小，等于零，在此种情况下，短路前瞬间的电流值与短路后瞬间的电流值刚好相等，电路从一种稳态直接进入另一种稳态，中间不经历暂态过程。需要说明的是，由于三相电路的相位差的原因，短路电流的自由分量的最大值或者最小值只能出现在其中的某一相。

发生三相短路时，根据式（7-17）做出的电流波形如图 7-6 所示。从短路发生到短路进入稳态这一过程中，由于自由分量的存在，短路全电流的波形不再关于时间轴对称，因此三相短路虽然被认为是对称短路，但实际上对称的只是短路电流的周期分量，短路电流的自由分量是不对称的。

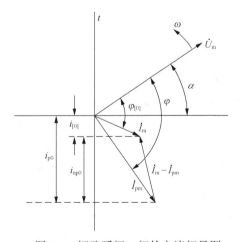

图 7-5　短路瞬间一相的电流相量图

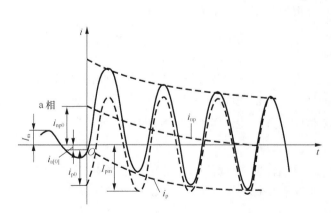

图 7-6　短路电流波形图（a 相）

二、其他有关短路的物理量

1. 短路冲击电流及其最大有效值

短路电流的最大可能瞬时值被称作短路冲击电流，用 i_{sh} 表示。由式（7-12）可知，短路电流中的周期分量幅值是恒定的，而由式（7-16）可知自由分量从某个初始值开始以指数规律衰

减。因此，自由分量的初始值越大，则短路冲击电流也越大。从图 7-5 和式（7-17）可以看出，短路电流自由分量的初始值既与合闸角有关，还与短路发生前电路的初始状态有关。

通常的电力系统中，电流都是滞后的。由于短路回路中感性负载要远远大于电阻，因此可以近似认为 $\varphi = \varphi_{[0]} = 90°$。分析图 7-5 可知，当 $\dot{I}_m = 0$（短路前电路为空载）且 $\dot{I}_{pm}$ 与时间轴平行（即 $\alpha = 0$）时，短路电流的自由分量将取得最大值。将 $\varphi = \varphi_{[0]} = 90°$，$\dot{I}_m = 0$ 和 $\alpha = 0$ 代入式（7-17）得

$$i_k = -I_{pm} \cos \omega t + I_{pm} e^{-t/T_a} \tag{7-18}$$

由高等数学的知识可知，在这种情况下，短路冲击电流将出现在短路故障发生后大约半个周期，我国的工频电频率为 50Hz，因此冲击电流出现的时间约为 $t = 0.01s$。因此可得短路冲击电流的计算公式为

$$i_{sh} = -I_{pm} \cos \pi + I_{pm} e^{-0.01/T_a} = \left(1 + e^{-0.01/T_a}\right) I_{pm} = K_{sh} I_{pm} \tag{7-19}$$

其中，K_{sh} 被称为冲击系数，表征了短路冲击电流相对短路电流周期分量幅值的倍数。当时间常数 T_a 从零变化到无穷时，冲击系数的变化区间范围为（1，2）。

进行实际工程计算过程中，当发电机电压母线发生短路时，冲击系数取 1.9；当发电厂高压侧母线或发电机出线的电抗器后发生短路时，冲击系数取 1.85；当发生其他短路时，冲击系数取 1.8。

冲击电流的计算，主要是用来校验电气设备和载流体在短路故障发生时的动稳定性。

短路电流中自由分量的存在，导致在短路故障发生后的暂态过程中，短路电流的波形不是正弦波。在短路过程中，任意时刻短路电流的有效值指的是以该时刻为中心的一个周期内短路电流瞬时值的均方根，即

$$I_t = \sqrt{\frac{1}{T} \int_{t-\frac{T}{2}}^{t+\frac{T}{2}} i_t^2 \, \mathrm{d}t} = \sqrt{\frac{1}{T} \int_{t-\frac{T}{2}}^{t+\frac{T}{2}} \left(i_{pt} + i_{npt}\right)^2 \mathrm{d}t} \tag{7-20}$$

由于式（7-20）的计算比较复杂，因此进行适当简化，假设周期分量的幅值不变，则自由分量大小不变，其值等于该周期中点时的瞬时值。在上述假设前提下，短路电流周期分量的有效值即为 $I_{pt} = I_{pmt}/\sqrt{2}$，自由分量的有效值即为所选周期中点的瞬时值，即为 $I_{npt} = i'_{npt}$。

根据假设，将式（7-20）展开得

$$I_t = \sqrt{\frac{1}{T} \int_{t-\frac{T}{2}}^{t+\frac{T}{2}} i_{pt}^2 \mathrm{d}t + \frac{1}{T} \int_{t-\frac{T}{2}}^{t+\frac{T}{2}} 2 i_{pt} i'_{npt} \mathrm{d}t + \frac{1}{T} \int_{t-\frac{T}{2}}^{t+\frac{T}{2}} i'^2_{npt} \mathrm{d}t} \tag{7-21}$$

分析根号下的 3 个积分项。第一项是振幅为 I_{pmt} 的正弦波的有效值的平方（周期分量有效值的平方）；第二项为正弦函数在一个周期内的积分，因此必为零；第三项为常数 i'^2_{npt}（自由分量有效值的平方）。因此可得简化后的计算公式为

$$I_t = \sqrt{I_{pt}^2 + I_{npt}^2} \tag{7-22}$$

通过前面的分析可知，短路电流的最大有效值必然出现在短路故障发生后的第一个周期，而第一个周期的中点为 $t = 0.01s$，此时，亦为短路冲击电流发生的时刻。根据式（7-19）有

$$i_{sh} = K_{sh} I_{pm} = K_{sh} \sqrt{2} I_p \tag{7-23}$$

其中 I_p 为周期分量的有效值，所以有

$$I_{npt} = i_{sh} - I_{pm} = (K_{sh} - 1) \sqrt{2} I_p \tag{7-24}$$

将式（7-24）代入式（7-22）得短路电流的最大有效值为

$$I_{sh} = \sqrt{I_p^2 + \left[(K_{sh} - 1) \sqrt{2} I_p\right]^2} = I_p \sqrt{1 + 2(K_{sh} - 1)^2} \tag{7-25}$$

短路电流的最大有效值主要用来校验电气设备的断流能力或耐力强度。

2. 短路功率（容量）

在短路故障发生时，要迅速切断故障部分，避免波及范围进一步扩大，使得其余部分能够继续正常运行。这一目的的实现要依靠继电保护装置和断路器。为了校验断路器的分段能力，就要用到短路功率的概念。

所谓短路功率，就是指短路电流的有效值与短路故障处正常工作电压（平均额定电压）的乘积，即

$$S_t = \sqrt{3} U_{av} I_t \tag{7-26}$$

采用标幺值表示为

$$S_t^* = \frac{S_t}{S_d} = \frac{\sqrt{3} U_{av} I_t}{\sqrt{3} U_{av} I_d} = I_t^* \tag{7-27}$$

上式表明，基准电压与工作电压相等时，短路功率的标幺值等于短路电流的标幺值。据此可以由短路电流直接求取短路功率的有名值，这给计算带来很大方便。

从短路功率的定义可以看出，一方面开关要能够切断这么大的电流；另一方面，当开关断流时，其触头也必须能够承受住工作电压的作用。因此短路功率只是一个计算定义，而非测量值。

3. 具体计算

无限大功率电源供电网络的特征为：系统内阻抗为零，而电源端电压恒为常数，这使得短路电流中的周期分量为幅值恒定的正弦波。短路电流中的自由分量则依据指数规律衰减，通常只考虑其对冲击电流的影响。因此，在无限大功率电源供电情形下的短路计算，首要任务就是计算短路电流中的周期分量。实际情况是这种情形下周期分量的计算是比较简单的。

如式（7-26）中取平均额定电压进行计算，则有端电压 $U = U_{av}$，将基准电压取为 $U_d = U_{av}$，则端电压的标幺值为 $U^* = 1$，所以短路电流中周期分量的标幺值为

$$I_p^* = \frac{1}{X_\Sigma^*} \tag{7-28}$$

其中的 X_Σ^* 为系统对短路点的总组合电抗（电阻非常小，实际为总电抗）的标幺值。因此可得短路电流中周期分量的有名值为

$$I_p = I_p^* \cdot I_d = \frac{I_d}{X_\Sigma^*} \tag{7-29}$$

根据式（7-27）可得短路功率的有名值则为

$$S = I_p^* \cdot I_d = \frac{S_d}{X_\Sigma^*} \tag{7-30}$$

【例 7-2】 无限大功率电源供电的简单电网如图 7-7 所示，若 k 点发生三相短路，试计算短路电流的周期分量、冲击电流以及短路功率（$K_{sh} = 1.8$）。

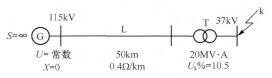

图 7-7 例 7-1 系统图

解：取 $S_d = 100 \text{MV} \cdot \text{A}$，$U_d = U_{av}$。

各元件电抗标幺值计算如下

线路：$X_L^* = 0.4 \times 50 \times \dfrac{100}{115^2} = 0.151$

变压器：$X_T^* = \dfrac{10.5}{100} \times \dfrac{100}{20} = 0.525$

电源至短路点的总电抗：$X_\Sigma^* = X_L^* + X_T^* = 0.151 + 0.525 = 0.676$

无限大功率电源：$E^* = U^* = \dfrac{U}{U_d} = \dfrac{115}{115} = 1$

短路电流周期分量的有名值为：$I_p = \dfrac{I_d}{X_\Sigma^*} = \dfrac{1}{0.676} \times \dfrac{100}{\sqrt{3} \times 37} = 2.31 (kA)$

冲击电流：$i_{sh} = K_{sh} I_{pm} = K_{sh}\sqrt{2} I_p = 1.8 \times \sqrt{2} \times 2.31 = 5.88 (kA)$

短路功率：$S = \dfrac{S_d}{X_\Sigma^*} = \dfrac{100}{0.676} = 148 (kVA)$

7.4 有限容量电力网三相短路电流的实用计算

在无限大功率电源供电的三相短路过程分析中，由于假设短路发生时电源的端电压是保持不变的，因此短路电流中周期分量的幅值保持不变，这使得计算简便。然而电力系统的短路故障不可能都发生在由无限大功率电源供电的系统中，反而在大多数情况下，容量都是有限的，比如短路故障发生的位置距离发电厂不太远，尤其是当故障发生在发电机端的时候，发电机的端电压将会大幅度下降，甚至会降低到零。这种情况就不能认为发电机的端电压恒定而将其作为恒压电源处理。因此，在这种故障情况下的短路计算，必须考虑电源电压的变化，即同步机的突然短路问题。

一、同步机发生短路时的暂态过程。

物理学知识告诉我们，在超导体（电阻为零）中闭合回路的磁通是守恒的。在实际的电机中，尽管所有的绕组都不是超导体，但根据楞次定律，任何闭合线圈的磁通都不能突变。因此在发生某种变化的瞬间，闭合线圈的磁通将维持不变，而绕组的电阻则会在后续的暂态过程中引起与磁通的对应电流逐步衰减。

同步机发生短路的瞬间，电机定子绕组中电流的周期分量会发生突变，将使转子产生剧烈的电枢反作用。根据楞次定律，为了抵消电枢反应而产生的磁通，励磁绕组内会产生一个附加的直流电流分量，其方向与原有的励磁电流方向相反，以维持短路瞬间总磁通不变。附加的直流电流产生的磁通必然会穿入定子绕组，激发出一个直流电流分量，造成定子绕组的电流增大。由于电机绕组存在电阻，定子绕组和转子绕组中激发的附加直流电流都会逐渐衰减为零。因此在有限容量电力网中，短路电流的初值将大大超过短路电流的稳态值。由于实际电机的绕组都存在电阻，所有绕组的交链磁通都将发生变化，逐步过渡到新的稳态值，因此，励磁绕组中为了维持磁通不变而出现的直流分量将逐渐衰减为零。与转子自由直流分量对应的、突然短路时定子周期分量中的自由电流分量也会逐步衰减直至成为稳态短路电流。在由无限大功率系统供电的三相短路过程的分析中，由于假设系统为"无限大"容量，电源的端电压在短路过程中维持恒定，所以短路电流的周期分量的幅值将保持不变，使计算过程比较简单。然而，电力系统发生短路时，不可能都当作由无限大功率的系统供电，在大多数情况下，系统容量总是有限的，例如，当由几个发电厂或几台发电机供电时，或短路发生在距离电源不远处，这时，电源的端电压将不可能维持恒定。因此，短路电流周期分量的幅值也将随时间变化而变化。在这种情况下，周期分量电流如何计算，采用什么电势和电抗来表示发电机，是一个值得探讨的问题。

从本节开始。对于用标幺值表示的量，均省去上标"*"。

二、同步发电机突然三相短路的电磁暂态过程

对突然短路暂态过程进行物理分析的理论基础是超导体闭合回路磁链守恒原则。所谓超导体就是电阻为零的导体。在实际的电机里，虽然所有的绕组并非超导体，但根据楞次定律，任何闭合线圈在突然变化的瞬间，都将维持与之交链的总磁链不变。而绕组中的电阻，只是引起与磁链对应的电流在暂态过程中的衰减。

在同步发电机发生突然短路后，由于发电机定子绕组中周期分量电流的突然变化，将对转子产生强烈的电枢反应作用。为了抵消定子电枢反应产生的交链发电机励磁绕组的磁链，以维持励磁绕组在短路发生瞬间的总磁链不变，励磁绕组内将产生一项直流电流分量，它的方向与原有的励磁电流方向相同。这项附加的直流分量产生的磁通也有一部分要穿入定子绕组，从而使定子绕组的周期分量电流增大。因此，在有限容量系统发生突然短路时，短路电流的初值将大大超过稳态短路电流。由于实际电机的绕组中都存在电阻，所有绕组的磁链都将发生变化，逐步过渡到新的稳态值。因此，励磁绕组中因维持磁链不变而出现的自由直流分量电流终将衰减至零，这样，与转子自由直流分量对应的、突然短路时定子周期分量中的自由电流分量亦将逐步衰减，定子电流最终为稳态短路电流。

为了便于描述同步发电机在突然短路时的暂态过程，从等值电路的角度出发，需要确定一个在短路瞬间不发生突变的电势，并应用它来求取短路瞬间的定子电流周期分量。显然，计算稳态短路电流用的空载电势 E_q 将因产生它的励磁电流的突变而突变。在无阻尼绕组的同步发电机中，转子中唯有励磁绕组是闭合绕组，在短路瞬间，与该绕组交链的总磁链不能突变。通过对这一突然短路过程的数学分析，可以给出一个与励磁绕组总磁链成正比的电势 E_q'，称为 q 轴暂态电势，对应的同步发电机电抗为 X_d'，称为暂态电抗。在短路计算中，通常可不计同步电机纵轴和横轴参数的不对称，从而由暂态电势 E' 代替 q 轴暂态电势 E_q。这样，无阻尼绕组的同步发电机电势方程可表示为

$$\dot{E}' = \dot{U} + jX_d'\dot{I} \tag{7-31}$$

其中，$\dot{U}$ 和 $\dot{I}$ 分别为正常运行时同步发电机的端电压和定子电流。

显然，E' 可根据短路前运行状态及同步发电机结构参数 X_d' 求出，并近似认为它在突然短路瞬间保持不变，从而可用于计算暂态短路电流的初始值。

上述分析是针对无阻尼绕组的同步发电机的。在电力系统中，大多数的水轮发电机均装有阻尼绕组，汽轮发电机的转子虽不装设阻尼绕组，但转子铁芯是整块锻钢作成的，本身具有阻尼作用。在突然短路时，定子周期电流的突然增大引起电枢反应磁通的突然增加，励磁绕组和阻尼绕组为了保持磁链不变，都要感应产生自由直流电流，以抵消电枢反应磁通的增加。转子各绕组的自由直流电流产生的磁通都有一部分穿过气隙进入定子，并在定子绕组中产生定子周期电流的自由分量，显然，这时定子周期电流将大于无阻尼绕组时的电流。对应于有阻尼绕组的同步发电机突然短路的过渡过程称之为次暂态过程。按无阻尼绕组过渡过程类似的处理方法，可以给出一个与转子励磁绕组和纵轴阻尼绕组的总磁链成正比的电势 E_q'' 和一个与转子横轴阻尼绕组的总磁链成正比的电势 E_d''，分别称为 q 轴和 d 轴次暂态电势，对应的发电机次暂态电抗分别为 X_d'' 和 X_q''。当忽略纵轴和横轴参数的不对称时，有阻尼绕组的同步发电机电势方程可表示为

$$\dot{E}'' = \dot{E}_q'' + \dot{E}_d'' = \dot{U} + jX_d''\dot{I} \tag{7-32}$$

同样，$\dot{E}''$ 可根据短路前运行状态及同步发电机的结构参数 X_d'' 求出，并在突然短路瞬间保持

不变，可用于计算次暂态短路电流的初始值。

三、起始暂态电流和冲击电流的计算

电力系统短路电流的工程计算，在许多情况下，只需计算短路电流周期分量的初值，即起始次暂态电流。这时，只要把系统所有元件都用其次暂态参数表示，次暂态电流的计算就同稳态电流一样了。系统中所有静止元件的次暂态参数都与其稳态参数相同，而旋转电机的次暂态参数则不同于其稳态参数。

如前所述，在突然短路瞬间，系统中所有同步电机的次暂态电势均保持短路发生前瞬间的值。为了简化计算，应用图7-8所示的同步电机简化相量图，可求得其次暂态电势的近似值

$$E_0'' = E_{[0]}'' = U_{[0]} + X''I_{[0]} \sin \varphi_{[0]} \tag{7-33}$$

其中，$U_{[0]}$、$I_{[0]}$、$\varphi_{[0]}$ 分别为同步发电机短路前瞬间的电压、电流和功率因数角。

假设同步电机转子结构对称，则有

$$X'' = X_d'' = X_q'' \tag{7-34}$$

若同步发电机短路前在额定电压下满载运行，$X'' = X_d'' = 0.125$，$\cos \varphi = 0.8$，$U_{[0]} = 1$，$I_{[0]} = 1$，则有发电机的次暂态电势为：$E'' = 1 + 1 \times 0.125 \times 0.6 = 1.075$。

若在空载情况下短路或者不计负载影响，则有 $I_{[0]} = 0$，$E_0'' = 1$。通常情况下，发电机的次暂态电势标幺值在 1.05～1.15。

求得次暂态电势后，起始次暂态电流可依据图7-9进行计算，有

$$I'' = \frac{E_0''}{X'' + X_k} \tag{7-35}$$

其中，X_k 为发电机端到短路点之间的组合电抗。若是发电机端短路，则有 $X_k = 0$。

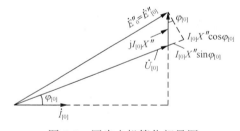

图 7-8　同步电机简化相量图

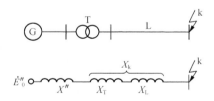

图 7-9　次暂态电流计算示意图

系统中同步发电机提供的冲击电流依据式（7-19）进行计算，在计算过程中，用起始次暂态电流的最大值 I_m'' 代替稳态电流最大值 I_{pm}。另外，电力系统负荷中有大量异步电动机，它们在短路过程中有可能提供一部分短路电流。异步电动机在突然短路时的等值电路可用与其转子绕组总磁链成正比的次暂态电势 E_0'' 和与之对应的次暂态电抗 X'' 来表示。异步电动机的次暂态电抗标幺值计算如下

$$X'' = 1/I_{st} \tag{7-36}$$

其中，I_{st} 为异步电动机启动电流的标幺值，一般为4～7，因此，可近似认为 $X'' = 0.2$。

异步电动机的次暂态参数简化相量图如图7-10所示，根据图可得异步电动机次暂态电势的近似计算公式为

$$E_0'' = U_{[0]} - X''I_{[0]} \sin \varphi_{[0]} \tag{7-37}$$

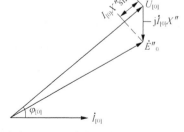

图 7-10　异步电动机简化相量图

其中，$U_{[0]}$、$I_{[0]}$、$\varphi_{[0]}$ 分别为异步电动机的端电压、电流和两者的相位差。

如果短路前异步电动机处于额定运行状态（$U_{[0]}=1$，$I_{[0]}=1$），且 $X''=0.2$，$\cos\varphi=0.8$，则有 $E''_0=1-1\times0.2\times0.6=0.88$。

异步电动机正常运行时，$E''_0<U_{[0]}$，其从系统吸收功率。只有当系统发生短路且异步电动机的端残余电压低于 E''_0 时，异步电动机才会短暂地向系统提供部分功率。

由于网络中的电动机数量众多，发生短路前的运行状态很难完全弄清楚，因此实际计算中，往往只考虑短路点附近的大型电动机，其余的电动机则作为综合负荷进行考虑。以额定运行参数为基准，综合负荷的电势和电抗的标幺值可取 $E''=0.8$ 和 $X''=0.35$。X'' 由电动机本身的次暂态电抗（0.2）以及降压变压器和馈电线路的电抗（0.15）组成。在实际计算时，综合负荷提供的冲击电流为

$$i_{\text{shLD}}=K_{\text{shLD}}\sqrt{2}I''_{\text{LD}} \tag{7-38}$$

其中，I''_{LD} 表示负荷提供的起始次暂态电流有效值；K_{shLD} 为负荷冲击系数，对小容量电机和综合负荷，取 1；对大容量电动机，则取 1.3～1.8。

需要指出的是，异步电动机所能提供的短路电流的周期分量和非周期分量都衰减很快，当 $t>0.01\text{s}$ 后，即可认为其暂态过程已结束。因此，异步电动机和综合负荷，只需在计算冲击电流时予以考虑。

【**例 7-3**】　试计算图 7-11 所示网络当 k 点发生三相短路时的冲击电流。

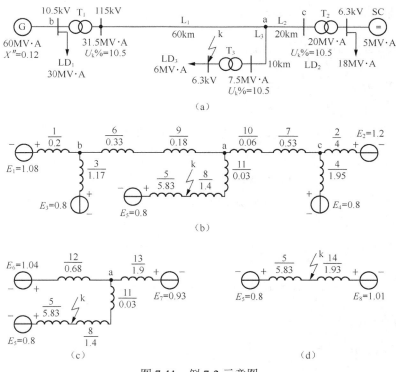

图 7-11　例 7-2 示意图

解： 对于发电机 G，取 $E''=1.08$，$X''=0.12$

同步调相机 SC，取 $E''=1.2$，$X''=0.2$

负荷 $E''=0.8$，$X''=0.35$

线路电抗为 0.4 Ω/km

取 $S_d = 100$ MV·A，$U_d = U_{av}$，各元件的电抗标幺值计算如下

发电机：$X_1 = 0.12 \times \dfrac{100}{60} = 0.2$

调相机：$X_2 = 0.2 \times \dfrac{100}{5} = 4$

负荷 LD1：$X_3 = 0.35 \times \dfrac{100}{30} = 1.17$

负荷 LD2：$X_4 = 0.35 \times \dfrac{100}{18} = 1.94$

负荷 LD3：$X_5 = 0.35 \times \dfrac{100}{6} = 5.83$

变压器 T1：$X_6 = 0.105 \times \dfrac{100}{31.5} = 0.33$

变压器 T2：$X_7 = 0.105 \times \dfrac{100}{20} = 0.53$

变压器 T3：$X_8 = 0.105 \times \dfrac{100}{7.5} = 1.4$

线路 L1：$X_9 = 0.4 \times 60 \times \dfrac{100}{115^2} = 0.18$

线路 L2：$X_{10} = 0.4 \times 20 \times \dfrac{100}{115^2} = 0.06$

线路 L3：$X_{11} = 0.4 \times 10 \times \dfrac{100}{115^2} = 0.03$

网络简化后，

$$X_{12} = (X_1 \bullet X_3) + X_6 + X_9 = 0.68$$
$$X_{13} = (X_4 \bullet X_2) + X_7 + X_{10} = 1.9$$
$$X_{14} = (X_{12} \bullet X_{13}) + X_8 + X_{11} = 1.93$$
$$E_6 = E_1 \bullet E_3 = \frac{E_1 X_3 + E_3 X_1}{X_1 + X_3} = 1.04$$
$$E_7 = E_2 \bullet E_4 = \frac{E_2 X_4 + E_4 X_2}{X_4 + X_2} = 0.93$$
$$E_7 = E_6 \bullet E_7 = \frac{E_2 X_{13} + E_4 X_{12}}{X_{13} + X_{12}} = 1.01$$

各起始暂态电流如下。

变压器 T3 提供的：$I'' = \dfrac{E_8}{X_{14}} = 0.523$

负荷 LD3 提供的：$I''_{LD3} = \dfrac{E_5}{X_5} = 0.137$

a 点残余电压为：$U_a = I''(X_8 + X_{11}) = 0.75$

线路 L1 的电流为：$I''_{L1} = \dfrac{E_6 - U_a}{X_{12}} = 0.427$

b 点残余电压为：$U_b = U_a + I''_{L1}(X_9 + X_6) = 0.97$

c 点残余电压为：$U_c = U_a + I''_{L2}(X_{10} + X_7) = 0.807$

因为 U_b 和 U_c 都大于 0.8，亦即 $E''_0 < U$，所以负荷 LD1 和负荷 LD2 不提供短路电流。因此来自变压器 T3 方向的短路电流均由发电机和调相机提供，可取 $K_{sh} = 1.8$。负荷 LD3 提供的短路电流可取 $K_{sh} = 1$。

短路点电压级的基准电流为

$$I_d = \frac{100}{\sqrt{3} \times 6.3} = 9.16(kA)$$

短路点的冲击电流为

$$I_{sh} = I_d(1.8 \times \sqrt{2}I'' + 1 \times \sqrt{2}I''_{LD}) = 13.97(kA)$$

考虑到负荷 LD1 和负荷 LD2 距离短路点都比较远，将其忽略。将同步发电机和调相机的次暂态电势均取 1，则网络对短路点总电抗近似计算为

$$X_{14} = (X_1 + X_6 + X_9) \cdot (X_2 + X_7 + X_{10}) + X_{11} + X_8 = 2.05$$

则由变压器 T3 提供的短路电流为

$$I'' = \frac{1}{2.05} = 0.49$$

短路点的冲击电流为

$$i_{sh} = I_d(1.8 \times \sqrt{2}I'' + 1 \times \sqrt{2}I''_{LD}) = 13.2(kA)$$

近似计算结果较前面的计算结果小 6%，在实际应用中，这种近似计算一般是允许的。

四、应用计算曲线计算短路电流

在短路过程中，短路电流的非周期分量通常衰减得很快，短路计算主要是针对短路电流的周期分量。电力系统继电保护的整定和断路器开断能力的确定往往需要提供短路发生后某一时刻的周期分量电流。为方便工程计算，采用概率统计方法绘制出一种短路电流周期分量随时间和短路点距离而变化的曲线，称为计算曲线。应用计算曲线来确定任意时刻短路电流周期分量有效值的方法，称为计算曲线法。

在发电机的参数和运行初态给定后，短路电流将只是短路距离（用从机端到短路点的组合电抗 X_k 表示）和时间 t 的函数。将归算到发电机额定容量的组合电抗的标幺值和发电机次暂态电抗的额定标幺值之和定义为计算电抗，并记为 X_c，即 $X_c = X''_d + X_k$。

计算曲线按汽轮发电机和水轮发电机两种类型分别制作，并计及了负荷的影响，故在使用时可舍去系统中所有负荷支路。

计算曲线的应用，就是在计算出以发电机额定容量为基准的计算电抗后，按计算电抗和所要求的短路发生后某瞬刻 t，从计算曲线或相应的数字表格查得该时刻短路电流周期分量的标幺值。计算曲线只做到 $X_c = 3.45$ 为止。当 $X_c > 3.45$ 时，表明发电机离短路点电气距离很远，近似认为短路电流的周期分量已不随时间而变。

在实际电力系统中，发电机数目很多。如果每台发电机都单独计算，工作量非常大。因此，工程计算中常采用合并电源的方法来简化网络。合并的主要原则如下。

（1）距短路点电气距离（即相联系的电抗值）大致相等的同类型发电机可以合并。

（2）远离短路点的不同类型发电机可以合并。

（3）直接与短路点相连的发电机应单独考虑。

（4）无限大功率系统因提供的短路电流周期分量不衰减而不必查计算曲线，应单独计算。

应用计算曲线法的具体计算步骤如下。

（1）作等值网络：选取网络基准功率和基准电压，计算网络各元件在统一基准下的标幺值，发电机用次暂态电抗，负荷略去不计。

（2）进行网络变换：按电源归并原则，将网络合并成若干台等值发电机，无限大功率电源单独考虑。通过网络变换求各等值发电机对短路点的转移电抗 X_{ik}。

（3）求计算电抗：将各转移电抗按各等值发电机的额定容量归算为计算电抗，即

$$X_{ci} = X_{ik} \frac{S_{Ni}}{S_d} \qquad (7\text{-}39)$$

式中，S_{Ni} 为第 i 台等值发电机中各发电机的额定容量之和。

（4）求 t 时刻短路电流周期分量的标幺值：根据各计算电抗和指定时刻 t，从相应的计算曲线或对应的数字表格中查出备等值发电机提供的短路电流周期分量的标幺值。对于无限大功率网络，取其母线电压 $U=1$，则短路电流周期分量为

$$I_{p\infty k} = \frac{1}{X_{\infty k}} \qquad (7\text{-}40)$$

（5）计算短路电流周期分量的有名值。

【例 7-4】 图 7-12 所示的电力系统在 k 点发生三相短路，试求：（1）$t=0\text{s}$ 和 $t=0.5\text{s}$ 时的短路电流；（2）短路冲击电流；（3）$t=0.5\text{s}$ 时的短路功率。发电机 G_1 和 G_2 为汽轮发电机，单台容量为 $31.25\,\text{MV·A}$，$X_d''=0.13$；发电机 G_3 和 G_4 为水轮发电机，单台容量为 $62.5\,\text{MV·A}$，$X_d''=0.135$；变压器 T_1、T_2 单台容量为 $31.5\,\text{MV·A}$，$U_k\%=10.5$；变压器 T_3、T_4 单台容量为 $60\,\text{MV·A}$，$U_k\%=10.5$；母线电抗器为 10kV，1.5kA，$X_R\%=8$；线路 L_1 全长 50km，$0.4\,\Omega/\text{km}$；线路 L_2 长 80km，$0.4\,\Omega/\text{km}$；无限大功率系统内电抗 $X=0$。

解：

先做等值网络。

取 $S_d=100\text{MV·A}$，$U_d=U_{av}$，各元件的电抗标幺值计算如下。

发电机 G_1、G_2：$X_1=X_2=0.13\times\dfrac{100}{31.25}=0.416$

变压器 T_1、T_2：$X_3=X_4=0.105\times\dfrac{100}{31.5}=0.333$

电抗器 R：$X_5=\dfrac{X_R\%}{100}\times\dfrac{U_N}{\sqrt{3}I_N}\times\dfrac{S_d}{U_d^2}=0.279$

线路 L_1：$X_6=0.4\times50\times\dfrac{100}{115^2}=0.151$

线路 L_2：$X_7=0.4\times80\times\dfrac{100}{115^2}=0.242$

变压器 T_3、T_4：$X_8=X_9=0.105\times\dfrac{100}{60}=0.175$

发电机 G_3、G_4：$X_{10}=X_{11}=0.135\times\dfrac{100}{62.5}=0.216$

对网络进行化简，求得各电源对短路点的转移电抗。

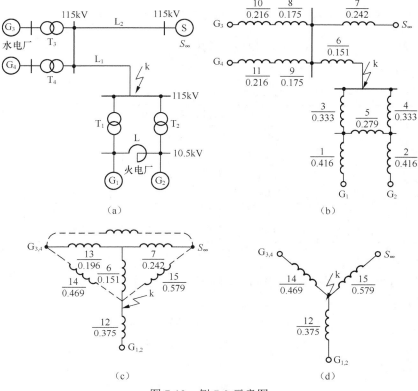

图 7-12 例 7-3 示意图

从图 7-12（a）可以看出，火电厂组成的等值电路对短路点 k 对称。所以，发电机组 G_1、G_2 端电压相等，可将其短接，并移除电抗器支路。G_1、G_2 可以合并为等值发电机组。发电机 G_3、G_4 距离 k 点较远，且具有相等的电气距离，因此将其合并为另一等值发电机组。无限大功率系统不能与其他电源合并。最后的等值网络如图 7-12（c）所示，则有

$$X_{12} = \frac{X_1 + X_2}{2} = 0.416$$

$$X_{13} = \frac{X_8 + X_{10}}{2} = 0.196$$

图 7-12（c）做 Y/Δ 变换，并将电源间的转移电抗支路移除，得到图 7-12（d），则有

$$X_{14} = 0.151 + 0.196 + \frac{0.151 \times 0.196}{0.242} = 0.469$$

$$X_{15} = 0.151 + 0.242 + \frac{0.151 \times 0.242}{0.196} = 0.579$$

各等值发电机组对短路点转移电抗分别为

$$G_{12}: \quad X_{(1 \cdot 2)k} = X_{12} = 0.416$$

$$G_{34}: \quad X_{(3 \cdot 4)k} = X_{14} = 0.469$$

无限大功率系统：$X_{\infty k} = X_{15} = 0.579$

计算各电源的计算电抗。

$$G_{12}: \quad X_{c(1 \cdot 2)} = 0.375 \times \frac{2 \times 31.25}{100} = 0.234$$

$$G_{34}: \quad X_{c(3\cdot4)} = 0.469 \times \frac{2 \times 62.5}{100} = 0.586$$

查计算曲线数字表，求得短路电流周期分量的标幺值。

计算结果如表 7-2 所示。

表 7-2　　　　　　　　　　　例 7-3 各短路电流计算结果

短路计算 时间/s	电流值	提供短路电流的机组			短路点 总电流/kA
		$G_{1\cdot2}$ $(X_{c1}=0.234)$	$G_{1\cdot2}$ $(X_{c2}=0.586)$	S_∞ $(X_{\infty k}=0.579)$	
0	标幺值 有名值/kA	4.65 1.460	1.84 1.156	1.73 0.868	3.484
0.5	标幺值 有名值/kA	2.93 0.92	1.795 1.127	1.73 0.868	2.915

计算短路电流有名值。

归算到短路点电压级各等值电源的额定电流和基准电流如下。

额定电流分别为：

$$I_{N(1\cdot2)} = I_{N1} + I_{N2} = 0.314 \quad (kA)$$

$$I_{N(3\cdot4)} = I_{N3} + I_{N4} = 0.628 \quad (kA)$$

基准电流为：

$$I_{d(115)} = \frac{100}{\sqrt{3} \times 115} = 0.502(kA)$$

计算短路冲击电流。

因为 k 点在火电厂升压变压器的高压侧，因此 G_{12} 的冲击系数 $K_{sh} = 1.85$。其他电源距离 k 点较远，冲击系数均取 $K_{sh} = 1.8$，次暂态电流起始值 $I'' = I_{p(t=0)}$，则短路冲击电流为

$$i_{sh} = i_{sh(G_{12})} + i_{sh(G_{34})} + i_{sh(\infty)} = 1.85\sqrt{2} + 1.8\sqrt{2}(1.174 + 0.867) = 8.75 \quad (kA)$$

计算 $t = 0.5s$ 时的短路功率。

$$S_{0.5} = I_{0.5(G_{12})}S_{N(G_{12})} + I_{0.5(G_{34})}S_{N(G_{34})} + I_{0.5(\infty)}S_d = 581(MVA)$$

7.5　电力系统各序网络的建立

一、应用对称分量法分析不对称短路

当电力系统发生不对称短路时，三相电路的对称条件受到破坏，三相电路就成为不对称的了。但是，应该看到，除了短路点具有某种三相不对称的部分外，系统其余部分仍然可以看成是对称的。因此，分析电力系统不对称短路可以从研究这一局部的不对称对电力系统其余对称部分的影响入手。

现在根据图 7-13 所示的简单系统发生单相接地短路（a 相）来阐明应用对称分量法进行分析的基本方法。

设同步发电机直接与空载的输电线相连，其中性点经阻抗 Z_n 接地。若在 a 相线路上某一点发生接地故障，故障点三相对地阻抗便出现不对称，短路相 $Z_a = 0$，其余两相对地阻抗则不为零，

各相对地电压亦不对称，短路相 $U_a = 0$，其余两相不为零。但是，除短路点外，系统其余部分每相的阻抗仍然相等。可见短路点的不对称是使原来三相对称电路变为不对称的关键所在。因此，在计算不对称短路时，必须抓住这个关键，设法在一定条件下，把短路点的不对称转化为对称，使由短路导致的三相不对称电路转化为三相对称电路，从而可以抽取其中的一相电路进行分析、计算。

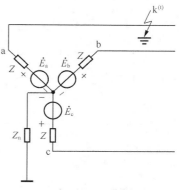

图 7-13　简单系统的三相短路

　　实现上述转化的依据是对称分量法。发生不对称短路时，短路点出现了一组不对称的三相电压，如图 7-14（a）所示。这组三相不对称的电压，可以用与它们的大小相等、方向相反的一组三相不对称的电势来替代，如图 7-14（b）所示。显然这种情况同发生不对称短路的情况是等效的。利用对称分量法将这组不对称电势分解为正序、负序及零序三组对称的电势，如图 7-14（c）所示。由于电路的其余部分仍然保持三相对称，电路的阻抗又是恒定的，因而各序具有独立性。根据叠加原理，可以将图 7-14（c）分解为图 7-14（d）、（e）、（f）所示的 3 个电路。图 7-14（d）的电路称为正序网络，其中只有正序电势在起作用，包括发电机电势及故障点的正序电势。网络中只有正序电流，它所遇到的阻抗就是正序阻抗。图 7-14（e）的电路称为负序网络。由于短路发生后，发电机三相电势仍然是对称的，因而发电机只产生正序电势，没有负序和零序电势，只有故障点的负序分量电势在起作用，网络中只有负序电流，它所遇到的阻抗是负序阻抗。图 7-14（f）的电路称为零序网络，只有故障点的零序分量电势在起作用，网络中通过的是零序电流，它所遇到的阻抗是零序阻抗。由此可见，不对称短路时的负序及零序电流，可以看作是由短路点处出现的负序及零序电势所产生的。

　　对于每一序的网络，由于三相对称，可以只取出一相来计算，如取 a 相为基准相，便得到相应的 a 相正序、负序及零序网络，如图 7-15（a）、（b）、（c）所示。其中 $\dot{E}_{a\Sigma} = \dot{E}_a$，$Z_{1\Sigma} = Z_{G1} + Z_{L1}$，$Z_{2\Sigma} = Z_{G2} + Z_{L2}$，$Z_{0\Sigma} = Z_{G0} + Z_{L0} + 3Z_n$。在 a 相的正序网络和负序网络中，由于正序电流和负序电流均不流经中性线故可将中性点的接地阻抗除去。而在零序网络中，因三相的零序电流同相位，故流过中性点接地阻抗的电流为一相零序电流的 3 倍。所以在一相零序等值网络中，应接入 $3Z_n$ 的接地阻抗，以反映 3 倍的一相零序电流在中性点接地阻抗 Z_n 上产生的电压降。

　　虽然实际系统要比上述系统复杂得多。但是通过网络化简，总可以根据其各序的等值网络，列出各序网络在短路点处的电压方程式，如下

$$\begin{cases} \dot{U}_{a1} = \dot{E}_{a\Sigma} - \dot{I}_{a1}Z_{1\Sigma} \\ \dot{U}_{a2} = 0 - \dot{I}_{a2}Z_{2\Sigma} \\ \dot{U}_{a0} = 0 - \dot{I}_{a0}Z_{0\Sigma} \end{cases} \qquad （7\text{-}41）$$

　　其中，$\dot{E}_{a\Sigma}$ 为正序网络相对短路点的组合电势；$Z_{1\Sigma}$、$Z_{2\Sigma}$、$Z_{0\Sigma}$ 分别为正序、负序、零序网络中短路点的组合阻抗；$\dot{I}_{a1}$、$\dot{I}_{a2}$、$\dot{I}_{a0}$ 分别为短路点的正序、负序、零序电流；$\dot{U}_{a1}$、$\dot{U}_{a2}$、$\dot{U}_{a0}$ 分别为短路点的正序、负序、零序电压。

　　式（7-41）又被称为序网方程，它表明了发生各种不对称故障时故障处出现的各序电流和电压之间的相互关系，因此适用于各种不对称故障。式中共有 $\dot{I}_{a1}$、$\dot{I}_{a2}$、$\dot{I}_{a0}$、$\dot{U}_{a1}$、$\dot{U}_{a2}$、$\dot{U}_{a0}$ 6 个未知量，因此还需要另外 3 个方程进行联立才可以求解。这 3 个补充方程可以从各种不对称故障的边界条件获得。比如，对于单相（a）接地短路，其故障边界条件为

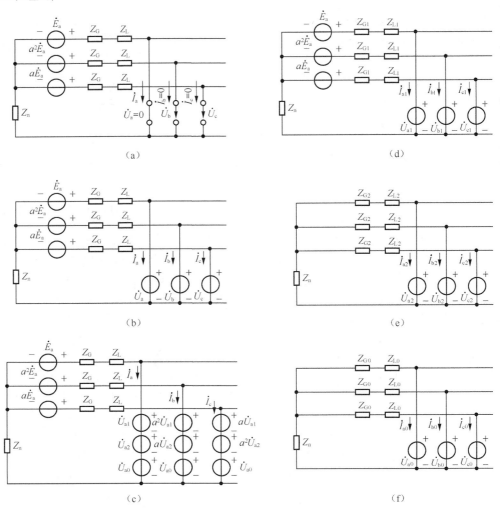

图 7-14 对称分量法分析不对称短路

(a) ~ (c) 不对称电路转化为对称的过程；(d) ~ (f) 正序、负序、零序网络

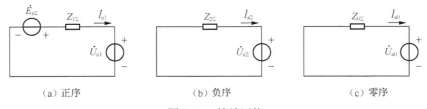

(a) 正序   (b) 负序   (c) 零序

图 7-15 等效网络

$$\begin{cases} \dot{U}_a = 0 = \dot{U}_{a1} + \dot{U}_{a2} + \dot{U}_{a0} \\ \dot{I}_b = 0 = \dot{I}_{b1} + \dot{I}_{b2} + \dot{I}_{b0} = a^2\dot{I}_{a1} + a\dot{I}_{a2} + \dot{I}_{a0} \\ \dot{I}_c = 0 = \dot{I}_{c1} + \dot{I}_{c2} + \dot{I}_{c0} = a\dot{I}_{a1} + a^2\dot{I}_{a2} + \dot{I}_{a0} \end{cases} \quad (7\text{-}42)$$

联立式（7-41）和式（7-42）便可解出单相接地短路时短路点各序电流和各序电压。而故障点的各相电流及电压可由相应的序分量相加求得。

由以上分析可见，应用对称分量法分析计算不对称故障时，需要建立电力系统的各序网络。建立各序网的原则是：凡是某一序电流能流通的元件，都必须包括在该序网络中，并用相应的序参数和等值电路表示。下面我们结合图 7-16 所示的网络来说明各序网的建立。

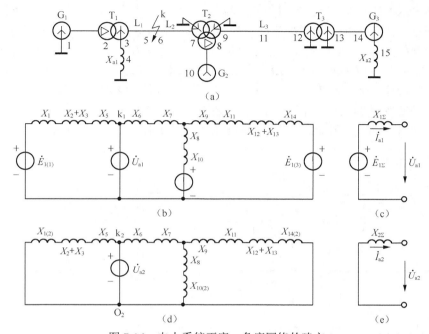

图 7-16 电力系统正序、负序网络的建立

(a) 系统接线图；(b)、(c) 正序网络；(d)、(e) 负序网络

二、正序网络

正序网络与计算三相短路时的等值网络完全相同。除中性点接地阻抗和空载线路外，电力系统各元件均应包括在正序网络中。但短路点正序电压不等于零，因而不能像三相短路那样与零电位相接，而应引入代替短路点故障条件的不对称电势的正序分量。在 10kV 以上电力网的简化短路电流计算中，一般可不计电阻的影响。图 7-16（a）所示网络的正序网络如图 7-16（b）所示。正序网络为有源网络，根据等效发电机定理，从故障端口 k_1、O_1 处看正序网络，可将其简化为图 7-16（c）所示的等效网络，也就是图 7-15（a）所示的网络。

三、负序网络

负序网络的组成元件与正序网络完全相同。只是发电机等旋转元件的电抗应以其负序电抗代替，其他静止元件的负序电抗与正序电抗相同。由于发电机不产生负序电势，故所有电源的负序电势为零。短路点引入代替故障条件的不对称电势的负序分量，如图 7-16（d）所示。从故障端 k_2、O_2 看进去，负序网络为无源网络。简化后的负序网络如图 7-16（e）所示。

四、零序网络

零序网络与正、负序网络有很大差别，不仅元件参数有可能不同，而且组成的元件也可能不同。零序电流三相同相位，一般只能通过大地或与地连接的其他导体才能构成通路。因此，零序电流的流通情况，与变压器中性点的接地情况及变压器的接法有密切的关系。

由于发电机零序电势为零，短路点的零序电势就成为零序电流的唯一的来源。所以，作零序网络口可从短路点开始，由近及远地依次观察在此电势作用下，零序电流口可能流通的途径，凡是零序电流通过的元件，均应列入零序网络中，无零序电流通过的元件，可以舍去。显然，从短路点出发，只有当向着短路点一侧的变压器绕组为 Y_0 接法时，才有可能使零序电流流通，而真正要使零序电流形成通路，还取决于变压器另一侧的接法。对于另一侧绕组也是 Y_0 接法的，零序电流可以通过此变压器通向外电路；但对于另一侧为△接法的，零序电流只能在三角形侧绕组内产生零序环流而不能流向外电路。图 7-17（a）为图 7-16（a）所示网络中零序电流流通的示意图，其零序等值电路如图 7-17（b）所示。从故障端口 k_0、O_0 往里看，零序网络亦为无源网络，经简化后的零序网络如图 7-17（c）所示。由于流过中性点接地电抗的电流为 $3I_0$，因此，在一相的零序网络中，应将接地电抗增大 3 倍，以使中性点的零序电压降（$3I_0X_n$）保持不变。此外，应当指出的是，对于系统中空载运行的变压器，由于没有正、负电流通过而不出现在正、负序网络中。但对于靠短路点一侧为 Y_0 接法的 $Y_0/\triangle$ 的变压器，零序电流仍然可以通过，因此应包括在零序网络中。

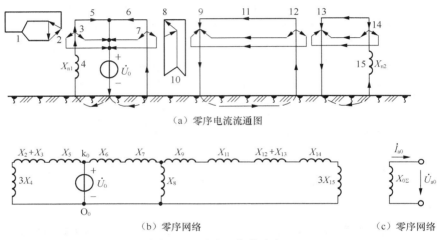

（a）零序电流流通图

（b）零序网络　　　　　　　　　　　　　　　（c）零序网络

图 7-17　零序网络的建立

7.6　不对称短路的计算

一、两相短路电流的计算

在进行继电保护装置灵敏度校验时，需要知道供配电系统发生两相短路时的短路电流值。图 7-18 绘出了三相电路中发生两相短路的情况。

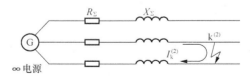

图 7-18　无限大容量系统中发生两相短路

对一般用户供电系统可以认为电源为无限大容量系统，则其短路电流可如下求得

$$I_k^{(2)} = \frac{U_c}{2|Z_\Sigma|} \tag{7-43}$$

其中 U_c 为短路点计算电压。

只计电抗时，则短路电流为

$$I_k^{(2)} = \frac{U_c}{2X_\Sigma} \tag{7-44}$$

其他两相短路电流 $I''^{(2)}$、$I_\infty^{(2)}$ 以及 $i_{sh}^{(2)}$、$I_{sh}^{(2)}$ 都可按前面对应的三相短路电流的公式计算。

关于两相短路电流与三相短路电流的关系，可由 $I_k^{(2)} = U_c / 2|Z_\Sigma|$ 和 $I_k^{(3)} = U_c / \sqrt{3}|Z_\Sigma|$ 求得，即

$$I_k^{(2)} = \frac{\sqrt{3}}{2} I_k^{(3)} = 0.866 I_k^{(3)} \tag{7-45}$$

上式说明，无限大容量电源系统中三相短路电流比两相短路电流大，即同一地点的两相短路电流为三相短路电流的 0.866 倍。因此，无限大容量系统中的两相短路电流，可在求出三相短路电流后利用式（7-45）直接求得。

二、单相短路电流的计算

在工程设计中，可利用下面两式计算单相短路电流

$$I_k^{(1)} = \frac{U\phi}{|Z_{\phi-0}|} \tag{7-46}$$

$$|Z_{\phi-0}| = \sqrt{(R_T + R_{\phi-0})^2 + (X_T + X_{\phi-0})^2} \tag{7-47}$$

其中，U_ϕ 为电源相电压；$Z_{\phi-0}$ 为单相回路的阻抗，可查有关手册，或按式（7-47）计算；R_T、X_T 分别为变压器单相的等效电阻和电抗；$R_{\phi-0}$、$X_{\phi-0}$ 分别为相线与中性线或与保护线、保护中性线的回路的电阻和电抗，可查有关手册。

在无限大容量电力系统中或远离发电机处短路时，单相短路电流较三相短路电流小。单相短路电流主要用于单相短路保护的整定。

7.7　电力网短路电流的效应

当供电系统发生短路故障时，会有相当大的短路电流通过电器和导体。大电流一方面会导致高温，即热效应；另一方面则会产生很大的电动力，即电动效应。这两种效应可能损坏电器和载流导体及其绝缘。因此，选择电气设备时，必须充分考虑这两种效应对电器和导体可能造成的后果，即要进行热稳定度和动稳定度的校验，以避免短路电流对电器和导体的安全运行构成大的威胁。

一、短路电流的热效应

1. 短路时导体的发热过程

导体通过正常负荷电流时，由于它具有电阻，因此要产生电能损耗。这种电能损耗转换为热能，一方面使导体温度升高，另一方面向周围介质散热。当导体内产生的热量与导体向周围介质散失的热量相等时，导体就维持在一定的温度值。

在线路发生短路时，极大的短路电流将使导体温度迅速升高。由于短路后线路的保护装置很快动作，切除短路故障，所以短路电流通过导体的时间不长，通常不会超过 2～3s。因此在短路过程中，可不考虑导体向周围介质的散热，即近似地认为导体在短路时间内是与周围介质绝热的，短路电流在导体中产生的热量，全部用来使导体的温度升高。

由于短路电流超出正常电流许多倍，虽然导体通过短路电流的时间很短，但温度却上升到很高数值，以至于超过电气设备短时发热允许温度，使电气设备的有关部分受到破坏。因此，通常

把电气设备具有承受短路电流的热效应而不至于因短时过热而损坏的能力，称为电气设备具有足够的热稳定度，即短路发热的最高温度不超过电气设备短时发热的允许温度。

如图 7-19 表示短路前后导体的温升变化情况。导体在短路前正常负荷时的温度为 θ_L。设在 t_1 时刻发生短路，导体温度按指数规律迅速升高，而在 t_2 时刻线路的保护装置动作，切除了短路故障，这时导体的温度已达到 θ_k。短路被切除后，线路断电，导体不再产生热量，因而只向周围介质按指数规律散热，直到导体温度等于周围介质温度 θ_0 为止。

按照导体的允许发热条件，导体在正常和短路时的最高允许温度可查表。例如铝母线，正常时的最高允许温度为 70℃，而短路时的最高允许温度为 200℃，即 $\theta_L \leqslant 70℃$，$\theta_k \leqslant 200℃$。

2. 短路时导体的发热计算

要计算短路后导体达到的最高温度 θ_k，按理就必须先求出短路期间实际的短路全电流 i_k 或 $I_{k(t)}$ 在导体中产生的热量 Q_k。但是 i_k 或 $I_{k(t)}$ 都是变动的电流，要计算 Q_k 是相当困难的，因此一般是采用一个恒定的短路稳态电流 I_∞ 来等效计算实际短路电流所产生的热量。由于通过导体的短路电流实际上不是 I_∞，因此就假定一个时间 i_{ima}，在这一时间内，导体通过 I_∞ 所产生的热量，恰好与实际短路电流 i_k 或 $I_{k(t)}$ 在短路时间 t_k 内所产生的热量相等。即

$$Q_k = \int_0^{t_k} I_{k(t)}^2 R \mathrm{d}t = I_\infty^2 R t_{ima} \tag{7-48}$$

其中，R 为导体电阻；i_{ima} 为短路发热假想时间或热效时间，如图 7-20 所示。

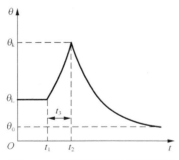

图 7-19 短路前后导体温升变化

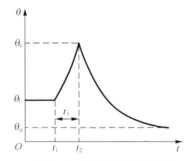

图 7-20 短路假想发热时间

短路发热假想时间可按照下式近似地计算

$$t_{ima} = t_k + 0.05(I'' / I_\infty)^2 \tag{7-49}$$

在无限大容量电源系统中发生短路，由于 $I'' = I_\infty$，因此

$$t_{ima} = t_k + 0.05 \tag{7-50}$$

当 $t_k > 1s$ 时，可认为 $t_{ima} = t_k$。

短路时间 t_k 为短路保护装置实际最长的动作时间 t_{op} 与断路器（开关）的断路时间 t_{oc} 之和，即

$$t_k = t_{op} + t_{oc} \tag{7-51}$$

式中，t_{oc} 为断路器的固有分闸时间与其电弧延续时间之和。对于一般高压断路器（如油断路器），可取 $t_{oc} = 0.2s$；对于高速断路器（如真空断路器），可取 $t_{oc} = 0.1 \sim 0.15s$。

根据式（7-48）计算出的热量 Q_k，可计算出导体在短路后所达到的最高温度 θ_k。但是这种计算，不仅比较繁复，而且涉及到一些难于准确确定的系数，包括导体的电导率（它在短路过程中就不是一个常数），因此最后计算的结果往往与实际出入很大，这里就不介绍了。

在工程设计中，一般是利用图 7-21 所示曲线来确定 θ_k。该曲线的横坐标用导体加热系数 K 来

表示，纵坐标表示导体周围介质的温度 θ。由 θ_L 查 θ_k 的步骤如图 7-22 所示。

（1）先从纵坐标轴上找出导体在正常负荷时的温度 θ_L 值；如果实际温度不知，可用手册所给的正常最高允许温度。

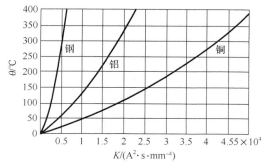

图 7-21　用来确定 θ_k 的曲线

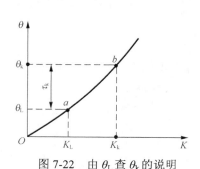

图 7-22　由 θ_L 查 θ_k 的说明

（2）由向 θ_L 右查得相应曲线上的 a 点。

（3）由 a 点向下查得横坐标轴上的 K_L。

（4）利用式（7-52）计算

$$K_k = K_L (I_\infty / A)^2 t_{ima} \qquad （7\text{-}52）$$

其中，A 为导体的截面积，单位为 mm^2；I_∞ 为短路稳态电流，单位为 kA；t_{ima} 为短路发热假想时间，单位为 s。

二、短路电流的电动效应

供电系统在短路时，由于短路电流特别是短路冲击电流很大，因此相邻载流导体间将产生强大的电动力，可能使电器和载流部分遭受严重的破坏。因此，电气设备必须具有足够的机械强度，以承受短路时最大电动力的作用，避免遭受严重的机械性损坏。通常把电气设备承受短路电流的电动效应而不至于造成机械性损坏的能力，称为电气设备具有足够的电动稳定度。

物理学的知识告诉我们，处在空气中的两平行导体分别通以电流 i_1、i_2，而两导体的轴线距离为 a，档距（即相邻的两支持点间距离）为 L 时，则导体间的电动力为

$$F = \frac{\mu_0 K_f i_1 i_2 L}{2\pi a} = \frac{2K_f i_1 i_2 L}{a} \times 10^{-7} \qquad \text{(N)} \qquad （7\text{-}53）$$

其中，$\mu_0 = 4\pi \times 10^{-7}$ N/A^2 为真空和空气的磁导率；K_f 为形状系数。

形状系数 K_f 与导体截面形状和相对位置有关，只有当导体截面非常小、长度 L 比导体之间距离 a 大得多，并且假定全部电流集中在导体轴线时，K_f 才等于 1。但在实际计算中，对于圆截面和矩形截面导体，当导体之间距离足够大时，可以认为 $K_f = 1$。在其他情况下，$K_f \neq 1$（如大工作电流的配电装置中各相母线有多条时，条间距离很小）。因此，对于导体间的净空距离大于截面周长且每相只有一条矩形截面导体的线路，式（7-53）中取 $K_f = 1$ 是适用的。

如果三相线路中发生两相短路，则两相短路冲击电流 I_{sh}^2 通过两相导体时产生的电动力最大，为

$$F^{(2)} = \frac{2(i_{sh}^{(2)})^2 L}{a} \times 10^{-7} \qquad \text{(N)} \qquad （7\text{-}54）$$

如果三相线路中发生三相短路，则三相短路冲击电流 $i_{sh}^{(3)}$ 在中间相产生的电动力最大，为

$$F^{(3)} = \frac{\sqrt{3}\left(i_{sh}^{(3)}\right)^2 L}{a} \times 10^{-7} \qquad \text{(N)} \qquad （7\text{-}55）$$

由于三相短路冲击电流与两相短路冲击电流有下列关系

$$\frac{i_{sh}^{(3)}}{i_{sh}^{(2)}} = \frac{2}{\sqrt{3}} = 1.15 \qquad (7\text{-}56)$$

因此三相短路与两相短路的最大电动力之比为

$$\frac{F^{(3)}}{F_\infty^{(2)}} = \frac{2}{\sqrt{3}} = 1.15 \qquad (7\text{-}57)$$

由此可见，三相线路发生三相短路时中间相导体所受的电动力比两相短路时导体所受的电动力大，因此校验电器和载流部分的动稳定度，一般都采用三相短路冲击电流 $i_{sh}^{(3)}$ 或短路后第一个周期的三相短路全电流有效值 $I_{sh}^{(3)}$。

本 章 小 结

电力系统的短路类型有：三相短路、两相短路、单相短路和两相接地短路。三相短路属于对称短路，其他短路属于不对称短路。一般三相短路电流最大，造成的危害也最严重。

无限大功率电源供电网系统发生三相短路时，短路全电流由周期分量和非周期分量组成。短路电流周期分量在短路过程中保持不变，从而 $I_\infty = I_k = I''$，使短路计算十分简便。在热、动稳定校验时，短路稳态电流、短路冲击电流是校验电气设备的重要依据。

采用标幺值法计算三相短路电流，避免了多级电压系统中的阻抗变换，计算简便，在工程中广泛应用。

两相短路电流近似看成三相短路电流的 0.866 倍，单相短路电流为相电压除短路回路总阻抗。两相短路电流计算目的主要是校验保护的灵敏度，单相短路电流计算目的主要是为接地设计等。

当供电系统发生短路时，巨大的短路电流将产生强烈的电动效应和热效应，可能使电气设备遭受严重破坏。因此，必须对电气设备和载流导体进行动稳定和热稳定校验。

习　　题

7-1　什么叫短路？短路的种类有哪些？造成短路的原因是什么？

7-2　什么叫无限大容量电力系统？它有什么特点？

7-3　解释和说明下列术语的物理含义：短路全电流、短路电流的周期分量、非周期分量、短路冲击电流、短路稳态电流和短路容量。

7-4　为什么要进行短路电流计算？常用的有哪两种计算方法？各有什么特点？

7-5　用标幺值法进行短路电流计算时，标幺值的基准如何选取？

7-6　在无限大容量系统中，两相短路电流与三相短路电流有什么关系？

7-7　什么是计算电压？它与线路额定电压有什么关系？

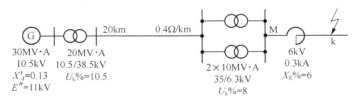

图 7-23　题 7-9 示意图

7-8　有一地区变电站通过一条长 4km 的 6kV 电缆线路供电给某厂一个装有两台并列运行的 SL7-800 型变压器的变电所。地区变电站出口断路器的断流容量为 300MV·A。试用标幺值法求该厂变电所 6kV 高压侧和 380V 低压侧的短路电流 $I_k^{(3)}$、$I_k''^{(3)}$、$I_\infty^{(3)}$、$i_{sh}^{(3)}$、$I_{sh}^{(3)}$ 以及短路容量 $S_k^{(3)}$。

7-9　如图 7-23 所示的电力网络，若 k 点发生三相短路，试用标幺值法计算短路点的短路电流以及 M 点的残余电压（用准确计算法和近似计算法分别计算，比较计算结果）。

7-10　什么叫短路电流的热效应？为什么要采用短路稳态电流来计算？

7-11　什么叫短路电流的电动效应？为什么要采用短路冲击电流来计算？

7-12　不对称短路时，如何指定系统的正序、负序、零序等值网络和复合序网？

7-13　如图 7-24 所示的电力网络，若 k 点发生接地短路，试绘制其零序网络。

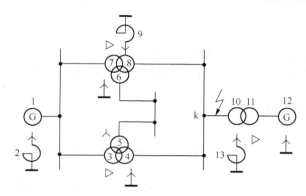

图 7-24　题 7-13 示意图

第 8 章 电力系统的继电保护

电力系统的继电保护是电力系统的重要组成部分，也是电力系统的一种有效的反事故技术和措施。电力系统的继电保护技术随着电力系统的发展而产生，并随着各种新技术的涌现而迅速发展。

8.1 继电保护的基本概念

电力系统在运行中可能发生各种故障和不正常运行状态。

最常见同时也是最危险的故障是各种类型的短路，包括：三相短路、两相短路、两相短路接地和单相接地短路。不同类型短路发生的概率是不同的，不同类型短路电流的大小也不同，一般为额定电流的几倍到几十倍。发生短路时可能产生以下后果。

（1）数值较大的短路电流通过故障点时，产生电弧，使故障设备损坏或烧毁。

（2）短路电流通过非故障元件时，使电气设备的载流部分和绝缘材料的温度超过散热条件的允许值而不断升高，造成载流导体熔断或加速绝缘老化和损坏，从而可能发展成为新的故障。

（3）电力系统中部分地区的电压大大下降，破坏用户工作的稳定性或影响产品的质量。

（4）破坏电力系统中各发电厂并列运行的稳定性，引起系统振荡，从而使事故扩大，甚至导致整个系统瓦解。

有的情况下，电力系统中电气元件的正常工作遭到破坏，但没有发生故障，这属于不正常工作状态，比如因负荷超过供电设备的额定值引起的电流升高（过负荷）。在过负荷时，电气设备的载流部分和绝缘材料过度发热，从而使绝缘加速老化，甚至损坏，引起故障。此外，系统中出现功率缺额而引起的频率降低，发电机突然甩负荷而产生的过电压，以及电力系统发生振荡等，都属于不正常运行状态。

如上所述的电力系统故障和不正常运行状态，都可能引起系统事故，使系统全部或部分正常运行遭到破坏，电能质量变到不能容许的程度，以致造成对用户的停止供电或少供电，甚至造成人身伤亡和电气设备的损坏。

系统事故的发生，除了自然条件的因素（如雷击、架空线路倒杆等）外，一般都是由于设备制造上的缺陷、设计和安装的错误，检修质量不高或运行维护不当而引起的。因此，发挥人的主观能动性，掌握客观规律，加强对设备的维护和检修，就可以大大减少事故发生的几率。

在电力系统中，除应采取各项积极措施消除或减少事故发生的可能性外，还应能做到设备或输电线路发生故障时，能尽快地将故障设备或线路从系统中切除，保证非故障部分继续安全运行，缩小事故影响范围。

由于电力系统是一个整体，电能的生产、传输、分配和使用是同时完成的，各设备之间都有电或磁的联系，因此，当某一设备或线路发生短路故障时，在很短的时间就影响到整个电力系统的其他部分，为此要求切除故障设备或输电线路的时间必须很短，通常切除故障的时间小到十分之几秒到百分之几秒。在这样短的时间内，如果依靠人工及时发现并切除故障是绝对不可能的，只有借助于装设在每个电气设备或线路上的自动装置才能实现。到目前为止，这种装置仍有部分由单个继电器或继电器与其附属设备的组合构成，故称为继电保护装置。

8.1.1 继电保护的任务

继电保护装置就是指能反应电力系统中电气元件发生故障或不正常运行状态，并动作于断路器跳闸或发出信号的一种自动装置。它的基本任务如下。

（1）自动、迅速、有选择性地将故障元件从电力系统中切除，使故障元件免于继续遭到破坏，保证其他无故障部分迅速恢复正常运行。

（2）反应电气元件的不正常运行状态，并根据运行维护的条件（如有无经常值班人员）而动作于信号，以便值班人员及时处理，或由装置自动进行调整，或将那些继续运行就会引起损坏或发展成为事故的电气设备予以切除。此时一般不要求保护迅速动作，而是根据对电力系统及其元件的危害程度规定一定的延时，以免短暂地运行波动造成不必要的动作和干扰而引起的误动。

（3）继电保护装置还可以与电力系统中的其他自动化装置配合，在条件允许时，采取预定措施，缩短事故停电时间，尽快恢复供电，从而提高电力系统运行的可靠性。

由此可见，继电保护在电力系统中的主要作用是通过预防事故或缩小事故范围来提高系统运行的可靠性，最大限度地保证向用户安全连续供电。因此，继电保护是电力系统的重要组成部分，是保证电力系统安全可靠运行的必不可少的技术措施之一。在现代的电力系统中，如果没有专门的继电保护装置，要想维持系统的正常运行是根本不可能的。

8.1.2 对继电保护装置的要求

继电保护装置要完成好自己的任务，还必须在技术上满足以下 4 点要求。

1. 保护的可靠性

可靠性包括安全性和信赖性，是对继电保护装置最根本的要求。所谓安全性是要求继电保护在不需要它动作时可靠不动作，即不误动。所谓信赖性是要求继电保护在规定的保护范围内发生了应该动作的故障时可靠动作，即不拒动。

安全性和信赖性主要取决于保护装置本身的制造质量、保护回路的连接和运行维护的水平。一般而言，保护装置的组成元件质量越高、回路接线越简单，保护的工作就越可靠。同时正确的调试、整定、运行及维护，对于提高保护的可靠性都具有重要的作用。

继电保护的误动作和拒动作都会给电力系统带来严重危害。然而，提高不误动的安全措施与提高不拒动的信赖性措施往往是矛盾的。由于不同的电力系统结构不同，电力元件在电力系统中的位置不同，误动和拒动的危害程度不同，因而提高安全性和信赖性的侧重点在不同的情况下有所不同。

即使对于相同的电力元件，随着电网的发展，保护不误动和不拒动对系统的影响也会发生变化。

2. 动作的选择性

所谓选择性就是指当电力系统中的设备或线路发生短路时，其继电保护仅将故障的设备或线路从电力系统中切除，当故障设备或线路的保护或断路器拒动时，应由相邻设备或线路的保护将故障切除。

在要求保护动作有选择性的同时，还必须考虑保护或断路器有拒动的可能性，因而就需要考虑后备保护的问题。

按作用的不同继电保护又可分为主保护、后备保护和辅助保护。主保护是指被保护元件内部发生各种短路故障时，能满足系统稳定及设备安全要求的、有选择地切除被保护设备或线路故障的保护。后备保护是指当主保护或断路器拒绝动作时，用以将故障切除的保护。后备保护可分为远后备和近后备保护两种，远后备是指主保护或断路器拒绝时，由相邻元件的保护部分实现的后备；近后备是指当主保护拒绝动作时，由本元件的另一套保护来实现的后备，当断路器拒绝动作时，由断路器失灵保护实现后备。辅助保护是指为了补充主保护和后备保护的不足而增设的简单保护。

远后备保护的性能比较完善，它对相邻元件的保护装置、断路器、二次回路和直流电源引起的拒绝动作，均能起到后备作用，同时实现简单、经济，因此，在电压较低的线路上应优先采用，只有当远后备不能满足灵敏度和速动性的要求时，才考虑采用近后备的方式。一般情况下远后备保护动作切除故障时将使供电中断的范围扩大。

在复杂的高压电网中，由于实现远后备保护有困难，因此采用近后备保护的方式。即当本元件的主保护拒绝动作时，由本元件的另一套保护作为后备保护；当断路器拒绝动作时，由同一发电厂或变电所内的有关断路器动作，实现后备。为此，在每一个元件上应装设简单的主保护和后备保护，并装设必要的断路器失灵保护。

3. 动作的速动性

所谓速动性就是指继电保护装置应能尽快地切除故障，以减少设备及用户在大电流、低电压运行的时间，降低设备的损坏程度，提高系统并列运行的稳定性。动作迅速而又能满足选择性要求的保护装置，一般结构都比较复杂，价格昂贵，对大量的中、低压电力设备，不一定都采用高速动作的保护。对保护速动性的要求应根据电力系统的接线和被保护设备的具体情况，经技术经济比较后确定。一般必须快速切除的故障如下。

（1）使发电厂或重要用户的母线电压低于有效值（一般为 0.7 倍额定电压）。

（2）大容量的发电机、变压器和电动机内部故障。

（3）中、低压线路导线截面过小，为避免过热不允许延时切除的故障。

（4）可能危及人身安全、对通信系统或铁路信号造成强烈干扰的故障。

故障切除时间包括保护装置和断路器动作时间，一般快速保护的动作时间为 0.04～0.08s，最快的可达 0.01～0.04s，一般断路器的跳闸时间为 0.06～0.15s，最快的可达 0.02～0.06s。

需要指出的是，保护切除故障达到最小时间并不是在任何情况下都是合理的，故障必须根据技术条件来确定。实际上，对不同电压等级和不同结构的电网，切除故障的最小时间有不同的要求。例如，对于 35～60kV 配电网络，一般为 0.5～0.7s；110～330kV 高压电网，约为 0.15～0.3s；500kV 及以上超高压电网，约为 0.1～0.12s。目前国产的继电保护装置，在一般情况下，完全可以满足上述电网对快速切除故障的要求。

对于反应不正常运行情况的继电保护装置，一般不要求快速动作，而应按照选择性的条件，带延时地发出信号。

4. 保护的灵敏性

灵敏性是指电气设备或线路在被保护范围内发生短路故障或不正常运行情况时，保护装置的反应能力。能满足灵敏性要求的继电保护，在规定的范围内故障时，不论短路点的位置和短路的类型如何，以及短路点是否有过渡电阻，都能正确反应动作，即要求不但在系统最大运行方式下三相短路时能可靠动作，而且在系统最小运行方式下经过较大的过渡电阻两相或单相短路故障时也能可靠动作。

保护装置的灵敏性是用灵敏系数来衡量的，灵敏系数的具体计算将在本章后续内容中讲解。

增加灵敏性，即增加了保护动作的信赖性，但有时与安全性相矛盾。对不同作用的保护及被保护的设备和线路，所要求的灵敏系数不同。

以上 4 个基本要求是设计、配置和维护继电保护的依据，又是分析评价继电保护的基础。这 4 个基本要求之间是相互联系的，但往往又存在着矛盾。因此，在实际工作中，要根据电网的结构和用户的性质，辩证地进行统一。

8.2　继电保护原理

要实现继电保护的任务，继电保护装置必须能够正确区分被保护元件是处于正常运行状态还是发生了故障（或处于不正常运行状态）、是保护区内故障还是区外故障。保护装置要实现这一功能，需要根据电力系统发生故障前后电气物理量变化的特征为基础来构成。

一般情况下，电力系统发生故障后，总会伴随有下列特征。

（1）电流增大。比如短路时故障点与电源之间的电气设备和输电线路上的电流将由负荷电流增大至远超过负荷电流。

（2）电压降低。当发生相间短路和接地短路故障时，系统各点的相间电压或相电压值下降，且越靠近短路点，电压越低。

（3）电流与电压之间的相位角改变。

（4）测量阻抗发生变化。在发生短路故障时测量阻抗会显著减小且而阻抗角增大。

根据故障发生后上述物理量的变化，便可以构造不同原理的继电保护。比如，据短路故障时电流的增大，可构成过电流保护；据短路故障时电压的降低，可构成电压保护；据短路故障时电流与电压之间相角的变化，可构成功率方向保护；据电压与电流比值的变化，可构成距离保护；据故障时被保护元件两端电流相位和大小的变化，可构成差动保护；据不对称短路故障时出现的电流、电压的相序分量，可构成零序电流保护、负序电流保护和负序功率方向保护；高频保护则是利用高频通道来传递线路两端电流相位、大小和短路功率方向信号的一种保护。

除了上述基于各种电气量变化原理而设置的保护外，还有基于电气设备的特点而设置的非电气量保护，比如，超高压输电线路的行波保护、电力变压器的瓦斯保护及反应电动机绕组温度升高的过负荷或过热保护等。

8.3　常用保护装置

继电保护发展到今天，早已由最原始的熔断器发展到了微型计算机保护；由过电流保护发展到今天的故障分量行波保护。但是不论什么原理、材料、元件或和工艺做成的继电保护装置，其基本原理都是相同的。常用的保护装置主要有以下几类。

一、电流保护

（1）过电流保护。是按照躲过被保护设备或线路中可能出现的最大负荷电流来整定的。如大电机启动电流（短时）和穿越性短路电流之类的非故障性电流，以确保设备和线路的正常运行。为使上、下级过电流保护能获得选择性，在时限上设有一个相应的级差。

（2）电流速断保护。是按照被保护设备或线路末端可能出现的最大短路电流或变压器二次侧发生三相短路电流而整定的。速断保护动作，理论上电流速断保护没有时限。即以零秒及以下时限动作来切断断路器的。

过电流保护和电流速断保护常配合使用，以作为设备或线路的主保护和相邻线路的备用保护。

（3）定时限过电流保护。在正常运行中，被保护线路上流过最大负荷电流时，电流继电器不应动作，而本级线路上发生故障时，电流继电器应可靠动作。定时限过电流保护由电流继电器、时间继电器和信号继电器三元件组成。定时限过电流保护的动作时间与短路电流的大小无关，动作时间是恒定的（人为设定）。

（4）反时限过电流保护。继电保护的动作时间与短路电流的大小成反比，即短路电流越大，继电保护的动作时间越短，短路电流越小，继电保护的动作时间越长。

（5）无时限电流速断。不能保护线路全长，它只能保护线路的一部分，系统运行方式的变化将影响电流速断的保护范围，为了保证动作的选择性，其启动电流必须按最大运行方式（即通过本线路的电流为最大的运行方式）来整定，但这样对其他运行方式的保护范围就缩短了，规程要求最小保护范围不应小于线路全长的15%。另外，被保护线路的长短也影响速断保护的特性，当线路较长时，保护范围就较大，而且受系统运行方式的影响较小，反之，线路较短时，所受影响就较大，保护范围甚至会缩短为零。

二、电压保护

（1）过电压保护。防止电压升高（雷击、高电位侵入、事故过电压、操作过电压等）可能导致电气设备损坏而装设的。

（2）欠电压保护。防止电压突然降低致使电气设备的正常运行受损而设的。

（3）零序电压保护。为防止变压器一相绝缘破坏造成单相接地故障的继电保护。主要用于三相三线制中性点绝缘（不接地）的电力系统中。

三、瓦斯保护

油浸式变压器内部发生故障时，短路电流所产生的电弧使变压器油和其他绝缘物产生分解，并产生气体（瓦斯），利用气体压力或冲力使气体继电器动作。故障性质可分为轻瓦斯和重瓦斯，当故障严重时（重瓦斯）气体继电器触点动作，使断路器跳闸并发出报警信号；轻瓦斯动作信号一般只有信号报警而不发出跳闸动作。

四、差动保护

这是一种按照电力系统中被保护设备发生短路故障时在保护中产生的差电流而动作的一种保护装置。常用作主变压器、发电机和并联电容器的保护装置，按其装置方式的不同可分为以下两种。

（1）横联差动保护。常用作发电机的短路保护和并联电容器的保护，一般设备的每相均为双绕组或双母线时，采用这种差动保护。

（2）纵联差动保护。一般常用作主变压器的保护，是专门保护变压器内部和外部故障的主保护。

五、高频保护

这是一种作为主系统、高压长线路的高可靠性的继电保护装置。目前我国已建成的多条500kV的超高压输电线路就要求使用这种可行性、选择性、灵敏性和动作迅速的保护装置。高频保护分为以下两种。

（1）相差高频保护。通过比较两端电流的相位而实现的保护。规定电流方向由母线流向线路为正，从线路流向母线为负。就是说，当线路内部故障时，两侧电流同相位而外部故障时，两侧电流相位差180°。

（2）方向高频保护。通过比较被保护线路两端的功率方向，来判别输电线路的内部或外部故障的一种保护装置。

六、距离保护

这种继电保护也是主系统的高可靠性、高灵敏度的继电保护，又称为阻抗保护，这种保护是按照长线路故障点不同的阻抗值而整定的。

七、平衡保护

这是一种作为高压并联电容器的保护装置。继电保护有较高的灵敏度，对于采用双星形接线的并联电容器组，采用这种保护较为适宜。它是根据并联电容器发生故障时产生的不平衡电流而动作的一种保护装置。

八、负序及零序保护

这是作为三相电力系统中发生不对称短路故障和接地故障时的主要保护装置。

九、方向保护

这是一种具有方向性的继电保护。对于环形电网或双回线供电的系统，某部分线路发生故障时，而故障电流的方向符合继电保护整定的电流方向，则保护装置可靠地动作，切除故障点。

8.4　电流保护

8.4.1　单侧电源电网相间短路的电流保护

对于单侧电源网络的相间短路保护主要采用三段式电流保护：第一段为无时限电流速断保护；第二段为限时电流速断保护；第三段为定时限过电流保护。其中第一段、第二段共同构成线路的主保护，第三段作为后备保护。

一、无时限电流速断保护（Ⅰ段）

在保证选择性和可靠性要求的前提下，根据对继电保护快速性的要求，原则上应装设快速动作的保护装置，使切除故障的时间尽可能短。反应电流增加，且不带时限（瞬时）动作的电流保护称为无时限电流速断保护，简称电流速断保护。

1. 几个基本概念

（1）如果被保护线路的最末端发生短路，则此时系统等值阻抗最小，因此流过保护装置的短路电流最大，这种方式被称为最大运行方式；反之系统等值阻抗最大，流过保护装置的短路电流最小的方式被称为最小运行方式。

（2）在相同的条件下，两相短路电流 $I_k^{(2)}$ 与三相短路电流 $I_k^{(3)}$ 满足 $I_k^{(2)} = \dfrac{\sqrt{3}}{2} I_k^{(3)}$，即有 $I_k^{(2)} < I_k^{(3)}$。因此，当在最大运行方式下发生三相短路时，通过保护装置的短路电流最大，被称为最大短路电流（$I_{k \cdot max}^{(3)}$）；在最小运行方式下发生两相短路时，通过保护装置的短路电流最小，被称为最小短路电流（$I_{k \cdot min}^{(2)}$）。

（3）短路故障发生时，流过保护装置的电流会大大增加，从而使保护装置发生动作。能够使保护装置动作的最小电流被称为启动电流，记作 I_{OP}。

2. 原理

图 8-1 所示的单侧电源电网，在短路时能够切除故障线路，在每条线路的电源侧（也称为线路的首端）都装设了断路器和相应的电流速断保护装置。线路 L_1 对应保护 1，线路 L_2 对应保护 2。当线路上任一点发生三相短路时，流过保护安装地点的电流最大值为

$$I_{k \cdot max}^{(3)} = \frac{E_S}{Z_S + Z_1 L_k} \tag{8-1}$$

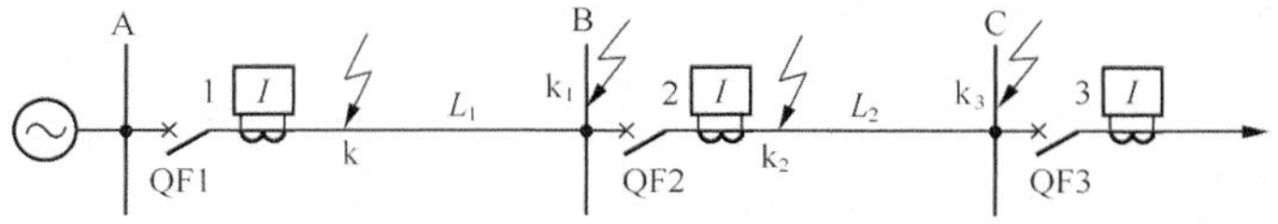

图 8-1　单侧电源电网无时限电流速断保护示意图

最小值为

$$I_{k \cdot min}^{(2)} = \frac{\sqrt{3}}{2} \cdot \frac{E_S}{Z_S + Z_1 L_k} \tag{8-2}$$

其中，E_S 为电源等效相电势；Z_S 为系统阻抗；Z_1 为线路单位长度的正序阻抗，单位为 Ω/km；L_k 为保护安装点至故障发生点的距离。

3. 整定计算

（1）动作电流

对线路 L_1 而言，其所在区间的任意点 k 发生短路时，对应的保护 1 都应当瞬时动作；若线路 L_2 的首端 k_2 发生短路，保护 1 不应动作，而保护 2 应当瞬时动作，以保证选择性。因此保护 1 的动作电流 $I_{OP \cdot 1}$ 应躲过 k_2 点的最大短路电流 $I_{k \cdot max \cdot 2}^{(3)}$，即应满足 $I_{OP \cdot 1} > I_{k \cdot max \cdot 2}^{(3)}$，所以有

$$I_{OP \cdot 1} = K_{rel} \cdot I_{k \cdot max \cdot 2}^{(3)} \tag{8-3}$$

其中，K_{rel} 为可靠系数，一般取 1.2～1.3。引入可靠系数的原因是由于理论计算与实际情况之间存在着一定的差别，即必须考虑实际上存在的各种误差影响，如实际的短路电流可能大于计算值；对瞬时动作的保护还应考虑非周期分量使总电流变大的影响；保护装置中电流继电器的实际启动电流可能小于整定值；考虑一定的裕度，从最不利的情况出发，即使同时存在以上几种因素的影响，也可能保证在预定的保护范围以外故障时，保证保护装置不误动。

（2）保护范围

保护范围常用来衡量电流速断保护的灵敏度，保护范围越长，表明保护越灵敏。系统为最大运行方式的三相短路时，保护范围最大（$L_k = L_{max}$）；系统为最小运行方式（$Z_S = Z_{S \cdot max}$）的两相短路时保护范围最小（$L_k = L_{min}$）。求保护范围时按照后者考虑，此时，根据式（8-3）有

$$L_{min} = \frac{1}{Z_1}\left(\frac{\sqrt{3}}{2} \cdot \frac{E_S}{I_{k \cdot min}^{(2)}} - Z_{S \cdot max}\right) \tag{8-4}$$

按照规定，保护范围的相对值要满足

$$L_k\% = \frac{L_{min}}{L} \times 100\% \geqslant 15\% \sim 20\% \tag{8-5}$$

其中 L 为保护所在线路的长度。

（3）动作时限

电流速断保护没有人为设置的延时，只需考虑继电保护固有的动作时间。考虑到线路中管型避雷器的放电时间约为 0.04～0.06s，应在速断保护装置中加装保护出口中间继电器，一方面避免当避雷器放电时保护误动作，另一方面也可扩大接点的容量和数量。

4. 接线

电流速断保护的单相原理接线如图 8-2 所示。电流继电器 KA 接于电流互感器 TA 的二次侧，当流过它的电流大于它的动作电流后，电流继电器 KA 动作，启动中间继电器 KM，KM 触点闭合后，经信号继电器 KS 线圈、断路器辅助触点 QF 接通跳闸线圈 YR，使断路器跳闸。

5. 特点

电流速断保护的优点是简单可靠且动作迅速。缺

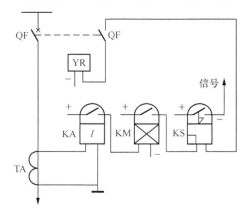

图 8-2　电流速断保护原理接线图

点是无法保护整条线路，若运行方式变化较大或线路较短时有可能导致无保护范围。

二、限时电流速断保护（Ⅱ段）

由于电流速断保护具有不能保护其所在线路的全长的缺点，为能够快速切除线路其余部分的短路，应增设第二套保护，这种电流速断保护称为限时电流速断保护。

1. 工作原理

（1）为了达到保护线路全长的目的，限时电路速断保护的范围必须能够延伸到下一条线路，这样当下一条线路出口发生短路故障时，它就能将故障切除。

（2）为了保证选择性，限时电流速断保护必须带有一定的时限。

（3）为了保证限时电流保护的快速性，其时限要有一定限制，尽量缩短。因为这一时限的大小与保护延伸范围相关，为了使时限尽可能小，要保证限时电流速断保护的保护范围不超过下一条线路电流速断保护的保护范围，即限时电流速断保护要躲过电流速断保护的动作。

2. 整定

（1）动作电流

如前所述，限时电流速断保护的动作电流要躲开下一条线路电流速断保护的动作电流，即

$$I_{\text{OP·1}}^{\text{II}} = K_{\text{rel}}^{\text{II}} \cdot I_{\text{OP·2}}^{\text{I}} \tag{8-6}$$

其中，$I_{\text{OP·1}}^{\text{II}}$ 为线路 L_1 的限时电流速断保护动作电流；$I_{\text{OP·2}}^{\text{I}}$ 为线路 L_2 的电流速断保护的动作电流；$K_{\text{rel}}^{\text{II}}$ 为限时电流速断保护的可靠系数，取 $1.1 \sim 1.2$。

（2）动作时限

为了保证一定的选择性，限时电流保护的动作时限应当比下一线路电流速断保护高出一个时限级差 Δt，即

$$t_1^{\text{II}} = t_2^{\text{I}} + \Delta t \tag{8-7}$$

其中，t_1^{II} 为线路 L_1 限时电流速断保护的动作时限；t_2^{I} 为线路 L_2 电流速断保护的动作时限；Δt 为时限极差，一般取 $0.35 \sim 0.5\text{s}$，实际按照 0.5s 取。

限时电流速断保护与下一条线路电流速断保护的时限配合如图 8-3 所示。电流速断保护和限时电流速断保护同时安装在线路上后，通过之间的相互配合，可保证在 0.5s 内切除全线路范围内的故障。具有切除全线路范围故障能力的保护被称为该线路的主保护。因此，电流速断保护和限时电流速断保护一起可构成线路的主保护。

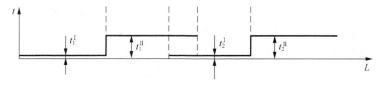

图 8-3　限时电流速断保护时限特性

3. 灵敏度校验

为了能够保护本线路的全长，限时电流速断保护在系统最小运行方式下线路末端发生两相短路时，应具有足够的灵敏性，一般用灵敏系数来校验，按照规程规定

$$K_{\text{sen}}^{\text{II}} = \frac{I_{\text{k·min}}^{(2)}}{I_{\text{sp}}^{\text{II}}} \geqslant 1.3 \sim 1.5 \tag{8-8}$$

其中，$K_{\text{sen}}^{\text{II}}$ 为限时电流速断保护的灵敏度系数；$I_{\text{k·min}}^{(2)}$ 为在最小运行方式下被保护线路末端发生两相短路时流过保护装置的短路电流；$I_{\text{OP}}^{\text{II}}$ 为被保护线路限时电流速断保护的动作电流。

必须进行灵敏系数校验的原因，主要是考虑下列因素。

（1）故障点存在过渡电阻，使实际短路电流比计算电流小，不利于保护动作。

（2）实际的短路电流由于计算误差或其他原因而小于计算值。

（3）由于电流互感器的负误差，使实际流入保护装置的电流小于计算值。

（4）继电器实际动作电流比整定电流值高，即存在正误差等。

（5）考虑一定的裕度。

当灵敏系数不能满足要求，在保护范围内发生短路时，在上述不利因素的影响下，将导致保护拒动，达不到保护线路全长的目的，这时可采用降低保护动作值的方法来提高灵敏系数，即使之与下级线路的限时电流速断相配合。

4. 原理接线图

限时电流速断保护的单线原理接线如图 8-4 所示。其动作过程与电流速断保护基本相同，不同的是用时间继电器 KT 代替了中间继电器 KM。当电流继电器 KA 动作后，需经 KT 建立延时 t^{II} 后才能动作于跳闸。若在 t^{II} 之前故障已被切除，则已经启动的 KA 返回，使 KT 立即返回，整套保护装置不会误动作。

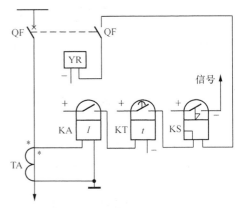

图 8-4　限时电流速断保护原理接线图

5. 特点

限时电流速断保护结构简单、动作可靠且能为线路全长提供保护；但其无法作为相邻元件（下一条线路）的后备保护。因此有必要寻找一种新的保护形式。

三、定时限过电流保护（Ⅲ 段）

定时限过电流保护（也可简称为过电流保护）在正常运行时，不会动作。当电网发生短路时，则能反映电流的增大从而动作。由于短路电流一般比最大负荷电流大得多，所以保护的灵敏性较高，不仅能保护本线路的全长，做本线路的近后备保护，而且还能保护相邻线路全长，做相邻线路的远后备保护。

1. 工作原理

定时限过电流保护要反映短路电流的增大并产生动作，要能够保护所在的整条线路及下一条线路的全长。从而作为所在线路主保护的近后备保护，同时作为下一条线路的保护及断路器拒动时的远后备保护如图 8-5 所示。在最大负荷时，保护不应当动作。当 k 点发生短路故障时，$\mathrm{QF_1}$（保护 1）和 $\mathrm{QF_2}$（保护 2）的定时限电流保护都应启动，根据选择性的要求，应由 $\mathrm{QF_2}$ 在短时内切除故障。然后变电站 B 的母线电压得到恢复，所接负荷的电动机自启动，此时流过 $\mathrm{QF_1}$ 的最大电流为自启动电流（大于最大负荷电流），要注意使 $\mathrm{QF_1}$ 在此电流下能可靠返回。

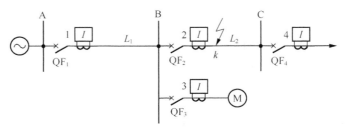

图 8-5　定时限过电流保护原理图

2. 整定

如图 8-6 所示的网络，假设各条线路都装有过电流保护，且均按躲过各自的最大负荷电流来整定动作电流。当 k 点短路时，保护 1～4 在短路电流的作用下，都可能启动，为满足选择性要求，应该只有保护 4 动作切除故障，而保护 1～3 在故障切除后应立即返回。

过电流保护的动作时限是按阶梯原则来选择的。从离电源最远的保护开始，如图 8-6 中保护 4 处于电网的末端，只要发生故障，它不需要任何选择性方面的配合，可以瞬时动作切除故障，所以 t_4 只是保护装置本身的固有动作时间，即 $t_4 \approx 0s$。为保证选择性，保护 3 的动作时间 t_3 应比 t_4 高一个时间级差 Δt，即

$$t_3 = t_4 + \Delta t = 0.5s \tag{8-9}$$

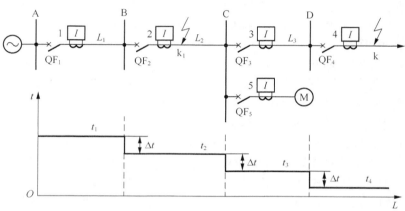

图 8-6 单侧电源辐射形电网过电流保护动作时限选择说明图

依此类推，可以得到 t_2、t_1。可以看出，保护的动作时间向电源侧逐级增加至少一个 Δt，只有这样才能充分保证动作的选择性。但必须注意，过电流保护的动作时限在按上述阶梯原则整定的同时，还需要与各线路末端变电所母线上所有出线保护动作时限最长者配合。如图 8-6 中，若保护 5 的动作时间大于保护 3 的动作时间，则保护 2 的动作时间应按 $t_2 = t_5 + \Delta t$ 来整定。

3. 灵敏系数校验

过电流保护的灵敏系数校验类似于限时电流速断保护，即

$$K_{sen}^{III} = \frac{I_{k\cdot min}^{(2)}}{I_{OP}^{III}} \tag{8-10}$$

当过电流保护作本线路近后备保护时，$I_{k\cdot min}^{(2)}$ 取最小运行方式下本线路末端两相金属性短路电流来校验，要求 $K_{sen}^{III} \geqslant 1.3 \sim 1.5$；当过电流保护作相邻线路的远后备保护时，$I_{k\cdot min}^{(2)}$ 应取最小运行方式下相邻线路末端两相金属性短路电流来校验，要求 $K_{sen}^{III} \geqslant 1.2$。

此外应注意，各过电流保护之间还应在灵敏系数上进行配合，即对同一故障点来说，要求靠故障点近的保护，灵敏系数应越高，否则将失去选择性。图 8-6 中的过电流保护 1 和 2，由于通过同一最大负荷电流，所以动作电流相同，假定为 100A。实际上若保护 2 的电流继电器动作值有正误差，如 105A（一次值），而保护 1 刚好有负误差，如 95A，那么，当 k_1 点短路时流过保护 1、2 的短路电流为 102A，保护 2 不动作，而保护 1 却要动作，将失去选择性。

对于图 8-6 中的 k 点短路时，要求各过电流保护的灵敏系数应满足如下关系，即

$$K_{sen\cdot 4}^{III} > K_{sen\cdot 3}^{III} > K_{sen\cdot 2}^{III} > K_{sen\cdot 2}^{III} K_{sen\cdot 1}^{III} \tag{8-11}$$

在单侧电源的网络接线中，由于越靠近电源端时，负荷电流越大，从而保护装置的整定值越大，而发生故障后，各保护装置均流过同一个短路电流，因此上述灵敏系数应相互配合的要求是能够满足的。

所以，对于过电流保护，只有在灵敏系数和动作时限都能相互配合时，才能保证选择性。当过电流保护的灵敏系数不能满足要求时，可采用电压启动的电流保护、负序电流保护或距离保护等。

过电流保护的单相原理接线与图 8-3 相同。

8.4.2 多侧电源电网相间短路的方向性电流保护

对于单电源辐射形供电的网络，每条线路上只在电源侧装设保护装置就可以了。当线路发生故障时，只要相应的保护装置动作于断路器跳闸，便可以将故障元件与其他元件断开，但却要造成一部分变电所停电。为了提高电网供电的可靠性，在电力系统中多采用双侧电源供电的辐射形电网或单侧电源环形电网供电。此时，采用阶段式电流保护将难以满足选择性要求，应采用方向性电流保护。

一、功率方向继电器

功率方向继电器是用来判断短路功率方向的，是方向电流保护中的主要元件。所以它必须具有足够的灵敏性和明确的方向性，即发生正方向故障（短路功率由母线流向线路）时，能可靠动作，而在发生反方向故障（短路功率由线路流向母线）时，可靠不动作。

功率方向继电器是通过测量保护安装处的电压和电流之间的相位关系来判断短路功率方向的。图 8-7 所示的双侧电源网络，规定电流由母线流向线路为正，电压以母线高于大地为正。当 k_1 点发生三相短路时，流过保护 3 的电流 $\dot{I}_{k1}$ 为正向电流，它与母线 B 上的电压 $\dot{U}_B$ 之间的夹角为线路的阻抗角 φ_{k1}，其值的变化范围为 $0° < \varphi_{k1} < 90°$，且电压超前电流（因为线路主要以感性为主），则短路功率为 $P_k = U_B I_{k1} \cos \varphi_{k1} > 0$。而当 k_2 点三相短路时，流过保护 3 的电流为反向电流 $-\dot{I}_{k2}$，它滞后母线电压 $\dot{U}_B$ 的角度为线路阻抗角 φ_{k2}，则 $\dot{I}_{k2}$ 滞后 $\dot{U}_B$ 的相位角为 $180° + \varphi_{k2}$，此时短路功率为 $P_k = U_B I_{k2} \cos(180° + \varphi_{k2}) < 0$。其电压、电流的相位关系如图 8-8 所示。从图中可以看出，故障为正方向和反方向时，$\dot{U}_B$ 和 $\dot{I}_k$ 之间的夹角分别为锐角和钝角。功率方向继电器正是通过检测这一夹角的不同来判别正、反方向短路的。正方向短路时，功率方向继电器动作，反方向短路时，功率方向继电器不动作。

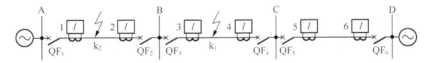

图 8-7 双侧电源网络三段式电流保护的选择性

二、方向电流保护

1. 保护原理

对于如图 8-7 所示的双侧电源网络，由于两侧都有电源，所以在每条线路的两侧均需装设断路器和保护装置。当线路上发生相间短路时，应跳开故障线路两侧的断路器，而非故障线路仍能继续运行。例如，当 k_1 点发生短路时，应由保护 3、4 动作跳开断路器切除故障，而其他线路不会造成停电，这正是双侧电源供电的优点。但是单靠电流的幅值大小能否保证保护 2、5 不误动作呢？

由图 8-7 可知，当 k_1 点短路时，由左侧电源提供的短路电流同时流过保护 2 和保护 3，使保护 3 的电流速断

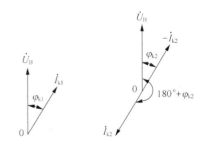

（a）正方向故障　　（b）反方向故障

图 8-8 正反向故障时电压与
电流的相位关系

保护启动，跳开 QF_3。如果此短路电流也大于保护 2 的电流速断保护的整定值，则保护 2 可能在保护 3 跳开 QF_3 之前或同时跳开 QF_2，这样保护 2 的动作将失去选择性。同时给动作值的整定带来麻烦。又如对于定时限过电流保护，为满足选择性要求，在 k_1 点短路时，要求保护 2 大于保护 3 的动作时限；在 k_2 点短路时，又要求保护 2 小于保护 3 的动作时限，给保护动作时限的整定造成困难。同理，对于单侧电源环网也会出现这样的问题。

那么，如何解决在双侧电源供电的电网或单侧电源环网中相间短路电流保护失去选择性和动作时限难以整定的问题呢？由此引入短路功率方向的概念：短路电流方向由母线流向线路称为正方向故障，允许保护动作；短路电流方向由线路流向母线称为反方向故障，不允许保护动作。如当 k_1 点短路时，流过保护 3 的短路功率方向由母线流向线路，保护应该动作；而流过保护 2 的短路功率方向则由线路流向母线，保护不应该动作。同样对于 k_2 点短路，流过保护 2 的短路功率方向由母线流向线路，保护应该动作；而流过保护 3 的则由线路流向母线，保护不应动作。

所以，只要在电流保护的基础上加装一个能判断短路功率流向的功率方向继电器，并且只有当短路功率由母线流向线路时才允许动作，而由线路流向母线时则不允许动作，从而使保护的动作具有一定的方向性。这样就可以解决反方向短路保护误动作的问题。这种在电流保护的基础上加装方向元件的保护称为方向电流保护。方向电流保护既利用了电流的幅值特征，又利用了短路功率的方向特征。

在图 8-9 所示的电网中，各电流保护均加装了方向元件构成了方向电流保护，图中箭头方向为各保护的动作方向。把同一方向的保护如 1、3、5 作为一组，保护 2、4、6 为另一组，这样就可将两个方向上的保护拆开成两个单电源辐射形电网的保护。当 k_2 点短路时，流经保护 1、3、5 的短路功率方向均由母线流向线路，与保护的动作方向相同，此时只需考虑保护 1、3、5 之间的动作电流和动作时限的配合即可，方法与上一节所述的单电源辐射形电网的阶段式保护相同。而流经保护 2、4 的短路功率方向均由线路流向母线，与保护的动作方向相反，保护不会动作，也就不需要考虑与保护 1、3、5 之间的整定配合。同理，其他各点短路时，动作方向相反的保护均不会误动作。

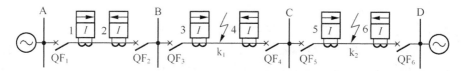

图 8-9　双侧电源网络的方向性电流保护原理说明图

2. 单相原理接线

具有方向性的过电流保护的单相原理接线如图 8-10 所示，与限时电流速断保护单相原理接线图相比，只是多了一个用作判断短路功率方向（即故障方向）的功率方向继电器。由图可知，电流元件和方向元件的触点是串联的，它们必须都启动后，才能去启动时间元件，经预定的延时后动作于跳闸。

需要说明的是，对于双侧电源辐射形电网或单侧电源环网中的电流保护，在某些情况下不需要方向元件同样可以实现动作的选择性，但必须通过比较保护之间的整定值和动作时限的大小来实现，这样有利于简化保护的接线，提高动作的可靠性。

对于电流速断保护，如图 8-9 中保护 3，当其背后 k_2 点发生相间短路时，流过它的最大短路电流小于其动作电流时，即 $I_{k2} < I_{OP\text{-}3}^I$，则保护 3 的电流速断不会误动作，这样保护 3 就可以不装方向元件。采用同样方法可确定其他电流速断保护是否应设方向元件。

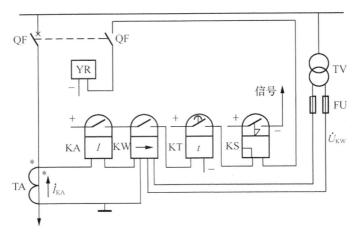

图 8-10　方向电流保护单相原理接线图

对于过电流保护，可通过比较同一母线两侧保护的动作时限来决定是否采用方向元件。如图 8-9 中保护 2 的动作时限若小于保护 3 的动作时限，即 $t_2^{III} < t_3^{III}$，当 k_2 点短路时，保护 2 先于保护 3 动作跳闸，因此保护 3 可不装方向元件，而保护 2 则必须装设方向元件。

对于限时电流速断保护，则必须综合考虑以上两种因素。

方向性电流保护是为满足多侧电源辐射形电网和单侧电源环网的需要，在单侧电源辐射形电网的电流保护的基础上增设功率方向继电器构成的，所以能够保证各保护之间动作的选择性，这是方向电流保护的主要优点。但当继电保护中应用方向元件后将使接线复杂，投资增加，同时保护安装处附近正方向发生三相短路时，存在电压死区，使整套保护装置拒动，当电压互感器二次侧开路时，方向元件还可能误动作，并且当系统运行方式变化时，会严重影响保护的技术性能，这是方向电流保护的缺点。

8.4.3　大电流接地系统零序电流保护

在电力系统中，有的中性点的工作方式为中性点直接接地。

在我国，110kV 及以上电压等级的电网都采用中性点直接接地方式。在中性点直接接地的系统中，发生单相接地短路时，将出现很大的故障相电流和零序电流，故又称为大电流接地系统。

根据大电流接地系统发生单相接地故障时在电网中产生的零序分量的特点，所采用的保护方式主要有：零序电流保护和零序方向电流保护。

一、零序电流保护（三段式）

零序电流保护与三段式相间短路保护基本相似，也分为三段式：零序电流 I 段为瞬时零序电流速断，只保护线路的一部分；零序电流 II 段为限时零序电流速断，可保护本线路全长，并与相邻线路零序电流速断保护相配合，带有 0.5s 延时，它与零序电流 I 段共同构成本线路接地故障的主保护；零序电流 III 段为零序过电流保护，动作时限按阶梯原则整定，它作为本线路和相邻线路的单相接地故障的后备保护。

零序电流与线路的阻抗有关，可以作出 $3\dot{i}_0$ 随线路长度 L 变化的关系曲线，然后进行整定，其整定原则类似于相间短路的三段式电流保护。

1. 零序电流 I 段：零序电流速断保护

零序电流速断保护的动作电流 I_{OP}^I 的整定应考虑以下 3 个原则。

（1）为保证选择性，I_{OP}^{I} 应大于本线路末端单相或两相接地短路时流过保护安装处的最大零序电流 $3I_{0 \cdot max}$，即

$$I_{OP}^{I} = K_{rel}^{I} \cdot 3I_{0 \cdot max} \tag{8-12}$$

其中，K_{rel}^{I} 为可靠系数，取 $1.2 \sim 1.3$。

（2）应大于断路器三相不同时合闸（非全相运行）时出现的最大零序电流 $I_{0 \cdot unc}$，即

$$I_{OP}^{I} = K_{rel}^{I} \cdot I_{0 \cdot unc} \tag{8-13}$$

其中，K_{rel}^{I} 为可靠系数，取 $1.1 \sim 1.2$。

说明如下。

① 按上述原则整定时，应选取其中较大者作为零序电流速断保护的动作电流。

② 若零序 I 段的动作时间（保护固有时间）大于断路器三相不同时合闸的时间，则不需考虑 $I_{0 \cdot unc}$ 的影响，只按原则（1）整定。

③ 在有些情况下，若按原则（2）整定将使启动电流过大，保护范围过小，这时可采用合闸时（手动或自动）使零序 I 段带有一个小的延时（0.15s），以躲过三相不同时合闸的时间，这样整定时也不需要考虑原则（2）了。

（3）当系统采用单相自动重合闸时（哪相接地，哪相跳闸，然后自动重合闸），单相短路故障被切除后，系统处于非全相运行状态，并伴有系统振荡，此时将会出现很大的零序电流 $3I_{0 \cdot unc}$。若 $3I_{0 \cdot unc} > I_{OP}^{I}$（$I_{OP}^{I}$ 是按上述原则整定的），则保护将要误动作。

若按 $3I_{0 \cdot unc}$ 整定，则动作电流过大，使保护范围缩小，不能充分发挥零序 I 段的作用。

此时，应设置灵敏度不同的两套零序电流速断保护。

① 灵敏的 I 段：I_{OP}^{I} 仍按上述原则整定，因动作值小，保护范围大，所以灵敏。主要任务是对全相运行状态下的接地故障进行保护。当单相自动重合闸启动时（即开始切除单相接地故障时）将其自动闭锁，待恢复全相运行时再重新投入。

② 不灵敏的 I 段：其整定原则为

$$I_{OP}^{I} = K_{rel}^{I} \cdot 3I_{0 \cdot unc} \tag{8-14}$$

因动作值大，保护范围小，所以不灵敏。主要任务是专为非全相运行状态下（如单相自动重合闸过程中），其他两相又发生了单相接地故障时的保护，以便尽快地将故障切除。当然，它也能反应全相运行状态下的接地故障，只是其保护范围比灵敏的 I 段要小。

2. 零序电流 II 段：限时零序电流速断保护

限时零序电流速断保护的整定原则与相间短路的限时电流速断保护相同，即考虑与下一条线路的零序 I 段保护相配合，如图 8-11 所示。

其中，K_{rel}^{II} 为可靠系数，取 $1.1 \sim 1.2$。

但应注意，当两个保护之间的变电所母线上接有中性点接地的变压器时，该考虑变压器对零序电流分流的影响。

二、方向性零序电流保护

在双侧或多侧电源的网络中，电源处变压器的中性点至少有一台要接地，由于零序电流的实际流向是由故障点流向各个中性点接地的变压器，因此，在变压器接地数目比较多的复杂网络中，就需要考虑零序电流保护动作的方向性问题。

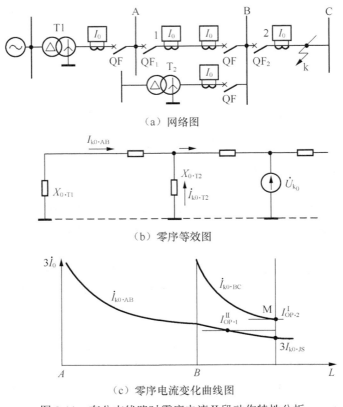

（a）网络图

（b）零序等效图

（c）零序电流变化曲线图

图 8-11 有分支线路时零序电流 II 段动作特性分析

$$I_{OP\cdot1}^{II}=K_{rel}^{II}\cdot I_{OP\cdot2}^{I} \tag{8-15}$$

1. 方向性零序电流保护工作原理

如图 8-12 所示，线路两侧电源处的变压器中性点均直接接地，这样当 k_1 点发生接地短路时，其零序等效网络和零序电流分布如图 8-12（b）所示，按照选择性的要求，应该由保护 1、2 动作切除故障，但是零序电流 $I''_{0\cdot k_1}$ 流过保护 3 时，就可能引起保护 3 的误动作。同样当 k_2 点发生接地短路时，其零序等效网络和零序电流分布如图 8-12（c）所示，其零序电流 $I''_{0\cdot k_2}$ 又可能使保护 2 误动作。这与双侧电源电网反应相间短路的电流保护一样。为了保证位于母线两侧的零序电流保护有选择性地切除故障，必须在零序电流保护中加装功率方向元件，构成零序电流方向保护。此时，只需按同一方向的零序电流保护进行配合，并构成阶段式零序方向电流保护。

2. 三段式零序方向电流保护

三段式零序方向电流保护由零序方向电流速断保护、限时零序方向电流速断保护和零序方向过电流保护组成，其原理接线如图 8-13 所示。在同一保护方向上零序方向电流保护的动作电流和动作时限的整定计算原则以及灵敏系数的校验与三段式零序电流保护相同。因为接地故障点的 $3\dot{U}_0$ 最大，所以当接地故障位于保护安装处附近时不会出现继电器的电压死区。相反，当接地点距保护安装处较远时，零序电压和零序电流都较低，继电器可能不启动，所以要校验其灵敏度，即相邻线路末端接地短路时流经本保护的最小零序功率与继电器的动作功率之比值（即灵敏系数）要求不小于 2.0。

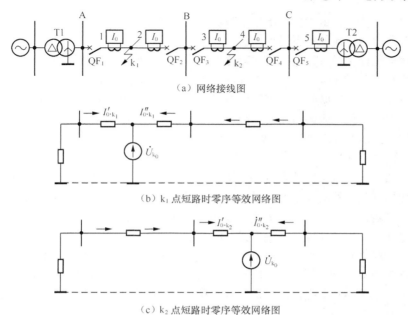

（a）网络接线图

（b）k_1 点短路时零序等效网络图

（c）k_2 点短路时零序等效网络图

图 8-12 零序方向保护工作原理分析图

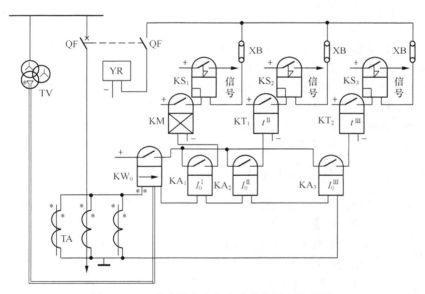

图 8-13 三段式零序方向电流保护原理接线图

3. 零序电流保护的特点

在中性点直接接地的电网中，由于零序电流保护简单、经济、可靠，作为辅助保护或后备保护获得了广泛的应用。

它与相间短路的电流保护相比，具有以下优点。

（1）灵敏性高。由于线路的零序阻抗较正序阻抗大，所以线路始端和末端接地短路时，零序电流变化显著，曲线较陡，因此零序电流 I 段和零序电流 II 段保护范围较长。

此外，零序过电流保护按躲过最大不平衡电流来整定，继电器的动作电流一般为 2～3A。而相间短路的过电流保护要按最大负荷电流来整定，动作电流值通常都大于零序过电流保护的动作电流值。所以，零序过电流保护灵敏性高。

另外，零序电流保护受系统运行方式变化的影响要小，保护范围较稳定。因为系统运行方式变化时，零序网络不变或变化不大，所以零序电流的分布基本不变。

（2）速动性好。由图 8-13 可见，零序过电流保护的动作时限比相间短路过电流保护的动作时限要短。尤其是对于两侧电源的线路，当线路内部靠近任一侧发生接地短路时，本侧零序电流保护一段动作跳闸后，对侧零序电流将增大，可使对侧零序电流保护 I 段也相继动作跳闸，因而使总的故障切除时间更加缩短。

（3）不受过负荷和系统振荡的影响。当系统中发生某些不正常运行状态，如系统振荡、短时过负荷时，三相仍然是对称的，不产生零序电流，因此零序电流保护不受其影响，而相间短路电流保护可能受其影响而误动，所以需要采取必要的措施予以防止。

（4）方向零序电流保护在保护安装处接地时无电压死区。

零序电流保护较之其他保护实现简单、可靠，在 110kV 及以上的高压和超高压电网中，单相接地故障约占全部故障的 70%～90%，而且其他的故障也都是由单相故障发展起来的，所以零序电流保护就为绝大多数的故障提供了保护，具有显著的优越性，因此在中性点直接接地的高压和超高压系统中获得普遍应用。

零序电流保护的缺点如下。

（1）受变压器中性点接地数目和分布的影响显著。对于运行方式变化很大或接地点变化很大的电网，保护往往不能满足系统运行所提出的要求。

（2）随着单相自动重合闸的广泛应用，在重合闸动作的过程中将出现非全相运行状态，再考虑到系统两侧的发电机发生摇摆，可能会出现较大的零序电流，因而影响零序电流保护的正确工作，此时应从整定计算上予以考虑，或在单相重合闸动作过程中使其短时退出工作。

（3）当采用自耦变压器联系两个不同电压等级的电网（如 110kV 和 220kV 电网）时，则在任一电网中发生接地短路时都会在另一电网中产生零序电流，这使得零序电流保护的整定配合复杂化，并增大了零序Ⅲ段保护的动作时限。

8.4.4　小电流接地系统零序电流保护

在电力系统中，中性点经消弧线圈接地和中性点不接地两种中性点运行方式被称为非直接接地。在我国，3～35kV 的电网主要采用中性点非直接接地方式。

在中性点非直接接地的系统中，发生单相接地时，因不构成短路回路，在故障点上流过的电流比负荷电流小得多，故又称为小电流接地系统。

在小电流接地系统中，发生单相接地时，除故障点电流很小外，三相之间的线电压仍然保持对称，对负载的供电没有影响，所以在一般情况下都允许再继续运行 2h。在此期间，其他两相的对地电压要升高 $\sqrt{3}$ 倍，为了防止故障的进一步扩大造成两相或三相短路，应及时发出信号，以便运行人员查找发生接地的线路，采取措施予以消除。这也是采用小电流接地系统的主要优点。所以在单相接地时，一般只要求继电保护能选出发生接地的线路并及时发出信号，而不必跳闸。但当单相接地对人身和设备的安全有危险时，则应动作于跳闸。

一、中性点不接地系统的保护

根据中性点不接地系统单相接地的特点以及电网的具体情况，对中性点不接地系统的单相接地保护可以采用以下几种方式。

1. **绝缘监视装置**

利用单相接地时出现的零序电压的特点，可以构成无选择性的绝缘监视装置，其原理接线如图 8-14 所示。

在发电厂或变电所的母线上，装有一套三相五柱式电压互感器，其二次侧有两组线圈，一组接成星形，在它的引出线上接 3 只电压表（或一只电压表加一个三相切换开关），用于测量各相电压（注意：电压表的额定工作电压应按线电压来选择）；另一组接成开口三角形，并在开口处接一只过电压继电器，用于反应接地故障时出现的零序电压，并动作于信号。

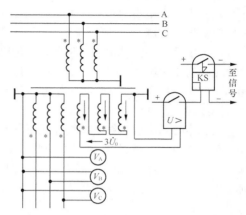

图 8-14　绝缘监测装置接线图

正常运行时，系统三相电压对称，没有零序电压，所以 3 只电压表读数相等，过电压继电器不动作。当变电所母线上任一条线路发生接地时，接地相电压变为零，该相电压表读数变为零，而其他两相的对地电压升至原来的 $\sqrt{3}$ 倍，所以电压表读数升高。同时出现零序电压，使过电压继电器动作，发出接地故障信号。工作人员根据信号和表针指示，就可以判别出发生了接地故障和故障的相别，即知道哪一相接地了。但却不知道是哪一条线路的该相发生了接地故障。因为当该电网发生单相接地短路时，处于同一电压等级的所有发电厂和变电所母线上，都将出现零序电压，所以该装置发出的信号是没有选择性的。这时可采用由运行人员依次短时断开每条线路的方法（可辅以自动重合闸，将断开线路投入）来寻找故障点所在线路。如断开某条线路时，系统接地故障信号消失，则被断开的线路就是发生接地故障的线路。找到故障线路后，就可以采取措施进行处理，如转移故障线路负荷，以便停电检查。

在电网正常运行时，由于电压互感器本身有误差以及高次谐波电压的存在，开口三角形处会有不平衡电压输出。所以，过电压继电器的动作电压应躲过这一不平衡电压，一般整定为 15V。

2. **零序电流保护**

利用故障线路零序电流大于非故障线路零序电流的特点，可以构成有选择性的零序电流保护，并根据需要动作于信号或跳闸。根据网络的具体结构和对电容电流的补偿情况，有时可以使用，有时难以使用。

对于架空线路，采用零序电流过滤器的接线方式，即将继电器接在完全星形接线的中线上，如图 8-15 所示。

对于电缆线路，采用零序电流互感器的接线方式，如图 8-16 所示。

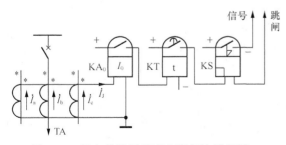

图 8-15　架空线路用零序电流保护原理图

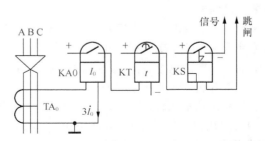

图 8-16　电缆线路用零序电流保护原理接线图

3. 零序方向保护

利用故障线路与非故障线路零序电流方向不同的特点，可以构成有选择性的零序功率方向保护，动作于信号或跳闸。当网络出线较少时，非故障线路零序电流与故障线路零序电流差别可能不大，采用零序电流保护灵敏度很难满足要求，则可采用零序方向保护，如图 8-17 所示。

因为中性点不接地电网发生单相接地时，非故障线路零序电流超前零序电压 90°，故障线路零序电流滞后零序电压 90°，所以，采用零序方向继电器可以明显区分故障线路与非故障线路。

二、中性点经消弧线圈接地系统的保护

在中性点经消弧线圈接地的电网中，一般采用过补偿运行方式。所以零序电流保护和零序方向保护已不再适用。目前在中性点经消弧线圈接地的电网中，单相接地保护主要采用以下几种方式。

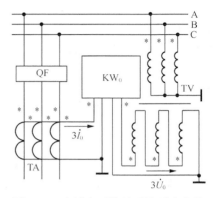

图 8-17 中性点不接地系统零序电流方向保护接线图

（1）采用图 8-14 所示的绝缘监测装置，在单相接地时发出信号，然后由运行人员依次短时断开每条线路进行查找。

（2）当补偿后的残余电流较大，能满足选择性和灵敏性的要求时，仍可采用零序电流保护。

（3）采用反应接地电流有功分量的保护。此方法是在消弧线圈两端并联接入一个电阻，此电阻正常时由断路器断开，只在发生接地故障时短时接入，使接地点产生一个有功分量的电流，然后利用功率方向继电器反应于这个电流而动作，有选择性地发出信号。在保护动作后，再把电阻自动切除。因为是反应有功分量，所以应采用余弦型的功率方向继电器。这种方式的缺点是投入电阻使接地电流加大，可能导致故障扩大。

（4）采用暂时破坏补偿的方法。即在发生故障瞬间，短时地断开消弧线圈，或者切换它的一部分，使故障线路与非故障线路的零序电流有较大的差别，以便利用正弦型方向继电器实现有选择性的保护，但这种保护方式从降低过电压及消弧观点来看是不利的。

（5）采用反应高次谐波分量的接地保护。在谐波电流中数值最大的是 5 次谐波分量，它是由于电源电动势中存在高次谐波分量以及负荷的非线性所产生的，因此随着运行方式而变化，在经消弧线圈接地的电网中，由于消弧线圈对 5 次谐波分量呈现的阻抗较基波分量时增大 5 倍（ $X_L = 5\omega L$ ），而线路的容抗则减小 5 倍 $\left(X_{C\Sigma} = \dfrac{1}{5\omega C_{0\Sigma}} \right)$ ，因此，消弧线圈已远远不能补偿 5 次谐波的电容电流，则此时与不经消弧线圈接地电网相似，使 5 次谐波电流在电网中的分配规律与基波电流在中性点不接地电网中的分配规律几乎一致。因此，当发生单相接地故障时，故障线路上 5 次谐波的零序电流基本上等于非故障线路 5 次谐波电容电流之和，而非故障线路上 5 次谐波的零序电流就是本身的 5 次谐波电容电流，两者的相位相反，在出线较多的情况下，数值也相差很大，因此，利用这些差别，便可实现高次谐波分量有选择性的接地保护。

图 8-18 所示就是反映 5 次谐波零序功率方向保护的方框结构图，输入的电流和电压分别经 5 次谐波过滤器后，只输出零序电流和零序电压的 5 次谐波分量，然后接入功率方向继电器，即可反应于它们的相位而动作。

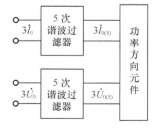

图 8-18 反映 5 次谐波零序功率方向保护框图

8.5　距离保护

8.5.1　距离保护的基本原理

　　电流保护的优点是简单、经济、可靠，但其整定值选择、保护范围及灵敏度等受系统接线方式和运行方式影响很大。随着电力系统的进一步发展，出现了容量大、电压高、距离长、负荷重和结构复杂的网络，这时简单的电流保护就难以满足电网对保护的要求。如高压长距离、重负荷线路，由于负荷电流大，线路末端短路时，短路电流数值与负荷电流相差不大，故电流保护往往不能满足灵敏度的要求；对于电流速断保护，其保护范围随着电网运行方式的变化而变化，保护范围不稳定，某些情况下甚至无保护区，所以不是所有情况下都能采用电流速断保护的；对于多电源复杂网络，方向过电流保护的动作时限往往不能按选择性的要求整定，且动作时限长，难以满足电力系统对保护快速动作的要求。自适应电流保护，根据保护安装处正序电压、电流的故障分量，可计算出系统正序等值阻抗，同时通过选相可确定故障类型，取相应的短路类型系数值，使自适应电流保护的整定值随系统运行方式、短路类型而变化，这样就克服了传统电流保护的缺点，从而使保护区达到最佳效果。但在高电压、结构复杂的电网中，自适应电流保护的优点还不能得到发挥。因此，在结构复杂的高压电网中，应采用性能更加完善的保护装置，距离保护就是其中的一种。

　　距离保护是反映保护安装处至故障点的距离（阻抗），并根据距离的远近（阻抗的大小）而确定动作时限的一种保护装置，其核心器件为距离（阻抗）继电器，故这种保护有时又称阻抗保护。距离继电器可根据所加电压及所流过电流的大小测得保护装置安装地点与短路故障点之间的阻抗值，此值被称为继电器的测量阻抗。距离越近，则测量阻抗值越小，动作时间越短；距离越远，则测量阻抗值越大，动作时间越长。

　　距离保护的动作时间 t 与保护装置安装地点与故障点之间距离 L 的关系，被称为距离保护的时限特性，如图 8-19 所示，共设有 3 个保护，分别为 1、2、3。为了满足速动性、选择性和灵敏性的要求，目前广泛应用的阶梯形时限特性都被做成三段式，分别称为距离保护的 Ⅰ、Ⅱ、Ⅲ段。

　　距离保护的 Ⅰ 段为瞬时动作，图 8-19 中的 t_1^I 为保护 1 本身固有动作时间。保护 1 的 Ⅰ 段本应当保护其所在线路的全长（KZ_1 与 KZ_2 之间的距离），但实际上是不可能的。为了与保护 2 的 Ⅰ 段有选择性的配合，要避免两者保护范围的重叠，因此，保护 1 的 Ⅰ 段的保护范围经过整定后只能为本线路全长的80%～85%，这是一个严重缺陷，为了能够切除本线路剩余15%～20%的故障，必须设置保护Ⅱ段。

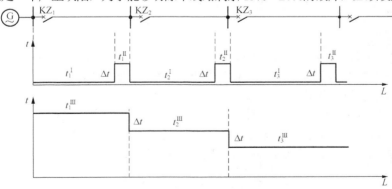

图 8-19　距离保护时限特性图

距离保护Ⅱ段为带延时的速动段。为了有选择性地动作，其动作时限和启动值要与相邻下一条线路保护的Ⅰ段和Ⅱ段相配合。相邻线路之间配合的原则为：保护范围重叠，则保护的动作时限不同；若动作时限相同，则保护范围不能重叠。因此，通常采取整定时限 $t_1^{Ⅱ}$ 大于下一线路保护Ⅰ段时间 $t_2^{Ⅰ}$ 一个 Δt 的措施。

对保护 1 所在线路而言，距离Ⅰ段和距离Ⅱ段的保护即构成其主保护。

距离Ⅲ段是为了相邻线路和断路器拒绝动作而做的后备保护。同时它也是距离Ⅰ段和距离Ⅱ段的后备保护。其动作时限 $t_3^{Ⅰ}$ 的整定原则与过电流保护相同，应大于下一条变电站母线出线保护的最大动作时限一个 Δt，其动作阻抗应按躲过正常运行时的最小负荷阻抗来整定。

8.5.2 距离保护的主要组成部分

一般情况下，距离保护装置主要由以下单元组成。

1. 启动单元

在故障发生时可使整套保护装置瞬间启动，以判断线路是否发生了故障，并兼有后备保护的作用。通常由过电流继电器或低阻抗继电器组成，为了提高元件的灵敏度，也可采用反映负序电流或零序电流分量的继电器组成，选用哪一种，应视线路的具体情况而定。

2. 距离单元

用来测量保护装置安装处与短路点之间的距离（阻抗）。

3. 时间单元

用来提供距离保护Ⅱ段、Ⅲ段的动作时限，以获得其所需要的动作时限特性。通常采用时间继电器或延时电路作为时间元件。

4. 振荡闭锁单元

用来防止当电力系统发生振荡时，距离保护的误动作。在正常运行或系统发生振荡时，振荡闭锁元件将保护闭锁，而当系统发生短路时，解除闭锁开放保护，使保护装置根据故障点的远、近有选择性的动作。

5. 电压回路断线失压闭锁单元

用来防止电压互感器二次回路断线失压时，引起阻抗继电器的误动作。

8.5.3 影响距离保护正常工作的因素及其防止方法

能够对距离保护正常动作产生影响的因素众多，比如电网接线中分支电路；Y/Δ 接线的变压器后发生短路；输电线路中的串联电容补偿；电力系统振荡；短路故障点的过渡电阻；互感器的误差；二次回路断线等。下面分析几个主要的影响因素。

一、过渡电阻的影响

1. 过渡电阻的性质

电力系统中的短路一般都不是金属性的，短路点通常具有过渡电阻。过渡电阻通常会使阻抗继电器的测量阻抗增大，导致距离保护Ⅰ段的保护范围缩小和距离保护Ⅱ段保护灵敏度降低，但有时也可能引起距离保护超范围动作或反方向误动作。

过渡电阻是相间短路时短路电流从一相流经另一相或接地短路时短路电流入地所经过途径电阻的总和，包括电弧电阻、中间物质电阻、导线与地间的接触电阻、金属杆塔的接地电阻等。国外的实验分析表明，当短路电流非常大时，电弧上的电压梯度几乎和电路无关，此时电弧电阻的近似计算公式为：

$$R_{ac} = 1050 \times \frac{l_{ac}}{I_{ac}} \quad (\Omega) \qquad （8-16）$$

其中，l_{ac} 为电弧长度，单位 m；I_{ac} 为电弧电流的有效值，单位 A。

电弧的长度和电流都是随时间变化的。通常在短路初始瞬间电流最大、电弧长度最小、电弧电阻的数值最小；经过几个周期后，由于风吹、空气对流和电动力的作用，电弧会被拉长，导致电弧电阻增大，起初电阻增加较慢，经过大约 0.1～0.5s 之后，电弧电阻将急剧增大，相间故障的电弧电阻一般在数欧至十几欧之间。

相间短路时的过渡电阻以电弧电阻为主，可参照式（8-16）进行估算。发生接地短路时的过渡电阻则以铁塔极其接地电阻为主，最高可达数十欧，若对地短路还经过树木或其他中间物体时，短路电阻会更高，难以准确估量。目前我国对 500kV 线路的对地短路过渡电阻按最大 300Ω 估算，对 220kV 线路则按最大 100Ω 估算。

2. 消除过渡电阻影响的措施

（1）采用瞬时测定装置

对于相间短路，过渡电阻一般为电弧电阻，具有纯电阻性质。电弧电阻的特点决定了其对距离保护的Ⅰ段影响较小，但是对于距离保护的Ⅱ段影响较大。所谓瞬时测定就是把距离元件的最初动作状态通过启动元件的动作固定下来。此后，当距离元件因短路点过渡电阻增大使测量元件返回时，保护仍可通过"瞬时测量"装置按原整定时间动作于跳闸。

（2）采用带偏移特性的阻抗继电器

采用能允许较大的过渡电阻而又不致拒动的阻抗继电器，如电抗型继电器、四边形动作特性的继电器、偏移特性阻抗继电器等，从而达到减小过渡电阻的影响。

二、电力系统振荡的影响

电力系统处于正常运行状态时，系统中所有发电机均处于同步运行状态，此时系统中各处的电压、电流有效值都是常数。当电力系统因短路切除太慢或受到较大冲击失去运行稳定时，机组间的相对角度随时间不断增大，线路中的潮流也产生较大的波动。在继电保护范围内，把这种并列运行的电力系统或发电厂失去同步的现象称为振荡。

电力系统振荡是电力系统的重大事故。振荡时，系统中各发电机电势间的相角差发生变化，电压、电流有效值大幅度变化，以这些量为测量对象的各种保护的测量元件就有可能因系统振荡而动作，对用户造成极大的影响，可能使系统瓦解，酿成大面积的停电。但运行经验表明，当系统的电源间失去同步后，它们往往能自行拉入同步，有时当不允许长时间异步运行时，则可在预定的解列点自动或手动解列。显然，在振荡之中不允许继电保护装置误动，应该充分发挥它的作用，消除一部分振荡事故或减少它的影响。

1. 振荡对距离保护影响的具体分析

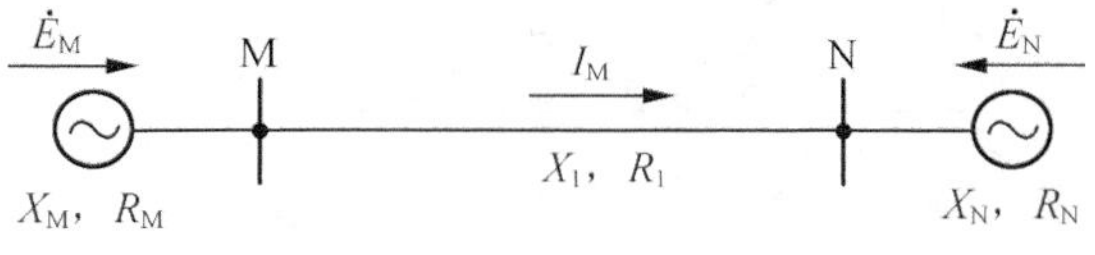

电力系统振荡时的等值电路如图 8-20 所示，设 $\dot{E}_M$ 的相角超前 $\dot{E}_N$ 为 δ，$\left|\dot{E}_M\right| = \left|\dot{E}_N\right|$，且系统中各元件阻抗角相等，则振荡电流为

图 8-20　系统振荡等值电路图

$$\dot{I}_{zd} = \frac{\dot{E}_M - \dot{E}_N}{Z_M + Z_1 + Z_N} = \frac{\dot{E}_M - \dot{E}_N}{Z_\Sigma} \qquad (8\text{-}17)$$

而 M、N 点的母线电压分别为

$$\dot{U}_M = \dot{E}_M - \dot{I}_{zd} Z_M \qquad (8\text{-}18)$$

$$\dot{U}_N = \dot{E}_N + \dot{I}_{zd} Z_N \qquad (8\text{-}19)$$

系统振荡时的电压、电流相量图如图 8-21 所示。其中 z 点位于 $\frac{1}{2}Z_{\Sigma}$ 处，被称为电气中心或振荡中心。当 $\delta = 180°$ 时，$\dot{U}_z = 0$。从电压、电流的数值看，这和在此点发生三相短路无异，但系统振荡属于不正常运行而非故障，继电保护装置不应该切除振荡中心所在的线路。因此，继电保护装置必须具备区别三相短路和系统振荡的能力，才能确保系统振荡时的正确工作。

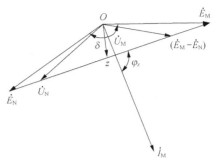

图 8-21 系统振荡时电压电流相量图

系统振荡时，联立式（8-17）和式（8-18），M 点的阻抗继电器测量值为

$$Z_{K \cdot M} = \frac{\dot{U}_M}{\dot{I}_{zd}} = \frac{1}{1 - e^{-j\delta}} Z_{\Sigma} - Z_M \qquad (8\text{-}20)$$

再利用欧拉公式和三角函数公式得

$$Z_{K \cdot M} = \left(\frac{1}{2} - \rho_m\right) Z_{\Sigma} - j\frac{1}{2} Z_{\Sigma} \cot\frac{\delta}{2} \qquad (8\text{-}21)$$

其中，$\rho_m = \dfrac{Z_M}{Z_{\Sigma}}$。

将此测量阻抗值随 δ 的变化画在以保护安装地点 M 为原点的复阻抗平面上，当系统所有阻抗角都相等时，$Z_{K \cdot M}$ 将在 Z_{Σ} 的垂直平分线 $\overline{OO'}$ 上移动，如图 8-22 所示。

当 $\delta = 0°$ 时，$Z_{K \cdot M} = \infty$；当 $\delta = 180°$ 时，$Z_{K \cdot M} = \frac{1}{2} Z_{\Sigma} - Z_M$，等于 M 点到振荡中心 z 点的线路阻抗。Z_{Σ} 的垂直平分线 $\overline{OO'}$ 任意一点与 M 点的连线即为当电势夹角为 δ 时对应的 $\dot{E}_M$ 端的测量阻抗值。

仍以变电站 M 处的保护为例，其距离保护 I 段的启动阻抗整定为 $0.85Z_1$，在图 8-23 中用 MA 表示，并由此作出各种继电器的动作特性曲线，其中曲线 1 为方向透镜型继电器特性，曲线 2 为方向阻抗继电器特性，曲线 3 为全阻抗继电器特性。

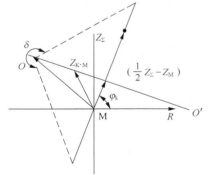

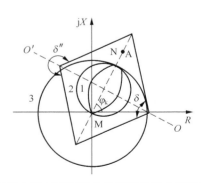

图 8-22 系统振荡时 M 点测量阻抗变化相量图   图 8-23 过渡电阻对不同动作特性阻抗继电器的影响

当系统振荡时，测量阻抗的变化如图 8-22 所示，找出各种动作特性与直线 OO' 的两个交点，其所对应动作特性的相应角度为 δ' 和 δ''，则在这两个交点的范围内继电器的测量阻抗均位于动作特性圆内，因此，继电器就要启动，即在此段范围内距离保护受系统振荡的影响可能误动。从图中可以看出，在同样整定值的条件下，全阻抗继电器受振荡的影响最大，而透镜型继电器所受的影响最小。一般而言，继电器的动作特性在阻抗复平面上沿 OO' 方向所占的面积越大，受振荡的

影响就越大。此外阻抗继电器是否误动、误动的时间长短与保护安装处位置、保护动作范围、动作特性的形状和振荡周期的长短等有关。安装位置距振荡中心越近、整定值越大、动作特性曲线在与整定阻抗垂直方向的动作区越大时，越容易受振荡的影响，振荡周期越长，误动的几率越高。

2. 距离保护振荡闭锁

由于有的距离保护装置在电力系统发生振荡时，有可能产生误动作，因此有必要设置专门的振荡闭锁回路，以防止这种误动作。若电力系统发生振荡，当 $\delta = 180°$ 时，距离保护受到的影响与振荡中心三相短路时的效果是相同的，因此构造的闭锁回路必须能够区分系统振荡和三相短路这两种不同状况。

电力系统振荡与三相短路的主要区别如下。

（1）振荡时，电流和电压的幅值均做周期性变化，只有当 $\delta = 180°$ 时才出现最严重的状况，电流和电压的变化速率较慢；短路时，短路电流和各点电压若不计衰减，是不发生变化的，电流和电压都属于突变，变化速率很快。

（2）振荡时，任一点电流和电压的相位关系都随 δ 而变化；短路时电流和电压之间的相位不变。

（3）振荡时，三相完全对称，系统中不会出现负序分量；短路时会长期（不对称短路）或瞬间（三相短路开始阶段）出现负序分量。

基于上述区别，可设计两种原理的闭锁电路：一种利用是否出现负序分量来实现，一种根据电流、电压或测量阻抗的变化速率不同来实现。

最终实现的振荡闭锁回路必须满足如下要求。

（1）系统发生振荡而无故障时，应当能够将保护可靠闭锁。

（2）若系统发生故障，则不应将保护闭锁。

（3）若在振荡的同时发生故障，应保证保护的正确动作。

（4）若故障先发生，且在保护范围之外，然后又出现振荡，保护不能无选择性动作。

构成振荡闭锁的原理有多种，但在实际中，常用以下方法。

（1）利用是否出现负序、零序分量实现闭锁

为了提高保护动作的可靠性，在系统无故障时，一般距离保护一直处于闭锁状态。当系统发生故障时，短时开放距离保护，允许保护出口跳闸，这称为短时开放。若在开放的时间内，阻抗继电器动作，说明故障点位于阻抗继电器的动作范围内，将故障切除；若在开放时间内，阻抗继电器未动作，则说明故障不在保护区内，重新将保护闭锁。原理图如图 8-24 所示。

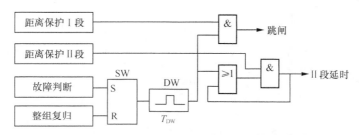

图 8-24 根据是否出现负序分量实现闭锁原理图

图中故障判断元件是实现振荡闭锁的关键元件。故障判断元件和整组复归元件在系统正常运行或因静态稳定被破坏时都不会动作,这时双稳态触发器 SW 以及单稳态触发器 DW 都不会动作，保护装置的 I 段和 II 段被闭锁，无论阻抗继电器本身是否动作，保护都不可能动作，即不会误动。电力系统发生故障时，故障判断元件立即动作，动作信号经双稳态触发器 SW 记忆，直到整组复归。SW 输出的信号又经单稳态触发器 DW，固定输出时间宽度为 T_{WD} 的脉冲，在 T_{WD} 时间内，若

阻抗判断元件的Ⅰ段或Ⅱ段动作，则允许保护无延时动作或有延时动作（距离保护Ⅱ段被自动保持）。若在T_{WD}时间内，阻抗判断元件的Ⅰ段或Ⅱ段没有动作，保护闭锁直至满足整组复归条件，准备下次开放保护。T_{WD}称为振荡闭锁开放时间或允许动作时间，其选择需要兼顾两个原则：一是要保证在正向区内故障时，保护Ⅰ段有足够的时间可靠跳闸，保护Ⅱ段的测量元件能够可靠启动并实现自保持，因而时间不能过短，一般不应小于0.1s；二是要保证在区外故障引起振荡时，测量阻抗不会在故障后的T_{WD}时间内进入动作区，因而时间又不能过长，一般不应大于0.3s。所以，通常情况下取$T_{WD}=0.1\sim0.3$s，在现代数字保护中，开放时间一般取0.15s左右。整组复归元件在故障或振荡消失后再经过一个延时动作，将SW复归，它与故障判断元件、SW配合，保证在整个一次故障过程中，保护只开放一次。但是对于先振荡后故障的情况时，保护将被闭锁，尚需要有再故障判别元件。

故障判断元件又称为启动元件，其作用仅仅是判断系统是否发生故障，而不需要判断出故障的远近及方向，对它的要求是灵敏度高、动作速度快，系统振荡时不误动。目前距离保护中应用的故障判断元件主要有反映电压、电流中负序分量或零序分量的判断元件和反映电流突变量的判断元件两种。

① 反映电压、电流中负序分量或零序分量的故障判断元件。电力系统正常运行或因静稳定破坏而引发振荡时，系统均处于三相对称状态，电压、电流中不存在负序分量或零序分量。而当发生不对称短路时，故障电压、电流中都会出现较大的负序分量或零序分量。三相对称短路时，一般由不对称短路发展而来，短时也会有负序、零序分量输出。利用负序分量或零序分量是否存在，作为系统是否发生短路的判断。

② 反映电流突变量的故障判断元件。反应电流突变量的故障判断元件是根据在系统正常或振荡时电流变化比较缓慢，而在系统故障时电流会出现突变这一特点来进行判断故障的。电流突变的检测，既可用模拟的方法实现，也可用数字的方法实现。

（2）利用阻抗变化率的不同实现闭锁

系统短路时，测量阻抗由负荷阻抗突变为短路阻抗，而在振荡时，测量阻抗缓慢变为保护安装处到振荡中心点的线路阻抗，这样，根据测量阻抗的变化速度的不同就可构成振荡闭锁。其原理可用图8-25说明。

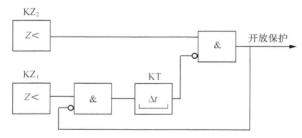

图8-25　利用阻抗变化率不同构成闭锁原理图

图中KZ_1为整定值较高的阻抗元件，KZ_2为整定值较低的阻抗元件。实质是在KZ_1动作后先开放一个Δt的延时，如果在这段时间内KZ_2动作，去开放保护，直到KZ_2返回；如果在Δt的时间内KZ_2不动作，保护就不会被开放。它利用短路时阻抗的变化率较大，KZ_1、KZ_2的动作时间差小于Δt，短时开放。但与前面短时开放不同的是，测量阻抗每次进入KZ_1的动作区后，都会开放一定时间，而不是在整个故障过程中只开放一次。由于对测量阻抗变化率的判断是由两个大小不同的圆完成的，所以这种振荡闭锁原理通常也称"大圆套小圆"振荡闭锁原理。

（3）利用动作延时实现闭锁

系统振荡时，距离保护的测量阻抗是随 δ 角的变化而变化的，当 δ 变化到某一值时，测量阻抗进入到阻抗继电器的动作区，而当 δ 角继续变化到另一角度时，测量阻抗又从动作区移出，测量元件返回。分析表明，对于按躲过最大负荷整定的距离保护Ⅲ段阻抗元件，测量阻抗落入其动作区的时间小于一个振荡周期（1～1.5s），只有距离保护Ⅲ段动作延时大于 1～1.5s，系统振荡时，保护Ⅲ段才不会误动作。

三、分支电路的影响

若保护安装地点与短路故障发生点之间有分支电路，就会产生分支电流。受此电流的影响，距离保护阻抗继电器的测量值会有所变动。

1. 助增电流的影响

图 8-26 为助增电流对测量阻抗影响的示意图。当线路 BD 上 k 点发生短路故障时，因为在短路点 k 和保护装置 KZ_A 之间，还有分支电路 CB 存在，因此 $\dot{E}_A$ 和 $\dot{E}_B$ 两个电源均向短路点提供短路电流。这时故障线路中的电流为 $\dot{I}_{BK} = \dot{I}_{AB} + \dot{I}_{CB}$。流过非故障线路 CB 的电流为 $\dot{I}_{CB}$，但此电流不流过保护装置 KZ_A。若短路点 k 在距离保护装置 KZ_A 的第Ⅱ段范围内，则此时阻抗继电器 KZ_A 的实际测量阻抗应为

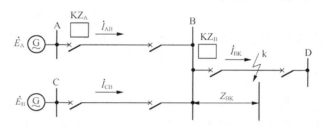

图 8-26　助增电流对阻抗继电器工作的影响

$$Z_m = Z_{AB} + K_b Z_{BK} \qquad （8-22）$$

其中，K_b 为分支系数（此时亦称助增系数），计算公式为

$$K_b = \frac{\dot{I}_{BK}}{\dot{I}_{AB}} \qquad （8-23）$$

一般情况下，K_b 为一个复数，但实际中可近似认为 $\dot{I}_{BK}$ 与 $\dot{I}_{AB}$ 同相位，因此可以认为 K_b 为一个实数。

在单侧电源辐射形电网中，继电器的测量阻抗与短路点到保护安装处之间的距离成正比。而式（8-22）则表明，当短路点与保护安装处之间有分支电路时，由于分支电流 $\dot{I}_{CB}$ 的存在，使保护装置 KZ_A 第Ⅱ段的测量阻抗不仅取决于短路点至安装点的距离，而且还取决于电流 $\dot{I}_{BK}$ 与 $\dot{I}_{AB}$ 的比值，图 8-26 所示情形，$|\dot{I}_{BK}| > |\dot{I}_{AB}|$，故 $K_b > 1$，所以实际测量阻抗（与无分支电路相比）变大了。因此这样的分支电流 $\dot{I}_{CB}$ 又被称为助增电流，其分支系数 K_b 亦被称为助增系数。

若助增电流使测量阻抗增大较多，k 点短路时，保护装置 KZ_A 的第Ⅱ段有可能不动作。换而言之，助增电流实际上会降低保护装置 KZ_A 的灵敏度。但其不影响与保护装置 KZ_A 的第Ⅰ段配合的选择性，也不影响保护装置 KZ_B 第Ⅰ段测量阻抗的正确性。

为了保证保护装置第Ⅱ段保护区的长度不变，在整定保护装置 KZ_A 的第Ⅱ段时引入分支系数，适当地增大保护的动作阻抗，以抵消由于助增电流的影响而导致的保护区缩短。

分支系数与系统的运行方式有关，在整定计算时应取实际可能运行方式下的最小值，以保证保护的选择性。因为这样整定后，如果运行方式变化出现较大的分支系数时，使得测量阻抗增大，保护范围缩小，不至于造成非选择性动作。反之，如果取实际可能运行方式下的较大值，则当运行方式变化，使分支系数减小时，将造成阻抗继电器的测量阻抗减小，保护范围伸长，有可能使保护无选择性动作。

2. 汲出电流的影响

如果保护安装处与短路点连接的不是分支电源而是负荷或单回线与平行线相连的网络，如图

8-27 所示，短路点位于平行线上时，阻抗继电器的测量阻抗亦会发生变化。当平行线之一的 k 点发生相间短路时，由 A 侧电源供给短路电流 $\dot{I}_{AB}$ 送到变电所 B 时就分成两路流向短路点 k，其中非故障支路电流为 $\dot{I}_{BC}$，故障支路电流为 $\dot{I}_{BK}$，它们之间的关系 $\dot{I}_{BK} = \dot{I}_{AB} - \dot{I}_{BC}$，流过保护装置 KZ$_A$ 的电流 $\dot{I}_{AB}$ 比故障支路电流 $\dot{I}_{BK}$ 大。此时距离保护装置 KZ$_A$ 第 II 段的实际测量阻抗为

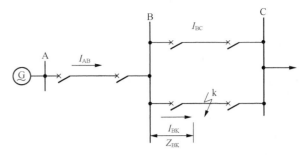

图 8-27　汲出电流对阻抗继电器工作的影响

$$Z_m = Z_{AB} + K_b Z_{BK} \tag{8-24}$$

其中，K_b 为分支系数（此时亦称汲出系数），计算公式为

$$K_b = \frac{\dot{I}_{BK}}{\dot{I}_{AB}} \tag{8-25}$$

由于此时 $|\dot{I}_{BK}| < |\dot{I}_{AB}|$，故 $K_b < 1$。与无分支电路的情况相比，保护装置 KZ$_A$ 的第 II 段测量阻抗有所减小，与助增电流相对应，$\dot{I}_{BC}$ 亦被称为汲出电流。

由于汲出电流的存在导致测量阻抗减小，也即伸长了保护区的长度，这可能造成保护的无选择性动作。为了避免这种非选择性动作，在整定计算时引入一个小于 1 的分支系数，使保护装置 KZ$_A$ 的第 II 段动作阻抗适当减少，以抵偿由于汲出电流的影响致使保护范围伸长的结果，使保护装置在任何情况下都能保证有选择地动作。

汲出系数也与系统的运行方式有关，在整定计算时仍应采用各种运行方式下最小的汲出系数。

负载电流也属于汲出电流，但与故障电流相比要小得多，其影响可以忽略不计。因为在短路状态下，负载电动机处于低负载情况，其汲出影响并不显著。

综上分析可知，K_b 是一个与电网接线有关的分支系数，其值可能大于 1、等于 1 或小于 1。当 $K_b > 1$ 时，阻抗继电器的测量阻抗增大，使阻抗继电器的灵敏度下降；当 $K_b < 1$ 时，阻抗继电器的测量阻抗减小，可能使保护失去选择性。因此正确计算助增电流和汲出电流是保证阻抗继电器正确工作的重要条件之一。为了在各种运行方式下都能保证相邻保护之间的配合关系，应按 K_b 为最小的运行方式来确定距离保护第 II 段的整定值；对于作为相邻线路远后备保护的距离 III 段保护，其灵敏系数应按助增电流为最大的情况来校验。

四、电压回路断线的影响

如果电压互感器的二次回路断线，则距离保护将失去电压，此时在负荷电流的作用下，阻抗继电器的测量阻抗变为零，有可能发生误动作。因此，在距离保护中要增加防止误动作的闭锁装置。

对断线闭锁装置的主要要求是：当电压回路发生各种可能引发保护误动作的故障情况时，要能够可靠地将保护闭锁；而当被保护线路故障时，不会因为故障电压的畸变错误地将保护闭锁，以维持保护的可靠动作，即保护需要可靠地区分以上两种情况下的电压变化。实际运行经验表明，最好的区分方法就是看电流回路是否同时发生变化。

五、其他影响因素

除了上述影响因素外，还有几种因素也会对距离保护的正确动作产生影响，比如短路电流中的暂态分量、电流互感器的过渡过程、电容式电压互感器的过渡过程、输电线路的非全相运行等。读者可自行查阅相关文献，此处不一一赘述。

8.5.4　距离保护的整定

一、距离保护的整定原则

保护装置类型的选择是根据可能出现故障的情况来确定的。目前运行中的距离保护一般都采用三段式,主要由启动元件、阻抗元件、振荡闭锁元件、瞬时测量元件、时间元件和逻辑元件等部分组成。为了对不同特性的阻抗保护进行整定,保证电力系统的安全运行,在整定计算时需要注意以下问题。

(1)各种保护在动作时限上按阶梯原则配合。

(2)相邻元件的保护之间、主保护与后备保护之间、后备保护与后备保护之间均应配合。

(3)相间保护与相间保护之间、接地保护与接地保护之间的配合,反应不同类型故障的保护之间不能配合。

(4)上一线路与下一线路所有相邻线路保护间均需相互配合。

不同特性的阻抗继电器在使用中还需考虑整定配合。

(5)对于接地距离保护,只有在整定配合要求不很严格的情况下,才能按照相间距离保护的整定计算原则进行整定。

(6)了解所选保护采用的接线方式、反应的故障类型、阻抗继电器的特性及采用的段数等。

(7)给出必需的整定值项目及注意事项。

二、距离保护的整定计算

1.　距离保护 I 段整定计算

(1)被保护线路无中间分支电路(无分支变压器)

定值计算按躲过本线路末端故障整定,通常按照被保护正序阻抗 Z_1 的80%～85%计算,距离保护 I 段整定值为

$$Z_{\text{set·I}} = K_{\text{rel}} Z_1 \qquad (8\text{-}26)$$

若为方向阻抗继电器,则最大灵敏角为:

$$\theta_{\text{sen}} = \theta_1 \qquad (8\text{-}27)$$

其中, K_{rel} 为可靠系数,通常取 0.8～0.85; θ_1 为被保护线路的阻抗角。

保护的动作时间按 $t_1 = 0\text{s}$ (保护固有动作时间)来整定。

(2)线路末端仅为一台变压器(即线路变压器组)

其定值计算按不伸出线路末端变压器内部整定,即要躲过变压器其他各侧的母线故障。整定值为

$$Z_{\text{set·I}} = K_{\text{rel}} Z_1 + K'_{\text{rel}} Z_{\text{T}} \qquad (8\text{-}28)$$

其中, K'_{rel} 为可靠系数,通常取 0.75; Z_{T} 为线路末端变压器阻抗值。

保护的动作时间按 $t_1 = 0\text{s}$ (保护固有动作时间)来整定。

(3)线路终端变电所为两台及以上变压器(均装设差动保护)并列运行

如果本线路上装设有高频保护时,距离 I 段仍可按式(8-26)的方式计算。当本线路上未装设高频保护时,则可按躲过本线路末端故障或按躲开终端变电所其他母线故障整定,即

$$Z_{\text{set·I}} = K_{\text{rel}} Z_1 + K'_{\text{rel}} Z'_{\text{T}} \qquad (8\text{-}29)$$

其中, Z'_{T} 为终端变电所变压器并联阻抗。

(4)线路终端变电所为两台及以上变压器(未装设差动保护)并联运行

按躲过本线路末端故障,或按躲过变压器的电流速断保护范围末端故障整定,即

$$Z_{\text{set·I}} = K_{\text{rel}} Z_1 + K'_{\text{rel}} Z''_{\text{T}} \qquad (8\text{-}30)$$

其中，Z_T'' 为终端变电所变压器并列运行时，电流速断保护范围的最小阻抗值。

（5）被保护线路中间接有分支线路或分支变压器

可按式（8-26）的方式计算或按照下式计算

$$Z_{\text{set·I}} = K_{\text{rel}}Z_{\text{x1}}' + K_{\text{rel}}'Z_T \tag{8-31}$$

其中，Z_{x1}' 为本线中间接分支线路（分支变压器）处至保护安装处之间的线路正序阻抗。

2. 距离保护Ⅱ段整定计算

（1）按与相邻线路距离保护Ⅰ段配合整定

$$Z_{\text{set·II}} = K_{\text{rel}}Z_1 + K_{\text{rel}}'K_bZ_{\text{set·I}}' \tag{8-32}$$

其中，$Z_{\text{set·I}}'$ 相邻距离保护Ⅰ段动作阻抗；K_{rel}' 可靠系数，一般取 0.8；K_b 为（助增）分支系数，选取可能的最小值。

保护动作时间整定为

$$t_{\text{II}} \geqslant \Delta t \tag{8-33}$$

其中，Δt 为时间差，通常取 0.5s。

若为方向阻抗继电器，则最大灵敏角为按照式（8-27）整定。

（2）躲过相邻变压器其他侧母线故障整定

$$Z_{\text{set·II}} = K_{\text{rel}}Z_1 + K_{\text{rel}}'K_bZ_T' \tag{8-34}$$

其中，Z_T' 为相邻变压器阻抗（若多台变压器并列运行时，按并联阻抗计算）；K_{rel}' 一般取 0.7～0.75。

保护动作时间及最大灵敏角的整定同上。

（3）按与相邻线路距离保护Ⅱ段配合整定

$$Z_{\text{set·II}} = K_{\text{rel}}Z_1 + K_{\text{rel}}'K_bZ_{\text{set·II}}' \tag{8-35}$$

其中，$Z_{\text{set·II}}'$ 为相邻距离保护Ⅱ段整定阻抗；K_{rel}' 一般取 0.7～0.75。

保护动作时间

$$t_{\text{II}} \geqslant t_{\text{II}}' + \Delta t \tag{8-36}$$

其中，t_{II}' 为相邻距离保护Ⅱ段动作时间。

最大灵敏角的整定同上。

（4）按保证被保护线路末端故障保护有足够的灵敏度整定

当按（1）、（2）、（3）各项条件所计算的动作阻抗在本线路末端故障时，保护的灵敏度很高，与此同时又出现保护的Ⅰ段与Ⅱ段之间的动作阻抗相差很大，使继电器的整定范围受到限制而无法满足Ⅰ段、Ⅱ段计算定值的要求时，则可改为按保证本线路末端故障时有足够的灵敏度条件整定，即

$$Z_{\text{set·II}} = K_{\text{sen}}Z_1 \tag{8-37}$$

其中，K_{sen} 为被保护线路末端故障保护的灵敏度。对最小灵敏度的要求为：当线路长度为 50km 以下时，不小于 1.5；当线路长度为 50～200km 时，不小于 1.4；当线路长度为 200km 以上时，不小于 1.3；同时应满足短路时有 10Ω 弧光电阻保护能可靠动作。

（5）当相邻线路末端装设有其他类型的保护时

① 当相邻线路装设有相间电流保护时，距离保护Ⅱ段整定值为

$$Z_{\text{set·II}} = K_{\text{rel}}Z_1 + K_{\text{rel}}'K_bZ_1' \tag{8-38}$$

其中，K_{rel}' 通常取 0.75；Z_1' 为相邻线路电流保护最小保护范围（以阻抗表示）。

Z_1' 的计算公式为

$$Z_1' = \frac{\sqrt{3}E_{\text{s·min}}}{2I_{\text{set}}'} - Z_{\text{s·max}} \tag{8-39}$$

其中，$E_{s \cdot min}$ 为系统最小运行方式相电势；$Z_{s \cdot max}$ 为系统至相邻线路保护安装处之间的最大阻抗（最小运行方式下的阻抗值）。

保护动作时间为

$$t_{II} \geqslant t' + \Delta t \tag{8-40}$$

其中，t' 为相邻的电流保护动作时间；Δt 为时间级差。

② 当相邻线路装设有电压保护时，距离保护II段整定值为

$$Z_{set \cdot II} = K_{rel}Z_1 + K'_{rel}K_b Z''_1 \tag{8-41}$$

其中，Z''_1 为相邻线路电压保护之最小保护范围（以阻抗表示），其计算公式为

$$Z''_1 = \frac{U'_{set}}{\sqrt{3}E_s - U'_{set}} \times Z_{s \cdot min} \tag{8-42}$$

其中，U'_{set} 为电压保护的整定值（线电压值）；E_s 为系统运行相电势；$Z_{s \cdot min}$ 为系统至相邻线路电压保护安装处之间的最小阻抗（最大运行方式下）。

保护动作时间整定同上。

③ 当相邻线路装设电流、电压保护时。距离保护II段的动作阻抗可分别按①、②项计算出电流、电压保护的电流元件和电压元件的保护范围 Z''_1，再按式（8-38）计算出距离保护II段的动作阻抗值。

保护动作时间整定同上。

（6）距离保护II段灵敏度

距离保护II段保护灵敏度的计算公式为

$$K_{sen} = \frac{Z_{set \cdot II}}{Z_1} \tag{8-43}$$

其中，$Z_{set \cdot II}$ 为距离保护II段阻抗整定值。

3. 距离保护III段整定计算

（1）按与相邻距离保护II段配合整定

阻抗整定值计算公式为

$$Z_{set \cdot III} = K_{rel}Z_1 + K'_{rel}K_b Z'_{set \cdot II} \tag{8-44}$$

其中，$Z'_{set \cdot II}$ 为相邻线路距离保护II段整定阻抗；K'_{rel} 一般取 0.8。

最大灵敏角为按照式（8-27）整定。

距离保护III段动作时间按以下条件分别整定。

① 相邻距离保护II段在重合闸之后不经振荡闭锁控制，且距离III段保护范围不伸出相邻变压器的其他母线时，动作时间为

$$t_{III} \geqslant t'_{II \cdot z} + \Delta t \tag{8-45}$$

其中，$t'_{II \cdot z}$ 为相邻距离II在重合闸之后不经振荡闭锁控制时的II段动作时间。

② 当III段保护范围伸出相邻变压器的其他母线时，其动作时间整定为

$$t_{III} \geqslant t'_T + \Delta t \tag{8-46}$$

其中，t'_T 为相邻变压器的后备保护动作时间。

（2）按与相邻距离III段相配合

动作阻抗整定为

$$Z_{set \cdot III} = K_{rel}Z_1 + K'_{rel}K_b Z'_{set \cdot III} \tag{8-47}$$

其中，$Z'_{set \cdot III}$ 为相邻距离III段的动作阻抗，其他同前。

动作时间整定为

$$t_{\text{III}} \geqslant t'_{\text{III}} + \Delta t \tag{8-48}$$

其中，t'_{III} 为相邻距离保护III段动作时间。

最大灵敏角为按照式（8-27）整定。

（3）按与相邻变压器的电流、电压保护配合整定

动作阻抗整定为

$$Z_{\text{set·III}} = K_{\text{rel}} Z_1 + K'_{\text{rel}} K_{\text{b}} Z' \tag{8-49}$$

其中，Z' 为电流元件或电压元件的最小保护范围阻抗值。

Z' 按以下各条件分别进行计算。

① 相邻保护为电压元件时

$$Z' = \frac{U'_{\text{set}}}{\sqrt{3} E_{\text{s}} - U'_{\text{set}}} \times Z_{\text{s·min}} \tag{8-50}$$

② 相邻保护为电流元件时

$$Z' = \frac{\sqrt{3} E_{\text{s·min}}}{2 I'_{\text{set}}} - Z_{\text{s·max}} \tag{8-51}$$

保护III段时间按式（8-46）整定。

最大灵敏角为按照式（8-27）整定。

（4）按躲过线路最大负荷时的负荷阻抗配合整定

① 当距离III段为电流启动元件时，其整定值为

$$I_{\text{set·III}} = \frac{K'_{\text{rel}} K_{\text{ss}}}{K_{\text{ret}}} I_{\text{L·max}} \tag{8-52}$$

其中，K'_{rel} 一般取 1.2~1.25；K_{ret} 为电流返回系数，取 0.85；K_{ss} 为自启动系数，通常取 1.5~2.5；$I_{\text{L·max}}$ 为线路最大负荷电流。

② 当距离III段为全阻抗启动元件时，其整定值为

$$Z_{\text{set·III}} = \frac{Z_{\text{L·min}}}{K_{\text{ret}} K_{\text{ss}} K'_{\text{rel}}} \tag{8-53}$$

其中，K_{ret} 取 1.15~1.25；$Z_{\text{L·min}}$ 为最小负荷阻抗值。

$Z_{\text{L·min}}$ 的计算公式为

$$Z_{\text{L·min}} = \frac{(0.9 \sim 0.95) U_{\text{N}}}{\sqrt{3} I_{\text{L·max}}} \tag{8-54}$$

其中，U_{N} 为额定运行时的线电压。

③ 当为方向阻抗启动元件时。

当方向阻抗元件为 0° 接线方式时，III段整定值为

$$Z_{\text{set·III}} = \frac{Z_{\text{L·min}}}{K_{\text{rel}} K_{\text{ret}} K_{\text{ss}} \cos(\varphi_{\text{L}} - \varphi_l)} \tag{8-55}$$

当方向阻抗元件为 −30° 接线方式时，III段整定值为

$$Z_{\text{set·III}} = \frac{Z_{\text{L·min}}}{K_{\text{rel}} K_{\text{ret}} K_{\text{ss}} \cos(\varphi_{\text{L}} - \varphi_l - 30°)} \tag{8-56}$$

其中，φ_L 为线路正序阻抗角；φ_l 为负荷阻抗角。

（5）距离Ⅲ段的灵敏度

线路末端灵敏度为

$$K_{sen} = \frac{Z_{set \cdot \text{Ⅲ}}}{Z_1} \tag{8-57}$$

后备保护灵敏度为

$$K_{sen} = \frac{Z_{set \cdot \text{Ⅲ}}}{Z_1 + K_b Z_1'} \tag{8-58}$$

对距离Ⅲ段灵敏度的要求：对于 110kV 线路，在考虑相邻线路相继动作后，对相邻元件后备保护灵敏度要求 $K_{sen} \geqslant 1.2$；对于 220kV 及以上线路，对相邻元件后备保护灵敏度要求 $K_{sen} \geqslant 1.3$；若后备保护灵敏度不够时，根据电力系统的运行要求，可考虑装设近后备保护；对于相邻元件为 Y/△接线的变压器，当变压器低压侧发生两相短路时，按 $\frac{U_\Delta}{I_\Delta}$ 接线的阻抗继电器，其反应短路故障的能力很差，一般起不到足够的后备作用。

4. 距离保护各段动作时限的选择配合原则

（1）距离保护Ⅰ段的动作时限

距离保护Ⅰ段的动作时限，即保护装置本身的固有动作时间，一般不大于 0.01～0.03s，不作特殊的计算。

（2）距离保护Ⅱ段的动作时限

距离保护Ⅱ段的动作时限应按阶梯式特性逐段配合。当距离保护Ⅱ段与相邻线路距离保护段Ⅰ配合时，若距离Ⅰ段动作时限（本身固有动作时间）为 0.1s 以下时，Ⅱ段动作时限可按 0.5s 考虑；当相邻距离保护Ⅰ段动作时限为 0.1s 以上时，或者与相邻变压器差动保护配合时，则距离保护Ⅱ段动作时限可选为 0.5～0.6s。当距离保护Ⅱ段与相邻距离保护Ⅱ段配合时，按 $t_{\text{Ⅱ}} = t_{\text{Ⅱ}}' + \Delta t$ 计算，其中 $t_{\text{Ⅱ}}'$ 为相邻距离保护Ⅱ段的时限。当相邻母线上有失灵保护时，距离Ⅱ段的动作时限应与失灵保护相配合，但为了降低主保护的动作时限，此情况的配合级差允许按 $\Delta t = 0.2 \sim 0.25s$ 考虑。

（3）距离保护Ⅲ段的动作时限

距离保护Ⅲ段的动作时限仍应遵循阶梯式原则，但应注意以下几点。

① 躲过系统振荡周期。距离保护Ⅲ段动作时限不得低于常见的系统振荡周期（因距离保护Ⅲ段一般不经振荡闭锁控制）。系统常见的振荡周期为 1～1.5s，故距离保护Ⅲ段动作时限应大于或等于 2s。另外，当相邻距离保护Ⅱ段经振荡闭锁控制时，为了在重合闸后距离保护能与相邻的距离保护相配合，可将距离保护Ⅲ段经重合闸后延时加速到 1.5s，这样既可满足躲过振荡的要求，又能满足与相邻距离保护Ⅲ段相配合的效果（因相邻距离保护Ⅲ段仍为大于或等于 2s 的动作时间）。

② 在环网中距离保护动作时限的配合。在环网中，距离保护Ⅲ段的动作时限，仍应按阶梯式特性逐级配合，但若所有Ⅲ段均按与相邻Ⅲ段配合，则势必出现相互循环配合的结果。为了解决这一问题，必须选取某一线路的距离保护Ⅲ段与相邻的距离保护Ⅱ段动作时限配合。此即环网中距离保护Ⅲ段动作时限的起始配合点，此起始点的选择原则是：应尽可能使整个环网距离保护Ⅲ段的保护灵敏度较高，动作时限较短，通常按以下几方面考虑

a. 若相邻线路比本线路长，则本线路距离保护Ⅲ段可考虑按与相邻距离保护Ⅱ段动作时间配合。

b. 本线路与相邻线路之间有较大的助增系数，且受运行方式变化的影响较小时，可按本线路距离保护Ⅲ段与相邻距离保护Ⅱ段动作时限配合。

c. 当相邻线路距离保护 II 段动作时限较短,而相邻线路的距离保护 III 段的动作时限又较长时,可考虑本线路距离保护 III 段与相邻距离保护 II 段动作时限相配合。

8.6 电力系统中变压器的保护

在电力系统中变压器是不可缺少的重要电器设备。它的故障将给供电可靠性和系统安全运行带来严重的影响,同时大容量的变压器也是非常贵重的设备。因此,应根据变压器容量等级和重要程度装设性能良好、动作可靠的继电保护装置。

变压器故障可分为油箱内部故障和油箱外部故障。油箱内部故障主要是指发生在变压器油箱内包括高压侧或低压侧绕组的相间短路、匝间短路、中性点直接接地系统侧绕组的单相接地短路。变压器油箱内部故障是很危险的,因为故障点的电弧不仅会损坏绕组绝缘与铁芯,而且会使绝缘物质和变压器油箱中的油剧烈汽化,由此可能引起油箱的爆炸。所以,继电保护应尽可能快地切除这些故障。油箱外部最常见的故障主要是变压器绕组引出线和套管上发生的相间短路和接地短路(直接接地系统侧),而油箱内发生相间短路的情况比较少。

变压器的不正常工作状态主要有:负荷长时间超过额定容量引起的过负荷;外部短路引起的过电流;外部接地短路引起的中性点过电压;油箱漏油引起的油面降低或冷却系统故障引起的温度升高;大容量变压器在过电压或低频等异常运行工况下导致变压器过励磁,引起铁芯和其他金属构件过热。变压器处于不正常运行状态时,继电器应根据其严重程度,发出警告信号,使运行人员及时发现并采取相应的措施,以确保变压器的安全。

为了及时消除变压器故障及变压器不正常工作状态,变压器应当设置如下保护。

(1)为应对变压器油箱内的各种短路故障和油面降低,应设置瓦斯保护。轻瓦斯保护动作为发信号,重瓦斯保护动作为跳闸。对 800kVA 及以上的油浸式变压器和 400kVA 及以上的户内油浸式变压器都需设置瓦斯保护。

(2)为应对变压器绕组、套管及引出线上的故障,以及中性点直接接地电网一侧的绕组和引线的接地故障,应根据变压器容量的不同,装设纵差保护或电流速断保护。

① 对 6.3MVA 及以上并列运行的变压器和 10MVA 单独运行的变压器以及 6.3MVA 以上厂用变压器应装设纵差保护。

② 对 10MVA 以下厂用备用变压器和单独运行的变压器,当后备保护时间大于 0.5s 时,应装设电流速断保护。

③ 对 2MVA 及以上用电流速断保护灵敏性不符合要求的变压器,应装设纵差保护。

④ 对高压侧电压为 330kV 及以上变压器,可装设双重纵差保护。

⑤ 对于发电机变压器组,当发电机与变压器之间有断路器时,发电机装设单独的纵差保护。当发电机与变压器之间没有断路器时,100MW 及以下发电机与变压器组共用纵差保护;100MW 以上发电机,除发电机变压器组共用纵差保护外,发电机还应单独装设纵差保护。对 200～300MW 的发电机变压器组也可在变压器上增设单独的纵差保护,即采用双重快速保护。

(3)为应对变压器外部相间短路导致的过电流以及为瓦斯保护和纵差保护做后备,需要设置过电流保护。

① 过电流保护宜用于降压变压器,保护装置的整定值应考虑事故状态下可能出现的过负荷电流。

② 复合电压启动的过电流保护,宜用升压变压器、系统联络变压器和过电流保护不满足灵敏性要求的降压变压器。

③ 负序电流和单相式低电压启动的过电流保护，一般用于 63MVA 及以上升压变压器。

④ 对于升压变压器和系统联络变压器，当采用上述②、③的保护不能满足灵敏性和选择性要求时，可采用阻抗保护。对 500kV 系统的联络变压器高、中压侧均应装设阻抗保护。保护可带两段时限，以较短的时限用于缩小故障影响范围，较长的时限用于断开变压器各侧断路器。

（4）为应对中性点直接接地电网的外部接地短路，需设置零序电流保护。零序电流保护通常由两段组成，每段可各带两个时限，并均以较短的时限用于缩小故障影响范围，以较长的时限用于断开变压器各侧的断路器。

（5）为防止对称过负荷，应设置反映一相电流的过负荷保护。

（6）为防止高压侧电压为 500kV 及以上变压器的频率降低或电压升高而引起的励磁电流升高，应设置过励磁保护。

（7）为应对变压器温度及油箱内压力升高或冷却系统故障，应按现行变压器标准的要求，装设可作用于信号或动作于跳闸的其他保护装置。

8.6.1　变压器的纵差动保护

一、纵差动保护基本原理

纵差动保护是变压器的主保护，如图 8-28 所示，依靠比较保护单元两侧电流的大小和相位构成。由于变压器高压侧和低压侧的额定电流不同，因此，为了保证纵差保护的正确动作，就需适当选择两侧电流互感器的变比，使得正常运行和外部故障时，两个电流相等。

在变压器正常运行或外部故障时，如图 8-28（a）所示，流入差动继电器的电流为

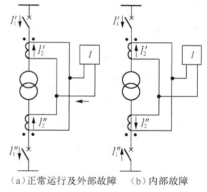

$$\dot{I}_\mathrm{k} = \dot{I}_2' - \dot{I}_2'' = \frac{1}{K_\mathrm{TA}'}\dot{I}_1' - \frac{1}{K_\mathrm{TA}''}\dot{I}_1'' \qquad （8\text{-}59）$$

这种状态下流入差动继电器的电流应当为零，则有

$$\frac{K_\mathrm{TA}''}{K_\mathrm{TA}'} = \frac{\dot{I}_1''}{\dot{I}_1'} = K_\mathrm{T} \qquad （8\text{-}60）$$

（a）正常运行及外部故障　（b）内部故障

图 8-28　纵差动保护原理图

其中，K_TA' 为高压侧互感器的变比；K_TA'' 为低压侧互感器的变比；K_T 为变压器的变比。

在变压器外部故障时，如图 8-28（b）所示，流入差动继电器的电流为

$$\dot{I}_\mathrm{k} = \dot{I}_2' + \dot{I}_2'' \qquad （8\text{-}61）$$

实际上，由于高、低压侧的互感器都有励磁电流的存在，并且其励磁特性不能完全相同，这会导致正常运行或外部故障时，流入差动继电器的电流不为零，而是一个不平衡电流。为了保证动作的选择性，差动继电器的动作电流应按躲开外部短路时出现的最大不平衡电流来整定。不平衡电流的存在会使差动继电器的动作电流增大，降低内部故障时纵差动保护的灵敏度，因此要尽量减小不平衡电流，这是所有差动保护必须解决的问题。

二、不平衡电流产生原因及应对措施

1. 变压器励磁涡流造成的不平衡电流

变压器的励磁电流只通过其接通电源一侧的绕组，因此在差动回路中不能被平衡。正常运行时，励磁电流很小，一般约为额定电流的 3%～5%。当外部短路时，由于变压器电压降低，此时的励磁电流更小，因此，在整定计算中可以不考虑。

但当变压器由空载投入运行或外部故障切除电压恢复时，会出现数值很大的励磁电流，大小可达额定电流的 6～10 倍，被称为励磁涌流。励磁涌流中含有很大的非周期分量。包含以二次谐波为主的大量高次谐波，波形之间有间断。

纵差动保护中，防止励磁涌流的措施主要如下。

（1）采用具有速饱和铁芯的差动继电器。

（2）鉴别短路电流和励磁涌流波形的差别。

（3）利用二次谐波制动等。

2. 变压器两侧电流相位差引起不平衡电流

电力系统中变压器常采用 Y，d11 接线方式，因此，变压器两侧电流的相位差为 30°，如果两侧电流互感器采用相同的接线方式，即使两侧电流数值相同，也会产生 $2I_1\sin 15°$ 的不平衡电流。因此，必须补偿由于两侧电流相位不同而引起的不平衡电流。具体方法是将 Y，d11 接线的变压器星形接线侧的电流互感器接成三角形接线，三角形接线侧的电流互感器接成星形接线，这样可以使两侧电流互感器二次连接臂上的电流 I_{AB2} 和 I_{ab2} 相位一致，如图 8-29（a）所示。电流相量图如图 8-29（b）所示。按图 8-29（a）接线进行相位补偿后，高压侧保护臂中电流比该侧互感器二次侧电流大 $\sqrt{3}$ 倍，为使正常负荷时两侧保护臂中电流接近相等，故高压侧电流互感器变比应增大 $\sqrt{3}$ 倍。在实际接线中，必须严格注意变压器与两侧电流互感器的极性要求，防止发生差动继电器的电流相互接错，极性接反现象。在变压器的纵差保护投入前要做接线检查，在运行后，如测量不平衡电流值过大不合理时，应在变压器带负载时，测量互感器一、二次侧电流相位关系，以判别接线是否正确。

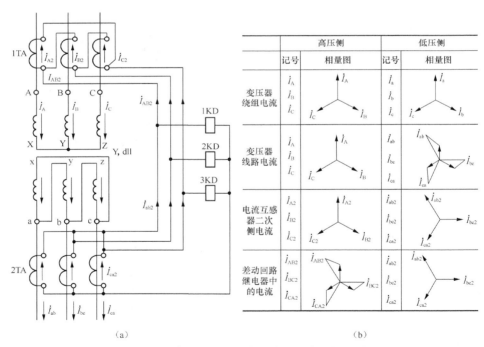

图 8-29 变压器两侧电流互感器接线及相量图

3. 互感器计算变比与实际变比不同引起不平衡电流

变压器高、低压两侧电流的大小是不相等的。为了满足正常运行或外部短路时流入继电器差回路的电流为零，则应使高、低压侧流入继电器的电流相等，则高、低压侧电流互感器变比的比值应等于变压器的变比。但实际上由于电流互感器在制造上的标准化，往往选出的是与计算变比相接近且较大的标准变比的电流互感器。这样，由于变比的标准化使得其实际变比与计算变比不一致，从而产生不平衡电流。

4. 互感器型号不同引起不平衡电流

由于变压器各侧电压等级和额定电流不同，所以变压器各侧的电流互感器型号不尽相同，它们的饱和特性、励磁电流（归算至同一侧）也就不同，从而在差动回路中产生较大的不平衡电流。

5. 变压器带负荷调整分接头引起不平衡电流

变压器带负荷调节分接头是电力系统中电压调整的一种方法，改变分接头就是改变变压器的变比。在整定计算中，纵差保护只能按照某一变比整定，选择恰当的平衡线圈减小或消除不平衡电流的影响。当纵差保护投入运行后，在调压抽头改变时，一般不可能对纵差保护的电流回路重新操作，因此又会出现新的不平衡电流。不平衡电流的大小与调压范围有关。

三、整定计算

1. 纵差保护动作电流的整定原则

（1）躲过电流互感器二次回路断线时引起的差动电流

变压器某侧电流互感器二次回路断线时，另一侧电流互感器的二次电流全部流入差动继电器中，此时引起保护误动。有的纵差保护采用断线识别的辅助措施，在互感器二次回路断线时将纵差保护闭锁。若没有断线识别措施，则纵差保护的动作电流必须大于正常运行情况下变压器的最大负荷电流，即

$$I_{set} = K_{rel} I_{L \cdot max} \tag{8-62}$$

当负荷电流不能确定时，可采用变压器的额定电流，可靠系数一般取 1.3。

（2）躲过保护范围外部短路时的最大不平衡电流

$$I_{unb \cdot max} = (K_{st} \times 10\% + \Delta U + \Delta f) \frac{I_{k \cdot max}}{K_{TA}} \tag{8-63}$$

其中，10% 为电流互感器容许的最大相对误差；K_{st} 为电流互感器的同型系数，取为 1；ΔU 为由变压器带负荷调压所引起的相对误差，取电压调整范围的 $1/2$；Δf 为由所采用的互感器变比或平衡线圈的匝数与计算值不同时，所引起的相对误差，初算时取 0.05。

（3）躲过变压器的最大励磁涌流

$$I_{set} = K_{rel} K_u K_N \tag{8-64}$$

其中，K_{rel} 为可靠系数，取 1.3～1.5；I_N 为变压器的额定电流；K_u 励磁涌流的最大倍数（即励磁涌流与变压器额定电流的比值），一般取 4～8。

由于变压器的励磁涌流很大，实际的纵差保护通常采用其他措施来减少它的影响，一种是通过鉴别励磁涌流和故障电流，出现励磁涌流时将纵差保护闭锁，这时在整定计算中就不必考虑励磁涌流的影响，即励磁涌流倍数为零；另一种是采用速饱和变流器减少励磁涌流产生的不平衡电流。采用加强型速饱和变流器的纵差保护（BCH2 型）时，励磁涌流倍数取 1。

按上面 3 个条件计算纵差保护的动作电流，选取最大值作为保护的整定值。所有电流都是折算到电流互感器的二次值。对于 Y，d11 接线的三相变压器，在计算故障电流和负荷电流时，要注意 Y 侧电流互感器的接线方式，通常在 d 侧计算较为方便。

2. 纵差保护动作灵敏系数的校验

灵敏系数按下式校验

$$K_{sen} = \frac{I_{k \cdot min}}{I_{set}} \tag{8-65}$$

其中，$I_{k \cdot min}$ 为各种运行方式下变压器内部故障时，流经差动继电器的最小差动电流，即采用

在单侧电源供电时，系统在最小运行方式下，变压器发生短路时的最小短路电流。按要求，灵敏系数一般不小于 2。当不能满足要求时，则需采用具有制动特性的差动继电器。

必须指出，即使灵敏系数校验能满足要求，但对变压器内部的匝间短路、轻微故障等，纵差保护往往不能迅速、灵敏地动作。运行经验表明，在此情况下，常常都是瓦斯保护先动作，然后待故障进一步发展，纵差保护才动作。显然可见，纵差保护的整定值越大，则对变压器内部故障的反应能力越低。

8.6.2 变压器的电流和电压保护

为了反映变压器外部故障引起的变压器绕组过电流以及作为变压器内部故障时纵差动保护和瓦斯保护的后备保护，变压器需设置过电流保护。常用的保护方式有：过电流保护、低压启动过电流保护、复合电压启动过电流保护和负序过电流保护等。

一、过电流保护

变压器的过电流保护单相接线如图 8-30 所示。保护动作以后，应使变压器两侧的断路器跳闸。

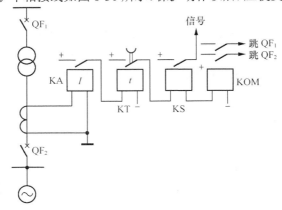

图 8-30 变压器过电流保护单相接线原理图

保护装置的启动电流整定需要躲开变压器可能出现的最大负荷电流 $I_{L \cdot max}$，具体如下。

（1）对并列运行的变压器需考虑突然切除一台时出现的过负荷，若所有变压器容量均相等，则

$$I_{set} == \frac{K_{rel}}{K_{re}} \cdot I_{L \cdot max} = \frac{K_{rel}}{K_{re}} \cdot \frac{n}{n-1} \cdot I_{N \cdot T} \qquad （8-66）$$

其中，K_{rel} 为可靠系数，一般取 1.2～1.3；K_{re} 为返回系数，取 0.85～0.95；n 为并列运行的最少的变压器台数；$I_{N \cdot T}$ 为每台变压器的额定电流。

（2）对降压变压器，需考虑低压侧负荷电动机的最大启动电流，则

$$I_{set} = \frac{K_{rel}}{K_{re}} \cdot I_{L \cdot max} = \frac{K_{rel} K_{ss}}{K_{re}} \cdot I_{N \cdot T} \qquad （8-67）$$

其中，K_{ss} 为自启动系数，具体取值与网络接线和负荷性质有关，比如对 110kV 降压变电站的 6～10kV 一侧，取 1.5～2.5，而 35kV 一侧，则取 1.5～2.0。

按以上条件选择的启动电流，其值一般较大，往往不能满足作为相邻元件后备保护的要求，为此需要采用后面几种提高灵敏度的方法。

二、低电压启动过电流保护

低电压启动的保护装置接线原理如图 8-31 所示，保护的启动元件包括电流继电器和低电压继电器。只有当电流继电器和低电压继电器同时动作后，时间继电器才能启动，再经过预设的延时后，才启动出口中间继电器用于跳闸。

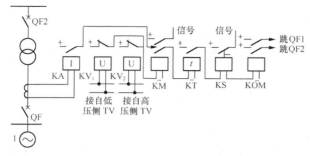

图 8-31　低压启动过电流保护接线原理图

低压继电器的作用是保证在某一台变压器突然切除或者电动机自启动时保护不动作。因此电流继电器的整定值可以不用考虑可能出现的最大负荷电流，只需按照躲过变压器的额定电流整定即可

$$I_{\text{set}} = \frac{K_{\text{rel}}}{K_{\text{re}}} I_{\text{N·T}} \tag{8-68}$$

而低电压继电器的启动值要小于正常运行时母线上可能出现的最低工作电压，同时，在外部故障切除后电动机自启动过程中，低电压继电器必须返回。根据运行经验，一般取

$$U_{\text{set}} = 0.7 U_{\text{N·T}} \tag{8-69}$$

其中 $U_{\text{N·T}}$ 为变压器的额定电压。

低电压继电器的灵敏系数校验则按照以下公式

$$K_{\text{sen}} = \frac{U_{\text{set}}}{U_{\text{k·max}}} \tag{8-70}$$

其中 $U_{\text{k·max}}$ 为最大运行方式下，灵敏系数校验点短路时，保护安装处的最大电压。

对升压变压器，如低电压继电器只接在一侧电压互感器上，则当另一侧短路时，灵敏度往往不能满足要求。为此，可采用两套低电压继电器分别接在变压器高、低压侧的电压互感器上，并将其触点并联，以提高灵敏度，如图 8-31 所示。

为防止电压互感器二次回路断线后保护误动作，设置了中间继电器 KM。当电压互感器二次回路断线时，低电压继电器动作，启动中间继电器，发出电压回路断线信号。由于这种接线比较复杂，所以近年来多采用复合电压启动的过电流保护和负序电流保护。

三、复合电压启动过电流保护

若低电压启动的过电流保护的低电压继电器灵敏系数不满足要求，可采用复合电压启动的过电流保护。其原理接线如图 8-32 所示。

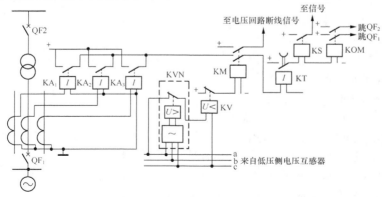

图 8-32　复合电压启动的过电流保护接线原理图

保护由 3 部分组成如下。

（1）电流元件。由接于相电流的继电器 KA$_1$~KA$_3$ 组成。

（2）电压元件。由反应不对称短路的负序电压继电器 KVN（内附有负序电压过滤器）和反应对称短路接于相间电压的低电压继电器 KV 组成。

（3）时间元件。由时间继电器 KT 构成。

装置动作情况如下：当发生不对称短路时，故障相电流继电器动作，同时负序电压继电器动作，其常闭触点断开，致使低电压继电器 KV 失压，常闭触点闭合，启动闭锁中间继电器 KM。相电流继电器通过 KM 常开触点启动时间继电器 KT，经整定延时启动信号和出口继电器，将变压器两侧断路器断开。当发生三相对称短路时，由于短路初始瞬间也会出现短时的负序电压，使 KVN 动作，KV 继电器也随之动作，待负序电压消失后，KVN 继电器返回，则 KV 继电器又接于线电压上，由于三相短路时，三相电压均降低，故 KV 继电器仍处于动作状态，此时，保护装置的工作情况就相当于一个低电压启动的过电流保护。

保护装置中电流元件和相间电压元件的整定原则与低电压启动过电流保护相同。负序电压继电器的动作电压 $U_{2 \cdot set}$ 按躲开正常运行情况下负序电压滤过器输出的最大不平衡电压整定。据运行经验，取

$$U_{2 \cdot set} = (0.06 \sim 0.12) U_{N \cdot T} \qquad (8-71)$$

与低电压启动的过电流保护比较，复合电压启动的过电流保护具有以下优点。

（1）由于负序电压继电器的整定值较小，因此，对于不对称短路，电压元件的灵敏系数较高。

（2）由于保护反应负序电压，因此，对于变压器后面发生的不对称短路，电压元件的工作情况与变压器采用的接线方式无关。

（3）在三相短路时，如果由于瞬间出现负序电压，使继电器 KVN 和 KV 动作，则在负序电压消失后，KV 继电器又接于线电压上，这时，只要 KV 继电器不返回，就可以保证保护装置继续处于动作状态。由于低电压继电器返回系数大于 1，因此，实际上相当于灵敏系数提高了 1.15~1.2 倍。

由于具有上述优点且接线比较简单，因此，复合电压启动的过电流保护已代替了低电压启动的过电流保护，从而得到了广泛应用。

对于大容量的变压器和发电机组。由于额定电流很大，而在相邻元件末端两相短路时的短路电流可能较小，因此，采用复合电压启动的过电流保护往往不能满足灵敏系数的要求。在这种情况下，应采用负序过电流保护，以提高不对称短路时的灵敏性。

四、负序过电流保护

变压器负序过电流保护的原理接线图，如图 8-33 所示。保护装置由电流继电器 2KA 和负序电流滤过器 I_2 等组成，反应不对称短路，由电流继电器 1KA 和电压继电器 KV 组成单相低电压启动的过电流保护，反映三相对称短路。

负序电流保护的动作电流按以下条件选择。

（1）躲开变压器正常运行时负序电流滤过器出口的最大不平衡电流，其值一般为 $(0.1 \sim 0.2) I_N$，通常这不是整定保护装置的决定条件。

（2）躲开线路一相断线时引起的负序电流。

（3）与相邻元件上的负序电流保护在灵敏度上配合。

由于负序电流保护的整定计算比较复杂，实用上允许根据下列原则进行简化计算。

（1）当相邻元件后备保护对其末端短路具有足够的灵敏度时，变压器负序电流保护可以不与这些元件后备保护在灵敏度上相配合。

（2）进行灵敏度配合计算时，允许只考虑主要运行方式。

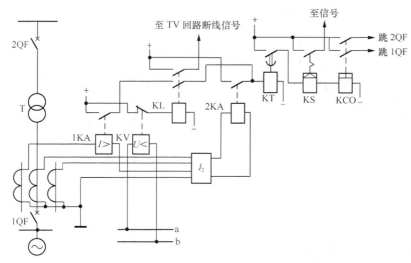

图 8-33 负序过电流保护的原理接线图

（3）在大接地电流系统中，允许只按常见的接地故障进行灵敏度配合，例如只与相邻线路零序电流保护相配合。

为简化计算，可暂取

$$I_{2 \cdot set} = (0.5 \sim 0.6) I_N \qquad （8-72）$$

然后直接校验保护的灵敏度

$$K_{sen} = \frac{I_{2 \cdot K \cdot max}}{I_{2 \cdot set}} \geqslant 1.2 \qquad （8-73）$$

其中，$I_{2 \cdot K \cdot max}$ 为在负序电流最小的运行方式下，远后备保护范围末端不对称短路时，流过保护的最小负序电流。

8.6.3 变压器的瓦斯保护

当变压器内部发生故障，比如轻微的匝间短路或绝缘破坏引起的经电弧电阻的接地短路，由于故障点电流和电弧的作用，使得变压器油及其他绝缘材料因局部受热而分解产生气体。气体因为比重较轻的缘故会从油箱流向油枕的上部。若发生的故障比较严重，油会迅速膨胀并产生大量气体，产生剧烈的气体夹杂着油流冲向油枕的上部的现象。利用变压器内部故障时的这一特点构成的保护装置称为瓦斯保护，瓦斯保护反映了变压器内部故障时油箱内气体的数量和流动的速度。

如果变压器内部发生严重漏油或匝数很少的匝间短路、铁芯局部烧损、线圈断线、绝劣化和油面下降等故障时，往往纵差保护等其他保护均不能动作，而瓦斯保护却能够动作。因此，瓦斯保护是变压器内部故障最有效的一种主保护。

瓦斯保护的主要元件是瓦斯继电器，其安装位置如图 8-34 所示，位于变压器油箱与油枕间的连接导油管中。这样，故障发生时，油箱内的气体必须通过瓦斯继电器才能流向油枕。为了使气体能够顺利地进入瓦斯继电器和油枕，变压器安装时应使顶盖沿瓦斯继电方向与水平面保持 1%～1.5% 的升高坡度，通往继电器的导油管具有不小于 2%～4% 的升高坡度。

瓦斯继电器的种类繁多，国内应用最广泛的是开口杯挡板式瓦斯继电器，其内部结构如图 8-35 所示。正常运行时，上、下开口杯 2 和 1 都浸在油中，开口杯和附件在油内由于重力作用所产生的力矩小于平衡锤 4 所产生的力矩，因此开口杯向上倾，干簧触点 3 断开。

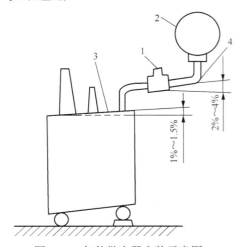

图 8-34 气体继电器安装示意图

1—瓦斯继电器；2—油枕；
3—变压器顶盖；4—连接管道

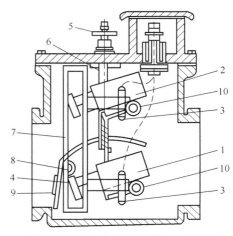

图 8-35 开口杯挡板式继电器结构图

1—下开口杯；2—上开口杯；3—干簧触点；4—平衡锤；5—放气阀；
6—探针；7—支架；8—挡板；9—进油挡板；10—永久磁铁

当变压器内部发生轻微故障时，产生的气体逐渐汇集在继电器的上部，迫使继电器内油面下降，而使开口杯露出油面，此时由于浮力的减小，开口杯和附件在空气中的重力加上油杯内油重所产生的力矩大于平衡锤 4 所产生的力矩，于是上开口杯 2 沿顺时针方向转动，带动永久磁铁 10 靠近干簧触点 3，使触点闭合，发出"轻瓦斯"保护动作信号。

当变压器油箱内部发生严重故障时，大量气体和油流直接冲击挡板 8，使下开口杯 1 沿顺时针方向旋转，带动永久磁铁靠近下部干簧的触点 3，使之闭合，发出跳闸脉冲，发出"重瓦斯"保护动作信号。

当变压器严重漏油而使油面逐渐降低时，上开口杯首先露出油面，发出报警信号，进而当下开口杯也露出油面后，继电器动作，发出跳闸脉冲。

瓦斯保护的原理接线如图 8-36 所示，瓦斯继电器 KG 的上接点由开口杯控制，闭合后延时发出"轻瓦斯动作"信号上面的触点表示"轻瓦斯"保护，动作经延时后发出报警信号；KG 的下接点由挡板控制，动作后经信号继电器 KS 启动继电器 KOM，使变压器各侧断路器跳闸。

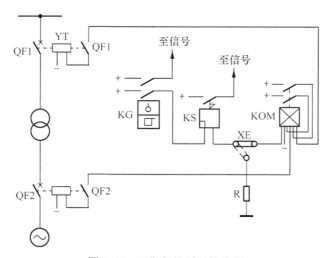

图 8-36 瓦斯保护原理接线图

为防止变压器油箱内严重故障时油速不稳定，出现跳动现象而失灵，出口中间继电器 KOM 具有自保持功能，利用 KOM 第三对触点进行自锁以保证断路器可靠跳闸。为了防止瓦斯保护在变压器换油、瓦斯继电器试验、变压器新安装或大修后投入运行之初时误动作，出口回路设有切换片 XE，将 XE 倒向电阻 R 侧，可使重瓦斯保护改为只发信号。瓦斯保护动作后，应从瓦斯继电器上部排气口收集气体，进行分析。根据气体的数量、颜色、化学成分、可燃性等，判断保护动作的原因和故障的性质。

瓦斯保护的优点是能反映油箱内各种故障，且动作迅速、灵敏性高、接线简单，缺点是不能反映油箱外的引出线和套管上的故障。故不能作为变压器唯一的主保护，需与纵差保护配合工作，共同作为变压器的主保护。

8.7　电力电容器的保护

本节讨论的电力电容器是指并联电容器组，它的主要作用是利用其无功功率补偿工频交流电力系统中的感性负荷，提高电力系统的功率因数、改善电压质量、降低线路损耗。电容器组由许多单台小容量的电容器串、并联组成。电容器可集中安装于变电站母线（称集中补偿），也可以分散到设备（称就地补偿）。接线方式是并联在交流电气设备、配电网及电力线路上。为了抑制高次谐波电流和合闸涌流，并能同时抑制开关熄弧后的重燃，一般在电容器主回路中串联接入一只小电抗器。为了确保电容器组停运后的人身安全，电容器组均装有放电装置，低压（0.4kV）电容器组一般通过放电电阻放电，高压（6～35kV）电容器组通常用电抗器或电压互感器作放电装置。为了保证电力电容器安全运行，与其他电气设备一样，电力电容器也应配置适当的保护。

一、故障的特点及其保护

1. 并联电容器组的主要故障及其保护方式

（1）电容器组与断路器之间连接线发生短路。对于电容器组与断路器之间连接线发生的短路故障，应采用带短延时的过电流保护。而不宜采用电流速断保护，因为速断保护要考虑躲过电容器组合闸冲击电流及对外放电电流的影响，其保护范围和效果不能充分利用。

（2）单台电容器内部极间短路。对于单台电容器内部绝缘损坏而发生极间短路，通常是对每台电容器分别装设专用的熔断器，其熔丝的额定电流可取电容器额定电流的 1.5～2 倍。

单台电容器内部由若干带埋入式熔丝和电容元件并联组成。一个元件发生短路故障，由熔丝熔断自动切除，不影响电容器的运行，因而对单台电容器内部极间短路，理论上可不外装熔断器，但按我国电力系统运行习惯，为防止电容器箱壳爆炸，一般都装设外部熔断器。

（3）电容器组多台电容器故障。包括电容器的内部故障及电容器之间连线上的故障。如果仅一台电容器发生故障，由其专用的熔断器切除，而对整个电容器组无多大影响，因为电容器具有一定的过载能力。但是当多台电容器发生故障并切除之后，就可能使留下来继续运行的电容器严重过载或过电压，这是不允许的，电容器之间连线上的故障同样会产生严重后果，为此，需考虑保护措施。

电容器组的继电保护方式随其接线方案的不同而异。总的来说，尽量采用简单可靠而又灵活的接线把故障检测反映出来。常用的保护方式有：零序电压保护、电压差动保护、电桥式差电流保护、中性点不平衡电流或不平衡电压保护及横差保护等。

2. 并联电容器组不正常运行及其保护方式

（1）电容器组过负荷。电容器组过负荷是由系统过电压及高次谐波电流所引起，按照国标规定，电容器应能在有效值为 1.3 倍额定电流下长期运行，对于电容量具有最大正偏差的电容器，过电流值允许达到 1.43 倍额定电流。

由于按规定电容器组必须装设反映母线电压稳态升高的过电压保护，又由于大容量电容器组一般需装设抑制高次谐波的串联电抗器，故可以不装设过负荷保护。仅当系统高次谐波含量较高，或电容器组投运后经过实测，在其回路中的电流超过允许值时，才装设过负荷保护。保护延时动作于信号。为了与电容器的过载特性相配合，宜采用反时限特性的感应式电流继电器。当用反时限特性的感应式电流继电器时，可与前述的过电流保护结合起来。

（2）母线电压升高。电容器组只能允许在 1.1 倍额定电压下长期运行，因此，当系统引起母线电压稳态升高时，为保护电容器组不致损坏，应装设母线过电压保护，且延时动作于信号或跳闸。

（3）电容器组失压。当系统故障线路断开引起电容器组失去电源，而线路重合又使母线带电，电容器组端子上残余电压又未放电到 0.1 倍额定电压时，可能使电容器组承受高于长期允许的 1.1 倍额定电压的合闸过电压，而使电容器组损坏，因而应装设失压保护。

二、电力电容器保护的构成

1. 电容器组与断路器之间连线短路故障的电流保护

当电容器组与断路器之间连接线发生短路时，设置带短延时的过电流保护，电流保护可以采用两相两继电器式或两相电流差接线，也可以采用三相三继电器式接线。电容器组三相三继电器式接线的电流保护原理接线图如图 8-37 所示。其动作电流、动作时限及灵敏度校验整定计算如下。

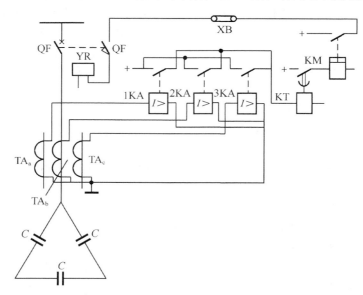

图 8-37　电容器组过电流保护原理接线图

动作电流整定公式为

$$I_{op} = \frac{K_{rel}K_w}{K_1}I_e \qquad (8\text{-}74)$$

其中，K_{rel} 为可靠系数，一般取 2～2.5；K_w 为接线系数；K_1 为电流互感器变比；I_e 为电容器组回路额定电流。

保护灵敏度校验公式为

$$S_p = \frac{K_w I_{k\cdot min}^{(2)}}{K_i I_{op}} \geqslant 1.2 \sim 1.5 \qquad (8\text{-}75)$$

其中，$I_{k\cdot min}^{(2)}$ 为系统最小运行方式下，保护装置安装处的两相短路电流。

保护装置应带 0.2s 以上时限，以躲过涌流。一般整定为 0.3～0.5s。

2．电容器组的横连差动保护

电容器组的横连差动保护，用于保护双三角形连接的电容器组的内部故障，其原理接线图如图 8-38 所示。

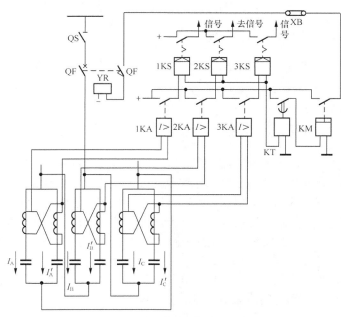

图 8-38　电容器组的横连差动保护原理接线图

在 A、B、C 三相中，每相都分成两个臂，在每个臂中接入一只电流互感器，同一相两臂电流互感器二次侧按电流差接线，即流过每一相电流继电器的电流是该相两臂电流之差，所以称作差动保护。各相差动保护是分相装设的，而三相电流继电器差动接成并联。由于电容器组接成双三角形接线，对于同一相两臂电容量要求比较严格，应该尽量做到相等。对于同一相两臂中的电流互感器，其变比也应相同，而且其特性也尽量一致。在正常运行情况下，电流继电器都不会动作，如果在运行中任意一个臂的某一台电容器的内部有部分串联元件击穿，则该臂的电容量增大，其容抗减小，因而该臂的电流增大，使两臂电流失去平衡。当两臂电流之差大于整定值时，电流继电器动作启动整套保护。电流继电器的整定按以下两个原则进行计算。

（1）为了防止误动作，电流继电器的整定值必须躲开正常运行时电流互感器二次回路中由于各臂的电容量大小不一致而引起的最大不平衡电流，即

$$I_{op} = K_{rel} I_{dsq \cdot max} \tag{8-76}$$

其中，K_{rel} 为可靠系数，取 2；$I_{dsq \cdot max}$ 为正常运行时二次回路最大不平衡电流。

（2）在某台电容器内部有 50%～70% 串联元件击穿时，保证装置有足够的灵敏系数，即

$$I_{op} = \frac{I_{dsq}}{S_p} \tag{8-77}$$

其中，S_p 为横差保护灵敏系数，取 1.8；I_{dsp} 为电容器内部 50%～70% 串联元件击穿时，二次回路不平衡电流。

为了躲开电容器投入合闸瞬间的充电电流，以免引起保护的误动作，在接线中采用了延时 0.2s

时间继电器。

3. 中性线电流平衡保护

中性线电流平衡保护用于保护双星形接线电容器组的内部故障,其原理接线图如图 8-39 所示。

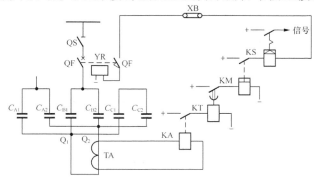

图 8-39   电容器组不平衡电流保护原理接线图

由图可见,在两个星形的中性点之间的连线上,接入一只电流互感器 TA,其二次侧接入电流继电器 KA。这种接线方式的原理实质是比较每相并联支路中电流的大小。当两组电容器各对应相电容器的比值相等时,中性点连接线上的电流为零,而当其中一台电容器内部故障有 70%~80%串联元件击穿时,中性点连接线上出现的故障电流会使电流继电器动作,使断路器跳闸。电流继电器动作电流的整定原则同横差保护,如下。

(1)为了防止误动作,电流继电器的整定值必须躲开正常运行时电流互感器二次回路中由于各臂的电容量大小不一致而引起的最大不平衡电流,即

$$I_{op} = K_{rel} I_{dsq \cdot max} \tag{8-78}$$

其中, K_{rel} 为可靠系数,取 1.5; $I_{dsq \cdot max}$ 为正常运行时二次回路最大不平衡电流。

(2)在某台电容器内部有 70%~80%串联元件击穿时,为保证装置有足够的灵敏系数,即

$$I_{op} = \frac{I_q}{S_p} \tag{8-79}$$

其中, S_p 为横差保护灵敏系数,取 1.8; I_p 为电容器内部 50%~70%串联元件击穿时,二次回路不平衡电流。

4. 电容器组过电压保护

为了防止在母线电压波动幅度比较大的情况下,导致电容器组长期过电压运行,应该装设过电压保护装置,其原理接线图如图 8-40 所示。

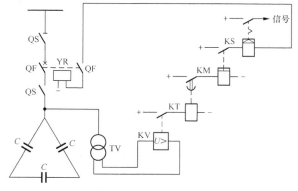

图 8-40   电容器组的过电压保护

当电容器组所接母线电压升高时，为保护电容器组不致损坏，过电压保护延时动作于信号或跳闸。当电容器组有专用的电压互感器时，过电压继电器 KV 接于专用电压互感器二次侧，如果无专用电压互感器时，可以将过电压继电器接于母线电压互感器二次侧。

过电压继电器的动作电压按下式整定，即

$$U_{op} = K_U \frac{U_{NC}}{K_u} \qquad (8\text{-}80)$$

其中，K_U 为电容器长期允许的过电压倍数，一般取 1.1；K_u 为电压互感器变比；U_{NC} 电容器的额定电压。

过电压保护装置宜采用反时限特性继电器。当电容器组设有以电压为判据的自动投切装置时，可不另设过电压保护。

5. 电容器组失压保护

在变电所中，一般只有单电源情况下装设失压保护，失压保护的动作电压一般取 0.5 倍母线额定电压，带延时动作于跳闸。

8.8　线路的自动重合闸

8.8.1　自动重合闸的要求和特点

实际运行经验表明，电力系统的故障多为线路故障（尤其是架空线故障），并且这些故障大多是暂时性的，如雷击过电压引起的绝缘子表面闪络，树枝落在导线上引起的短路，大风时的短时碰线，通过鸟类的身体放电等。发生此类故障时，继电保护往往能迅速动作，将故障点断开，由于故障产生电弧随之熄灭，绝缘强度重新恢复，原来引起故障的树枝、鸟类等也被电弧烧掉而消失。这时若重新合上断路器，就能迅速恢复供电。因此常称这类故障为暂时性故障。此外，输电线路上也可能发生由于倒杆、断线、绝缘子击穿等引起的永久性故障，这类故障被继电保护切除后，如重新合上断路器，由于故障依然存在，线路还要被继电保护装置切除，因而就不能恢复正常的供电。

鉴于故障的上述特性，如果可以让断路器断开后能够再进行一次合闸，就有可能恢复供电（故障为暂时性故障），从而可减少停电时间，提高供电的可靠性。重新合上断路器的工作可由运行人员手动操作进行，但如此一来时间间隔过长，用户的电动机多数可能已经停止运行，这种重新合闸的效果就不显著。为此，在电力系统中广泛采用了自动重合闸装置（简称 AR），当断路器跳闸后，自动重合闸装置能自动将断路器重新合闸。

自动重合闸装置本身并不具备判断故障是暂时性的还是永久性的能力，因此，在执行重合动作之后，有可能成功恢复供电（暂时性故障），也有可能不能恢复供电。重合成功的次数与总动作次数之比称为重合闸的成功率。运行统计资料显示，输电线路自动重合闸的成功率在 60%～90%。微机保护中重合闸装置应用自适应原理可在重合之前先判断是瞬时性故障还是永久性故障，然后决定是否重合，这样可大大提高重合闸的成功率。

在输电线路上采用自动重合闸装置，可以为电力系统带来如下好处。

（1）在输电线路发生暂时性故障时，能迅速恢复供电，从而能提高供电的可靠性。

（2）对于双侧电源的输电线路，可以提高系统并列运行的稳定性。

（3）在电网的设计与建设过程中，有些情况下由于考虑重合闸的作用，可以暂缓架设双回线路，以节约投资。

（4）可以纠正由于断路器本身机构的问题或继电保护误动作引起的误跳闸。

任何事物都具有两面性，除了上述的正面作用外，线路安装自动重合闸装置后，若线路发生的是永久性故障，则自动重合闸也可能带来以下负面影响。

（1）使电力系统再次受到同样故障的冲击，有可能会影响电力系统并列运行的稳定性。

（2）大大恶化断路器的工作环境，因为断路器需要在短时间内连续两次切断短路电流。对于油断路器而言，这种情况必须予以考虑。第一次跳闸时，电弧的作用会使绝缘介质的绝缘强度降低，因此，重合后第二次跳闸是在绝缘强度已经降低的不利条件下进行的。油断路器在采用了重合闸以后，其遮断容量必然要不同程度地降低（一般降低到80%左右）。因此在短路容量较大的系统中，自动重合闸的应用要受到一定限制。这使得自动判断故障的暂时性或永久性、自动检测消弧情况以及自适应自动重合闸的研究变得很有必要。经过广大科研人员的努力，尤其是随着微机继电保护的迅速发展，这一技术目前已趋于成熟并开始在电力系统中试运用。比如在中性点经消弧线圈接地的电网中，微机自适应重合闸可根据消弧线圈中电流大小自动判断弧光熄灭情况以及自动调整重合闸的时间。

8.8.2 单侧电源线路的三相一次自动重合闸

由于单侧电源线路不需要考虑电源间同步的检查问题，三相同时跳开，重合时无需区分故障类别和选择故障相，因此三相一次自动重合闸的实现较为简单。在电力系统中，三相一次自动重合闸的应用十分广泛。这种重合闸的实现元件有电磁型、晶体管型、集成电路型及微机型等，它们的工作原理是相同的，只是实现的方法不同，基本原理如图8-41所示，主要由启动元件、延时元件、一次合闸脉冲元件以及执行元件4大部分组成。

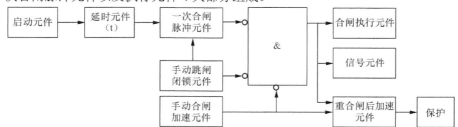

图 8-41　三相一次自动重合闸工作原理框图

当输电线路上发生单相接地短路或者相间短路时，继电保护装置均会动作使线路的三相断路器断开，然后启动自动重合闸装置。经预定延时（一般为0.5～1.5s）发出重合闸脉冲，将三相断路器同时合上。若为暂时性故障，则重合成功，线路继续运行；若为永久性故障，则继电保护将三相断路器再次断开，此后自动重合闸装置不再重合。

图8-41所示原理框图各主要部分具体工作如下。

（1）启动元件。当继电保护或其他非手动原因引起断路器跳闸后，自动重合闸启动元件均应启动。启动元件一般由断路器的辅助常闭触点或合闸位置继电器的触点构成，当断路器由合闸位置变为跳闸时，立即发出启动指令。

（2）延时元件。启动元件发出启动指令后，时间元件开始记时，达到预定的延时 t（重合闸时间）后，发出一个短暂的合闸命令，触发一次合闸脉冲元件。重合闸动作时间要满足断路器跳闸后故障点有足够去游离时间以保证自动重合闸成功。

（3）一次合闸脉冲元件。被触发后，它立即发出一个自动重合闸的脉冲命令，并且开始记时。经过 15～25s 后，一次合闸脉冲元件自动复归，为下一次合闸动作做准备。在此期间内，即使再有延时元件发出命令，一次合闸脉冲元件也不会被触发。这就保证了在断路器一次跳闸后有足够的时间合上（暂时性故障）和再次跳开（对永久性故障），而不会出现多次重合。

（4）手动跳闸闭锁元件。为了避免手动跳开断路器时，启动自动重合闸回路，常设置闭锁环节，使其不能形成合闸命令。

（5）手动合闸、重合闸后加速元件。若将断路器手动合闸到带故障的线路上时，不仅不需要自动重合，而且还要通过重合闸后的加速元件使继电保护迅速动作，断开断路器。

（6）合闸执行元件。接到合闸信号后，使断路器合闸一次。

（7）信号元件。提醒工作人员，自动重合闸装置已发生动作。

8.8.3 双侧电源线路的三相一次自动重合闸

一、特点

在两端均有电源的输电线路采用自动重合闸装置时，除应满足在单侧电源线路的三相一次自动重合闸提出的各项要求外，还应考虑下述因素。

1. 动作时间的配合

当线路上发生故障时，两侧的继电保护可能以不同的时限动作于跳闸。例如，在靠近线路一侧发生短路时，本侧继电保护属于第Ⅰ段动作范围，保护会无延时跳闸；而另一侧则属于第Ⅱ段动作范围，保护会带延时跳闸，为了保证故障点电弧的熄灭和绝缘强度的恢复，以使重合闸成功，线路两侧的重合闸必须保证两侧的断路器确已断开后，才能将本侧断路器进行重合。

2. 当线路上发生故障跳闸以后，常常存在着重合闸时两侧电源是否同步以及是否允许非同步合闸的问题

因此，双电源线路上的重合闸，应根据电网的接线方式和运行情况，在单侧电源重合闸的基础上，采取一些附加措施，以适应新的要求。

二、主要方式

近年来，双侧电源线路的重合闸出现了很多新的方式，保证了重合闸具有显著的效果，根据不同的使用场合，常用的方式如下。

1. 并列运行的发电厂或电力系统之间在电气上有紧密联系时

由于同时断开所有联系的可能性几乎不存在，因此，当任一条线路断开之后，又进行重合闸时，都不会出现非同步合闸的问题，在这种情况下，可以采用不检查同步的自动重合闸。

2. 并列运行的发电厂或电力系统之间在电气上联系较弱时

此时需根据具体情况进行考虑。

（1）当非同步合闸的最大冲击电流超过允许值（按 $\delta = 180°$，所有同步发电机的电势 $e = 1.05U_{N \cdot G}$ 计算）时，则不允许非同步合闸，此时必须检定两侧电源确实同步后，才能进行重合，为此可在线路的一侧采用检查线路无电压，而在另一侧采用检定同步的重合闸，如图 8-42 所示。

（2）当非同步合闸的最大冲击电流符合要求，但从系统安全运行考虑（如对重要负荷的影响等）不宜采用非同步重合闸时，可在正常

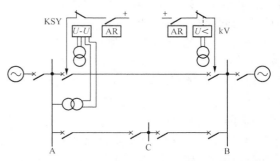

图 8-42 具有同步和无电压检测重合闸示意图

运行方式下，采用不检查同步的重合闸，而当出现其他联络线路均断开而只有一回线路运行时，将重合闸停用，以避免发生非同步重合闸的情况。

（3）在没有其他旁路联系的双回线路上，如图 8-43 所示，当不能采用非同步合闸时，可采用检定另一回线路上有无电流的重合闸。因为当另一回线路上有电流时，即表示两侧电源仍保持联系，一般是同步的，因此可以重合

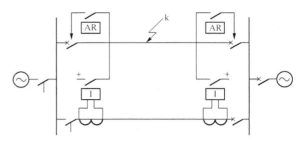

图 8-43　双回线路上采用检查另一回线路有无电流的重合闸示意图

闸。采用这种重合方式的优点是因为电流检定比同步检定简单。

3．在双侧电源的简单回路上不能采用非同步重合闸时

可根据具体情况采用下列重合闸方式。

（1）一般采用解列重合闸，如图 8-44 所示，正常时由系统向小电源侧输送功率，当线路发生故障后，系统侧的保护动作使线路断路器跳闸，小电源侧的保护动作使解列点跳闸，而不跳故障线路的断路器，小电

源与系统解列后，其容量应基本上与所带的重要负荷相平衡，这样就可以保证地区重要负荷的连续供电。在两侧断路器跳闸后，系统侧的重合闸检查线路无电压，在确定对侧已跳闸后进行重合，如重合成功，则由系统恢复对地区非重要负荷的供电，然后在解列点处进行同步并列，即可恢复正常运行。如果重合不成功，则系统侧的保护再次动作跳闸，地区的非重要负荷被迫中断供电。

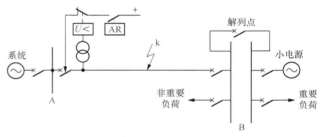

图 8-44　单回线路上采用解列重合闸示意图

解列点的选取原则是，尽量使发电厂的容量与其所带的负荷接近平衡，这是该种重合闸发生所必须考虑并加以解决的问题。

（2）对水电厂如条件许可时，可以采用自同步重合闸，如图 8-45 所示，线路上 k 点方式故障后，系统侧的保护使线路断路器跳闸，水电厂侧的保护则动作于跳开发电机的断路器和灭磁开关，而不跳开

故障线路的断路器。然后系统侧的重合闸检查线路无电压而重合，如重合成功，则水轮发动机以自同步的方式自动与系统并列，因此称为自同步重合闸。如重合不成功，则系统侧的保护再次动作跳闸，水电厂也被迫停机。

采用自同步重合闸时，必须考虑对水电厂侧地区负荷供电的影响，因为在自同步重合闸的过程中，如果不采取其他措施，它将被迫全

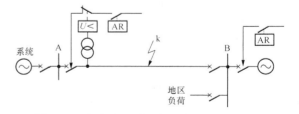

图 8-45　在水电厂采用自同步重合闸示意图

部停电。当水电厂有两台以上的机组时，为了保证对地区负荷的供电，则应考虑使一部分机组与系统解列，继续向地区负荷供电，另一部分机组实行自同步重合闸。

（3）当上述各种方式的重合闸难于实现，而同步检定重合闸确有一定效果时，如当两个电源与两侧所带负荷各自接近平衡，因而在单回联络线路上交换的功率较小，或者当线路断开后，每个电源侧都有一定的备用容量可供调节时，则可采用同步检定和无压检定的重合闸。

4．非同步重合闸

当符合下列条件且认为有必要时，可采用非同步重合闸，即在线路两侧断路器跳闸后，不管两侧电源是否同步，一般不需附加条件即可进行重合闸，在合闸瞬间，两侧电源很可能是不同步的。

（1）非同步重合闸时，流过发电机、同步调相机或变压器的最大冲击电流不超过规定值。在计算时，应考虑实际上可能出现的对同步发电机或变压器最为严重的运行方式。

（2）在非同步合闸后所产生的振荡过程中，对重要负荷的影响较小，或者可以采取措施减小其影响时（如尽量使电动机在电压恢复后能自启动，在同步电动机上装设再同步装置等）。

5．220～500kV 线路应根据电力网结构和线路的特点确定重合闸方式

对 220kV 线路，满足上述有关采用三相重合闸方式的规定时，可装设三相重合闸装置，否则装设综合重合闸装置，330～500kV 线路一般情况下应装设综合重合闸装置。

8.8.4　具有同步检定和无电压检定的自动重合闸

具有同步检定和无电压检定的重合闸工作示意图如图 8-46 所示，除在线路两侧均装设重合闸装置外，在线路的一侧还装设有检定线路无电压的继电器 KV，而在另一侧装设检定同步的继电器 KSY。

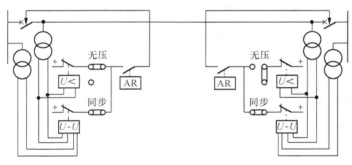

图 8-46　采用同步检定和无电压检定重合闸的配置关系

当线路发生故障，两侧断路器跳闸后，检定线路无电压一侧的重合闸首先动作，使断路器投入。如果重合不成功，则断路器再次跳闸。此时，由于线路另一侧无电压，同步检定继电器不动作，因此，该侧重合闸不启动。如果重合成功，则另一侧在检定同步之后，再投入断路器，线路即恢复正常工作。由此可见，在检定线路无电压一侧的断路器如果重合不成功，就要连续两次切断短路电流，因此，该断路器的工作条件就要比同步检定一侧断路器的工作条件恶劣。为了解决这一问题，通常在每一侧都装设同步检定和无电压检定的继电器，利用连片进行切换，使两侧断路器轮换使用每种检定方式的重合闸，因而使两侧断路器工作的条件接近相同。

在使用检查线路无电压方式的重合闸一侧，当其断路器在正常运行情况下，因为某种原因（如误碰跳闸机构、保护误动等）而跳闸时，由于对侧并未动作，因此，线路上有电压，因而就不能实现重合，这是一个很大的缺陷，为了解决这个问题，通常都是在检定无电压的一侧也同时投入同步检定继电器，两者的触点并联工作。此时如遇有上述情况，则同步检定继电器就能够起作用，当符合同步条件时，即可将误跳闸的断路器重新合上。但是，在使用同步检定的另一侧，其无电压检定是绝对不允许同时投入的。因此，从结果上看，这种重合闸方式的配置原则如图 8-46 所示，一侧投入无电压检定和同步检定（两者并联工作），而另一侧只投入同步检定。两侧的投入方式可以利用其中的切换片定期轮换。

在重合闸中所用的无电压检定继电器就是普通的低电压继电器，其整定值的选择应保证只当

对侧断路器确实跳闸后，才允许重合闸动作，根据经验，通常都整定为 0.5 倍额定电压。

8.8.5 自动重合闸动作时限选定原则

现在电力系统广泛使用的重合闸都不区分故障是瞬时性的还是永久性的。对于瞬时性故障，必须等待故障点电弧熄灭、绝缘强度恢复后才有可能重合成功，而这个时间与湿度、风速等众多因素有关；对于永久性故障，除考虑上述时间外，还要考虑重合到永久故障后断路器内部的油压、气压的恢复以及绝缘介质、绝缘强度的恢复等，以确保断路器能够再次切断短路电流。按以上原则确定的时间称为最小合闸时间，实际使用的重合闸时间必须大于最小合闸时间，根据重合闸在系统中的主要作用计算确定。

一、单侧电源线路的三相重合闸

为了尽可能缩短电源中断的时间，重合闸的动作时限原则上应越短越好。因为电源中断后，电动机的转速急剧下降，电动机被其负荷转矩所制动，当重合闸成功恢复供电后，很多电动机要自启动，由于自启动的电流很大，往往又会引起电网内部电压的降低，因而造成自启动的困难或延长了恢复正常工作的时间。电源中断时间越长，则影响就越严重。

一般重合闸的最小时间按下述原则确定。

（1）在断路器跳闸后负荷电动机向故障点反馈电流的时间；故障点的电弧熄灭并使周围介质恢复绝缘强度所需要的时间。

（2）在断路器跳闸熄弧后，其触头周围绝缘强度的恢复以及灭弧室重新充满油、气需要的时间，同时其操动机构恢复原状准备好再次动作需要的时间。

（3）如果重合闸是利用继电保护跳闸启动，其动作时限还应加上断路器的跳闸时间。

根据我国一些电力系统的运行经验，上述时间整定为 0.3～0.5s 似嫌太小，其重合成功率较低，因而采用 1s 左右较为适宜。

二、双侧电源线路的三相重合闸

双侧电源线路的三相重合闸时限除满足单侧电源线路的要求外，还应考虑线路两侧继电保护以不同时限切除故障的可能性。从最不利的情况出发，每一侧的重合闸都应该以本侧先跳闸而对侧后跳闸来作为考虑整定时间的依据。如图 8-47 所示。

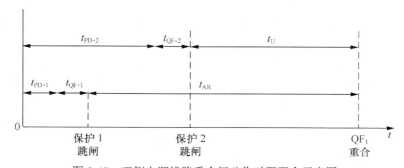

图 8-47　双侧电源线路重合闸动作时限配合示意图

设本侧保护（保护 1）的动作时间为 $t_{PD\cdot1}$，断路器的动作时间为 $t_{QF\cdot2}$，则在本侧跳闸后，需经过 $t_{PD\cdot2} + t_{QF\cdot2} - t_{PD\cdot1} - t_{QF\cdot1}$ 后才能跳闸，再考虑故障点灭弧和去游离的时间 t_U，先跳闸一侧的自动重合闸动作时限整定为

$$t_{set} = t_{PD\cdot2} + t_{QF\cdot2} - t_{PD\cdot1} - t_{QF\cdot1} + t_U \tag{8-81}$$

当线路上装设三段式电流或距离保护时，$t_{PD\cdot1}$ 应采用本侧Ⅰ段保护的动作时间；而 $t_{PD\cdot2}$ 则一般采用对侧Ⅱ段（或Ⅲ段）保护的动作时间。

8.8.6 自动重合闸与继电保护的配合

在电力系统中，自动重合闸与继电保护的关系极为密切。为了尽量利用自动重合闸所提供的条件以加速切除故障，自动重合闸一般采用如下两种方式与继电保护相配合。

一、自动重合闸前加速保护

重合闸前加速保护一般又简称"前加速"，如图 8-48 所示。假设每条线路上均装设过电流保护，其动作时限按阶梯形原则配合。可以看出，图中的 3 处保护以靠近电源的 3 处的保护时限最长。为了加速故障的切除，可在 3 处采用自动重合闸前加速保护。当图中的任一线路发生故障时（如图中的 k_1 点），保护 3 的电流速度按保护将无延时地使断路器 QF_3 跳闸，然后利用重合闸对断路器 QF_3 进行一次重合闸。如果故障是暂时性故障，则重合闸成功，瞬时恢复供电。若故障是永久性故障，则保护 3 的过电流保护将按照时限有选择性地将故障切除。可以看出，动作主要分为两次，第一次是无选择性的，第二次是有选择性的。为了避免无选择性动作的范围过长，一般规定当变压器低压侧短路时保护 3 不动作。因此，其启动电流的整定需要躲过相邻变压器低压侧的短路（如 k_2 点短路）。

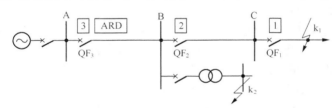

图 8-48 自动重合闸装置前（后）加速保护动作原理图

采用"前加速"的优点是：能快速切除暂时性故障；使暂时性故障来不及发展成为永久性故障，从而提高重合闸的成功率；使发电厂和重要变电所的母线电压维持在 0.6～0.7 倍额定电压以上，从而保证了厂用电和重要用户的供电质量；使用设备少，只需一套自动重合闸装置，简单、经济。

采用"前加速"的缺点是：重合于永久性故障时，再次切除故障的时间会延长；断路器工作条件恶劣，动作次数较多，若重合断路器拒动，则将扩大停电范围，甚至在最末一级线路上故障时，都会导致全线路停电。因此，"前加速"方式主要用于 35kV 及以下的网络。

二、自动重合闸后加速保护

重合闸后加速保护一般又简称为"后加速"。所谓后加速就是当线路第一次故障时，保护有选择性的方式动作，然后进行重合闸。如果重合闸于永久性故障，则在断路器合闸后加速保护动作，瞬时切除故障。

"后加速"的配合方式广泛应用于 35kV 及以上的网络及对重要负荷供电的送电线路上。因为在这些线路上一般都装有性能比较完善的保护装置，如三段式电流保护、距离保护等，因此，第一次有选择性地切除故障的时间（瞬时动作或具有 0.3～0.5s 的延时）均为系统运行所允许，而在重合闸以后加速保护的动作（一般是加速第Ⅱ段的动作，有时也可以是加速第Ⅲ段的动作），就可以更快地切除永久性故障。

采用后加速的优点是：第一次跳闸是有选择性的，不会扩大停电范围，在重要的高压电网中，因为不允许无选择性的保护动作，特别适合采用这种方式；使永久性故障能在极短时间内切除，有利于系统并联运行的稳定性；和前加速保护相比，使用中不受网络结构和负荷条件的限制，一般来说是有利而无害的。

采用后加速的缺点是：第一次切除故障可能带时限，若主保护拒绝动作，由后背保护切除故障的时间会较长；每个断路器上都要装设重合闸设备，与前加速相比较为复杂。

8.8.7 单相自动重合闸

之前讨论的自动重合闸均是三相式的，但是运行经验表明，在 220～500kV 的架空线路上，绝大部分短路故障都是单相接地短路，在这种情况下，若只断开故障的一相，使未发生故障的其余两相仍然继续运行，然后进行单相自动重合，就能大大提高供电的可靠性和系统并列运行的稳定性。如果线路发生的是瞬时性故障，则单相重合成功后即可恢复三相的正常运行。如果发生的是永久性故障，单相重合不成功，则需要根据系统的具体情况，若不允许长期非全相运行时，即应切除三相并不再进行重合；若需要转入非全相运行时，则应再次切除单相并不再进行重合。目前一般都是采用重合不成功时跳开三相的方式。与三相重合闸相比，单相重合闸有两个显著区别：必须考虑故障相的选择问题；必须考虑故障点去游离和灭弧的影响。

一、选相元件

1. 对选相元件的基本要求

首先应保证选择性，即选相元件与继电保护相配合只跳开发生故障的一相，而接于另外两相上的选相元件不应动作。其次，在故障相末端发生单相接地短路时，接于该相上的选相元件应保证足够的灵敏性。

2. 选相元件的基本类型

根据发生单相、两相以及两相接地短路的特点，常用的选相元件有以下几种。

（1）电流选相元件：在每相上装设一个过电流继电器，其启动电流按照大于最大负荷电流的原则进行整定，以保证动作的选择性。这种选相元件适于装设在电源端，且短路电流比较大的情况，它是根据故障相短路电流增大的原理而动作的。

（2）低电压选相元件：用 3 个低电压继电器分别接于三相的相电压上，低电压继电器是根据故障相电压降低的原理而动作。它的启动电压应小于正常运行时以及非全相运行时可能出现的最低电压。这种选相元件一般适于装设在小电源侧或单侧电源线路的受电侧，因为在这一侧如用电流选相元件，则往往不能满足选择性和灵敏性的要求。

（3）阻抗选相元件、相电流差突变量选相元件等，由于其有较高的灵敏度和选相能力，故常用于高压输电线路上。

二、潜供电流和恢复电压的影响

如图 8-49 所示，这是指当故障相（C 相）线路自两侧切除后，由于非故障相与断开相之间存在静电（通过电容）和电磁（通过互感）的联系，因此，虽然短路电流已被切断，但在故障点的弧光通道中，仍然流通有如下的电流：A、B 相分别通过相间电容 C_{ac} 和 C_{bc} 供给的电流；由于 A、B 两相中仍流过负荷电流，因此在 C 相中产生互感电动势 $\dot{E}_M$，此电动势通过故障点和该点相对地电容 C_0 而产生的电流。上述 3 类电流的总和称为潜供电流。

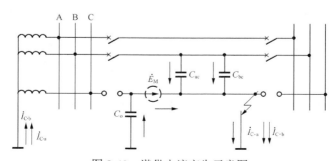

图 8-49 潜供电流产生示意图

另外在潜供电流熄灭的瞬间，C 相的电压又会立即上升，这个电压可分为两部分：一部分是 A、B 相通过电容耦合过来的电压；另一部分则是由 A、B 相的负荷电流通过互感产生的感应电动势。此电压的存在使得短路点对地电位升得较高，有可能使熄灭的电弧复燃，因此这个电压被称为恢复电压。

可以看出，由于潜供电流和恢复电压的影响，将使短路时弧光通道的去游离受到严重阻碍，而自动重合闸只有在故障点电弧熄灭且绝缘强度恢复以后才有可能成功。因此，单相重合闸的时间必须考虑它们的影响，否则会造成重合闸失败。单相重合闸的时间一般都比三相重合闸时间要长。

三、保护装置、选相元件与单相自动重合闸的配合

如图 8-50 所示，继电保护装置只根据判断故障发生在保护区内、区外来决定是否跳闸，而重合闸内的故障判别元件和故障选相元件则决定跳三相、跳单相或是跳哪一相，最后由重合闸操作箱发出跳、合断路器的命令。

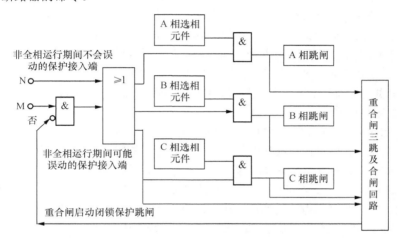

图 8-50　保护装置、选相元件与重合闸回路的配合框图

保护装置和选相元件动作后，经与门进行单相跳闸，并同时启动重合闸回路。对于单相接地故障，就进行单相跳闸和单相重合。对于相间短路，则在保护和选相元件相配合进行判断之后，跳开三相，然后进行三相重合闸或不进行重合闸。

在单相重合闸过程中，由于出现纵向不对称，因此将产生负序分量和零序分量，这就可能引起本线路保护以及系统中其他保护的误动作。对于可能误动作的保护，应整定保护的动作时限大于单相非全相运行的时间，以防误动，或在单相重合闸动作时将该保护予以闭锁。为了实现对误动作保护的闭锁，在单相重合闸与继电保护相连接的输入端都设有两个端子，一个端子接入在非全相运行中仍然能继续工作的保护，习惯上称为 N 端子；另一个端子则接入非全相运行中可能动作的保护，称为 M 端子。在重合闸启动以后，利用"否"回路即可将接入 M 端的保护跳闸回路闭锁。当断路器被重合而恢复全相运行时，这些保护也立即恢复工作。

四、单相自动重合闸的特点

采用单相重合闸的主要优点是：能在绝大多数的故障情况下保证对用户的连续供电，从而提高供电的可靠性；当由单侧电源单回路向重要负荷供电时，对保证不间断供电更有显著的优越性；在双侧电源的联络线上采用单相重合闸，可以在故障时大大加强两个系统之间的联系，从而提高系统并列运行的动态稳定性；对于联系比较薄弱的系统，当三相切除并继之以三相重合闸而很难再恢复同步时，采用单相重合闸就能避免两系统解列。

采用单相重合闸的缺点是：需要有按相操作的断路器；需要专门的选相元件与继电器保护相

配合，在考虑一些特殊要求后，导致重合闸回路接线较为复杂；在单相重合闸过程中，由于非全相运行能引起本线路和电网中其他线路的保护误动作，因此，就需要根据实际情况采取措施予以防止，这将使保护的接线、整定计算和调试工作复杂化。

鉴于上述特点，单相重合闸已在 220～500kV 的线路上获得了广泛的应用；但对于 110kV 的电力网，一般不推荐这种重合闸方式，只在由单侧电源向重要负荷供电的某些线路，以及根据系统运行需要装设单相重合闸的某些重要线路上才考虑使用。

8.8.8 综合自动重合闸简介

以上分别讨论了三相重合闸和单相重合闸的基本原理及实现中需要考虑的一些问题。对有些线路，在采用单相重合闸以后，如果发生各种相间故障时仍然需要切除三相，然后进行三相重合闸，如重合不成功则再次断开三相而不再进行重合。因此，实际上在实现单相重合闸时，也总是把实现三相重合闸的问题结合在一起考虑，故称为"综合重合闸"。在综合重合闸的接线中，应考虑能实现综合重合闸、只进行单相重合闸或三相重合闸以及停用重合闸的各种可能性。

实现综合重合闸回路接线时，应考虑的一些基本原则如下。

（1）单相接地短路时跳开单相，然后进行单相重合，如重合不成功，则跳开三相而不再进行重合。

（2）各种相间短路时跳开三相，然后进行三相重合。如重合不成功，仍跳开三相，而不再进行重合。

（3）当选相元件拒绝动作时，应能跳开三相并进行三相重合。

（4）对于非全相运行中可能误动作的保护，应进行可靠的闭锁，对于在单相接地时可能误动作的相间保护（如距离保护），应有防止单相接地误跳三相的措施。

（5）当一相跳开后重合闸拒绝动作时，为防止线路长期出现非全相运行，应将其他两相自动断开。

（6）任两相的分相跳闸继电器动作后，应联跳第三相，使三相断路器均跳闸。

（7）无论单相或三相重合闸，在重合不成功之后，均应考虑能加速切除三相，即实现重合闸后加速。

（8）在非全相运行过程中，如又发生另一相或两相的故障，保护应能有选择性地予以切除，上述故障如发生在单相重合闸的脉冲发出以前，则在故障切除后能进行三相重合。如发生在重合闸脉冲发出以后，则切除三相不再进行重合。

（9）对用气压或液压传动的断路器，当气压或液压低至不允许实行重合闸时，应将重合闸回路自动闭锁，但如果在重合闸过程中下降到低于允许值时，则应保证重合闸动作的完成。

8.8.9 自动重合闸在 750kV 及以上特高压线路上的应用

750kV 及以上的特高压交流输电线是我国未来电力系统的骨干线路，是国家的经济命脉。由于其输送容量大，输电距离长，为保证其可靠连续运行，自动重合闸是必不可少的。但是和 500kV 及以下的超高压输电线不同，由于其分布电容大，在拉、合闸操作及故障和重合闸时都将引起严重的过电压。因此，对于这种线路，设计、应用、整定自动重合闸首先要研究解决重合闸引起的过电压问题，现分别按三相重合闸和单相重合闸进行分述。

一、三相重合闸在特高压输电线上的应用问题

据国外统计资料表明，在 750kV 输电线路上单相故障的概率达到 90% 以上，故在特高压输电线上首先考虑采用单相重合闸。但在相间短路时，必须实行三相跳闸和三相自动重合闸。在单相非永久性故障而单相重合闸不成功（例如其他两非故障相的耦合使潜供电流难以消失）时，也可再次进行三相跳闸、三相重合。故三相自动重合闸在特高压输电线上也必须设置。

在特高压输电线从一端计划性空投时会产生很高的过电压，但因为是计划性操作，在投入之

前可采取一系列限制过电压的措施以保证过电压不会超过允许值和允许时间。在故障后三相自动重合时情况将完全不同，当因故障两端三相跳闸时，线路上的大量残余电荷将通过并联电抗器和线路电感释放，因而产生非额定工频频率的谐振电压，三相的这种电压也不一定对称，如果从一端首先三相重合闸时，正好是母线工频电压与此自由谐振电压极性相反，将造成很高的不能允许的重合过电压，不但会使绝缘子和断路器等设备损坏，而且重合也难以成功。故必须采取有效措施（例如采用合闸电阻等）和正确整定重合闸的时间来降低过电压。

研究表明，在从一端首先实行三相重合闸时，要引起重合过电压，对端重合的时间应在此重合闸过电压衰减到一定值时再合。首合端引起的重合过电压约在 0.2s 左右衰减到允许值，因此后合一端的重合闸时间应该计及对端重合过电压的衰减时间，并考虑到断路器不同期动作等因素，使两端三相重合时间相差应在 0.2～0.3s。

二、单相重合闸在特高压输电线上的应用问题

如上所述，在特高压输电线上三相重合闸如果不采取有效措施和合理整定将引起破坏性的重合过电压，因此，在特高压输电线上一般都优先考虑单相自动重合闸。然而，研究工作表明，故障单相从两端切除后，断开相上的残余电荷释放产生的自由振荡电压和其他两非故障相对断开相的电容耦合的工频电压将产生一拍频过电压。如果先合断路器一侧的母线工频电压正好与此拍频电压极性相反，将会产生危险的过电压，尤其是当母线电压的正峰值遇到拍频电压的负峰值时更是危险，不但单相重合不能成功，还可能使绝缘子和设备损坏。因此，应该在断路器两触点之间的电压最小时合闸，至少应在拍频电压包络线电压最小时合闸，即应监视断开相电压，以确定合闸的时间。这种自适应重合闸和判断永久性故障和瞬时故障的自适应单相重合闸同样重要。研究结合这两种功能于一体的自适应单相自动重合闸，对于特高压输电线路自动重合闸的应用具有重要意义。

本 章 小 结

电网正常运行时，输电线路上流过正常的负荷电流，母线电压约为额定电压。当发生短路故障时，电流会突然增大。根据这一特征，可以使继电器产生动作从而构成保护装置，称为电流保护。本章主要介绍了单侧电源网络的相间短路保护的三段式电流保护和多侧电源网络相间短路保护的方向电流保护，以及电网单相接地故障的零序电流保护，重点介绍这些保护的工作原理、保护装置的整定计算和接线方式。电流保护在 35kV 及以下的电网中被广泛采用。对于更高级别电压等级的网络，在能满足系统对保护装置的基本要求时，亦可考虑采用电流保护。只有当不满足要求时，才考虑采用性能更佳的保护措施。

伴随着容量大、电压高、距离长、负荷重和结构复杂的网络的出现而产生的距离保护，能够克服传统电流保护的某些缺点。本章详细阐述了距离保护的基本工作原理、实现方法及影响距离保护正确动作的原因，重点讲述过渡电阻、分支电流及系统振荡对测量阻抗的影响及防止措施，同时给出距离保护整定的原则及对其的评价和应用，最后对继电保护与变电站综合自动化系统予以简单介绍。

变压器是电力系统中非常重要的电气设备，本章介绍了变压器可能发生的故障及不正常运行状态，重点讲述了变压器纵差保护的基本工作原理、保护的特点、接线及整定计算。分析了不平衡电流产生的原因及防止措施。最后讲述了变压器的其他保护装置，如瓦斯保护、过电流保护等。

暂时性故障也会导致继电保护动作，而暂时性故障一般很快就会自行消除。此时如采用自动重合闸装置，则可迅速恢复供电。本章讲述了自动重合闸的作用及基本要求，重点介绍了单侧电源、双侧电源自动重合闸装置的工作原理、接线及整定原则，同时讲述了重合闸装置与继电保护的配合及提高供电可靠性的措施，最后介绍了综合重合闸的原理与 750kV 及以上特高压输电线路上重合闸的应用。

习　　题

8-1　什么是故障、异常运行方式和事故？它们之间有何不同？又有何联系？

8-2　继电保护装置的任务及其基本要求是什么？

8-3　如果电力系统没有配备完善的继电保护系统，会出现什么严重后果？

8-4　试表述什么是主保护、远后备保护和近后备保护？

8-5　什么是系统最大、最小运行方式？

8-6　三段式电流保护由哪几部分组成？如何进行整定？

8-7　在中性点不接地系统中，发生单相接地短路故障时，通常采用哪些保护措施？

8-8　试说明电流三段式保护与距离三段式保护有何区别？

8-9　为了切除线路上各种类型的短路，一般配置哪几种接线方式的距离保护协同工作？

8-10　在本线路上发生金属性短路时，测量阻抗为什么能够正确反映故障的距离？

8-11　距离保护装置一般由哪几部分组成？简述各部分的作用。

8-12　以方向阻抗继电器为例，说明整定阻抗、测量阻抗、动作阻抗的区别及其相互间的关系。

8-13　电力系统振荡对距离保护有什么影响？应采取哪些措施来消除影响？

8-14　振荡闭锁装置采用哪些原理实现的？它有什么特点？

8-15　什么是助增电流和汲出电流？它们对阻抗继电器的工作有什么影响？

8-16　电力变压器可能出现哪些故障和不正常工作状态？应装设哪些保护？

8-17　何谓变压器的内部故障和外部故障？

8-18　说明变压器励磁涌流的产生原因和主要特征。为了减少或消除励磁涌流对变压器保护的影响，应采取哪些措施？

8-19　简述变压器纵差保护中不平衡电流产生的原因及减小不平衡电流影响的措施。

8-20　电力电容器常见的不正常运行状态有哪些？可采取什么措施加以保护？

8-21　电网中重合闸的配置原则是什么？

8-22　自动重合闸的基本类型有哪些？它们一般适应于什么网络？

8-23　各种自动重合闸方式基本内容和应用条件是什么？

8-24　电力系统对自动重合闸的基本要求是什么？

8-25　手动重合闸到永久性故障线路上，重合闸为什么不动作？

8-26　什么叫重合闸前加速保护，它有哪些优缺点？主要适于什么场合？

8-27　什么叫重合闸后加速保护，它有哪些优缺点？主要适于什么场合？

8-28　双侧电源自动重合闸的动作时间应如何配合？

8-29　双侧电源线上采用的三相一次重合闸方式主要有哪几种？各有什么特点。

8-30　潜供电流和恢复电压对单相自动重合闸有哪些影响？

第 9 章　电力系统的安全保护

输电线路是电力系统的大动脉，输电线路的安全运行直接影响到电网的稳定和向用户的可靠供电。而电力系统的防雷保护在系统安全运行中占有重要的位置。

本章根据雷电的基本知识、绝缘配合的基本概念，主要介绍输电线路的防雷保护及防雷措施，发电厂、变电站的防雷保护和绝缘配合方法。重点介绍这些保护的工作原理、保护装置的接线方式。

9.1　防雷保护

9.1.1　雷电的基本知识

雷电是大气云中发生的剧烈放电现象，具有电流大、电压高、电磁辐射强等特征，通常在雷雨云的情况下出现。雷电按其发生的位置可分为云内雷电、云际雷电和云地雷电，其中云地雷电对人类活动和生命安全有较大威胁，放电时会产生大量的热量，使周围空气急剧膨胀，造成隆隆雷声。在电闪雷鸣的时候，由于雷电释放的能量巨大，再加上强烈的冲击波、剧变的静电场和强烈的电磁辐射，常常造成人畜伤亡、建筑物损毁、引发火灾以及造成电力、通信和计算机系统的瘫痪事故，给国民经济和人民生命财产带来巨大的损失。

雷电的主要特点如下。

（1）放电时间短，一般为 50～100μs。

（2）冲击电流大，其电流可高达几万到几十万安培。

（3）冲击电压高，强大的电流产生的交变磁场，其感应电压可高达万伏。

（4）释放热能大，瞬间能使局部空气温度升高至数千度以上。

（5）产生冲击压力大，空气的压强可高达几十个大气压。因此，雷电极具破坏力。

雷电一般在尖端放电，所以在雷电交加时，易遭受雷击的建筑物和物体是：高耸突出的建筑物，如水塔、电视塔等；排出导电尘埃、废气、热气柱的厂房、管道等；内部有大量金属设备的厂房；孤立、突出在旷野的建筑物以及自然界中的树木；电视机天线和屋顶上的各种金属突出物等；建筑物屋面的突出部位和物体，如烟囱、太阳能热水器等。

雷电过电压是由雷云放电产生的，是一种自然现象，而闪电和雷鸣是相伴出现的，因而常称之为雷电。雷电主要有 4 种：直击雷、感应雷、雷电波侵入和球状雷。

直击雷一般有直接雷击和间接雷击两种形式。直接雷击包括雷电直击、雷电侧击，是在雷电活动区内，雷电直接通过人体、建筑物、设备等对地放电产生的电击现象；间接雷击主要是直击雷辐射脉冲的电磁场效应和通过导体传导的雷电流，如以雷电波侵入、雷电反击等形式侵入建筑物内，导致建筑物、设备损坏或人身伤亡的电击现象。雷电反击则是指直击雷防护装置在引导强大的雷电流流入大地时，在它的引下线、接地体以及与它们相连接的金属导体上产生非常高的电压，对周围与它们邻近却又没与它们连接的金属物体、设备、线路、人体之间产生巨大的电位差，这个电位差会引起闪络（在高电压作用下，气体或液体介质沿绝缘表面发生的破坏性放电）。

感应雷是带电云层由于静电感应作用，使地面某一范围带上异种电荷。当直击雷发生以后，云层带电迅速消失，而地面某些范围由于散流电阻大，以致出现局部高电压，或者由于直击雷放电过程中，强大的脉冲电流对周围的导线或金属物产生电磁感应发生高电压以致发生闪击的现象。

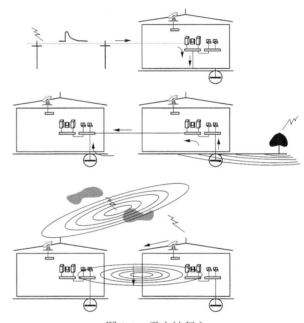

雷电波侵入是指雷击发生时，雷电直接击中架空或埋地较浅的金属管道、线缆。强大的雷电流沿着这些管线侵入室内，如图9-1所示。由于架空线路或金属管道对雷电的传导的作用，雷电波可能沿着这些管线侵入屋内。雷电波侵入的方式有 3 种：一是直击雷击中金属导线，让高压雷电波以波的形式沿着导线两边传播而引入室内；二是来自感应雷的高电压脉冲，它们在各种电线中感应出几千伏到几十千伏的高电位，以波的形式沿着导线传播而引入室内；三是由于直击雷在房子或房子附近入地，因其通过地网入地时在地网上会发生数十千伏到数百千伏的高电位，这种高电位通过电力线的零线、通信系统的地线等，以波的形式传入室内，并沿着导线传播，波及更大范围。

图 9-1　雷电波侵入

球状雷，通常是在强雷暴时出现的外观呈球状的一种奇异闪电，是一个呈圆球形的闪电球，俗称滚地雷，如图9-2所示。球状雷可能出现在天空中，也可能出现在地面附近，呈红、橙或黄色，常伴有嘶嘶声和特殊气味，随风滚动，最后会自动消失或遇到障碍物而爆炸。球雷可引起燃烧并使金属熔化。防止球雷袭击的方法是关上门窗，或至少不形成穿堂风，以免球状雷随风进入屋内。

雷云放电主要是在云间或云内进行，只有小部分是对地发生的，而对地放电危害最大。根据雷电放电的次数和放电电荷的总量统计，75%～90%左右的雷电流是负极性的。雷电有多种放电方式，例如线状雷电、球状雷电和片状雷电。电力系统中的绝大多数雷电事故均为线状雷电的云-地之间的放电。

图 9-2　球状雷

9.1.2　防雷保护装置

能使被保护的物体免于雷击，引雷自身并将雷电导入大地的装置就是防雷保护装置。防雷装置一般由接闪器、引下线和接地装置组成。接闪器是一种受雷装置，它是接受雷电流的金属导体，常用的有避雷针、避雷线和避雷网。引下线能保证雷电流通过时不致熔化，一般用直径不小于 10mm 的圆钢或截面不小于 80mm² 的扁钢制成。接地装置是埋在地下的接地导线和接地体，其电阻值很小，一般不大于 10Ω，它有利于将雷电流导入大地。各种类型的接闪器其工作原理相同，都是将雷电吸引"上身"，然后经引下线和接地装置将雷电流导入大地。

一、避雷针

避雷针的保护原理是当雷云放电时使地面电场畸变，在避雷针的顶端形成局部场强集中的空间以影响雷电先导放电的发展方向，使雷电对避雷针放电，再经过接地装置将雷电流引入大地，从而使被保护物体免受雷击。

避雷针的保护范围指被保护物在此空间范围内不致遭受雷击。保护范围只具有相对的意义，不能认为在保护范围内的物体就完全不受雷击。避雷针的保护范围，可以用折线法或滚球法来计算出来。

对于单支避雷针，它的保护范围为一个以避雷针为轴线的曲线圆柱体，如图 9-3 所示，它的侧面边界线是曲线，工程上以折线代替曲线（折线法）。在被保护物高度 h_x 水平面上，其保护半径 r_x 满足如下关系

$$\begin{cases} r_x = (h - h_x)p & h_x \geqslant \dfrac{h}{2} \\ r_x = (1.5h - 2h_x)p & h_x < \dfrac{h}{2} \end{cases} \tag{9-1}$$

其中，r_x 为避雷针在 h_x 水平面上的保护半径（m）；h 为避雷针的高度（m）；p 为高度影响系数。

图中，$h_a = h - h_x$ 为避雷针的有效高度，当 $h \leqslant 30$m 时，$\theta = 45°$，且当 $h \leqslant 30$m 时，$p = 1$，当 30m $< h \leqslant 120$m 时，$p = 5.5\sqrt{h}$，当 $h > 120$m 时，按 120m 来计算。

等高双避雷针的联合保护范围要比两针各自保护范围的和要大，避雷针的外侧保护范围同样可由前面的式子确定，而击于两针之间单针保护范围边缘外侧的雷电，可能被相邻避雷针吸引而击于其上，从而使两针间保护范围加大。

二、避雷线

避雷线是由悬挂在空中的水平接地导线、接地引下线和接地体组成。它的作用原理与避雷针相同，主要用于输电线路的保护，也可以用来保护发电厂和变电所。避雷线的保护范围的长度与线路等长，而且两端还有其保护的半个圆柱体空间，特别适合于保护架空线路及大型建筑物。单根避雷线的保护范围如图 9-4 所示。

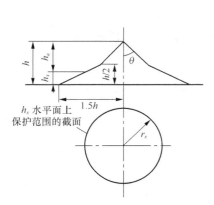

图 9-3　单支避雷针的保护范围

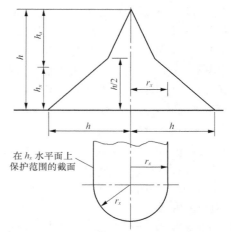

图 9-4　单根避雷线的保护范围

保护范围按如下公式计算

$$\begin{cases} r_x = 0.47(h-h_x)\cdot p & h_x \geqslant \dfrac{h}{2} \\[2mm] r_x = (h-1.53h_x)\cdot p & h_x < \dfrac{h}{2} \end{cases} \qquad (9\text{-}2)$$

式中，p 为高度修正系数。

两根避雷线外侧的保护范围仍按单根避雷线的计算公式计算。两根避雷线间横截面的保护范围由通过避雷线 1 和避雷线 2 及保护范围边缘最低点的圆弧确定。

三、避雷器

避雷器是连接在导线和地之间的一种防雷击的设备，通常与被保护设备并联。避雷器可以有效地保护电力设备。一旦出现不正常电压，避雷器产生作用，进行保护。当被保护设备在正常工作电压下运行时，避雷器不会起作用，对地面来说视为断路。一旦出现高电压，且危及被保护设备绝缘时，避雷器立即动作，将高电压冲击电流导向大地，从而限制电压幅值，保护电气设备绝缘。当过电压消失后，避雷器迅速恢复原状，使系统能够正常供电。

避雷器的主要作用是通过并联放电间隙或非线性电阻的作用，对入侵流动波进行削幅，来降低被保护设备所受的过电压值，从而达到保护电力设备的作用。

避雷器不仅可用来防护大气高电压，也可用来防护操作高电压。如果出现雷雨天气，电闪雷鸣就会出现高电压，电力设备就有可能有危险，此时避雷器就会起作用，保护电力设备免受损害。避雷器的最大作用也是最重要的作用是限制过电压以保护电气设备。

避雷器是使雷电流流入大地，使电气设备不产生高压的一种装置。主要类型有管型避雷器、阀型避雷器和氧化锌避雷器等。每种类型避雷器的主要工作原理是不同的，但它们的工作实质是相同的，都是为了保护电气设备不受损害。下面分别介绍管型避雷器、阀型避雷器和氧化锌避雷器这三种避雷器的作用。

1. 管型避雷器

管型避雷器也叫排气式避雷器，是保护间隙型避雷器中的一种，大多用在供电线路上做避雷保护。这种避雷器可以在供电线路中发挥很好的功能，在供电线路中有效地保护各种设备，其结构如图 9-5 所示。

但管型避雷器的伏秒特性太陡，放电分散性比较大，难以跟被保护设备实现合理的绝缘配合。避雷器动作后也会产生高幅值的载波，对变压器的纵绝缘不利。由于管型避雷器动作时会喷出电离气体，安装时必须注意排气区内不能有邻近相的导电部分。外间隙不能过短，以免在管子受潮时可能在工作电压下发生沿面闪络，导致避雷器误动作。

为增大管式避雷器的寿命，产生了无续流管式避雷器，其灭弧腔为芯棒与复合管之间的一条很窄的狭缝，再加上狭缝的去游离作用，使得工频续流在刚上升时即被强行切断。

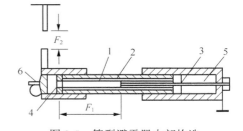

图 9-5　管型避雷器内部构造

1—产气管　2—胶木管　3—棒电极　4—环电极
5—贮气室　6—动作指示器　F_1—内间隙　F_2—外间隙

2. 阀型避雷器

由火花间隙及阀片电阻组成，阀片电阻的制作材料是特种碳化硅。利用碳化硅制作阀片电阻可以有效地防止雷电和高电压，对设备进行保护。当有雷电高电压时，火花间隙被击穿，阀片电阻的电阻值下降,将雷电流引入大地,这就保护了电气设备免受雷电流的危害。在正常的情况下,火花间隙是不会被击穿的,阀片电阻的电阻值上升,阻止了正常交流电流通过。阀型避雷器是利用特种材料制成的避雷器,可以对电气设备进行保护,把电流直接导入大地。其结构如图 9-6 所示。

3. 氧化锌避雷器

氧化锌避雷器是一种保护性能优越、质量轻、耐污秽、阀片性能稳定的避雷设备。氧化锌避雷器不仅可作雷电过电压保护,也可作内部操作过电压保护。氧化锌避雷器性能稳定,可以有效地防止雷电高电压或对操作过电压进行保护,这是一种具有良好绝缘效果的避雷器,在危急情况下,能够有效地保护电力设备不受损害,其结构图如图 9-7 所示。

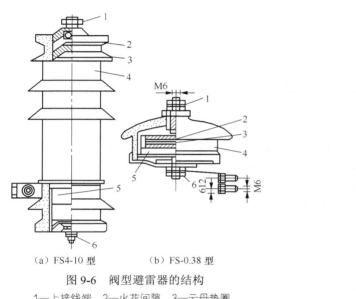

（a）FS4-10 型　　（b）FS-0.38 型

图 9-6　阀型避雷器的结构

1—上接线端　2—火花间隙　3—云母垫圈
4—瓷套管　5—阀片　6—下接线端

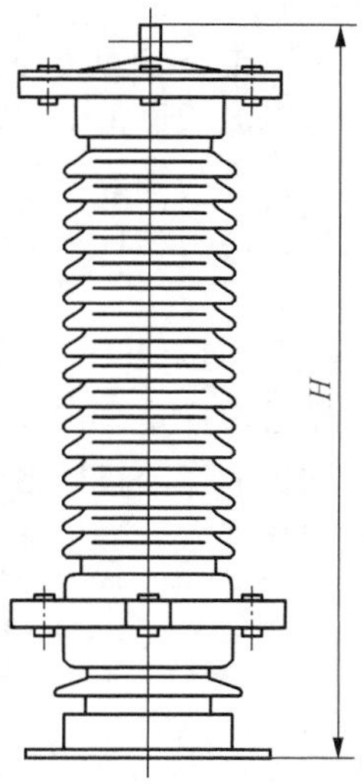

图 9-7　氧化锌避雷器

以上介绍的是几种避雷器的主要作用,每种避雷器各自有各自的优缺点,需要针对不同的环境进行使用。避雷器在额定电压下,相当于绝缘体,不会有任何的动作产生。当出现危急或高电压的情况时,避雷器就会产生作用,将电流导入大地,有效地保护电力设备。

9.1.3　输电线路的防雷保护

一、输电线路防雷需要解决的问题

架空输电线路暴露在旷野且长度大,纵横交错,容易遭受雷击。雷击线路使绝缘子闪络,导致跳闸,使供电中断。雷击线路形成的过电压沿输电线路传播并侵入变电所和发电厂,造成雷害事故。雷击线路造成的跳闸事故占电网总事故的 60%以上。防雷需要了解和解决的问题主要如下。

（1）如何避免在系统中产生。

（2）如何降低过电压或提高绝缘耐受特性。

（3）如何改善电流散流特性。

二、输电线路上雷电过电压的种类

雷电来源于自然,无法避免,但必须了解其特点及影响雷电发展的因素。线路上的雷过电压分为直击雷过电压和感应雷过电压,如图 9-8 所示。

1. 直击雷过电压

直击雷产生的电压称为直击雷过电压，也称为传导过电压。电力系统的电气设备、线路等被雷电击中并成为强大雷电流的泄放通路，这时就产生直击雷过电压。架空线路直接遭受雷击后，高压冲击波便形成。当雷电放电的先导通道不是击中地面，而是击中输电线路的导线、杆塔或其他建筑物时，大量雷电流通过被击物体，在被击物体的阻抗或接地电阻上产生电压降，使被击点出现很高的电位，这就是直击雷过电压。

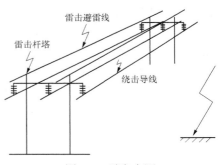

图 9-8　雷害来源

直击雷过电压分为两种：一是雷击线路杆塔或避雷线时，雷电流通过雷击点阻抗使该点对地电位大大升高，当雷击点与导线之间的电位差超过线路绝缘的冲击放电电压时，会对导线发生闪络，使导线出现过电压；另一种是雷电直接击中导线或绕过避雷线击于导线，直接在导线上引起过电压，又称为绕击。

2. 感应雷过电压

感应雷过电压是雷击线路附近大地，因电磁感应在导线上产生的过电压。在雷云对地放电时，引起放电通道周围的空间电磁场强烈变化，因此在其附近输电线路的导线上将产生感应雷过电压。感应雷过电压包含有静电感应和电磁感应，如图 9-9 所示。

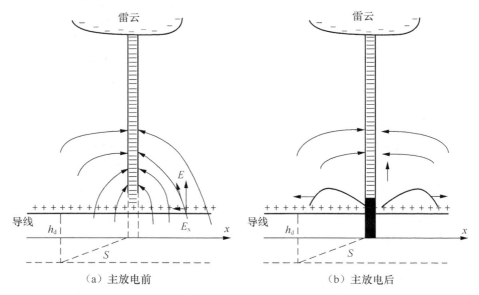

(a) 主放电前　　　　　　　　　(b) 主放电后

h_d—导线高度　S—雷击点与导线间的距离

图 9-9　感应雷过电压

线路雷害事故的产生为雷过电压，雷过电压导致线路绝缘闪络，从而使得冲击闪络转化为稳定的工频电弧，引起线路跳闸。如果跳闸后线路绝缘不能恢复，则发生停电。

有避雷线线路雷击塔顶时线路绝缘上所受电压的计算方法如下。

绝缘上所受的最大雷电过电压为

$$U_j = (U_{td} + U_g)(1-K) \tag{9-3}$$

式中，U_j 为绝缘上受到的最大电压；U_{td} 为杆塔顶部电压最大值；U_g 为导线上感应过电压最大值；K 为导线与避雷线之间考虑避雷线电晕的耦合系数。上式中有两点值得注意：一是绝缘子串悬挂于杆塔横担处，所以绝缘子串的反击电压应取横担处的杆塔电压，而不应取塔顶处电压；二是避雷线对导线上电压与反击电压异号，h_b 的感应过电压的屏蔽作用应采用 $U_g(1-K_0)$ 计算，由此上式应修改为

$$U_j = U_{td}\left(\frac{h_a}{h_t} - K\right) + U_g\left(1 - \frac{h_b}{h_d}K_0\right) \qquad (9-4)$$

式中，h_t 为塔杆高度，h_b 为避雷线平均高度（m），h_d 为导线平均高度，K_0 为导线与避雷线之间的几何耦合系数。据此，可计算出线路的耐雷水平等指标（上式可参见新标准）。

三、衡量线路耐雷性能的指标

衡量线路耐雷性能优劣的重要指标有两个：一是线路耐雷水平；二是线路雷击跳闸率。

1. 耐雷水平

耐雷水平定义为雷击时线路绝缘不发生冲击闪络的最大雷电流幅值（kA）。表 9-1 为各级电压输电线路的耐雷水平。

表 9-1　各级电压输电线路的耐雷水平

额定电压 （kV）	35	66	110	220	330	500
耐雷水平 （kA）	20～30	30～60	40～75	75～110	100～150	125～175

2. 雷击跳闸率

雷击跳闸率的定义是雷电活动强度都折算为 40 个雷日、线路长度折算至 100km 条件下，每年雷击引起的线路跳闸次数（次/100km·年）。跳闸率越高，耐雷性能越差。

四、输电线路设计中的防雷措施

输电线路是电力系统的大动脉，它将巨大的电能输送到四面八方，是连接各变电站、各重要用户的纽带。输电线路的安全运行直接影响到电网的稳定和向用户的可靠供电。因此，输电线路的安全运行在电网中占据举足轻重的地位。

输电线路的防雷是减少电力系统雷害事故及其所引起电量损失的关键。做好输电线路的防雷设计工作不仅可以提高输电线路本身的供电可靠性，而且可以使变电所、发电厂安全运行得到保障。在确定输电线路的防雷方式时，应全面考虑线路的重要程度、系统运行方式、线路经过地区雷电活动的强弱、地形地貌特征、土壤电阻率的高低等条件，并结合当地已有线路的运行经验进行全面的技术经济比较。

1. 合理选择输电线路路径

大量运行经验表明，线路遭受雷击往往集中于线路的某些地段。一般称之为选择性雷击区或称为易击区。线路若能避开易击区，或对易击区线段加强保护，则是防止雷害的根本措施。实践表明下列地段易遭受雷击。

（1）雷暴走廊。如山区风口以及顺风的河谷和峡谷等处。

（2）四周是山丘的潮湿盆地，如铁塔周围有鱼塘、水库、湖泊、沼泽地、森林或灌木、附近又有蜿蜒起伏的山丘等处。

（3）土壤电阻率有突变的地带。如地质断层地带、岩石与土壤、山坡与稻田的交界区，岩石山脚下有小河的山谷等地，雷易击于低土壤电阻率处。

（4）地下有导电性矿的地面和地下水位较高处。

（5）当土壤电阻率差别不大时，例如有良好的土层和植被的山丘，雷易击于突出的山顶、山的向阳坡等。

2. 架设避雷线

架设避雷线是输电线路防雷保护的最基本和最有效的措施。避雷线的主要作用是防止雷直击导线，同时还具有以下作用：一是分流作用，以减小流经铁塔的雷电流，从而降低塔顶电位；其次，通过对导线的耦合作用，可以减小线路绝缘子的电压；三是对导线的屏蔽作用，可以降低导线上的感应过电压。

通常来说，线路电压越高，采用避雷线的效果越好，而且避雷线在线路造价中所占的比重也愈低（一般不超过线路的总造价的 10%）。因此规程规定，220kV 及以上电压等级的输电线路，应全线架设避雷线；66kV 线路一般也应全线架设避雷线。为提高避雷线对导线的屏蔽效果，保证雷电不致绕过避雷线而直接命中导线，应当减小绕击率。避雷线对边导线的保护角应做得小一些一般采用 20°～30°。对于 220kV 及 330kV 双避雷线线路，应做到 20° 左右，500kV 及以上的超高压、特高压线路都架设双避雷线，保护角在 15° 及以下。

为了起到保护作用，避雷线应在每座铁塔处接地。在双避雷线的超高压输电线路上，正常的工作电流将在每个档距中两根避雷线所组成的闭合回路里感应出电流并引起功率损耗。为了减小这一损耗，同时为了把避雷线兼作通信及继电保护的通道可将避雷线经过一个小间隙对地（铁塔）绝缘起来。雷击时，间隙被击穿使避雷线接地。

随着线路电压等级的下降，线路的绝缘水平也随之逐级下降，避雷线的防护效果也就逐步降低，以致在很低电压（例如 20kV 以下）时失去实用意义。因此，避雷线一般只用于输电线路中。

3. 采用绝缘避雷线防雷

输电线路的避雷线除用作防雷外，还有多方面的综合作用。如，实现载波通信，降低不对称短路时的工频过电压、减小潜供电流，作为屏蔽线以降低电力线对通信线的干扰等。按照用途不同，避雷线悬挂方式有两种：一种是直接悬挂于铁塔上，另一种是经过绝缘子与铁塔相连，即使避雷线对地绝缘。

由于避雷线至各相导线的距离一般是不相等的，它们之间的互感有差别，因此，尽管在正常情况下三相导线上的负荷电流是平衡的，但在避雷线上仍然要感应出一个纵电动势。如果避雷线逐杆接地，这个电动势就要产生电流，其结果就增加了线路的电能损失。这个附加的电能损失是同负荷电流的平方和线路长度成比例。对于 220kV 长 200～300km 的输电线路，这个附加电能损失每年约几十万 kW·h，而对于 500kV 长 300～400km 的线路，每年可损失数百万 kW·h。因此，目前我国新设计的超高压线路一般采用绝缘避雷线以减少能耗。

4. 安装线路避雷器

即使在全线架设避雷线，也不能完全排除在导线上出现过电压的可能性。安装线路避雷器可以使由于雷击所产生的过电压超过一定的幅值时动作，给雷电流提供一个低阻抗的通路，使其泄放到大地，从而限制了电压的升高，保障了线路、设备的安全。雷击铁塔时，一部分雷电流通过避雷线流到相邻铁塔，另一部分雷电流经铁塔流入大地，铁塔接地电阻呈暂态电阻特性，一般用冲击接地电阻来表征。

5. 架设耦合地线

在降低铁塔接地电阻有困难时，可采用架设耦合地线的措施，即在导线下方（或附近）再架设一条地线。它的作用主要有以下几方面：一是加强避雷线与导线间的耦合。从而减少绝缘子串两端电压的反击电压和感应电压的分量；二是增加雷击塔顶时向相邻铁塔分流的雷电流。经验表明，耦合地线对减小雷击跳闸率的效果是显著的，尤其在山区的输电线路，其效果更为明显。我国曾对 66kV 和 220kV 有避雷线线路采用过加装耦合地线的作法。

6. 采用中性点非有效接地方式

运行经验表明，在电力系统中的故障和事故至少有 60% 以上是单相接地。但是当中性点不接地的电力系统中发生单相接地故障时，仍然保持三相电压的平衡，并继续对用户供电，使运行人员有足够的时间来寻找故障点并作及时的处理。35kV 及以下电力系统中采用中性点不接地或经消弧线圈接地的方式。这样可以补偿流过故障点的短路电流，使电弧能自行熄灭，系统自行恢复到正常工作状态，降低故障相上的恢复电压上升的速度，减小电弧重燃的可能性，使雷击引起的大多数单相接地故障能够自动消除不致引起相间短路和跳闸。而在二相或三相落雷时，由于先对地闪络的一相相当于一条避雷线，增加了分流和对未闪络相的耦合作用，使未闪络相绝缘上的电压下降，从而提高了线路的耐雷水平和线路供电可靠性。

7. 装设自动重合闸装置

由于线路绝缘具有自恢复性能，大多数雷击造成的闪络事故在线路跳闸后能够自行消除。因此，安装自动重合闸装置对于降低线路的雷击事故率具有较好的效果。我国 66kV 及以上的高压线路重合闸成功率达 75%～95%，35kV 及以下的线路成功率为 50%～80%。规程要求：各级电压线路应尽量装设三相或单相自动重合闸，高土壤电阻率地区的输电线路，必须装设自动重合闸装置。因此，各级电压等级的线路均应尽量安装自动重合闸装置。加装线路自动重合闸作为线路防雷的一种有效措施，在线路正常运行中和保证供电可靠性上都发挥了积极的作用。

从输电线路的设计和安装，尤其是设计这一环节就要充分考虑到如何保证输电线路的防雷水平，处理好提高防雷水平与控制工程造价的关系，确保线路按高标准的防雷水平设计。输电线路投入运行后，要加强线路的运行维护。只有各个环节很好地结合起来，才能有效地保证线路的安全运行。

9.1.4　发电厂的防雷保护

一、发电厂防雷保护

发电厂遭受雷害有两种形式：一种是雷直击于发电厂（升压变电所、主厂房、烟囱、水冷塔等），一般采用避雷针或避雷线；另一种是雷击输电线路时沿线路传向发电厂的入侵雷电波，一般采用避雷器。

1. 发电厂的直击雷保护

装设避雷针或避雷线，应使所有设备都处于避雷针（线）的保护范围之内。

2. 发电厂入侵波与避雷器保护

配电装置中必须装设阀型避雷器或氧化锌避雷器，以限制雷电波入侵时的过电压。避雷器一般设置在被保护设备的前面（指入侵波方向），才能起到较好的保护作用。不可能在每个设备旁都装设一组避雷器，一般只在母线装设。由于主变压器和启动/备用变压器离母线上的避雷器较远，往往还必须在这些变压器旁加装避雷器，否则会由于波的反射而使变压器得不到保护。降低避雷器的残压和减小入侵波的陡度，可增大避雷器的保护范围。沿线路全长架设避雷线或通过设置进线段保护可减小入侵波的陡度。

二、发电厂信息系统的防雷保护

发电厂内应用传统的防雷保护技术，采用包括避雷针、避雷器和接地装置等组成的防护系统为电力设备的安全提供比较完善的保护。但随着以微电子为基础、以计算机为核心的现代通信、控制、测量技术的推广应用，信息系统发生雷害的问题已逐渐凸现出来，电子设备雷害损坏的事件时有发生，因此，解决信息系统的防雷问题，是提高系统可靠运行的基础，也是技术进步的需要。

信息系统比较完善的防雷措施应该包括分流、均压、屏蔽、接地和钳位等，它是一项综合防护的系统工程。所谓分流指的是对直击雷靠接闪器经引下线和接地装置，或通过导电连接和接地良好的金属构架，将雷电流分流入地，不流过被保护设备的部件，雷电流通道的阻抗要低，以降低电压，避免引起反击。所谓均压是指对于同一区域的电缆外皮、设备外壳、金属构架、管道进行电气连接，以均衡电位。所谓屏蔽指的是采用屏蔽电缆，利用各种人工的屏蔽盒、法拉第笼和各种自然屏蔽体来阻挡，衰减施加在信息系统（设备）上的电磁干扰和过电压能量。所谓接地是指将所有金属机壳、构架、管道、电缆金属屏蔽层、穿线铁管连在一起，与屏蔽笼及总接地网就近连接，电气、电子设备的防雷接地、工作接地、保护接地采用共地方式。所谓钳位指的是在过电压可能侵入的所有端口，装设必要的浪涌（吸收）保护装置，在计算机等信息系统引出的信号线、电源线上装设多级保护，包括粗保护和细保护，将侵入的冲击过电压钳制到允许的程度。

信息系统设备的防雷接地主要涉及接地网的共地与分地以及信号电缆屏蔽层的接地。

关于计算机系统接地，一些设备制造厂家强调独立的专用接地网，以隔离强电主接地网电位变化的干扰，这对于与外界没有信息交流的计算中心计算机或许适用，但对于大多数信息系统是不可取的。因为当计算机与现场之间存在信息交流通道时，现场的地电位就已经通过其与计算机的电位发生联系，如果两者分地，它们之间就有地电位带，在平时电位差形成的共模干扰将通过信号线、屏蔽线的屏蔽层和分布电容等途径进入计算机，干扰计算机的正常运行；在强电设备接地短路，尤其是雷电流流入主地网时，电位差更大，完全有可能超过一般电子设备共模耐压水平（500 V），造成设备或元件损坏。表 9-2 是某大学实验室研究主地网与专用接地网之间的电位差与距离的关系，分析计算和模拟试验的结果。

表 9-2 主地网与专用接地网之间的电位差

距离/m	5	10	15	20	25
计算机地网电位/V	8 293	7 116	6 107	5 240	4 497
与主网的电位差/V	1 371	2 448	3 557	4 424	5 167

表中主地网接地电阻 0.32Ω，土壤电阻率 $300\Omega \cdot m$，入地电流 30kA，主地网地电位升高 9 664 V。从表 9-2 可以看出分地的安全问题有多大。因此，目前大多采用电气与计算机共地方式。

通常信息系统通信电缆要求带屏蔽层，使用中屏蔽层一端接地，理由是屏蔽层多点接地时它们之间的电位差会通过地引起环流，对线芯产生干扰电压。事实上，一端接地只能对低频及静电场起屏蔽作用，对雷电流等引起的电磁场干扰则防护不了。完善的做法应选用双屏蔽层电缆或单屏蔽层带钢带铠装电缆，使用时内屏蔽层一端接地，外屏蔽层（钢带）两端接地。这样当有外界电磁场在作用时，外屏蔽层感应的电流就产生一个电磁场，抵消原外界的电磁场，减少或消除外界的影响，同时又由于内屏蔽层的保护，外层的电流不致于干扰到线芯。

对于上述整套防雷措施，现场可以根据实际需要选择其中部分实施。例如，根据文献广州某发电厂信息系统的防雷保护，采用了如下防护措施。

（1）化水站加装避雷针，防止雷电直击除盐水箱、水管等设备后反击水位变送器等电子设备，避雷针安装位置既要满足保护范围又不要太靠近被保护设备，接地装置应独立，不要直接跟原设备接地网相连。

（2）烟囱附近区域的电子设备加装磁屏蔽盒，现场金属外壳设备、部件作电气连接并就近接地以均衡电位。

（3）通信电缆换用铠装带屏蔽电缆，或严密封装在金属电缆槽盒中。

（4）铁路轨、供汽管入厂处接地。

（5）设备通信端口装设浪涌（吸收）保护装置。

为提高信息系统防雷运行的水平，各有关行业、部门制定了相应的规程、规范，但由于电子设备的防雷研究还只是近十余年的事情。要达到与目前强电设备防雷技术相当的水平，还需经过一段时间的努力，还需要高电压技术专业和电子技术专业工作者的共同努力。

9.1.5　变电站的防雷保护

变电所除了可能遭受直击雷以外，还有可能沿着线路向变电所传来雷电侵入波，威胁变电所设备的安全。变电所一旦遭到雷击而损坏后，其结果和影响十分严重，因此一般均按一级防雷建筑物的标准进行防雷设计。

一、变电站对直击雷的防护

变电站对直击雷的防护，主要是装设避雷针。避雷针的作用是将雷电流通过自身安全导入地中，从而保护附近绝缘水平比它低的电气设备免遭雷击损坏。对于 35 kV 的变电站，由于绝缘水平较低，不允许避雷针装设在配电构架上，必须装设独立的避雷针，并满足不发生反击的要求；对于 110 kV 及以上的变电站，由于此类电压等级配电装置的绝缘水平较高，可以将避雷针直接装设在配电装置的架构上，雷击避雷针所产生的高电位不会造成电气设备的反击事故，因此，可将变电站所有的电气设备及变电站进出线的最后一档线路，均纳入其保护范围。

变电所内的设备和建筑物必须有完善的直击雷保护装置，通常采用独立避雷针或避雷线。独立避雷针（线）应有独立的接地体，但当受到雷击时，雷电流沿着接闪器、引下线和接地体流入大地，并且在它们上面产生很高的电位。如果避雷针（线）与附近设施之间的绝缘距离不够时，两者之间会发生强烈的放电现象，这种情况称为反击。反击可引起电气设备绝缘破坏，金属管道被击穿，甚至引起火灾、爆炸和人身伤亡。为了防止反击事故的发生，避雷针（线）与附近其他金属导体之间必须保持足够的安全距离。

根据过电压保护设计规程规定，独立避雷针（线）及其引下线与其他金属物体在空气中的安全距离应满足下列要求

$$S_{saf} \geqslant 0.3R_{sh} + 0.1h_x \qquad (9\text{-}5)$$

式中，S_{saf} 为空气中的安全距离（m），一般不应小于 5m；R_{sh} 为独立避雷针（线）的冲击接地电阻（Ω）；h_x 为避雷针（线）校验点的高度（即被保护物的高度）（m）。

独立避雷针（线）的接地体与变电所接地网间的最小地中距离应满足下式要求

$$S_E \geqslant 0.3R_{sh} \qquad (9\text{-}6)$$

式中，S_E 为地中的安全距离（m），一般不应小于 3m。

对于 35kV 及以下的高压配电装置，因其绝缘水平较低，为了避免反击，避雷针（线）不宜装于配电装置的构架上，而应装设独立的避雷针（线），且与配电装置保持足够的距离。但对于电压为 110kV 的变电所，避雷针可以安装在配电装置的构架或房顶上，这时因为 110kV 电压等级的绝缘水平较高，即使遭受直击雷，一般也不易引起反击。

二、变电站对雷电侵入波的防护

（1）变电站对侵入的雷电波防护的主要措施是在其架空进线上装设阀型避雷器或保护间隙。氧化锌避雷器与阀型避雷器比较，具有无间隙、无续流、通流容量大、体积小、质量小、结构简单、运行维护方便、使用寿命长且造价低等优点，今后应优先使用。将避雷器并联装设在被保护设备的附近，当雷电过电压超过一定值时，避雷器动作，从而限制了被保护设备的过电压值，达到保护高压电气设备的目的。

（2）变电站的进线防护。对变电站进线实施防雷保护，其目的就是限制流经避雷器的雷电流

幅值和雷电波的陡度。当线路上出现过电压时，将有行波沿导线向变电站行进，特别是在进线首端落雷，其幅值为线路绝缘的50%冲击闪络电压。由于线路的冲击耐压比变电站设备的冲击耐压要高很多，因此，在靠近变电站的进线（35～110 kV 无避雷线）1～2 km 处，架设避雷线是防雷的主要措施。如果没有架设避雷线，当靠近变电站的进线遭受雷击时，流经避雷器的雷电电流幅值可超过 5kA，且其陡度也会超过允许值，势必会对线路造成破坏。

（3）变压器的防护。变压器的基本保护措施是靠近变压器一次侧安装站用型避雷器，这样可以防止线路侵入的雷电波损坏绝缘。装设避雷器时，要尽量靠近变压器，并尽量减少连线的长度，以便减少雷电电流在连接线上的压降。同时，避雷器的接线应与变压器的金属外壳及低压侧中性点连接在一起，这样，当侵入波使避雷器动作时，作用在一次（高压）侧主绝缘上的电压就只剩下避雷器的残压，从而防止了雷电对变压器的破坏。

由于线路落雷比较频繁，且其绝缘水平远高于变压器或其他设备，所以雷电侵入波是造成变电所雷害事故的主要原因。

对于雷电侵入波的过电压保护是利用阀型避雷器以及与阀型避雷器相配合的进线段保护。阀型避雷器的作用是限制电气设备上的过电压幅值；进线段保护的作用是使雷不直接击在导线上，且利用进线段本身阻抗来限制雷电流幅值，利用导线的电晕损耗来降低雷电波陡度。图 9-10 为全线无避雷线的 35～110kV（少雷区）变电所目前普遍采用的防雷保护方案。

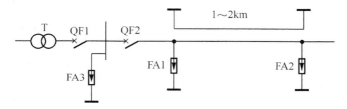

图 9-10　35～110kV 变电所进线保护方案

在变电所 1～2km 进线段架设避雷线，主要是作为进线段的直击雷保护措施。在这段线路上发生直接雷击时，如果没有这段避雷线，将使流过避雷器的电流过大；装设这段避雷线后，可减轻避雷器的负担。

阀型避雷器 FA1 的装设条件：在木杆或木横担钢筋混凝土杆线路进线段首段。为了降低雷电侵入波的幅值，应装设一组阀型避雷器 FA1，且其工频接地电阻不宜超过 10Ω，但是铁塔或铁横担、瓷横担的钢筋混凝土杆线路，以及全线有避雷线的线路其进线段首段，可不装 FA1。

阀型避雷器 FA2 的装设条件：如果变电所 35～110kV 进线隔离开关或断路器在雷季经常断开运行，同时线路侧又带电，则必须在靠近隔离开关或断路器处装设一组阀型避雷器 FA2，以防当沿线有雷电侵入波时，由于波的反射，使隔离开关或断路器断开点的电压为进线保护段侵入波电压的两倍，造成开路的隔离开关或断路器对地闪络，甚至烧毁开关触头。此时 FA2 应动作，使开关承受的电压降低。但在断路器闭合运行情况下雷电侵入波到来时，FA2 应不动作，即此时 FA2 应在变电所阀型避雷器 FA3 的保护范围之内。

母线上的阀型避雷器 FA3，主要用于保护变压器、电压互感器等所有高压电器设备。根据规程规定，变电所的每组母线都应装设阀型避雷器，变电所内所有避雷器，均应以最短的接地线与配电装置的主接地网连接。阀型避雷器与被保护主变压器及电气设备之间的最大电气距离，必须保证它们的绝缘所能承受的冲击耐压值大于所作用的过电压。此外，确定避雷器与主变压器和电压互感器的最大电气距离，还需考虑变电所母线出线回路数的影响。因为线路数越多，分流越强。因此，在相同进线过电压作用下，电气设备所承受的过电压越低。阀型避雷器与被保护设备之间的最大允许距离如表 9-3 所示。

表 9-3 阀型避雷器与被保护设备之间的最大允许距离

| 电压等级 kV | 进线保护段 | 到变压器或电压互感器的距离/m | | | | 到其他电气设备的距离/m |
| | | 出线回路数 | | | | |
		1	2	3	4 及以上	
35	1km	25	35	40	45	按至变压器距离增加30%计算
	2km 及全线	55	80	85	105	
60	1km	40	65	80	85	
	2km 及全线	80	110	130	145	
110	全线	100	135	155	175	

阀型避雷器与主变压器及其他被保护设备的电气距离越短，保护效果越好。避雷器应设置在配电装置中心位置，在任何运行方式下所有电气设备都应在避雷器保护范围之内。当阀型避雷器与主变压器的电气距离超过允许值时，应在主变压器附近增设一组阀型避雷器。对于容量较小的35kV 变电所，可根据其重要性和雷电活动情况，酌情简化进线保护措施，如变电所进线段避雷线的长度可缩短为 500～600m，但其首段管型避雷器的接地电阻不应超过 5Ω。对于有电缆进线段的架空线路，避雷器应装设在缆头附近，其接地端应和电缆金属外皮相连。

三、变电站的防雷接地

防雷接地的作用是减小雷电流通过接地装置时对地电位的升高，其接地是否良好，对保护作用的发挥有着直接的影响。同时，在变电站防雷保护满足要求以后，还要根据安全和工作接地的要求，敷设一个统一的接地网，然后在避雷针和避雷器下面增加接地体以满足防雷的要求，或者在防雷装置下敷设单独的接地体。

1. 接地装置

独立避雷针要求单独设置接地装置，建筑物避雷网的引下线应与建筑物的通长主筋及建筑物的环状基础钢筋焊接，并与室外的人工接地体相连，与工作接地共地，形成等电位效应。为了保证防雷装置的安全可靠，引下线应不少于 2 根，在高土壤电阻系数地区，可采用多根引下线以降低冲击接地电阻，引下线要求机械连接牢固，电气接触良好。变电站的防雷接地电阻值要求不大于 1Ω。

2. 防雷电感应

现代变电站都有较完善的直击雷防护系统，户外设备直接遭雷击损坏的概率较小。但雷击防雷系统时所产生的雷电放电及电磁脉冲，以及雷电过压通过金属管道、电缆会对变电站控制室内各种弱电设备产生严重的电磁干扰，从而影响整个系统的运行。主要有两个方面的影响。

（1）雷电流要通过站内接地网主要靠集中接地装置泄入大地，在地网上产生一定的冲击电位，严重时会在一些部位产生反击，甚至产生局部放电现象，危及电气设备绝缘。

（2）雷电流通过避雷针的接地引下线入地时，会在周围空间产生强大的暂态电磁场，从而在各种通信、测量、保护、控制电缆、电线，甚至户内弱电设备的部件上产生暂态电压，影响这些设备的正常运行。

雷击厂站有两种情况：一是雷击站内的构架或独立避雷针；二是雷击站内所在建筑物的防雷系统。雷电放电会对周围空间，包括控制室内造成传导或辐射的电磁干扰。在雷电波等值频率范围内，这些干扰主要是电感耦合型的。从户外设备引入控制室的各种电缆、电线，在户外绝大部分是走地下电缆沟的，雷电放电形成的空间电磁场对其影响不大，这主要是因为线的走向与避雷针是垂直的。但在建筑物内走线时就容易产生感应回路，而且这些回路的一端接入输入阻抗大的电子设备，相当于开路，穿透建筑物钢筋水泥墙壁的电磁脉冲中会在这些回路中感应出幅值较高的暂态电压。雷击变电站内靠近控制室的避雷针时，情况相当复杂，因为整个建筑物的各个导电构件，包括防雷系统、水泥墙及地板中的钢筋、金属横梁等的影响都需要考虑。建筑物防雷系统除避雷针外还包括由接地引下线、水平连接母线及引下线的接地装置构成的泄漏系统。雷击时，雷电流经过离室内回路相当近的各接地引下线泄入地网，在各回路周围空间产生很强的暂态电磁场。因接地引下线紧贴墙壁，故此时墙中的钢筋甚至墙上专门设置的屏蔽网已基本不起屏蔽作用。因为只有处于非磁饱和状态的屏蔽材料才能具备预期的屏蔽效果，而由于强辐射源离屏蔽层很近，若屏蔽层又不是用饱和电平较高的磁性材料做成，则其屏蔽效果是很差的。另外磁通也可以穿过较大的孔眼直接与较近处的回路耦合。

为保证弱电设备的正常运行，可从以下几方面采取措施：采用多分支接地引下线，使通过引下线的雷电流大大减小。改善屏蔽，如采用特殊的屏蔽材料甚至采用磁特性适当配合的双层屏蔽。改进泄流系统的结构，减小引下线对弱电设备的感应并使原有的屏蔽网较好地发挥作用。除电源入口处装设压敏电阻等限制过压的装置外，在信号线接入处应使用光电耦合原件或设置具有适当参数的限压装置。所以进出控制室的电缆均采用屏蔽电缆，屏蔽层共用一个接地网。在控制室及通信室内敷设等电位，所有电气设备的外壳均与等电位汇流排连接。

3. 微机保护防干扰屏蔽措施

变电站的微机保护设备容易受到电磁感应，在被测信号上产生叠加的串模干扰。由于受到静电感应、地电位差异的影响，在信号线任一输入端与地之间产生叠加的共模干扰，措施通常采取屏蔽和接地相结合，将所有屏蔽电缆分屏屏蔽，用截面积小于多股铜芯软线作为接地线，分别与汇流接地母排连接，汇流接地母排与屏体绝缘，并采用单芯屏蔽电缆与室外接地体做一点连接。

在变电站的防雷接地保护设计时，可根据防雷设计的整体性、结构性、层次性、目的性及整个变电站的周围环境、地理位置、土质条件和设备的性能、用途，采取相应雷电防护措施。对处在不同区域的设备系统进行等电位连接和安装电源防雷装置及浪涌电压（电路在遭雷击和在接通、断开电感负载或大型负载时常常会产生很高的操作过电压，这种瞬时过电压称为浪涌电压。浪涌电压是一种瞬变干扰）保护装置，使得处在不同层次的设备，系统达到统一的防雷效果。变电站设计时，应尽可能使像微波塔这样有引雷作业的建筑物远离控制室和通信室，特别是当其周围没有更高的屏蔽物时，建筑物防雷系统，尤其是泄流系统的设计对感应电压的幅值有明显的影响。在设计时应根据实际情况采用最优方案，尽量减少感应，同时也要采取其他措施，以保护敏感的弱电设备。

9.2 绝缘配合

一、绝缘配合的概念

电力系统的绝缘包括发电厂、变电所电气设备的绝缘、导线的绝缘以及线路的绝缘。绝缘配合就是根据设备所在系统中可能出现的各种电压（正常工作电压和过电压），并考虑保护装置和设备绝缘特性来确定设备必要的耐电强度，以便把作用于设备上的各种电压所引起的设备绝缘损坏和影响连续运行的概率，降低到经济上和运行上能接受的水平，以达到安全、经济和高质量供电的目的。

绝缘配合是电力系统中用以确定输电线路和电工设备绝缘水平的原则、方法和规定，是综合考虑电气设备在系统中可能承受的各种作用电压（工作电压和过电压）、保护装置的特性和设备绝缘对各种工作电压的耐受特性，合理选择设备的绝缘水平，以使设备的造价、维护费用和设备绝缘故障所引起的事故损失，达到在经济上和安全运行上总体效益最高的目的。也就是说，在技术上要处理好各种作用电压、限压措施及设备绝缘耐受能力三者之间的相互配合关系；在经济上，应全面考虑投资费用（指绝缘投资和过电压防护措施的投资）、运行维护费用（指绝缘和过电压防护装置的运行维护）和事故损失（指绝缘故障引起的事故损失）3 个方面，以求优化总的经济指标。

研究绝缘配合的目的在于综合考虑电工设施可能承受的作用电压，过电压防护装置的效用，以及设备的绝缘材料和绝缘结构对各种作用电压的耐受特性等因素，并且考虑经济上的合理性以确定输电线路和电工设备的绝缘水平。

二、绝缘配合方法

1. 统计法

设备绝缘故障具有统计特性，统计法旨在对绝缘故障率定量并将其作为绝缘设计中的一个性能指标。绝缘配合的统计法（statistical procedure of insulation coordination），是在允许一定的绝缘故障率的前提下，利用统计方法进行绝缘配合设计的一种方法。这种方法一般仅适用于自恢复绝缘。

当对某种过电压计算绝缘故障率时，需要给出此过电压及设备的绝缘特性两者各自的分布规律。

2. 简化统计法

在简化统计法中，对概率曲线的形状作了若干假定（如已知标准偏差的正态分布），从而可用与一给定概率相对应的点来代表一条曲线。在过电压概率曲线中称该点的纵坐标为"统计过电压"，其概率不大于 2%；而在耐受电压曲线中则称该点的纵坐标为"统计冲击耐受电压"，设备的冲击耐受电压的参考概率取为 90%。

绝缘配合的简化统计法是对某类过电压在统计冲击耐受电压和统计过电压之间选取一个统计配合系数，使所确定的绝缘故障率从系统的运行可靠性和费用两方面来看是可以接受的。

3. 确定性法（惯用法）

绝缘配合的确定性法（惯用法）的原则是在惯用过电压（即可接受的接近于设备安装点的预期最大过电压）与耐受电压之间，按设备制造和电力系统的运行经验选取适宜的配合系数。

三、绝缘水平的确定

研究绝缘配合的目的在于综合考虑电工设施可能承受的作用电压，过电压防护装置的效用，以及设备的绝缘材料和绝缘结构对各种作用电压的耐受特性等因素，并且考虑经济上的合理性以确定输电线路和电工设备的绝缘水平。作用在电工设备上的电压是指正常运行条件下的工作电压和各种过电压，后者包括暂时过电压、操作过电压、雷电过电压等。为了经济合理地设计输电线路和电工设备绝缘，电力系统中一般采取专用设备和装置以限制过电压。

绝缘水平是电工设备能够耐受的试验电压值，包括短时工频耐受电压值；雷电冲击耐受电压值；操作冲击耐受电压值；长时间工频试验电压值。

这些试验电压的波形、数值、施加方法、时间、次数等，各国都有国家标准明确规定。惯用法，是按作用在设备绝缘上的最大过电压和设备的最小绝缘强度的概念进行绝缘配合的方法。惯用法简单明了，但无法估计绝缘故障的概率以及概率与配合系数之间的关系，故这种方法对绝缘的要求偏严。统计法，则根据过电压幅值及绝缘闪络电压的统计特性，算出绝缘故障率，改变敏感的影响因素，使故障率达到可以被接受的程度，合理地确定绝缘水平。统计法不仅能定量地给出绝缘配合的安全程度，还可按照设备折旧费、运行费及事故损失费三者总和最小的原则进行优化设计。困难在于随机因素较多，某些统计规律还有待认识。简化统计法，为了便于计算，假定过电压及绝缘放电概率的统计分布均服从正态分布。国际电工委员会（IEC）及中国国家绝缘配合标准，推荐采用出现的概率为 2% 的过电压作为统计（最大）过电压 U_w，再取闪络概率为 10% 的电压作为绝缘的统计耐受电

压 U_w，在不同的统计安全系数等于 U_w/U_s 的情况下，计算出绝缘的故障率 R。根据技术经济比较，在成本与故障率间协调，定出可以接受的 R 值，再根据相应的 U_w 及 U_s，确定绝缘水平。

9.3 电气装置的接地

一、接地的类型和作用

1. 工作接地

由于运行和安全需要，为保证电力网在正常情况下或事故情况下能可靠地工作而进行的接地叫工作接地，如发电机或变压器的中性点直接接地或消弧线圈接地，防雷设备的接地等，其作用是避免电气装置一相接地时，另一相对地电压升高，危及其他用电设备。另一方面，当电气设备发生接地故障时，提供接地故障电流通路，使保护电器迅速动作，切断故障电路。

2. 保护接地

为保证人身安全防止触电事故而进行的接地，如电动机外壳接地，当电动机发生一相碰壳时，其电流主要由接地装置流入大地，减少人触及设备外壳触电的危险性。当装有保护电器时，能为接地故障电流提供通路，使保护电器动作，切断故障电路。

3. 重复接地

在中性点直接接地的低压系统中，为保证接零安全可靠，除在电源（变压器、发电机）中性点进行工作接地外，还必须在零线的其他地方进行必要的多点接地，重复接地装置的接地电阻不应大于 10Ω，重复接地可降低零线对地电压，增加故障时的电流，加速线路保护装置的动作，使保护水平进一步提高。

二、接地系统

电气装置的接地系统分为 TN，TT，IT 三种形式，这些文字符号的意义是：第一个字母说明电源对地的关系，第二个字母说明外露导电部分对地的关系。

1. TN 系统的保护特性

TN 系统接地保护如图 9-11 所示。

TN 系统接地故障保护的要求是当发生接地故障时，保护电器必须在规定时间内切断故障电路，能使保护电器在规定时间内切断故障电路的最小有效电流，以 I_a 表示，它为熔断器熔体额定电流或断路器整定电流的若干倍，即 $I_a = K \cdot I_n$，例如，当要

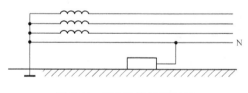

图 9-11   TN 系统接地保护

求额定电流为 40A 的熔体在 5s 时间熔断时需要 5 倍的电流，以公式表示为 $I_a = K \cdot I_n = 5 \times 40 = 200A$。为确保发生接地故障时，能在不超过 5s 的时间内切断故障，故障电流 I_a 必须大于或等于 I_d（当采用低压熔断器保护时，I_d 为其瞬时或短延时动作的整定电流值）。

由于

$$I_a = \frac{U_0}{Z_s} \tag{9-7}$$

式中，U_0 为相电压，Z_s 为接地故障回路阻抗。

故

$$\frac{U_0}{Z_s} \geqslant I_d，\quad I_d \cdot Z_s \leqslant U_0 \tag{9-8}$$

上式即为 TN 系统接地故障保护的要求。

2. TT 系统的保护特性

TT 系统接地保护如图 9-12 所示。

TT 系统对接地故障的保护特性是当发生接地故障时，如电气装置的外露导电部分故障电压等于或大于 50V，保护电器应在规定时间内切断电路，为此故障电流应大于保护电器在规定时间内有效动作的电流，即

$$I_a = \frac{50}{R_A} \geqslant I_d \qquad （9-9）$$

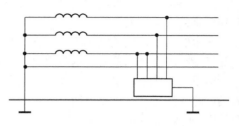

图 9-12　TT 系统接地保护

式中，R_A 为外露导电部分接地极和 PE 线的电阻之和；I_d 为使保护电器在规定时间内可靠动作的电流。

可见，TT 系统的接地故障回路内有两个接地电阻，故障电流较小，一般为十几或几十安，这个电流不足以使熔断器熔断或断路器动作，所以在 TT 系统中，除非负荷很小，一般不能采用熔断器低压断路器做接地故障保护而需采用漏电保护器。

3. IT 系统的保护特性

IT 系统接地保护如图 9-13 所示。

在 IT 系统内发生第一次接地故障时，故障电流仅为另两相对地电容电流，由于电网对地电容很小，容抗 $X_c = -j\frac{1}{\omega C}$ 很大，所以 I_d 值很小，一般不能使外露导电部分故障电压大于安全电压限值 50V，这时不需切断电路，但要采用绝缘监视器发出第一次接地故障信号，以便及时排除故障，避免另两相再发生接地故障引起两相短路。

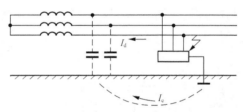

图 9-13　IT 系统接地保护

由以上看出，TN 系统和 IT 系统均不必要采用漏电开关做接地保护，但从预防火灾方面来考虑，则需装设动作时间不大于 5s 的漏电开关，因为 TN 系统一旦出现接地故障，常为数百安以致数千安的接地电流，这种大电流一般能使过流保护用的熔断器、断路器迅速切断故障，但如果过流保护电器选用不当，不能及时切断故障，将使导体产生高温，导致火灾发生，所以在 TN 系统内，如果过流保护电器的灵敏度不能保证在 5s 内切断接地故障，应装设漏电保护器。

三、接地引下线设计应注意的几个问题

（1）接地引下线应就近入地，并以最短的距离与地中的主网相连。设备引下线不应与电缆沟中的扁钢连接，因其敷设于电缆沟内壁表面的混凝土上，不起散流作用。在发生短路时，易造成局部电位升高，引起电缆绝缘破坏等。

（2）带有一次回路的电气设备如 CT，PT 等，为减小接地引下线的阻抗，保证与主接地网可靠连接，应采用两根截面相同的，每根都能满足热稳定和腐蚀要求的接地线，在不同的部位与主接地网连接。

（3）加强控制室及弱电系统与主接地网连接的可靠性。

（4）不得使用钢筋混凝土电杆中的预应力钢筋作为主要引下线。

本 章 小 结

能使被保护的物体免于雷击，引雷自身并将雷电导入大地的装置就是防雷保护装置。防雷装

置一般由接闪器、引下线和接地装置组成。接闪器是一种受雷装置，它是接受雷电流的金属导体，常用的有避雷针、避雷线和避雷网。接地装置是埋在地下的接地导线和接地体，其电阻值很小，有利于将雷电流导入大地。

输电线路上雷电过电压的种类有，直击雷过电压，感应雷过电压。衡量线路防雷性能优劣的重要指标有两个：一是线路耐雷水平；二是线路雷击跳闸率。

架设避雷线是输电线路防雷保护的最基本和最有效的措施。避雷线的主要作用是防止雷直击导线。避雷线还具有分流作用，以减小流经铁塔的雷电流，从而降低塔顶电位，通过对导线的耦合作用，可以减小线路绝缘子的电压；同时对导线还有屏蔽作用，可以降低导线上的感应过电压。

发电厂遭受雷害有两种形式：一种是雷直击于发电厂，一般采用避雷针或避雷线；另一种是雷击输电线路时沿线路传向发电厂的入侵雷电波，一般采用避雷器。变电站对直击雷的防护，主要是装设避雷针，避雷针的作用是将雷电流通过自身安全导入地中，从而保护附近绝缘水平比它低的电气设备免遭雷击损坏。

电气装置的接地系统主要分为 TN，TT，IT3 种形式。TN 系统和 IT 系统不必采用漏电开关做接地保护。从预防火灾考虑，需装设动作时间不大于 5s 的漏电开关，因为 TN 系统一旦有接地故障，常为数百安以致数千安的接地电流，这种大电流能使过流保护熔断器、断路器迅速切断故障。如果过流保护电器选用不当，不能及时切断故障，将使导体产生高温，导致火灾发生，故在 TN 系统内，如果过流保护电器的灵敏度不能保证在 5s 内切断接地故障，应装设漏电保护器。

习　　题

9-1　简述雷电的主要特点。

9-2　简述雷电装置的组成。

9-3　电力系统的防雷保护有哪些基本措施？简述其基本原理。

9-4　衡量线路耐雷性能的指标是什么？如何定义的？

9-5　某油罐高 15m，直径为 10m，拟采用单支避雷针进行防雷保护。要求避雷针距罐壁至少 5m，则该避雷针的设计高度应为多少？

9-6　阐述绝缘配合的基本概念？

9-7　绝缘配合方法有几种？简要阐述其内容？

9-8　重复接地的作用是什么？

9-9　简述电气装置接地的类型和作用？

9-10　简述 IT 系统的保护特性？

9-11　接地引下线设计中应注意哪些问题？

第 **10** 章　电力系统电气设备的选择

选择电气设备是发电厂或变电所在电气设计时的主要工作。要使电力系统达到安全、经济运行，合理地选择电气设备是极其重要的条件。各种电气设备的作用和工作条件不同、具体选择的方法不完全相同，但有共同遵循的原则。

本章根据电气设备选择与校验的一般条件，主要介绍配电线路的短路保护及过负载保护；隔离开关、重合器等的选择方法；电力系统母线和电缆的选择与校验；互感器的选择原则；重点介绍限流电抗器的选择及计算方法。

10.1　电气设备选择遵循的条件

电气设备的选择是发电厂和变电所电气设计的主要内容之一。正确地选择电气设备是使电气主接线和配电装置达到安全、经济运行的重要条件。尽管各种电气设备的作用和工作条件不同、具体选择的方法不完全相同，但也有共同遵守的原则。

电气设备要能可靠地工作,必须按正常工作条件进行选择,并按短路状态来校验热稳定和动稳定。

下面介绍两个相关的概念。热稳定，电流通过导体时，导体要产生热量，并且该热量与电流的平方成正比，当有短路电流通过导体时，将产生巨大的热量，由于短路时间很短，热量来不及向周围介质散发，衡量电路及元件在这很短的时间里，能否承受短路时巨大热量的能力为热稳定。动稳定，短路电流、短路冲击电流通过导体时，相邻载流导体间将产生巨大的电动力，衡量电路及元件能否承受短路时最大电动力的这种能力，称作动稳定。

（1）按正常工作条件选择电气设备，应考虑额定电压、额定电流以及环境条件对设备选择的影响，其他选择应根据电气设备的装置地点、使用条件、检修和运行等要求，对电气设备进行种类（屋内或屋外）和型式（防污型、防爆型、湿热型等）的选择。

（2）按短路状态校验，包括短路热稳定校验、动稳定校验、短路电流计算条件及短路计算时间。

由于各种电气设备具有不同的性能特点，选择与校验条件不尽相同，常用高、低压电气设备的选择与校验项目如表 10-1 所示。

表 10-1　　　　　　　　　　常用高、低压电气设备的选择与校验项目

设备名称	额定电压	额定电流	开断能力	短路电流校验		环境条件	其他
				动稳定	热稳定		
断路器	X	X	X	Y	Y	Y	操作性能
负荷开关	X	X	X	Y	Y	Y	操作性能

续表

设备名称	额定电压	额定电流	开断能力	短路电流校验		环境条件	其他
				动稳定	热稳定		
隔离开关	X	X		Y	Y	Y	操作性能
熔断器	X	X	X			Y	上、下级间配合
电流互感器	X	X		Y	Y	Y	
电压互感器	X					Y	二次负荷、准确等级
支柱绝缘子	X				Y	Y	二次负荷、准确等级
穿墙套管	X	X		Y	Y	Y	
母线		X		Y	Y	Y	
电缆	X	X			Y	Y	

X：表示选择项目，Y：表示校验项目。

10.2 高压电器的选择

为了保障高压电气设备的可靠运行，高压电气设备选择与校验的一般条件如下。

（1）按正常工作条件包括电压、电流、频率、开断电流等选择。

（2）按短路条件包括动稳定、热稳定校验。

（3）按环境工作条件如温度、湿度、海拔等选择。

10.2.1 按正常工作条件选择高压电气设备

一、额定电压和最高工作电压

高压电气设备所在电网的运行电压因调压或负荷的变化，常高于电网的额定电压，故所选电气设备允许最高工作电压 U_{alm} 不得低于所接电网的最高运行电压。一般电气设备允许的最高工作电压可达 $1.1 \sim 1.15 U_N$，而实际电网的最高运行电压 U_{sm} 一般不超过 $1.1 U_{Ns}$，因此在选择电气设备时，一般可按照电气设备的额定电压 U_N 不低于装置地点电网额定电压 U_{Ns} 的条件选择，即

$$U_N \geqslant U_{Ns} \tag{10-1}$$

对于电缆和一般电器，U_{alm} 较 U_N 高 10%～15%，即

$$U_{alm} = （1.1 \sim 1.15）U_N \tag{10-2}$$

对于电网，由于电力系统采取各种调压措施，电网的最高运行电压 U_{sm} 通常不超过电网额定电压的10%，即

$$U_{sm} \leqslant 1.1 U_{Ns} \tag{10-3}$$

可见，只要 U_N 不低于 U_{Ns}，就能满足 $U_{alm} \geqslant U_{sm}$。所以，一般按下式选择电气设备的额定电压

$$U_N \geqslant U_{Ns} \tag{10-4}$$

二、额定电流

电气设备的额定电流 I_N 是指在额定环境温度下，电气设备的长期允许通过电流。I_N 应不小于该回路在各种合理运行方式下的最大持续工作电流 I_{max}，即

$$I_N \geqslant I_{max} \tag{10-5}$$

计算时有以下几个应注意的问题。

（1）由于发电机、调相机和变压器在电压降低 5%时，出力保持不变，故其相应回路的 I_{max} 为发电机、调相机或变压器额定电流的 1.5 倍。

（2）若变压器有过负荷运行可能时，I_{max} 应按过负荷确定（1.3～2 倍变压器额定电流）。

（3）母联断路器回路一般可取母线上最大一台发电机或变压器的 I_{max}。

（4）出线回路的 I_{max} 除考虑正常负荷电流（包括线路损耗）外，还应考虑事故时由其他回路转移过来的负荷。

三、按环境工作条件校验

在选择电气设备时，还应考虑电气设备安装地点的环境（尤须注意小环境）条件，当气温、风速、温度、污秽等级、海拔高度、地震烈度和覆冰厚度等环境条件超过一般电气设备使用条件时，应采取措施。例如，当地区海拔超过制造部门的规定值时，由于大气压力、空气密度和湿度相应减少，使空气间隙和外绝缘的放电特性下降，一般当海拔在 1 000～3 500m 范围内，若海拔比厂家规定值每升高 100m，则电气设备允许最高工作电压要下降 1%。当最高工作电压不能满足要求时，应采用高原型电气设备，或采用外绝缘提高一级的产品。对于 110kV 及以下电气设备，由于外绝缘裕度较大，可在海拔 2 000m 以下使用。

当污秽等级超过使用规定时，可选用有利于防污的电瓷产品，当经济上合理时可采用屋内配电装置。

当周围环境温度 θ_0 和电气设备额定环境温度不等时，其长期允许工作电流应乘以修正系数 K，即

$$I_{al\theta} = KI_N = \sqrt{\frac{\theta_{max} - \theta_0}{\theta_{max} - \theta_N}} I_N \qquad （10\text{-}6）$$

我国目前生产的电气设备使用的额定环境温度 $\theta_N = 40℃$。如周围环境温度 θ_0 高于 40℃（但低于 60℃）时，其允许电流一般可按每增高 1℃，额定电流减少 1.8%进行修正，当环境温度低于 40℃时，环境温度每降低 1℃，额定电流可增加 0.5%，但其最大电流不得超过额定电流的 20%。

10.2.2　按短路条件校验

一、短路热稳定校验

电气设备的种类多、结构复杂，其热稳定性通常由制造厂给出的热稳定时间 t 内的热稳定电流 I_t 来表示，一般 t 有 1s、4s、5s 和 10s。t 和 I_t 可从产品技术数据手册查得。短路电流通过电气设备时，电气设备各部件温度（或发热效应）应不超过允许值。满足热稳定的条件为

$$I_t^2 t \geq I_\infty^2 t_{dz} \qquad （10\text{-}7）$$

式中，I_t 为由生产厂给出的电气设备在时间 t 秒内的热稳定电流；I_∞ 为短路稳态电流值；t 为与 I_t 相对应的时间；t_{dz} 为短路电流热效应等值计算时间。

二、电动力稳定校验

电动力稳定是电气设备承受短路电流机械效应的能力，也称动稳定。满足动稳定的条件为

$$i_{es} \geq i_{ch} \qquad （10\text{-}8）$$

或

$$I_{es} \geq I_{ch} \qquad （10\text{-}9）$$

式中，i_{ch}、I_{ch} 分别为短路冲击电流幅值及其有效值；i_{es}、I_{es} 分别是电气设备允许通过的动稳定电流的幅值及其有效值。

下列几种情况可不校验热稳定或动稳定。

（1）用熔断器保护的电器，其热稳定由熔断时间保证，故可不校验热稳定。

（2）采用限流熔断器保护的设备，可不校验动稳定。

（3）装设在电压互感器回路中的裸导体和电气设备可不校验动、热稳定。

三、开关设备开断能力校验

断路器和熔断器等电气设备，担负着切断短路电流的任务，必须能够在通过最大短路电流时将其可靠地切断。选用此类设备时必须使其开断能力大于通过它的最大短路电流或短路容量，即

$$I_{Nbr} > I_k \text{ 或 } S_{Nbr} > S_k \tag{10-10}$$

式中，I_{Nbr}、S_{Nbr} 分别为制造厂提供的额定开断电流和额定开断容量；I_k、S_k 分别为安装地点的最大三相短路电流和三相短路容量。

四、短路电流计算条件

为使所选电气设备具有足够的可靠性、经济性和合理性，并在一定时期内适应电力系统发展的需要，作校验用的短路电流应按下列条件确定。

（1）容量和接线按本工程设计最终容量计算，并考虑电力系统远景发展规划（一般为本工程建成后 5～10 年）；其接线应采用可能发生最大短路电流的正常接线方式，但不考虑在切换过程中可能短时并列的接线方式（如切换厂用变压器时的并列）。

（2）短路种类一般按三相短路计算，若其他种类短路较三相短路严重时，则应按最严重的情况计算。

（3）计算短路点选择通过电器的短路电流为最大的那些点为短路计算点。

五、短路计算时间

校验热稳定的等值计算时间 t_{dz} 为周期分量等值时间 t_z 及非周期分量等值时间 t_{fz} 之和。对无穷大容量系统，$I'' = I_\infty$，I'' 为次暂态电流。显然，t_z 按和短路电流持续时间相等，按继电保护动作时间 t_{pr} 和相应断路器的全开断时间 t_{ab} 之和，即

$$t_{dz} = t_z + t_{fz} \tag{10-11}$$

而

$$t_z = t_{pr} + t_{ab}$$

断路器开断时电弧持续时间对少油断路器为 0.04～0.06s，对 SF_6 和压缩空气断路器约为 0.02～0.04s。

开断电器应能在最严重的情况下开断短路电流，考虑到主保护拒动等原因，按最不利情况，取后备保护的动作时间。

10.3 低压电器的选择

配电线路的保护是低压配电设计中最重要的内容，是关系到电气安全的重大问题。正确的配电线路保护设计，不仅保护线路导体不致遭受损害，更重要的是防止因绝缘损坏而导致触电和导线过热而引起火灾。

《低压配电设计规范》（GB50054-95）中低压配电线路的保护是最重要的内容之一，因为它涉及保障人身安全、用电可靠，防止电路故障造成重大损害，如导致电气火灾所需要的防护措施等方面。配电线路的保护是要防止两方面的事故：一是防止因间接接触（区别于直接接触带电体）而导致电击；二是因电路故障导致过热造成损坏，甚至导致火灾。三相异步电动机还需要防止电动机的缺相运行和低电压运行。

配电线路应装设短路保护、过载保护和接地故障保护，电动机根据情况还需增设断相保护和

低电压保护。

一、短路保护

要求在短路电流对导体和连接件的热作用造成危害之前切断短路故障电路，当短路持续时间不大于 5s 时，绝缘导体的热稳定应按下式校验

$$S \geqslant \frac{I}{K}\sqrt{t} \tag{10-12}$$

式中，S 为绝缘导体的线芯截面（mm^2）；I 为预期短路电流有效值（A）；t 为在已达到允许工作温度的导体内短路电流持续作用的时间（s）；K 为计算系数，按导体不同线芯材料和绝缘材料决定，其值如表 10-2 所示。

表 10-2　　　　　不同线芯材料和绝缘材料的导体的 K 值

绝缘 线芯	聚氯乙烯	丁基橡胶	乙丙橡胶	油浸纸
铜	115	131	143	107
铝	75	87	94	71

式（10-12）只适用于短路持续时间不大于 5s 的情况，因为该式未考虑其散热；当大于 5s 时，应考虑散热的影响。另外，式（10-12）也不适用于短路持续时间小于 0.1s 的情况，当小于 0.1s 时，应计入短路电流初始非周期分量的影响。

二、过负载保护

配电线路过负载保护，应在过载电流引起导体温升对导体绝缘、接头、端子及周围物质造成损害前能切断过载电流，但对突然切断电路会导致更大的损失时，应发出报警而不切断电路。

过负载保护的保护电器的整定电流和动作特性应符合下式的要求

$$I_B \leqslant I_n \leqslant I_z \tag{10-13}$$

$$I_2 \leqslant 1.45 \leqslant I_z \tag{10-14}$$

式中，I_B 为线路计算电流（A）；I_n 为熔断器熔体额定电流或断路器长延时脱扣器整定电流（A）；I_z 为导体允许持续载流量（A）；I_2 为保证保护电器可靠动作的电流，对断路器而言，I_2 为约定时间的约定动作电流，对熔断器而言，I_2 为约定时间的约定熔断电流。

使用断路器时，按标准 GB 14048.2-2001 规定，约定动作电流为 1.3 I_n，只要满足 $I_n \leqslant I_z$，即符合式（10-14）要求。I_n 就是断路器长延时整定电流 I_{zd}，也就是要求

$$I_{zd} \leqslant I_z \tag{10-15}$$

运行中容易过载的电动机启动，或自启动条件困难而要求限制启动时间的电动机，应装设过载保护，额定功率大于 3kW 的连续运行电动机宜装设过载保护，但断电导致损失比过载更大时，不宜装设过载保护或使过载保护动作于信号。

过载保护的动作时限应躲过电动机的正常启动，或自启动时间过电流继电器的整定电流应按下式确定

$$I_{zd} = K_k K_{jx} \frac{I_{ed}}{K_h n} \tag{10-16}$$

式中，I_{zd} 为过电流继电器的整定电流；I_{ed} 为电动机的额定电流；K_k 为可靠系数动作于断电时取动作于信号时取 1.05；K_{jx} 为接线系数，接于相电流时取 1.0，接于相电流差时取 1.732；K_h 为继电器返回系数，取 0.85；n 为电流互感器变比。

三、接地故障保护

为防止人身间接电击以及线路损坏，甚至引起电气火灾等事故，最重要的措施是设置接地故障保护。接地故障保护适用于 I 类电气设备，所在场所为正常环境，人身电击安全电压限值（U_L）不超过 50V。接地故障保护对配电系统的不同接地形式作了规定。下面以 TN 系统的接地保护为例进行讨论。

（1）TN 系统配电线路接地故障保护的动作特性应符合下列要求

$$Z_S I_a \leqslant U_o \qquad\qquad (10\text{-}17)$$

式中，Z_S 为接地故障回路的阻抗（Ω）；I_a 为保证保护电器在规定时间内切断故障回路的电流（A）；U_o 为相线对地标称电压（V）。

$U_o = 220$ V 的配电线路，其切断故障回路的时间规定如下。

① 配电干线和供固定用电设备的末端回路，不大于 5s；

② 供手握式或移动式用电设备的末端回路，以及插座回路，不大于 0.4s。

（2）当采用熔断器兼作接地故障保护时，为了执行方便规定，当接地故障电流（I_d）与熔断体额定电流（I_r）之比不小于表 10-3 或表 10-4 的值时，即认为符合规定。

表 10-3 　　　　　　　　　　　切断时间不大于 5s 的 I_d/I_r 最小比值

熔体额定电流（A）	4～10	12～63	80～200	250～500
I_d/I_r	4.5	5	6	7

表 10-4 　　　　　　　　　　　切断时间不大于 0.4s 的 I_d/I_r 最小比值

熔体额定电流（A）	4～10	12～32	40～63	80～200
I_d/I_r	8	9	10	11

（3）当采用断路器作接地故障保护时，接地故障电流（I_d）不应小于断路器的瞬时或短延时过电流脱扣器整定电流的 1.3 倍。

四、保护电器选择的通用要求

低压配电线路保护电器选择应考虑以下要求。

（1）保护电器必须是符合国家标准的产品。断路器和熔断器的国标是新世纪后修订的，等同采用 IEC 标准，符合当今国际先进水平。

（2）保护电器的额定电压应与所在配电回路的标称电压相适应。

（3）保护电器的额定电流不应小于该配电回路的计算电流。

（4）保护电器的额定频率应与配电系统的频率相适应。

（5）保护电器要切断短路故障电流，应满足短路条件下的动稳定和热稳定要求，还必须具备足够的通断能力。分断能力应按保护电器出线端位置发生的预期三相短路电流有效值进行校核。

（6）考虑保护电器安装场所的环境条件，以选择相适应防护等级（IP 等级）的产品。

五、保护电器保护特性的选型

保护电器保护特性的选型，应遵循以下原则。

（1）配电线路在正常使用中和用电设备正常启动时，保护电器不会动作。

（2）保护电器必须按规范规定的时间内切断故障电路，这是保护电器的根本任务。

（3）配电系统各级保护电器的动作特性应能彼此协调配合，要求有选择性动作，即发生故障时，应使靠近故障点的保护电器切断，而其上一级和上几级（靠电源侧方向为上）保护电器不动作，使断电范围限制到最小。

低压配电用保护电器包括断路器和熔断器两种,而断路器又有非选择型和选择型两类。配电系统有树干式、放射式和混合式等几种。保护的级数多少也不同,少至一、二级,多至六、七级。配电线路各级保护电器比较合理的选型是:选择型断路器(首端)→熔断器→熔断器→非选择型断路器(末端)。

10.4　高压断路器的选择

高压断路器因具有开断电路的作用,所以高压断路器除应满足一般条件外,还应校验其开断能力。另外高压断路器选择及校验条件除额定电压、额定电流、热稳定、动稳定校验外,需注意以下几点。

一、断路器种类和形式的选择

根据目前我国高压电器制造情况,电压等级在 6～35kV 的电网中,一般选用真空断路器;电压等级在 35kV 以上的电网中,一般选用 SF_6 断路器。对于大容量发电机组采用封闭母线时,如果需要装设断路器,宜选用发电机专用断路器。根据断路器安装地点的选择有两种:户内型和户外型。装在屋内配电装置中的断路器选用户内型,装在屋外配电装置中的断路器选用户外型。当屋外配电装置处于严重污染地区或积雪覆冰严重地区,应采用高一级电压的断路器。

高压断路器应根据断路器安装地点、环境和使用条件等要求选择其种类和型式。由于少油断路器制造简单、价格便宜、维护工作量较少,故在 3～220kV 系统中应用较广,但近年来,真空断路器在 35kV 及以下电力系统中得到了广泛应用,有取代油断路器的趋势。SF_6 断路器也已向中压 10～35kV 发展,并在城乡电网建设和改造中获得了应用。

高压断路器的操动机构,大多数是由制造厂配套供应,仅部分少油断路器有电磁式、弹簧式或液压式等几种形式的操动机构可供选择。一般电磁式操动机构需配专用的直流合闸电源,但其结构简单可靠;弹簧式结构比较复杂,调整要求较高;液压操动机构加工精度要求较高。操动机构的形式,可根据安装调试方便和运行可靠性进行选择。

二、额定开断电流选择

在额定电压下,断路器能保证正常开断的最大短路电流称为额定开断电流。高压断路器的额定开断电流 I_{Nbr},不应小于实际开断瞬间的短路电流周期分量 I_{zt},即

$$I_{Nbr} \geqslant I_{zt} \tag{10-18}$$

当断路器的 I_{Nbr} 较系统短路电流大很多时,为了简化计算,也可用次暂态电流 I'' 进行选择,即

$$I_{Nbr} \geqslant I'' \tag{10-19}$$

我国生产的高压断路器在做形式试验时,仅计入了 20% 的非周期分量。一般中、慢速断路器,由于开断时间较长(>0.1s),短路电流非周期分量衰减较多,能满足国家标准规定的非周期分量不超过周期分量幅值 20% 的要求。使用快速保护和高速断路器时,其开断时间小于 0.1s,当在电源附近短路时,短路电流的非周期分量可能超过周期分量的 20%,因此,需要进行验算。短路全电流的计算方法可参考有关手册,如计算结果非周期分量超过 20% 以上时,订货时应向制造部门提出要求。

装有自动重合闸装置的断路器,当操作循环符合厂家规定时,其额定开断电流不变。

三、短路关合电流的选择

在断路器合闸之前,若线路上已存在短路故障,则在断路器合闸过程中,动、静触头间在未接触时即有巨大的短路电流通过(预击穿),更容易发生触头熔焊和遭受电动力的损坏。且断路器在关合短路电流时,不可避免地在接通后又自动跳闸,此时还要求能够切断短路电流,因此,额定关合电流是断路器的重要参数之一。为了保证断路器在关合短路时的安全,断路器的额定关

合电流 i_{Ncl} 不应小于短路电流最大冲击值 I_{ch}. 即

$$i_{Ncl} \geqslant I_{ch} \tag{10-20}$$

10.5 隔离开关及重合器和分段器的选择

一、隔离开关的选择

隔离开关选择及校验条件除额定电压、额定电流、热稳定、动稳定校验外，还应注意其种类和形式的选择，尤其屋外式隔离开关的形式较多，对配电装置的布置和占地面积影响很大，因此，其形式应根据配电装置特点和要求以及技术经济条件来确定。隔离开关选型参考表，如表 10-5 所示。

表 10-5 　　　　　　　　　隔离开关选型参考表

使用场合		特　点	参　考　型　号
屋内	屋内配电装置成套高压开关柜	三级，10kV 以下	GN2，GN6，GN8，GN19
	发电机回路，大电流回路	单极，大电流 3 000～13 000A	GN10
		三级，15kV，200～600A	GN11
		三级，10kV，大电流 2 000～3 000A	GN18，GN22，GN2
		单极，插入式结构，带封闭罩 20 kV，大电流 10 000～13 000A	GN14
屋外	220kV 及以下各型配电装置	双柱式，220kV 及以下	GW4
	高型，硬母线布置	V 型，35～110kV	GW5
	硬母线布置	单柱式，220～500 kV	GW6
	20kV 及以上中型配电装置	三柱式，220～500 kV	GW7

二、重合器的选择

选用重合器时，要使其额定参数满足安装地点的系统条件，具体要求有如下。

1. 额定电压

重合器的额定电压应等于或大于安装地点的系统最高运行电压。

2. 额定电流

重合器的额定电流应大于安装地点的预期长远的最大负荷电流。除此，还应注意重合器的额定电流是否满足触头载流、温升等因素而确定的参数。为满足保护配合要求，还应选择好串联线圈和电流互感器的额定电流。通常，选择重合器额定电流时留有较大的裕度。选择串联线圈时应以实际预期负荷为准。

3. 确定安装地点最大故障电流

重合器的额定短路开断电流应大于安装地点的长远规划最大故障电流。

4. 确定保护区域末端最小故障电流

重合器的最小分闸电流应小于保护区段最小故障电流。对液压控制重合器，这主要涉及选择串联线圈额定电流问题：电流裕度大时，可适应负荷的增加并可避免对涌流过于敏感；而电流裕度小时，可对小故障电流反应敏感。有时，可将重合器保护区域的末端直接选在故障电流至少为重合器最小分闸电流的 1.5 倍处，以保证满足该项要求。

5. 与线路其他保护设备配合

这主要是比较重合器的电流—时间特性曲线，操作顺序和复归时间等特性，与线路上其他重合器、分段器、熔断器的保护配合，以保证在重合器后备保护动作或在其他线路元件发生损坏之前，重合器能够及时分断。

三、分段器的选择

选用分段器时，应注意以下问题。

1. 启动电流

分段器的额定启动电流应为后备保护开关最小分闸电流的 80%。当液压控制分段器与液压控制重合器配合使用时，分段器与重合器选用相同额定电流的串联线圈即可。因为液压分段器的启动电流为其串联线圈额定电流的 1.6 倍，而液压重合器的最小分闸电流为其串联线圈额定电流的 2 倍。

电子控制分段器的启动电流可根据其额定电流直接整定，但必须满足上述"80%"的原则。电子重合器整定值为实际动作值，应考虑配合要求。

2. 记录次数

分段器的计数次数应比后备保护开关的重合次数少一次。当数台分段器串联使用时，负荷侧分段器应依次比其电源侧分段器的计数次数少一次。在这种情况下，液压分段器通常不用降低其启动电流值的方法来达到各串联分段器之间的配合，而是采用不同的计数次数来实现，以免因网络中涌流造成分段器误动。

3. 记忆时间

必须保证分段器的记忆时间大于后备保护开关动作的总累积时间，否则分段器可能部分地"忘记"故障开断的分闸次数，导致后备保护开关多次不必要地分闸或分段器与前级保护都进入闭锁状态，使分段器起不到应有的作用。

液压控制分段器的记忆时间不可调节，它由分闸活塞的复位快慢所决定。复位快慢又与液压机构中油粘度有关。

10.6　互感器的选择

10.6.1　电流互感器的选择

一、电流互感器一次回路额定电压和电流选择

电流互感器一次回路额定电压和电流选择应满足

$$U_{N1} \geqslant U_{Ns} \tag{10-21}$$

$$I_{N1} \geqslant I_{.max} \tag{10-22}$$

式中，U_{N1}、I_{N1} 为电流互感器一次额定电压和电流。

为了确保所供仪表的准确度，互感器的一次侧额定电流应尽可能与最大工作电流接近。

电流互感器的二次侧额定电流有 5A 和 1A 两种，一般强电系统用 5A，弱电系统用 1A。

在选择互感器时，应根据安装地点（如屋内、屋外）和安装方式（如穿墙式、支持式、装入式等）选择相适应的类别和形式。选用母线型电流互感器时，应注意校核窗口尺寸。

二、电流互感器准确级的选择

为保证测量仪表的准确度，互感器的准确级不得低于所供测量仪表的准确级。例如，装于重要回路（如发电机、调相机、变压器、厂用馈线、出线等）中的电能表和计费的电能表一般采用 0.5～1 级表，相应的互感器的准确级不应低于 0.5 级；对测量精度要求较高的大容量发电机、变

压器、系统干线和 500kV 级宜用 0.2 级。供运行监视、估算电能的电能表和控制盘上仪表一般皆用 1～1.5 级，相应的电流互感器应为 0.5～1 级。供只需估计电参数仪表的互感器可用 3 级。当所供仪表要求不同准确级时，应按相应最高级别来确定电流互感器的准确级。

三、二次容量或二次负载的校验

为了保证互感器的准确级，互感器二次侧所接实际负载 Z_{2l} 或所消耗的实际容量 S_2 应不大于该准确级所规定的额定负载 Z_{N2} 或额定容量 S_{N2}，即

$$S_{N2} \geqslant S_2 = I_{N2}^2 Z_{2l} \tag{10-23}$$

或

$$Z_{N2} \geqslant Z_{2l} \approx R_{wi} + R_{tou} + R_m + R_r \tag{10-24}$$

式中，R_m、R_r 分别为电流互感器二次回路中所接仪表内阻的总和与所接继电器内阻的总和；R_{wi} 为电流互感器二次连接导线的电阻；R_{tou} 为电流互感器二次连线的接触电阻，一般取为 0.1Ω。

将（10-23）代入（10-24）并整理得

$$R_{wi} \leqslant \frac{S_{N2} - I_{N2}^2 (R_{tou} + R_m + R_r)}{I_{N2}^2} \tag{10-25}$$

因为 $A = \dfrac{l_{ca}}{\gamma R_{wi}}$，

所以

$$A \geqslant \frac{l_{ca}}{\gamma (Z_{N2} - R_{tou} - R_m - R_r)} \tag{10-26}$$

式中，A、l_{ca} 为电流互感器二次回路连接导线截面积（mm²）及计算长度（mm）。

按规程要求连接导线应采用不得小于 1.5 mm² 的铜线，实际工作中常取 2.5mm² 的铜线。当截面选定之后，即可计算出连接导线的电阻 R_{wi}。有时也可先初选电流互感器，在已知其二次侧连接的仪表及继电器型号的情况下，利用式（10-26）确定连接导线的截面积。但需指出，只用一只电流互感器时电阻的计算长度应取连接长度 2 倍，如用 3 只电流互感器接成完全星形接线时，由于中线电流近于零，则只取连接长度为电阻的计算长度。若用两只电流互感器接成不完全星形接线时，其二次公用线中的电流为两相电流之向量和，其值与相电流相等，但相位差为 60°，故应取连接长度的 $\sqrt{3}$ 倍为电阻的计算长度。

四、热稳定和动稳定校验

（1）电流互感器的热稳定校验只对本身带有一次回路导体的电流互感器进行。电流互感器热稳定能力常以 1s 允许通过的一次额定电流 I_{N1} 的倍数 K_h 来表示，故热稳定应按下式校验

$$(K_h I_{N1})^2 \geqslant I_\infty^2 t_{dz} \tag{10-27}$$

式中，K_h、I_{N1} 为由生产厂给出的电流互感器的热稳定倍数及一次侧额定电流；I_∞、t_{dz} 为短路稳态电流值及热效应等值计算时间。

（2）电流互感器内部动稳定能力，常以允许通过的一次额定电流最大值的倍数 k_{mo}——动稳定电流倍数表示，故内部动稳定可用下式校验

$$\sqrt{2} K_{mo} I_{N1} \geqslant i_{ch} \tag{10-28}$$

式中，K_{mo}、I_{N1} 为由生产厂给出的电流互感器的动稳定倍数及一次侧额定电流；i_{ch} 为故障时可能通过电流互感器的最大三相短路电流冲击值。

由于邻相之间电流的相互作用，使电流互感器绝缘瓷帽上受到外力的作用，因此，对于瓷绝缘型电流互感器应校验瓷套管的机械强度。瓷套上的作用力可由一般电动力公式计算，故外部动稳定应满足

$$F_{al} \geqslant 0.5 \times 1.73 \times 10^{-7} i_{ch}^2 \frac{l}{a} \text{（N）} \tag{10-29}$$

式中，F_{al} 为作用于电流互感器瓷帽端部的允许力；l 为电流互感器出线端至最近一个母线支柱绝缘子之间的跨距；系数 0.5 表示互感器瓷套端部承受该跨上电动力的一半。

10.6.2　电压互感器的选择

一、电压互感器一次回路额定电压选择

为了确保电压互感器安全和在规定的准确级下运行，电压互感器一次绕组所接电力网电压应在（1.1～0.9）U_{N1} 范围内变动，即满足下列条件

$$1.1U_{N1} > U_{Ns} > 0.9 U_{N1} \tag{10-30}$$

式中，U_{N1} 为电压互感器一次侧额定电压。

选择时，满足 $U_{N1} = U_{Ns}$ 即可。

电压互感器二次侧额定线间电压为 100V，要和所接用的仪表或继电器相适应。

电压互感器的种类和形式应根据装设地点和使用条件进行选择，例如，在 6～35kV 屋内配电装置中，一般采用油浸式或浇注式；110～220kV 配电装置通常采用串级式电磁式电压互感器；220kV 及其以上配电装置，当容量和准确级满足要求时，也可采用电容式电压互感器。

二、按准确级和额定二次容量选择

和电流互感器一样，供功率测量、电能测量以及功率方向保护用的电压互感器应选择 0.5 级或 1 级的，只供估计被测值的仪表和一般电压继电器的选用 3 级电压互感器为宜。

首先根据仪表和继电器接线要求选择电压互感器接线方式，并尽可能将负荷均匀分布在各相上，然后计算各相负荷大小，按照所接仪表的准确级和容量选择互感器的准确级额定容量。有关电压互感器准确级的选择原则，可参照电流互感器准确级选择。一般供功率测量、电能测量以及功率方向保护用的电压互感器应选择 0.5 级或 1 级的，只供估计被测值的仪表和一般电压继电器的选用 3 级电压互感器为宜。

电压互感器的额定二次容量（对应于所要求的准确级）S_{N2}，应不小于电压互感器的二次负荷 S_2，即

$$S_{N2} \geqslant S_2 \tag{10-31}$$

$$S_2 = \sqrt{\left(\sum S_0 \cos\varphi\right)^2 + \left(\sum S_0 \sin\varphi\right)^2} = \sqrt{\left(\sum P_0\right)^2 + \left(\sum Q_0\right)^2} \tag{10-32}$$

式中，S_0、P_0、Q_0 分别为各仪表的视在功率、有功功率和无功功率；$\cos\varphi$ 为各仪表的功率因数。

如果各仪表和继电器的功率因数相近，或为了简化计算起见，也可以将各仪表和继电器的视在功率直接相加，得出大于 S_2 的近似值，它若不超过 S_{N2}，则实际值更能满足式（10-32）的要求。

由于电压互感器三相负荷常不相等，为了满足准确级要求，通常以最大相负荷进行比较。计算电压互感器各相的负荷时，必须注意互感器和负荷的接线方式。

10.7　限流电抗器的选择

能在电路中起到阻抗作用的器件，我们叫它电抗器。电力网中所采用的电抗器，实质上是一个无导磁材料的空心线圈。它可以根据需要布置为垂直、水平和品字形 3 种装配形式。在电力系统发生短路时，会产生数值很大的短路电流。如果不加以限制，要保持电气设备的动态稳定和热稳定是非常困难的。因此，为了满足某些断路器遮断容量的要求，常在出线断路器处串联电抗器，增大短路阻抗，限制短路电流。

限流电抗器的优点是：载流量大；开端速度快；开端过程中无危害性过电压；开断容量可以

足够大；灵敏度更高。

一、限流电抗器的选择

额定电压和额定电流的选择分别遵循以下关系式

$$U_N \geqslant U_{Ns} \tag{10-33}$$

$$I_N \geqslant I_{max} \tag{10-34}$$

分裂电阻抗 I_{max} 的选取如下。

（1）用于发电厂的发电机或主变压器回路时，I_{max} 一般按发电机或主变压器额定电流的 70%选择。

（2）用于变电站的主变压器回路时，I_{max} 取两臂中负荷电流较大者，当无负荷资料时，一般也按主变压器额定容量的 70%选择。

二、电抗百分数的选择

1. 普通电抗器电抗百分数的选择

（1）按将短路电流限制到一定数值的要求来选择。

设要求将电抗器后的短路电流限制到 I''，则电源至电抗器后的短路点的总电抗标幺值 $x_{*L} = I_d / I''$（10-35）
式中，I_d 为基准电流。

设电源至电抗器前的系统电抗标幺值为 x'_{*L}，则所需电抗器的电抗标幺值为 $x_{*L} = x_{*\Sigma} - x'_{*\Sigma}$
则应选择电抗器的电抗百分数为

$$x_L(\%) = \left(\frac{I_d}{I''} - x'_{*\Sigma} \right) \times 100(\%) \qquad （以 I_d、U_d 为基准）$$

$$x_L(\%) = \left(\frac{I_d}{I''} - x'_{*\Sigma} \right) \frac{I_N U_d}{I_d U_N} \times 100(\%) \qquad （以 I_N、U_N 为基准）$$

式中，U_d 为基准电压。

（2）正常运行时电压损失校验.

普通电抗器在运行时，其电压损失百分数 $\Delta U(\%) \not> 5$。

电抗器上的电压损失

$$\Delta U_L = \frac{PR_L + QX_L}{U_N} \approx \frac{Q}{U_N} X_L$$

$$= \frac{\sqrt{3} U_N I_{max} \sin\varphi}{U_N} \times \frac{x_L(\%)}{100} \times \frac{U_N}{\sqrt{3} I_N}$$

$$= \frac{x_L(\%)}{100} \times I_{max} \sin\varphi \times \frac{U_N}{I_N}$$

电压损失百分数

$$\Delta U_L(\%) = \frac{\Delta U_L}{U_N} \times 100\%$$

$$= \frac{1}{U_N} \times \frac{x_L(\%)}{100} \times I_{max} \sin\varphi \times \frac{U_N}{I_N} \times 100(\%)$$

$$= x_L(\%) \frac{I_{max}}{I_N} \sin\varphi(\%) \leqslant 5(\%)$$

（3）母线残压校验。

母线残压

$$\Delta U_{re} = \sqrt{3}I''X_L = \sqrt{3}I'' \times \frac{x_L(\%)}{100} \times \frac{U_N}{\sqrt{3}I_N}$$

$$= I'' \times \frac{x_L(\%)}{100} \times \frac{U_N}{I_N}$$

母线残压百分数

$$\Delta U_{re}(\%) = \frac{\Delta U_{re}}{U_N} \times 100(\%) = \frac{1}{U_N} \times I'' \times \frac{x_L(\%)}{100} \times \frac{U_N}{I_N} \times 100(\%)$$

$$= x_L(\%)\frac{I''}{I_N}(\%) \geqslant 60 \sim 70(\%)$$

2. 分裂电抗器电抗百分数的选择

（1）按将短路电流限制到要求值来选择

分裂电抗器的电抗百分数 $X_R\%$ 可按普通电抗器的电抗百分数计算方法选择，但由于分裂电抗器的技术数据中只给出了单臂自感电抗 $X_L\%$，所以还应进行换算。

$X_L\%$ 和 $X_R\%$ 之间的关系与电源连接方式及短路点的选择有关。

① 当 3 侧有电源，1 侧和 2 侧无电源，而在 1（或 2）侧短路时，$X_L\% = X_R\%$。

② 当 3 侧无电源，1 侧和 2 侧有电源，1（或 2）侧短路时，$X_R\% = 2（1+f）X_L\%$。

③ 当 1 侧和 2 侧有电源，在 3 侧短路，或者 3 侧均有电源，而 3 侧短路时，

$$X_R\% = \frac{(1-f)X_L\%}{2}$$

如图 10-1 所示。

（2）正常运行时电压损失校验。

在正常运行情况下，分裂电抗器的电压损失很小。

3. 电压波动校验

要求正常工作时，两臂母线的电压波动不大于母线额定电压 U_N 的 5%。

I 段母线电压百分数的计算公式为：

$$U_1\% = \frac{U}{U_N} \times 100 - X_L\%\left(\frac{I_1}{I_N}\sin\phi_1 - f\frac{I_2}{I_N}\sin\phi_2\right)$$

如图 10-2 所示。

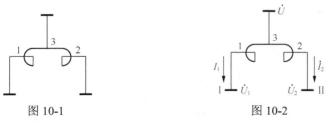

图 10-1　　　　　　　　　　　　图 10-2

II 段母线电压百分数的计算公式为：

$$U_2\% = \frac{U}{U_N} \times 100 - X_L\%\left(\frac{I_2}{I_N}\sin\phi_2 - f\frac{I_1}{I_N}\sin\phi_1\right)$$

式中，U_1、U_2 为 I、II 段母线上的电压；U 为电源侧电压；I_1、I_2 为 I、II 段母线上负荷电流，

可取一臂为 $70\%I_N$，另一臂为 $30\%I_N$；ϕ_1、ϕ_2 为 I、II 段母线上的负荷功率因数角，一般可取 $\cos\phi = 0.8$；f 为分裂电抗器的互感系数。

4. 限流电抗器的寿命

限流电抗器在额定负载下长期正常运行的时间，就是限流电抗器的使用寿命。限流电抗器使用寿命由制造它的材料所决定。制造限流电抗器的材料有金属材料和绝缘材料两大类。金属材料耐高温，而绝缘材料长期在较高的温度、电场和磁场作用下，会逐渐失去原有的力学性能和绝缘性能，例如变脆、机械强度减弱、电击穿。这个渐变的过程就是绝缘材料的老化。温度越高，绝缘材料的力学性能和绝缘性能减弱得越快；绝缘材料含水分越多，老化也越快。限流电抗器中的绝缘材料要承受限流电抗器运行产生的负荷和周围环境的作用，这些负荷的总和、强度和作用时间决定绝缘材料的使用寿命。

10.8 电力系统母线和电缆的选择

10.8.1 母线的选择与校验

母线一般按母线材料、类型和布置方式，导体截面，热稳定，动稳定等项进行选择和校验，对于 110kV 以上母线要进行电晕的校验，对重要回路的母线还要进行共振频率的校验。

一、母线材料、类型和布置方式

（1）配电装置的母线常用导体材料有铜、铝和钢。铜的电阻率低，机械强度大，抗腐蚀性能好、价格较贵。一般情况下，尽可能用铝，只有在大电流装置及有腐蚀性气体的户外配电装置中，才考虑用铜线作为母线材料。

（2）常用的硬母线截面有矩形、槽形和管形。矩形母线常用于 35kV 及以下、电流在 4000A 及以下的配电装置中。槽形母线机械强度好，载流量量较大，集肤效应系数也较小，一般用于 4 000～8 000A 的配电装置中。管形母线集肤效应（集肤效应又叫趋肤效应，当交变电流通过导体时，电流将集中在导体表面流过，这种现象叫集肤效应。是电流或电压以频率较高的电子在导体中传导时，会聚集于总导体表层，而非平均分布于整个导体的截面积中。）系数小，机械强度高，管内还可通风和通水冷却，因此，可用于 8000A 以上的大电流母线。另外，由于圆形表面光滑，电晕放电（英文：corona discharge，导线或电极表面的电场强度超过碰撞游离阈值时发生的气体局部自持放电现象。因在黑暗中形同月晕而得名。）电压高，因此可用于 110kV 及以上电力装置。

（3）母线的散热性能和机械强度与母线的布置方式有关。

二、母线截面的选择

除配电装置的汇流母线及较短导体（20m 以下）按最大长期工作电流选择截面外，其余导体的截面一般按经济密度选择。

1. 按最大长期工作电流选择

母线长期发热的允许电流 I_{al}，应不小于所在回路的最大长期工作电流 I_{max}，即

$$KI_{al} \geqslant I_{max} \tag{10-36}$$

式中，I_{al} 为相对于母线允许温度和标准环境条件下导体长期允许电流；K 为综合修正系数，与环境温度和导体连接方式等有关。

2. 按经济电流密度选择

按经济电流密度选择母线截面可使年综合费用最低，年综合费用包括电流通过导体所产生的年电能损耗费、导体投资和折旧费、利息等。从降低电能损耗角度看，母线截面越大越好，而从

降低投资、折旧费和利息的角度看，则希望截面越小越好。综合这些因素，使年综合费用最小时所对应的母线截面称为母线的经济截面，对应的电流密度称为经济电流密度。

按经济电流密度选择母线截面按下式计算

$$S_{ec} = \frac{I_{max}}{J_{ec}} \qquad (10\text{-}37)$$

式中，I_{max} 为通过导体的最大工作电流；J_{ec} 为经济电流密度。

在选择母线截面时，应尽量接近按式（10-37）计算所得到的截面，当无合适规格的导体时，为节约投资，允许选择小于经济截面的导体，并要求同时满足式（10-36）的要求。

三、母线热稳定校验

按正常电流及经济电流密度选出母线截面后，还应按热稳定校验。按热稳定要求的导体最小截面为

$$S_{min} = \frac{I_\infty}{C} \sqrt{t_{dz} K_s} \qquad (10\text{-}38)$$

式中，I_∞ 为短路电流稳态值（A）；K_s 为集肤效应系数，对于矩形母线截面在 $100mm^2$ 以下时，$K_s = 1$；t_{dz} 为热稳定计算时间；C 为热稳定系数。

四、母线的动稳定校验

各种形状的母线通常都安装在支持绝缘子上，当冲击电流通过母线时，电动力将使母线产生弯曲应力，因此必须校验母线的动稳定性。

安装在同一平面内的三相母线，其中间相受力最大，即

$$F_{max} = 1.732 \times 10^{-7} K_f i_{sh}^2 \frac{l}{a} \qquad (N) \qquad (10\text{-}39)$$

式中，K_f 为母线形状系数，当母线相间距离远大于母线截面周长时，$K_f = 1$；l 为母线跨距（m）；a 为母线相间距（m）。

母线通常每隔一定距离由绝缘瓷瓶自由支撑着。因此当母线受电动力作用时，可以将母线看成一个多跨距载荷均匀分布的梁，当跨距段在两段以上时，其最大弯曲力矩为

$$M = \frac{F_{max} l}{10} \qquad (10\text{-}40)$$

若只有两段跨距时，则

$$M = \frac{F_{max} l}{8} \qquad (10\text{-}41)$$

式中，F_{max} 为一个跨距长度母线所受的电动力（N）。

母线材料在弯曲时最大相间计算应力为

$$\sigma_{ca} = \frac{M}{W} \qquad (10\text{-}42)$$

式中，W 为母线对垂直于作用力方向轴的截面系数，又称抗弯矩（m^3），其值与母线截面形状及布置方式有关。

要想保证母线不致弯曲变形而遭到破坏，必须使母线的计算应力不超过母线的允许应力，即母线的动稳定性校验条件为

$$\sigma_{ca} \leqslant \sigma_{al} \qquad (10\text{-}43)$$

式中，σ_{al} 为母线材料的允许应力，对硬铝母线 $\sigma_{al} = 69MPa$；对硬铜母线 $\sigma_{al} = 137MPa$。

如果在校验时，$\sigma_{ca} \geqslant \sigma_{al}$，则必须采取措施减小母线的计算应力，具体措施有：将母线由竖

放改为平放；放大母线截面，但会使投资增加；限制短路电流值能使 σ_{ca} 大大减小，但需增设电抗器；增大相间距离 a；减小母线跨距 l 的尺寸，此时可以根据母线材料最大允许应力来确定绝缘瓷瓶之间最大允许跨距，由式（10-42）和式（10-43）可得

$$l_{max} = \sqrt{\frac{10\sigma_{al}W}{F_l}} \qquad (10\text{-}44)$$

式中，F_l 为单位长度母线上所受的电动力（N/m）。

当矩形母线水平放置时，为避免导体因自重而过分弯曲，所选取的跨距一般不超过 $1.5\sim2m$。考虑到绝缘子支座及引下线安装方便，常选取绝缘子跨距等于配电装置间隔的宽度。

10.8.2　电缆的选择与校验

电缆的基本结构包括导电芯、绝缘层、铅包（或铝包）和保护层几个部分。按其缆芯材料分为铜芯和铝芯两大类。按其采用的绝缘介质分油浸纸绝缘和塑料绝缘两大类。

电缆制造成本高，投资大，但是具有运行可靠、不易受外界影响、不需架设电杆、不占地面、不碍观瞻等优点。

电力电缆的选择应包括如下内容：电缆芯线材料和型号、额定电压、截面选择、允许电压损失校验及热稳定校验。电缆的动稳定由厂家保证，因而不必校验。

一、按芯线材料和型号选择电缆

根据电缆的用途、电缆敷设的方法和场所，选择电缆的芯数、芯线的材料、绝缘的种类、保护层的结构以及电缆的其他特征，最后确定电缆的型号。常用的电力电缆有油浸纸绝缘电缆、塑料绝缘电缆和橡胶电缆等。

（1）电缆芯线有铜芯和铝芯，工程上一般用铝芯，但需要移动或振动剧烈的场所可用铜芯。

（2）直埋电缆一般采用带保护层的铠装电缆,周围潮湿或有腐蚀介质的地区应选用塑料护套电缆。

（3）移动机械选用重型橡套电缆，高温场所宜用耐热电缆，重要直流回路或保安电源回路宜用阻燃电缆。

（4）垂直或高差较大处选用不滴流电缆或塑料护套电缆。

（5）敷设在管道或不会使电缆受伤的场所中的电缆，可用没有钢铠装的铅包电缆或黄麻护套电缆。

（6）在 110kV 及以上的交流装置中，一般用单芯充油或充气电缆，在 35kV 及以下三相三线制的交流装置中，用三芯电缆，在 380/220V 三相四线制的交流装置中，用四芯或五芯（有一芯用于保护接地）电缆，在直流装置中，用单芯或双芯电缆。

二、按额定电压选择

可按照电缆的额定电压 U_N 不低于敷设地点电网额定电压 U_{Ns} 的条件选择，即

$$U_N \geqslant U_{Ns} \qquad (10\text{-}45)$$

三、电缆截面的选择

一般根据最大长期工作电流选择，但是对有些回路，如发电机、变压器回路，其年最大负荷利用小时数超过 5 000h，且长度超过 20m 时，应按经济电流密度来选择。

1. 按最大长期工作电流选择

电缆长期发热的允许电流 I_{al}，应不小于所在回路的最大长期工作电流 I_{max}，即

$$KI_{al} \geqslant I_{max} \qquad (10\text{-}46)$$

式中，I_{al} 为相对于电缆允许温度和标准环境条件下导体长期允许电流；K 为综合修正系数。

2. 按经济电流密度选择

按经济电流密度选择电缆截面的方法与按经济电流密度选择母线截面的方法相同，即按下式计算

$$S_{ec} = \frac{I_{max}}{J_{ec}}$$　　　　　　　　　　（10-47）

按经济电流密度选出的电缆，还必须按最大长期工作电流校验。

按经济电流密度选出的电缆，还应决定经济合理的电缆根数，截面 $S \leqslant 150\text{mm}^2$ 时，其经济根数为一根。当截面大于 150 mm^2 时，其经济根数可按 $S/150$ 决定。例如计算出 S_{ec} 为 200mm^2，选择两根截面为 120 mm^2 的电缆为宜。

为了不损伤电缆的绝缘和保护层，电缆弯曲的曲率半径不应小于一定值（例如，三芯纸绝缘电缆的曲率半径不应小于电缆外径的 15 倍）。为此，一般避免采用芯线截面大于 185 mm^2 的电缆。

四、热稳定校验

电缆截面热稳定的校验方法与母线热稳定校验方法相同。满足热稳定要求的最小截面可按下式求得

$$S_{min} = \frac{I_\infty}{C}\sqrt{t_{dz}}$$　　　　　　　　　　（10-48）

式中，C 为与电缆材料及允许发热有关的系数。

验算电缆热稳定的短路点按下列情况确定。

（1）单根无中间接头电缆，选电缆末端短路；长度小于 200m 的电缆，可选电缆首端短路。

（2）有中间接头的电缆，短路点选择在第一个中间接头处。

（3）无中间接头的并列连接电缆，短路点选在并列点后。

五、电压损失校验

正常运行时，电缆的电压损失应不大于额定电压的 5%，即

$$\Delta U\% = \frac{\sqrt{3}I_{max}\rho L}{U_N S} \times 100\% \leqslant 5\%$$　　　　　　（10-49）

式中，S 为电缆截面（mm^2）；ρ 为电缆导体的电阻率，铝芯 $\rho = 0.035$ $\Omega \cdot \text{mm}^2/\text{m}$（50℃）；铜芯 $\rho = 0.0206\Omega \cdot \text{mm}^2/\text{m}$（50℃）。

本 章 小 结

电气设备要能可靠地工作，必须按正常工作条件进行选择，并按短路状态来校验热稳定和动稳定。由于短路时间很短，热量来不及向周围介质散发，衡量电路及元件在这很短的时间里，能否承受短路时巨大热量的能力为热稳定。短路电流、短路冲击电流通过导体时，相邻载流导体间将产生巨大的电动力，衡量电路及元件能否承受短路时最大电动力的这种能力，称作动稳定。

为了保障高压电气设备的可靠运行，高压电气设备选择与校验的一般条件是：按正常工作条件包括电压、电流、频率、开断电流等选择；按短路条件包括动稳定、热稳定校验选择；按环境工作条件如温度、湿度、海拔等选择。

配电线路应装设短路保护、过载保护和接地故障保护，电动机根据情况还需增设断相保护和低电压保护。配电线路过负载保护，应在过载电流引起导体温升对导体绝缘、接头、端子及周围物质造成损害前能切断过载电流，但对突然切断电路会导致更大的损失时，应发出报警而不切断电路。

高压断路器选择及校验条件除额定电压、额定电流、热稳定、动稳定校验外，还应注意：断路器种类和形式的选择；额定开断电流选择；短路关合电流的选择。

隔离开关选择及校验条件除额定电压、额定电流、热稳定、动稳定校验外，还应注意其种类和形式的选择，尤其屋外式隔离开关的形式较多，对配电装置的布置和占地面积影响很大，因此，其形式应根据配电装置特点和要求以及技术经济条件来确定。

电流互感器的选择内容包括：电流互感器一次回路额定电压和电流选择；电流互感器准确级的选择；二次容量或二次负载的校验；热稳定和动稳定校验。

限流电抗器的优点是：载流量大；开端速度快；开端过程中无危害性过电压；开断容量可以足够大；灵敏度更高。

母线一般按：母线材料、类型和布置方式，导体截面，热稳定，动稳定等项进行选择和校验，对于 110kV 以上母线要进行电晕的校验，对重要回路的母线还要进行共振频率的校验。

习　　题

10-1　简述热稳定和动稳定的主要内容？

10-2　电气设备选择时遵循的条件是什么？

10-3　低压配电线路保护电器选择应考虑哪些要求？

10-4　高压断路器的选择及校验条件有哪些？

10-5　限流电抗器的优点是什么？

10-6　电流互感器的选择包括哪些内容？

10-7　电压互感器的选择包括哪些内容？

10-8　选用分段器时，应注意哪些问题？

10-9　母线的选择与校验包括哪些内容？

10-10　电缆的选择与校验包括哪些内容？

第 **11** 章　电力工程设计

供电设计是整个工厂设计中的重要组成部分。供电设计的质量直接影响到工厂的生产及发展。从事工厂供电工作，需要了解和掌握供电设计的有关知识，以便适应设计工作的要求。

本章根据工厂供电设计的一般原则及负荷、功率补偿的计算方法，结合工厂供电设计示例主要介绍变压器的选择与短路计算以及变电站电气主接线的设计。

11.1　电气工程绘图基本知识

一、电气图定义

电气图为用电气图形符号、带注释的围框或简化外形表示电气系统或设备中组成部分之间相互关系及其连接关系的一种图。广义地说，表明两个或两个以上变量之间关系的曲线，用以说明系统、成套装置或设备中各组成部分的相互关系或连接关系，或者用以提供工作参数的表格、文字等，也属于电气图之列。

二、电气图分类

（1）系统图或框图：用符号或带注释的框，概略表示系统或分系统的基本组成、相互关系及其主要特征的一种简图。

（2）电路图：用图形符号并按工作顺序排列，详细表示电路、设备或成套装置的全部组成和连接关系，而不考虑其实际位置的一种简图。目的是便于详细理解作用原理、分析和计算电路特性。

（3）功能图：表示理论的或理想的电路而不涉及实现方法的一种图，其用途是提供绘制电路图或其他有关图的依据。

（4）逻辑图：主要用二进制逻辑（与、或、异或等）单元图形符号绘制的一种简图，其中只表示功能而不涉及实现方法的逻辑图叫纯逻辑图。

（5）功能表图：表示控制系统的作用和状态的一种图。

（6）等效电路图：表示理论的或理想的元件（如 R、L、C）及其连接关系的一种功能图。

（7）程序图：详细表示程序单元和程序片及其互连关系的一种简图。

（8）设备元件表：把成套装置、设备和装置中各组成部分和相应数据列成的表格，其用途表示各组成部分的名称、型号、规格和数量等。

（9）端子功能图：表示功能单元全部外接端子，并用功能图、表图或文字表示其内部功能的一种简图。

（10）接线图或接线表：表示成套装置、设备或装置的连接关系，用以进行接线和检查的一种简图或表格。

① 单元接线图或单元接线表：表示成套装置或设备中一个结构单元（在各种情况下可独立运行的组件或某种组合体）内的连接关系的一种接线图或接线表。

② 互连接线图或互连接线表：表示成套装置或设备的不同单元之间连接关系的一种接线图或接线表（线缆接线图或接线表）。

③ 端子接线图或端子接线表：表示成套装置或设备的端子，以及接在端子上的外部接线（必要时包括内部接线）的一种接线图或接线表。

④ 电费配置图或电费配置表：提供电缆两端位置，必要时还包括电费功能、特性和路径等信息的一种接线图或接线表。

（11）数据单：对特定项目给出详细信息的资料。

（12）简图或位置图：表示成套装置、设备或装置中各个项目的位置的一种简图或一种图叫位置图。指用图形符号绘制的图，用来表示一个区域或一个建筑物内成套电气装置中的元件位置和连接布线。

三、电气图的特点

（1）电气图的作用：阐述电的工作原理，描述产品的构成和功能，提供装接和使用信息的重要工具和手段。

（2）简图是电气图的主要表达方式，是用图形符号、带注释的围框或简化外形表示系统或设备中各组成部分之间相互关系及其连接关系的一种图。

（3）元件和连接线是电气图的主要表达内容。

① 一个电路通常由电源、开关设备、用电设备和连接线 4 个部分组成，如果将电源设备、开关设备和用电设备看成元件，则电路由元件与连接线组成，或者说各种元件按照一定的次序用连接线连接起来就构成一个电路。

② 元件和连接线的表示方法。

a．元件用于电路图中时有集中表示法、分开表示法、半集中表示法。

b．元件用于布局图中时有位置布局法和功能布局法。

c．连接线用于电路图中时有单线表示法和多线表示法。

d．连接线用于接线图及其他图中时有连续线表示法和中断线表示法。

（4）图形符号、文字符号（或项目代号）是电气图的主要组成部分。一个电气系统或一种电气装置同各种元器件组成，在主要以简图形式表达的电气图中，无论是表示构成，表示功能，还是表示电气接线等，通常用简单的图形符号表示。

（5）对能量流、信息流、逻辑流、功能流的不同描述构成了电气图的多样性。一个电气系统中，各种电气设备和装置之间，从不同角度、不同侧面存在着不同的关系。

能量流——电能的流向和传递。

信息流——信号的流向和传递。

逻辑流——相互间的逻辑关系。

功能流——相互间的功能关系。

四、电气图用图形符号

（1）图形符号的含义：用于图样或其他文件以表示一个设备或概念的图形、标记或字符。或图形符号是通过书写、绘制、印刷或其他方法产生的可视图形，是一种以简明易懂的方式来传递一种信息，表示一个实物或概念，并可提供有关条件、相关性及动作信息的工业语言。

（2）图形符号由一般符号、符号要素、限定符号等组成。

① 一般符号：表示一类产品或此类产品特性的一种通常很简单的符号。

② 符号要素：它具有确定意义的简单图形，必须同其他图形组合以构成一个设备或概念的完整符号。

③ 限定符号：用以提供附加信息的一种加在其他符号上的符号。它一般不能单独使用，但一般符号有时也可用作限定符号。

限定符号有以下几种类型。

a．电流和电压的种类：如交、直流电，交流电中频率的范围，直流电正、负极，中性线等。

b．可变性：可变性分为内在的和非内在的。内在的可变性指可变量决定于器件自身的性质，如压敏电阻的阻值随电压而变化。非内在的可变性指可变量由外部器件控制的，如滑线电阻器的阻值是借外部手段来调节的。

c．力和运动的方向：用实心箭头符号表示力和运动的方向。

d．流动方向：用开口箭头符号表示能量和信号的流动方向。

e．特性量的动作相关性：它是指设备、元件与速写值或正常值等相比较的动作特性，通常的限定符号是>、<、=、≈等。

f．材料的类型：可用化学元素符号或图形作为限定符号。

g．效应或相关性：指热效应、电磁效应、磁滞伸缩效应、磁场效应、延时和延迟性等。分别采用不同的附加符号加在元器件一般符号上，表示被加符号的功能和特性。限定符号的应用使得图形符号更具有多样性。

④ 方框符号：表示元件、设备等的组合及其功能，既不给出元件、设备的细节，也不考虑所有连接的一种简单图形符号。

（3）图形符号的分类。

① 导线和连接器件：各种导线、接线端子和导线的连接、连接器件、电缆附件等。

② 无源元件：包括电阻器、电容器、电感器等。

③ 半导体管和电子管：包括二极管、三极管、晶闸管、电子管、辐射探测器等。

④ 电能的发生和转换：包括绕组、发电机、电动机、变压器、变流器等。

⑤ 开关、控制和保护装置：包括触点（触头）、开关、开关装置、控制装置、电动机启动器、继电器、熔断器、避雷器等。

⑥ 测量仪表、灯和信号器件：包括指示计算和记录仪表、热电偶、遥测装置、传感器、灯、喇叭和铃等。

⑦ 电信交换和外围设备：包括交换系统、选择器、电话机、电报和数据处理设备、传真机、换能器、记录和播放等。

⑧ 电信传输：包括通信电路、天线、无线电台及各种电信传输设备。

⑨ 电力、照明和电信布置：包括发电站、变电站、网络、音响和电视的电缆配电系统、开关、插座引出线、电灯引出线、安装符号等。适用于电力、照明和电信系统和平面图。

⑩ 二进制逻辑单元：包括组合和时序单元，运算器单元，延时单元，双稳、单稳和非稳单元，位移寄存器，计数器和储存器等。

⑪ 模拟单元：包括函数器、坐标转换器、电子开关等。

（4）常用图形符号应用的说明。

所有的图形符号，均按无电压、无外力作用的正常状态示出。

在图形符号中，某些设备元件有多个图形符号，有优选形、其他形，形式 1、形式 2 等。选用符号的遵循原则：尽可能采用优选形；在满足需要的前提下，尽量采用最简单的形式；在同一图号的图中使用同一种形式。

符号的大小和图线的宽度一般不影响符号的含义，在有些情况下，为了强调某些方面或者为了便于补充信息，或者为了区别不同的用途，允许采用不同大小的符号和不同宽度的图线。

为了保持图面的清晰，避免导线弯折或交叉，在不致引起误解的情况下，可以将符号旋转或成镜像放置，但此时图形符号的文字标注和指示方向不得倒置。

图形符号一般都画有引线，但在绝大多数情况下引线位置仅用作示例，在不改变符号含义的原则下，引线可取不同的方向。如引线符号的位置影响到符号的含义，则不能随意改变，否则引起歧义。

符号绘制：电气图用图形符号是按网格绘制出来的，但网格未随符号示出。

11.2 电气设备图形符号

图形符号是以图形或图像为主要特征，表达一定事物或概念的符号。设备用图形符号在设备上具有广泛的用途。在设计用于同一场所或相似设备上的成族符号时，符号的一致性是非常重要的，当这些符号缩小到很小尺寸时，其在视觉上的清晰可辨同样也是很重要的。因此，有必要将形成设备用图形符号的原则标准化，以保持符号的一致性并确保符号在视觉上的清晰度，从而提高符号的可辨识性。

（1）电气设备用图形符号是完全区别于电气图用图形符号的另一类符号。主要适用于各种类型的电气设备或电气设备部件上，使得操作人员容易明白其用途和操作方法，也可用于安装或移动电气设备的场合，诸如禁止、警告、规定或限制等注意的事项。

（2）电气设备用图形符号的用途：识别、限定、说明、命令、警告、指示。

（3）设备用图形符号需按一定比例绘制，含义明确，图形简单、清晰、易于理解、易于辩认和识别。

1. 避雷器

避雷器（surge arrester），能释放雷电或能释放电力系统操作过电压能量，保护电工设备免受瞬时过电压危害，又能截断续流，不致引起系统接地短路的电器装置。避雷器通常接于带电导线与地之间，与被保护设备并联。当过电压值达到规定的动作电压时，避雷器立即动作，流过电荷，限制过电压幅值，保护设备绝缘；电压值正常后，避雷器又迅速恢复原状，以保证设备正常供电。避雷器图形符号如图 11-1 所示。

2. 变压器

变压器的功能主要有：电压变换，阻抗变换，隔离，稳压（磁饱和变压器）。常用的变压器还有自耦变压器，高压变压器（干式和油浸式）等。变压器常用的铁芯形状有 E 型、C 型、XED 型、ED 型、CD 型。变压器图形符号如图 11-2 所示。

变压器按用途可以分为：配电变压器、电力变压器、全密封变压器、组合式变压器、干式变压器、单相变压器、电炉变压器、整流变压器、电抗器、抗干扰变压器、防雷变压器、箱式变压器、试验变压器、转角变压器、大电流变压器、励磁变压器。

图 11-1　避雷器图形符号

图 11-2　变压器图形符号

电子变压器除了体积较小外，在电力变压器与电子变压器二者之间，没有明确的分界线。一般提供 60Hz 电力网络电源均非常庞大，它可能涵盖有半个洲地区大的容量。电子装置的电力限制，通常受限于整流、放大等。

变压器又有做试验用的，是试验变压器，可以分为充气式，油浸式，干式等。试验变压器是发电厂、供电局及科研单位等广大用户的用来做交流耐压试验的基本试验设备，用于对各种电气产品、电器元件、绝缘材料等进行规定电压下的绝缘强度试验。

3. 电动机

电动机俗称马达，是一种将电能转化成机械能，并可再使用机械能产生动能，用来驱动其他装置的电气设备。

电动机按运动方式分两种类型。一种是旋转式器件，它主要包括一个用以产生磁场的电磁铁绕组或分布的定子绕组和一个旋转电枢或转子，其导线中有电流通过并受磁场的作用而使其转动，这些机械中有些类型可作电动机用，也可作发电机用。

电动机按使用电源不同分为直流电动机和交流电动机，电力系统中的电动机大部分是交流电机，可以是同步电机或异步电机（电机定子磁场转速与转子转速不保持同步）。

电动机能提供的功率范围很大，从毫瓦级到万千瓦级。电动机的使用和控制非常方便，具有自启动、加速、制动、反转等能力，能满足各种运行要求。电动机的工作效率较高，又没有烟尘、气味，不污染环境，噪声也较小。基于它的一系列优点，其在工农业生产、交通运输、国防、商业及家用电器、医疗电气设备等各方面广泛应用。电动机图形符号如图 11-3 所示。

4. 电抗器与分裂电抗器

通俗地讲，能在电路中起到阻抗作用的器件，就叫电抗器。

电力网中所采用的电抗器，实质上是一个无导磁材料的空心线圈。它可以根据需要布置为垂直、水平和品字形 3 种装配形式。在电力系统发生短路时，会产生数值很大的短路电流。如果不加以限制，要保持电气设备的动态稳定和热稳定是非常困难的。因此，为了满足某些断路器遮断容量的要求，常在出线断路器处串联电抗器，增大短路阻抗，限制短路电流。电抗器与分裂电抗器图形符号如图 11-4 所示。

图 11-3　电动机图形符号

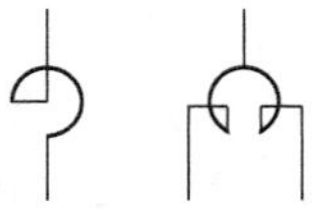

图 11-4　电抗器与分裂电抗器图形符号

由于采用了电抗器，在发生短路时，电抗器上的电压降较大，所以也起到了维持母线电压水平的作用，使母线上的电压波动较小，保证了非故障线路上的用户电气设备运行的稳定性。

分裂电抗器在结构上和普通的电抗器没有大的区别。只是在电抗线圈的中间有一个抽头，用来连接电源，于是一个电抗器形成两个分支，此两个分支可各接一个电源（如厂用母线），其额定电流相等。

正常运行时，由于两分支里电流方向相反，使两分支的电抗减小，因而电压损失减小。当一分支出线发生短路时，该分支流过短路电流，另一分支的负荷电流相对于短路电流来说很小，可以忽略其作用，则流过短路电流的分支电抗增大，压降增大，使母线的残余电压较高。

优点如下。

（1）正常运行时，分裂电抗器每个分段的电抗相当于普通电抗器电抗的 1/4，使负荷电流造成的电压损失较普通电抗器小。

（2）当分裂电抗器的分支端短路时，分裂电抗器每个分段电抗较正常运行值增大 4 倍，故限制短路的作用比正常运行值大，有限制短路电流的作用。

缺点：当两个分支负荷不相等或者负荷变化过大时，将引起两分段电压偏差增大，使分段电压波动较大，造成用户电动机工作不稳定，甚至分段出现过电压。

5. 电流互感器

电流互感器起到变流和电气隔离作用。便于二次仪表测量需要转换为比较统一的电流，避免直接测量线路的危险。电流互感器是升压（降流）变压器，它是电力系统中测量仪表、继电保护等二次设备获取电气一次回路电流信息的传感器。电流互感器将高电流按比例转换成低电流，电流互感器一次侧接在一次系统，二次侧接测量仪表、继电保护等，图形符号如图 11-5 所示。

6. 电容器

电容器通常简称电容，是一种容纳电荷的器件。英文名称：capacitor。电容是电子设备中大量使用的电子元件之一，广泛应用于隔直、耦合、旁路、滤波、调谐回路、能量转换和控制电路等方面。任何两个彼此绝缘且相隔很近的导体（包括导线）间都构成一个电容器，其图形符号如图 11-6 所示。

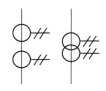

图 11-5　电流互感器图形符号

图 11-6　电容器图形符号

7. 电压互感器

电压互感器是一个带铁芯的变压器。它主要由一、二次线圈、铁芯和绝缘组成。当在一次绕组上施加一个电压 U_1 时，在铁芯中就产生一个磁通 φ，根据电磁感应定律，则在一次绕组上就产生一个一次电压 U_2。改变一次或二次绕组的匝数，可以产生不同的一次电压与二次电压比，这就可组成不同比的电压互感器。电压互感器将高电压按比例转换成低电压。电压互感器一次侧接在一次系统，二次侧接测量仪表、继电保护等，主要是电磁式的（电容式电压互感器应用广泛），另有非电磁式的，如电子式、光电式，其图形符号如图 11-7 所示。

8. 调相器

运行于电动机状态，但不带机械负载，只向电力系统提供无功功率的同步电机，又称同步补偿机。用于改善电网功率因数，维持电网电压水平。同步调相机的结构基本上与同步电动机相同，只是由于它不带机械负载，转轴可以细些。如果它具有自启动能力，则其转子可以做成没有轴伸的，便于密封。同步调相机经常运行在过励状态，励磁电流较大，损耗也比较大，发热比较严重。

容量较大的同步调相机常采用氢气冷却。随着电力电子技术的发展和静止无功补偿器（SVC）的推广使用，调相机现已很少使用。

图 11-7　电压互感器图形符号　　　　　　　　　　图 11-8　调相器图形符号

9. 断路器

断路器按其使用范围分为高压断路器和低压断路器，高低压界线划分比较模糊，一般将 3kV以上的称为高压断路器，其图形符号如图 11-9 所示。

低压断路器又称自动开关，它是一种既有手动开关作用，又能自动进行失压、欠压、过载和短路保护的电器。它可用来分配电能，不频繁地启动异步电动机，对电源线路及电动机等实行保护，当它们发生严重的过载或者短路及欠压等故障时能自动切断电路，其功能相当于熔断器式开关与过欠热继电器等的组合。而且在分断故障电流后一般不需要变更零部件，目前，断路器获得了广泛的应用。

10. 发电机

发电机是将其他形式的能源转换成电能的机械设备，最早产生于第二次工业革命时期，由德国工程师西门子于 1866 年制成，它由水轮机、汽轮机、柴油机或其他动力机械驱动，将水流、气流、燃料燃烧或原子核裂变产生的能量转化为机械能传给发电机，再由发电机转换为电能。发电机在工农业生产，国防，科技及日常生活中有广泛的用途，其图形符号如图11-10 所示。

图 11-9　断路器图形符号　　　　　　　　　图 11-10　发电机图形符号

发电机的形式很多，但其工作原理都基于电磁感应定律和电磁力定律。因此，其构造的一般原则是：用适当的导磁和导电材料构成互相进行电磁感应的磁路和电路，以产生电磁功率，达到能量转换的目的。

发电机的分类有：直流发电机、交流发电机、同步发电机、异步发电机（很少采用）。

交流发电机还可分为单相发电机与三相发电机。

11. 隔离开关

隔离开关（disconnector）在"分"位置时，触头间有符合规定要求的绝缘距离和明显的断开标志；在"合"位置时，能承载正常回路条件下的电流及在规定时间内异常条件（例如短路）下的电流的开关设备。我们所说的隔离开关，一般指的是高压隔离开关，即额定电压在 1kV 及其以下的隔离开关，通常简称为隔离开关，是高压开关电器中使用最多的一种电器，它本身的工作原理及结构比较简单，但是由于使用量大，工作可靠性要求高，对变电所、电厂的设计、建立和安全运行的影响均较大。隔离开关的主要特点是无灭弧能力，只能在没有负荷电流的情况下分、合电路，其图形符号如图 11-11 所示。

12. 接地

为防止触电或保护设备的安全，把电力电信等设备的金属底盘或外壳接上地线。

利用大地作电流回路接地线。以美国的电源系统而言，除了火线（Hot Line）与零线（Neutral Line）外，中间圆头的插 Pin 即是所谓的接地 Pin，其接地的功用除了将一些无用的电流或是噪声干扰导入大地外，最大功用为保护使用者不被电击，以 UPS 而言，有些 UPS 会将零线与地线间的电压标示出来，确保产品不会造成对人体的电击伤害。接地图形符号如图 11-12 所示。

图 11-11　隔离开关图形符号 　　　　　　　　　　图 11-12　接地图形符号

13．母线

母线指用高导电率的铜、铝质材料制成的，用以传输电能，具有汇集和分配电力的产品。电站或变电站输送电能用的总导线，通过它把发电机、变压器或整流器输出的电能输送给各个用户或其他变电所。

14．熔断器

熔断器是根据电流超过规定值一定时间后，以其自身产生的热量使熔体熔化，从而使电路断开的原理制成的一种电流保护器。熔断器广泛应用于低压配电系统和控制系统及用电设备中，作为短路和过电流保护，是应用最普遍的保护器件之一，其图形符号如图 11-14 所示。

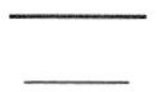

图 11-13　母线图形符号 　　　　　　　　　　图 11-14　熔断器图形符号

熔断器是一种过电流保护电器。熔断器主要由熔体和熔管两个部分及外加填料等组成。使用时，将熔断器串联于被保护电路中，当被保护电路的电流超过规定值，并经过一定时间后，由熔体自身产生的热量熔断熔体，使电路断开，起到保护的作用。

以金属导体作为熔体而分断电路的电器，串联于电路中，当过载或短路电流通过熔体时，熔体自身将发热而熔断，从而对电力系统、各种电工设备及家用电器起到保护作用。具有反时延特性，当过载电流小时，熔断时间长；过载电流大时，熔断时间短。因此，在一定过载电流范围内至电流恢复正常，熔断器不会熔断，可以继续使用。熔断器主要由熔体、外壳和支座 3 部分组成，其中熔体是控制熔断特性的关键元件。

15．消弧线圈

电力系统输电线路经消弧线圈接地，为小电流接地系统的一种，当单相出现断路故障时，流经消弧线圈的电感电流与流过的电容电流相加为流过断路接地点的电流，电感电容上电流相位相差 180°，相互补偿。当两电流的量值小于发生电弧的最小电流时，电弧就不会发生，也不会出现谐振过电压现象。10～63kv 电压等级下的电力线路多属于这种情况。消弧线圈图形符号如图 11-15 所示。

图 11-15　消弧线圈图形符号

其他更多常见的电气设备的图形符号，详见附录 1。

附录 1   电气设备用图形符号（GB/T5465-1996）

序号	图形符号	名称	应用范围
1	---	直流电	用于各种设备。标志在只适用于直流电的设备的铭牌上；以及用以表示通直流电的端子
2	∿	交流电	用于各种设备。标志在只适用于交流电的设备的铭牌上；以及用以表示通交流电的端子
3	≃	交直流通用	用于各种设备。标志在交、直流两用的设备的铭牌上；以及用以表示相应的端子
4	+	正号：正极	用于各种设备。表示使用或产生直流电的设备的正端。 注：本图形符号的含义随其位置而定。 此符号不能用于可旋转的控制装置中
5	—	负号：负极	用于各种设备。表示使用或产生直流电的设备的负端。注：同序号 4 的注
6	（交流/直流变换符号）	交流/直流变换器；整流器；电源代用器	用于各种设备。表示交流/直流变换器本身。在有插接装置的情况下表示有关插座
7	（直流/交流变换符号）	直流/交流变换器	用于各种设备。表示直流/交流变换器及其相应的接线端和控制装置
8	⊸▷⊢	整流器的一般符号	用于各种设备。标识整流设备及其相关的接线端和控制器
9	（变压器符号）	变压器	用于各种电气。表示电气设备可通过变压器与电力线连接的开关、控制器、连接器或端子。同样可用于变压器的包封或外壳上（例如插接装置）
10	⊸▭⊢	熔断器	用于各种设备。表示熔断器盒及其位置
11	☆	测试电压	用于各种电气和电子设备。表示该设备能承受500V 的测试电压。 注：测试电压的其他数值可以按照有关标准在符号中用一个数字表示
12	⚡	危险电压	用于各种设备。表示危险电压引起的危险。 注：本符号可与 GB 2893—82《安全色》、GB 2894—82《安全标志》所规定的警戒符号的颜色结合使用
13	⏚	接地	用于各种设备。一般用以表示接地端子
14	（保护接地符号）	保护接地	用于各种设备。表示在发生故障时防止电击与外保护导体相连接的端子或与保护接地电极相连接的端子
15	⏚	接机壳、接机架	用于各种设备。表示连接机壳、机架的端子
16	（信号低端符号）	信号低端	用于各种设备。标识最接近地电位或机壳电位的信号端电压

序号	图形符号	名称	应用范围
17		等电位	用于各种设备。表示那些相互连接的使设备或系统的各部分达到相同电位的端子，但这并不一定是接地电位。例如：局部互连线。 注：电位值可标在标号旁边
18		输出	用于各种设备。在需要区别输入和输出的场合表示输出端
19		输入	用于各种设备。在需要区别是输入和输出的场合表示输入端
20		过压保护装置	用于设备。标识一种具有过压保护的设备，例如：雷击过电压
21		无线	用于无线电接收及发射设备。表示连接天线的端子，除专门说明天线类型之外，一般使用此符号
22		通（电源）	用于各种设备。表示已接通电源，必须标在电源开关或开关的位置，以及与安全有关的地方。 注：同序号 4 的注
23		断（电源）	用于各种设备。表示已断开电源，必须标在电源开关或开关的位置，以及与安全有关的地方
24		等待	用于各种设备。指明设备的一部分已接通（合闸），而使设备处于准备使用状态的开关或开关位置
25		通/断（按钮）	用于各种设备。表示与电源接通或断开，必须标在电源开关或电源开关的位置，以及与安全有关的地方。"接通"或"断开"都是稳定位置
26		通/断 （按钮开关）	用于各种设备。表示与电源接通，必须标在电源开关或开关的位置，以及与安全有关的地方。"断开"是稳定位置，只有当按下钮时才保持在"接通"位置
27		启动、开始（动作）	用于各种设备。表示启动按钮
28		停机，（动作的停止）	用于各种设备。表示停止动作的按钮
29		暂停、中断	用于各种设备。表示与正在连续运转的驱动机械脱离连接，使（例如磁带）运转中断的按钮
30		脚踏开关	用于各种设备。表示与脚踏开关相连接的输入端子
31		手持开关	用于各种设备。表示与手持开关有关的控制或连接点

序号	图形符号	名称	应用范围
32		快速启动	用于各种设备。表示诸如加工、程序控制、磁带等启动，不需要很多时间就可以达到工作效率的控制。 注：特别适合于与序号 27 的符号用在同一设备上
33		快速停止	用于各种设备。表示诸如加工、程序控制、磁带等短时间立即停止控制。 注：特别适合于与序号 28 的符号用在同一设备上
34		调到最小	用于各种设备。表示将量值调到最小值的控制、如"零"控制或电桥平衡、消除无用信号、仪表、指示器等的最小偏差等
35		调到最大	用于各种设备。表示将量值调到最大值的控制，如仪表、指示器等的调谐和最大偏差等
36		电源插头	用于各种设备。表示电源（总线）的连接件（如插头或软线）或标识连接件的存放位置
37		单向运动	用于各种设备。表示控制动作或被控制物，沿着所知的方向运动。 注：由于表示旋转运动箭头的半径随有关控制器的直径而定，所以只给出表示直线运动的图形
38		双向运动	用于各种设备。表示控制动作或被控制物，可按标出的方向做双向运动
39		双向局限运动	用于各种设备。表示某个控制动作或被控制物或按标出的方向在一定限度内运动。 注：同序号 37 的注
40		小心、烫伤	用于各种设备。指示所标出的部分可能是烫的，不要随意触摸
41		不得用于住宅区	用于各种设备。表示标注有本符号的电子产品（如工作时产生无线电干扰的设备）不宜用在住宅区
42		铃	用于控制铃的开关（按钮），如门铃
43		精致易碎的物品	用于各种洗碗机。表示选择开关的有关位置
44		常速运转	用于各种设备（除盒式磁带录音机外）。标识按所指方向以正常速度运转的启动按钮或开关
45		快速运转	用于各种设备（除盒式磁带录音机）。标识在所指方向运转速度比正常速度快的开关或开关位置

序号	图形符号	名称	应用范围
46		灯、照明、照明设备	用于各种设备。表示控制照明光源的开关。例如室内的照明、电影机、幻灯机或设备表盘的照明灯等
47		暗室照明	用于设备。当需要与符号 46 相区别时，用于符号表示暗室照明的控制，如暗室用具
48		间接照明	用于设备。当需要与符号 46 相区别时，用于符号表示间接照明的控制
49		信号灯	用于各种设备。表示接通或断开信号灯的开关
50		喇叭（报警用）	用于控制喇叭的开关。例如厂用喇叭、音响报警信号
51		扬声器	用于各种设备。表示连接扬声器的插座、接线端或开关
52		耳机	用于各种设备。表示连接耳机的插座、连接线端或开关
53		通风机(鼓风机、风扇等)	用于各种设备。表示操纵通风机的开关或控制装置。例如电影机或幻灯机上的风扇，室内风扇。 注：本符号正在考虑修订

附录 2　　　　　　　　　　　　**电源线路和三相电气设备端标记**

项目	名称	标记代号
交流电源	交流系统电源第一相 交流系统电源第二相 交流系统电源第三相 中线（中性线）	L1 L2 L3 N
直流电源	直流电源正极 直流电源负极 中间线	L+．+ L−．− M
三相电气设备端	交流系统设备端第一相 交流系统设备端第二相 交流系统设备端第三相	U V W
保护接地	保护接地 保护和中性共用线 接地 无噪声接地	PE PEN E TE

11.3　电力工程 CAD 介绍

为促进电力设计部门计算机辅助设计（CAD）的开发与应用，在计算机系统选型、应用软件开发、数据库设计、制图与设计应用等方面达到标准化，提高电力工程设计质量，降低工程造价，缩短设计周期，我国颁布了《电力工程计算机辅助设计技术规定》（标准编号为 DL/T 5026-93）。这里结合该标准介绍电力工程 CAD 的基本知识和技术规范。

11.3.1　软件工程术语

下面介绍的规定适用于火力发电厂、变电所、输配电线路、电力系统等电力工程的计算机辅助设计，同时也适用于电力设计部门各单位 CAD 系统的设计。

字符：构成文本的最小不可分单位，包括字母、数字及符号等。

代码：在数据处理中，用符号形式表示的数据和程序。

数据：能够由计算机处理的数字、字母和符号等，包括图形类数据和非图形类数据两类。

图线：绘制图形所用的线（包括直线、曲线、圆、椭圆、弧、样条曲线等）。图线具有线宽、线型、颜色、长度及含义等属性。

图形符号：以图形或图像为主要特征的视觉符号，用来传递事物或概念对象的信息。

层：层是一个可被管理或显示的数据组。层具有层号（层编号）、层名（层含义）及层符号（线宽、线型和颜色）等属性。层技术用于工程中对不同专业进行有效管理。图纸可根据专业内容、图形属性等分层绘制，并根据需要按层或层的组合进行显示或印制。

模型：用以描述外部对象或过程的图形信息、几何信息和非图形属性的数据集。

模型文件：描述图形对象数据结构的文件，包括图形信息和非图形信息。如 AutoCAD 环境下的.DWG 文件、MicroStation 环境下的.dgn 文件、.ddm 环境下的.m2 文件等。

支撑软件：为解决一些基本的、通用的共同问题而利用系统软件开发的基础程序。

系统构成如下。

1. 总体结构

系统应由硬件、系统软件、支撑软件、应用软件、数据库及网络构成；总体结构宜采用以数据库为核心，以网络为支撑的集中-分布式的多子系统体系，并配置其相应的接口。

2. 系统配置

系统按其规模和功能可分为 3 个等级：基本系统配置、扩展系统配置和高级系统配置；基本系统配置，必须具有完成电力工程设计各阶段的主要计算和设计工作的能力；扩展系统配置，除具有基本系统配置的能力外，还必须具有完善的数据库系统和完成设计方案优化或优选、进行三维模型设计的能力；高级系统配置，除应具有扩展系统配置的能力外，还应具有智能化程度较高的自动设计系统。

3. 子系统划分

划分原则：子系统宜根据专业进行划分；应满足各设计阶段功能的要求；应便于建立工程数据库和公用数据库。

11.3.2　系统环境

一、硬件平台

- CAD 系统的硬件平台可分为小型机平台、工作站平台和微机平台。

- 小型机平台可承担规模较大的分析计算和数据处理工作。
- 工作站平台应支持多专业共享的数据库，用于多专业综合设计。
- 微机平台应支持设计制图、工程计算和专业一体化设计。
- 各种硬件平台的配置和数量可根据设计内容、设计工作量和应用水平确定。
- 宜将各种平台联成网络，形成集中-分布式处理系统，实现资源共享。

硬件平台的选型应符合以下原则。

（1）硬件平台的规模、功能、性能必须满足 CAD 应用软件和支撑软件的要求。

（2）宜选用国际主流设备，并具有一定的先进性和可扩充性。

（3）支持程序与程序之间、网络与网络之间应能实现交互操作。

（4）硬件平台升级换代时应能保护已有的 CAD 应用软件和数据资源。

硬件平台应包括下列外围设备。

（1）文字输入设备，如键盘、文字扫描识别系统等。

（2）图形输入设备，如鼠标器、数字化板、大型数字化仪、图形扫描系统等。

（3）文字输出设备，如各种打印机。

（4）图形输出设备，如各种绘图机、高分辨率打印机等。

（5）具有足够容量的外部存储设备。

（6）如有特殊要求，可配置专用外围设备。

二、软件平台

电力设计部门宜采用统一的 CAD 系统软件平台。CAD 系统的软件平台由系统软件和支撑软件组成。

（1）系统软件应包括操作系统、网络操作系统、程序设计语言和实用程序。

（2）支撑软件应包括图形支撑软件、数据库管理系统和汉字系统等。

软件平台配置原则如下。

（1）软件平台的功能和性能必须满足应用的要求。

（2）宜选用符合国际标准的商品化软件。

（3）软件平台应支持应用程序之间的信息交换和交互操作。

（4）软件平台宜适应多种硬件平台。

（5）软件平台的更换应经过严格、周密的论证，使已有资源损失最小。

系统软件：应采用符合国际标准的操作系统或主流操作系统；网络系统应满足以下基本要求。

（1）支持多用户共享数据库与各种文件资源。

（2）支持不同用户之间的信息交换。

（3）为数据库与程序资源提供可靠的安全保护。

（4）支持硬件与外部设备的资源共享。

（5）具有良好的可扩充性。

（6）支持异型机联网。

（7）支持多种操作系统协同工作。

应用软件的开发应采用符合国际标准的程序设计语言，如 C、FORTRAN、SQL 等，或采用 CAD 支撑系统所提供的专用开发语言。

支撑软件：工作站平台与微机平台宜采用相同的支撑软件；工作站平台上的图形支撑软件应能支持多专业综合设计。包括三维模型设计、多专业共享图形和非图形信息、交互式制图、高级语言程序设计、网络环境下多用户存取、通用数据库接口、三维图形运算、多专业模型碰撞检查等，并具有足够的运算速度和解题规模；微机平台上的图形支撑软件必须满足单个专业的设计制图和分析计算的要求，具有交互式制图、高级语言程序设计等基本功能，同时还需具有足够的运算速度；采用两种或两种以上图形支撑软件时，应配置相应的转换程序。

CAD 数据库管理系统应满足工程设计的要求，并应具有以下功能。

（1）CAD 设计资料和设计成品的归档、检索、阅览、复制与版本维护。

（2）图形和非图形数据的增加、删除和修改。

（3）资料统计和报表功能。

（4）用户权限的管理与维护。

（5）足够的处理速度与规模。

（6）支持异型机网络系统。

采用两种或两种以上数据库管理系统时，应配置相应的数据转换程序。电力设计部门应采用统一的 CAD 汉字环境，且应满足如下条件。

（1）汉字编码符合国家标准。

（2）支持矢量汉字与点阵汉字。

（3）支持区位码与拼音两种以上检索方式。

（4）支持矢量汉字的平移、旋转、缩放操作。

三、应用软件

基本要求：电力工程 CAD 系统的各项应用软件必须遵守现行的规程、规范，满足工程勘测设计各阶段和设计深度的要求。

可行性研究阶段应用软件应支持以下功能。

（1）电厂接入电力系统方案的优选。

（2）根据地形、地质、燃料、交通、水源、灰场、出线、环保等条件，进行厂址优选的多方案比较。

（3）完成电网、供水、电气、热力、燃烧、输煤、除灰和化学水等专业工艺系统图，进行主要设备的优选。

（4）主厂房布置方案优选。

（5）各项技术经济指标的计算。

（6）环境影响的分析与评价。

初步设计阶段应用软件应支持以下设计内容的优化或优选，并完成各工艺系统的设备选择。

（1）工艺系统热力系统、燃烧制粉系统、供水系统、电力系统接入等。

（2）总平面布置总体规划、厂区布置、厂外管道布置等。

（3）主厂房布置、主辅机设备布置、主要管道布置、建筑、结构及三维模型的建立等。

（4）结构形式地基基础、土建结构、供水结构等。

（5）送电工程路径选择、绝缘配合、杆塔形式等。

施工图设计阶段应用软件应支持以下功能。

（1）完成各专业的计算、具体项目的优选优化和设计制图的主要工作。

（2）建立主厂房三维模型，进行优化或优选设计和碰撞检查。

（3）完成送电线路杆塔排位优化设计。

应用软件编制的技术要求：应用软件的编制应遵照《电力设计部门计算机软件管理规定》执行。基本技术要求如下。

（1）数学物理模型正确，算法、公式和系数应有论证。

（2）应采用数据库作为支撑。

（3）应采用成熟的计算程序作为支撑。

（4）输入数据精练，输入方法简便，应符合语言规范和工程需要。

（5）输出内容和形式满足工程实际要求。

（6）应有良好的用户界面。

子系统应用软件配置如下。

（1）综合子系统：厂址方案优选软件，火电厂三维模型设计软件，电力工程 CAD 系统的接口软件。

（2）总布置子系统：总平面布置设计软件。

（3）机务子系统：热机管道一体化设计软件，管道支吊架设计软件，设备布置设计绘图软件，热力系统图设计软件，燃烧制粉系统及锅炉六道设计软件，保温油漆设计软件。

（4）电气子系统：电气主接线设计软件，配电装置设计软件，大电流封闭母线设计软件，防雷接地设计软件，二次线设计软件，直流设计软件，厂用电设计软件，照明设计软件，电缆敷设软件，厂内通信设计软件。

（5）土建子系统：建筑设计软件，钢筋混凝土框排架设计软件，钢结构设计软件，钢筋混凝土烟囱设计软件，变电构支架设计软件，汽轮发电机基础设计软件，输煤栈桥设计软件，地基基础设计软件，地下设施设计软件。

（6）输煤子系统：带式输送机设计软件。

（7）除灰子系统：除灰系统设计软件。

（8）水工子系统：水工系统图设计软件，厂外管道设计软件，厂区管沟设计软件，双曲线冷却塔设计软件，空冷系统设计软件，储灰场设计软件，水泵房设计软件，室内外给排水设计软件，直流供水系统设计软件。

（9）热控子系统：热工检测控制系统设计软件，热控自动调节系统设计软件，热控机炉保护系统设计软件，热控连锁控制设计软件，控制室布置及盘面布置设计软件，盘台背面接线和端子排接线设计软件。

（10）化学子系统：电厂化学设计软件。

（11）暖通子系统：暖通设计软件。

（12）送电子系统：送电线路路线优化设计软件，送电线路杆塔排位设计软件，送电线路主要机电设备施工图设计软件，送电线路金具设计软件，送电线路通信保护设计软件，送电线路杆塔设计软件，送电线路铁塔设计软件，送电线路杆塔基础设计软件，送电线路铁塔基础设计软件。

（13）环保子系统：大气环境影响评价软件，水环境影响评价软件，噪声环境影响评价软件。

（14）电力系统子系统：电源点及接入系统优化软件，电力电量平衡计算制图软件，电力系统潮流稳定计算及绘图软件，电力系统负荷曲线及预测软件。

（15）继电保护子系统：电力系统继电保护设计软件。

（16）远动子系统：远动设计软件。

（17）系统通信子系统：微波通信设计软件。

（18）工程地质子系统：工程地质软件，地下模型软件。

（19）水文地质子系统：水文地质软件。

（20）测量子系统：地形图数字化软件，地形图和数字地面模型软件，送电线路平断面模型系统软件，灰水管路及热网平断面模型系统软件。

（21）水文气象子系统：水文气象软件。

（22）技经子系统：经济评价软件，电力工程估算软件，电力工程概算软件，建筑工程施工图预算软件，安装工程施工图预算软件，送电工程概预算软件，工程造价信息管理系统软件，装置性材料预算价格管理软件。

应用软件接口设计如下。

（1）用户接口：向用户提供的命令及其语法结构，软件回答的信息。

（2）外部接口设计：应设置与相关软件的接口，包括与相关应用软件之间的接口、与数据库之间的接口及与各支撑软件之间的接口。

（3）内部接口设计：应设置本软件内的各个模块之间的接口。

11.4 工厂供电设计示例

11.4.1 工厂供电的意义和要求

工厂供电，就是指工厂所需电能的供应和分配，亦称工厂配电。众所周知，电能是现代工业生产的主要能源和动力。电能既易于由其他形式的能量转换而来，又易于转换为其他形式的能量以供应用。电能的输送、分配既简单经济，又便于控制、调节和测量，有利于实现生产过程自动化。因此，电能在现代工业生产及整个国民经济生活中应用极为广泛。

在工厂里，电能虽然是工业生产的主要能源和动力，但是它在产品成本中所占的比重一般很小（除电化工业外）。电能在工业生产中的重要性，并不在于它在产品成本中或投资总额中所占的比重多少，而在于工业生产实现电气化以后可以大大增加产量，提高产品质量，提高劳动生产率，降低生产成本，减轻工人的劳动强度，改善工人的劳动条件，有利于实现生产过程自动化。从另一方面来说，如果工厂的电能供应突然中断，则对工业生产可能造成严重的后果。因此，做好工厂供电工作对于发展工业生产，实现工业现代化，具有十分重要的意义。由于能源节约是工厂供电工作的一个重要方面，而能源节约对于国家经济建设具有十分重要的战略意义，因此做好工厂供电工作，对于节约能源、支援国家经济建设，也具有重大的作用。

工厂供电工作要很好地为工业生产服务，切实保证工厂生产和生活用电的需要，并做好节能工作，就必须达到以下基本要求。

（1）安全 在电能的供应、分配和使用中，不应发生人身事故和设备事故。

（2）可靠 应满足电能用户对供电可靠性的要求。

（3）优质 应满足电能用户对电压和频率等质量的要求。

（4）经济 供电系统的投资要少，运行费用要低，并尽可能地节约电能和减少有色金属的消耗量。

此外，在供电工作中，应合理地处理局部和全局、当前和长远等关系，既要照顾局部的当前的利益，又要有全局观点，能顾全大局，适应发展。

11.4.2 工厂供电设计的一般原则

按照国家标准 GB50052-95《供配电系统设计规范》、GB50053-94《10kV 及以下设计规范》、GB50054-95《低压配电设计规范》等的规定，进行工厂供电设计必须遵循以下原则。

（1）遵守规程、执行政策

必须遵守国家的有关规定及标准，执行国家的有关方针政策，包括节约能源，节约有色金属等技术经济政策。

（2）安全可靠、先进合理

应做到保障人身和设备的安全，供电可靠，电能质量合格，技术先进和经济合理，采用效率高、能耗低和性能先进的电气产品。

（3）近期为主、考虑发展

应根据工作特点、规模和发展规划，正确处理近期建设与远期发展的关系，做到远近结合，适当考虑扩建的可能性。

（4）全局出发、统筹兼顾

按负荷性质、用电容量、工程特点和地区供电条件等，合理确定设计方案。工厂供电设计是整个工厂设计中的重要组成部分。工厂供电设计的质量直接影响到工厂的生产及发展。作为从事工厂供电工作的人员，有必要了解和掌握工厂供电设计的有关知识，以便适应设计工作的需要。

11.4.3 设计内容及步骤

全厂总降压变电所及配电系统设计，是根据各个车间的负荷数量和性质，生产工艺对负荷的要求，以及负荷布局，结合国家供电情况解决对各部门的安全可靠、经济地分配电能问题。其基本内容有以下几方面。

1. 负荷计算

全厂总降压变电所的负荷计算，是在车间负荷计算的基础上进行的。考虑车间变电所变压器的功率损耗，从而求出全厂总降压变电所高压侧计算负荷及总功率因数。列出负荷计算表、表达计算成果。

2. 工厂总降压变电所的位置和主变压器的台数及容量选择

参考电源进线方向，综合考虑设置总降压变电所的有关因素，结合全厂计算负荷以及扩建和备用的需要，确定变压器的台数和容量。

3. 工厂总降压变电所主接线设计

根据变电所配电回路数，负荷要求的可靠性级别和计算负荷数综合主变压器台数，确定变电所高、低接线方式。对它的基本要求，即要安全可靠又要灵活经济，安装容易维修方便。

4. 厂区高压配电系统设计

根据厂内负荷情况，从技术和经济合理性确定厂区配电电压。参考负荷布局及总降压变电所位置，比较几种可行的高压配电网布置放案，计算出导线截面及电压损失，由不同方案的可靠性，电压损失，基建投资，年运行费用，有色金属消耗量等综合技术经济条件列表比值，择优选用。按选定配电系统作线路结构与敷设方式设计。用厂区高压线路平面布置图、敷设要求和架空线路杆位明细表以及工程预算书表达设计成果。

5. 工厂供、配电系统短路电流计算

工厂用电，通常为国家电网的末端负荷，其容量运行小于电网容量，皆可按无限容量系统供电进行短路计算。由系统不同运行方式下的短路参数，求出不同运行方式下各点的三相及两相短路电流。

6. 改善功率因数装置设计

按负荷计算求出总降压变电所的功率因数，通过查表或计算求出达到供电部门要求数值所需补偿的无功功率。由手册或厂品样本选用所需移相电容器的规格和数量，并选用合适的电容器柜或放电装置。如工厂有大型同步电动机还可以采用控制电机励磁电流方式提供无功功率，改善功率因数。

7. 变电所高、低压侧设备选择

参照短路电流计算数据和各回路计算负荷以及对应的额定值选择变电所高、低压侧电器设备，如隔离开关、断路器、母线、电缆、绝缘子、避雷器、互感器、开关柜等设备。并根据需要进行热稳定和力稳定检验。用总降压变电所主接线图，设备材料表和投资概算表达设计成果。

8. 继电保护及二次接线设计

为了监视、控制和保证安全可靠运行，变压器、高压配电线路移相电容器、高压电动机、母线分段断路器及联络线断路器，皆需要设置相应的控制、信号、检测和继电器保护装置。并对保护装置做出整定计算和检验其灵敏系数。设计包括继电器保护装置、监视及测量仪表，控制和信号装置，操作电源和控制电缆组成的变电所二次接线系统，用二次回路原理接线图或二次回路展开图以及元件材料表达设计成果。35KV 及以上系统尚需给出二次回路的保护屏和控制屏屏面布置图。

9. 变电所防雷装置设计

参考本地区气象地质材料，设计防雷装置。进行防直击的避雷针保护范围计算，避免产生反击现象的空间距离计算，按避雷器的基本参数选择防雷电冲击波的避雷器的规格型号，并确定其接线部位。进行避雷灭弧电压，频放电电压和最大允许安装距离检验以及冲击接地 电阻计算。

10. 专题设计

依据用电的容量、负荷性质以及工程特点和地区供电条件等，确定具体设计方案。

总降压变电所变、配电装置总体布置设计，综合前述设计计算结果，参照国家有关规程规定，进行内外的变、配电装置的总体布置和施工设计。

11.4.4 负荷计算及功率补偿

一、负荷计算的内容和目的

（1）计算负荷又称需要负荷或最大负荷。计算负荷是一个假想的持续性的负荷，其热效应与同一时间内实际变动负荷所产生的最大热效应相等。在配电设计中，通常采用 30min 的最大平均负荷作为按发热条件选择电器或导体的依据。

（2）尖峰电流指单台或多台用电设备持续 1～2s 短时最大负荷电流。一般取启动电流周期分量作为计算电压损失、电压波动和电压下降以及选择电器和保护元件等的依据。在校验瞬动元件时，还应考虑启动电流的非周期分量。

（3）平均负荷为一段时间内用电设备所消耗的电能与该段时间之比。常选用最大负荷班（即有代表性的一昼夜内电能消耗量最多的一个班）的平均负荷，有时也计算年平均负荷。平均负荷用来计算最大负荷和电能消耗量。

二、负荷计算的方法

负荷计算的方法有需要系数法、利用系数法及二项式法等几种。以下设计示例采用需要系数法确定，设计中主要应用以下计算公式：

有功功率：$P_{30} = P_e \cdot K_d$

无功功率：$Q_{30} = P_{30} \cdot \tan\varphi$

视在功率：$S_{30} = P_{30}/\cos\varphi$

计算电流：$I_{30} = S_{30}/\sqrt{3}\,U_N$

三、各用电车间负荷计算结果如表 11-1 所示

表 11-1　　　　　　　　　　　　　负荷计算结果

序号	车间名称	设备容量（千瓦）	计算负荷			变压器台数及容量	备注
			P_{30}（千瓦）	Q_{30}（千乏）	S_{30}（千伏安）		
1	电机修造车间	2505	609	500	788	1×1000	No1 车变
2	加工车间	886	163	258	305	1×400	No2 车变
3	新制车间	634	222	336	403	1×500	No3 车变
4	原料车间	514	310	183	360	1×400	No4 车变
5	备件车间	562	199	158	254	1×315	No5 车变
6	锻造车间	150	36	58	68	1×100	No6 车变
7	锅炉房	269	197	172	262	1×315	No7 车变
8	空压站	332	181	159	241	1×315	No8 车变
9	汽车库	53	30	27	40	1×80	No9 车变
10	大线圈车间	335	187	118	221	1×250	No10 车变
11	半成品试验站		365	287	464	1×500	No11 车变
12	成品试验站	2290	640	480	800	1×1000	No12 车变
13	加压站	256	163	139	214	1×250	
14	设备处仓库（转供负荷）		338	288	444	1×500	
15	成品试验站内大型集中负荷	3600	2880	2300	2300		

四、全厂负荷计算

取 $K_{\Sigma p} = 0.92$；$K_{\Sigma q} = 0.95$。根据上表可算出：

$$\sum P_{30i} = 6520\text{kW}；\quad \sum Q_{30i} = 5463\text{kvar}$$

则

$$P_{30} = K_{\Sigma P}\sum P_{30i} = 0.92 \times 6520\text{kW} \approx 5999\text{kW}$$

$$Q_{30} = K_{\Sigma q}\sum Q_{30i} = 0.95 \times 5463\text{kvar} = 5189.9\text{kvar}$$

$$S_{30} = \sqrt{P_{30}^2 + Q_{30}^2} \approx 7932\text{KV·A}$$

$$I_{30} = S_{30}/\sqrt{3}\,U_N \approx 94.5\text{A}$$

$$\cos\varphi = P_{30}/S_{30} = 5999/7932 \approx 0.76$$

五、功率补偿

设计中要求 $\cos\varphi \geq 0.9$，而由上面计算可知 $\cos\varphi = 0.75 < 0.9$，因此需要进行无功补偿。综合考虑在这里采用并联电容器进行高压集中补偿。可选用 BWF6.3-100-1W 型的电容器，其额定电容为 $2.89\mu F$。

$$Q_c = 5999 \times (\text{tanarccos}0.75 - \text{tanarccos}0.92)kvar$$
$$= 2724kvar$$

因此，其电容器的个数为：$n = Q_c/q_C = 2724/100 = 27.24$。而由于电容器是单相的，考虑三相均衡分配，所以应为 3 的倍数，决定装设 30 个，每相 10 个。无功补偿后，变电所低压侧的计算负荷为：

$$S_{30}(2)' = \sqrt{5999^2 + (5463 - 2800)^2} = 6564kVA$$

变压器的功率损耗为：

$$\triangle Q_T = 0.06 \cdot S_{30}(2)' = 0.06 \times 6564 = 393.8 \ kvar$$
$$\triangle P_T = 0.015 \cdot S_{30}(2)' = 0.015 \times 6564 = 98.5 \ kW$$

变电所高压侧计算负荷为：

$$P_{30}' = 5999 + 98.5 = 6098kW$$
$$Q_{30}' = (5463 - 2800) + 393.8 = 3057kvar$$
$$S_{30}' = \sqrt{(P_{30}')^2 + (Q_{30}')^2} = 6821 \ kVA$$

无功率补偿后，工厂的功率因数为：

$$\cos\varphi' = P_{30}'/S_{30}' = 6098/6821 = 0.9$$

由于工厂的功率因数：

$$\cos\varphi' = 0.9 \geq 0.9$$

因此，符合设计的要求。

11.4.5 变压器的选择

1. 主变压器台数的选择

由于该厂的负荷属于二级负荷，对电源的供电可靠性要求较高，宜采用两台变压器，以便当一台变压器发生故障后检修时，另一台变压器能对一、二级负荷继续供电，故选两台变压器。

2. 变电所主变压器容量的选择

每台主变压器容量应满足全部负荷 60%～70%的需要，并能满足全部一、二类负荷的需要，即装设两台主变压器的变电所，每台变压器的容量 S_T 应同时满足以下两个条件。

（1）任一台单独运行时，$S_T \geq (0.6 \sim 0.7) S_{30(1)}'$

（2）任一台单独运行时，$S_T \geq S_{30}'(\text{I} + \text{II})$

由于 $S_{30(1)}' = S_{30} = 7932 \ kVA$，因为该厂都是上二级负荷，所以按条件 2 选变压器。

（3）$S_T \geq (0.6 \sim 0.7) \times 7932 = (4759.2 \sim 5552.4)kVA \geq S_T \geq S_{30}'(\text{I} + \text{II})$

因此，选 5700 kVA 的变压器二台。

11.4.6 短路计算

1. 短路电流计算的目的及方法

短路电流计算的目的是为了正确选择和校验电气设备，以及进行继电保护装置的整定计算。进行短路电流计算，首先要绘制计算电路图。在计算电路图上，将短路计算所考虑的各元件的额定参数都表示出来，并将各元件依次编号，然后确定短路计算点。短路计算点要选择得使需要进行短路校验的电气元件有最大可能的短路电流通过。接着，按所选择的短路计算点绘出等效电路图，并计算电路中各主要元件的阻抗。在等效电路图上，只需将被计算的短路电流所流经的一些主要元件表示出来，并标明其序号和阻抗值，然后将等效电路化简。对于工厂供电系统来说，由于将电力系统当作无限大容量电源，而且短路电路也比较简单，因此一般只需采用阻抗串、并联的方法即可将电路化简，求出其等效总阻抗。最后计算短路电流和短路容量。短路电流计算的方法，常用的有欧姆法（又称有名单位制法）和标幺值法（又称相对单位制法）。

2. **本设计采用标幺值法进行短路计算**

（1）在最小运行方式下

① 确定基准值。

$$取 S_d = 100MV \cdot A，U_{C1} = 60kV，U_{C2} = 10.5kV$$

$$而 I_{d1} = S_d / \sqrt{3} \ U_{C1} = 100MV \cdot A/(\sqrt{3} \times 60kV) = 0.96kA$$

$$I_{d2} = S_d / \sqrt{3} \ U_{C2} = 100MV \cdot A/(\sqrt{3} \times 10.5kV) = 5.5kA$$

② 计算短路电路中各主要元件的电抗标幺值。

- 电力系统($S_{OC} = 310MV \cdot A$)

$$X_1^* = 100kVA/310 = 0.32$$

- 架空线路($X_O = 0.4\Omega/km$)

$$X_2^* = 0.4 \times 4 \times 100/10.52 = 1.52$$

- 电力变压器($U_K\% = 7.5$)

$$X_3^* = U_K\% S_d/100S_N = 7.5 \times 100 \times 103/(100 \times 5700) = 1.32$$

绘制等效电路如图 11-6 所示。图上标出各元件的序号和电抗标幺值，并标出短路计算点。

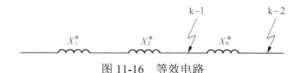

图 11-16　等效电路

③ 求 k-1 点的短路电路总电抗标幺值及三相短路电流和短路容量。

总电抗标幺值

$$X_{\Sigma(k-1)}^* = X_1^* + X_2^* = 0.32 + 1.52 = 1.84$$

三相短路电流周期分量有效值

$$I_{k-1}^{(3)} = I_{d1} / X_{\Sigma(k-1)}^* = 0.96/1.84 = 0.52$$

其他三相短路电流

$$I''^{(3)} = I_\infty^{(3)} = I_{k-1}^{(3)} = 0.52kA$$

$$i_{sh}^{(3)} = 2.55 \times 0.52kA = 1.33kA$$

$$I_{sh}^{(3)} = 1.51 \times 0.52 \ kA = 0.79kA$$

三相短路容量

$$S_{k\text{-}1}^{(3)} = S_{\mathrm{d}} / X_{\Sigma(k\text{-}1)}^{*} = 100\mathrm{MVA}/1.84 = 54.3$$

④ 求 k-2 点的短路电路总电抗标幺值及三相短路电流和短路容量。

● 总电抗标幺值

$$X_{\Sigma(k\text{-}2)}^{*} = X_{1}^{*} + X_{2}^{*} + X_{3}^{*} / X_{4}^{*} = 0.32 + 1.52 + 1.32/2 = 2.5$$

● 三相短路电流周期分量有效值

$$I_{k\text{-}2}^{(3)} = I_{\mathrm{d}2} / X_{\Sigma(k\text{-}2)}^{*} = 5.5\mathrm{kA}/2.5 = 2.2\mathrm{kA}$$

● 其他三相短路电流

$$I''^{(3)} = I_{\infty}^{(3)} = I_{k\text{-}2}^{(3)} = 2.2\mathrm{kA}$$

$$i_{\mathrm{sh}}^{(3)} = 1.84 \times 2.2\mathrm{kA} = 4.05\mathrm{kA}$$

$$I_{\mathrm{sh}}^{(3)} = 1.09 \times 2.2\mathrm{kA} = 2.4\mathrm{kA}$$

● 三相短路容量

$$S_{k\text{-}2}^{(3)} = S_{\mathrm{d}} / X_{\Sigma(k\text{-}1)}^{*} = 100\mathrm{MVA}/2.5 = 40\mathrm{MV}\cdot\mathrm{A}$$

（2）在最大运行方式下

① 确定基准值。

取

而

$$S_{\mathrm{d}} = 1000\mathrm{MV}\cdot\mathrm{A}, \quad U_{\mathrm{C}1} = 60\mathrm{kV}, \quad U_{\mathrm{C}2} = 10.5\mathrm{kV}$$

$$I_{\mathrm{d}1} = S_{\mathrm{d}} / \sqrt{3} \, U_{\mathrm{C}1} = 1000\mathrm{MV}\cdot\mathrm{A}/(\sqrt{3} \times 60\mathrm{kV}) = 9.6\mathrm{kA}$$

$$I_{\mathrm{d}2} = S_{\mathrm{d}} / \sqrt{3} \, U_{\mathrm{C}2} = 1000\mathrm{MV}\cdot\mathrm{A}/(\sqrt{3} \times 10.5\mathrm{kV}) = 55\mathrm{kA}$$

② 计算短路电路中各主要元件的电抗标幺值。

● 电力系统($S_{\mathrm{OC}} = 1338\mathrm{MV}\cdot\mathrm{A}$)

$$X_{1}^{*} = 1000/1338 = 0.75$$

● 架空线路($X_{\mathrm{O}} = 0.4\Omega/\mathrm{km}$)

$$X_{2}^{*} = 0.4 \times 4 \times 1000/60^{2} = 0.45$$

● 电力变压器($U_{\mathrm{K}}\% = 4.5$)

$$X_{3}^{*} = U_{\mathrm{K}}\% S_{\mathrm{d}}/100 S_{\mathrm{N}} = 7.5 \times 1000 \times 103/(100 \times 5700) = 13.2$$

绘制等效电路如图 11-17 所示。图上标出各元件的序号和电抗标幺值，并标出短路计算点。

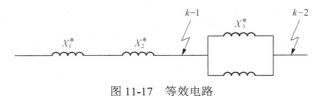

图 11-17　等效电路

（3）求 k-1 点的短路电路总电抗标幺值及三相短路电流和短路容量

● 总电抗标幺值

$$X_{\Sigma(k\text{-}1)}^{*} = X_{1}^{*} + X_{2}^{*} = 0.75 + 0.45 = 1.2$$

- 三相短路电流周期分量有效值

$$I_{k-1}^{(3)} = I_{d1}/X_{\Sigma(k-1)}^* = 9.6kA/1.2 = 8kA$$

- 其他三相短路电流

$$I''^{(3)} = I_\infty^{(3)} = I_{k-1}^{(3)} = 8kA$$

$$i_{sh}^{(3)} = 2.55 \times 8kA = 20.4kA$$

$$I_{sh}^{(3)} = 1.51 \times 8kA = 12.1kA$$

- 三相短路容量

$$S_{k-1}^{(3)} = S_d/X_{\Sigma(k-1)}^* = 1000/1.2 = 833MVA$$

（4）求 k-2 点的短路电路总电抗标幺值及三相短路电流和短路容量

- 总电抗标幺值

$$X_{\Sigma(k-2)}^* = X_1^* + X_2^* + X_3^*/X_4^* = 0.75 + 0.45 + 13.2/2 = 7.8$$

- 三相短路电流周期分量有效值

$$I_{k-2}^{(3)} = I_{d2}/X_{\Sigma(k-2)}^* = 55kA/7.8 = 7.05kA$$

- 其他三相短路电流

$$I''^{(3)} = I_\infty^{(3)} = I_{k-2}^{(3)} = 7.05kA$$

$$i_{sh}^{(3)} = 2.55 \times 7.05kA = 17.98kA$$

$$I_{sh}^{(3)} = 1.51 \times 7.05kA = 10.65kA$$

- 三相短路容量

$$S_{k-2}^{(3)} = S_d/X_{\Sigma(k-2)}^* = 1000/7.05 = 141.8MV \cdot A$$

（5）短路电流计算结果如表 11-2、表 11-3 所示。

表 11-2　　　　　　　　　　　　　最大运行方式

	三相短路电流/kA∞					三相短路容量/MVA
	$I_k^{(3)}$	$I^{(3)}$	$I^{(3)}\infty$	$i_{sh}^{(3)}$	$I_{sh}^{(3)}$	$S_k^{(3)}$
k-1 点	8	8	8	20.4	12.1	833
k-2 点	7.05	7.05	7.05	17.98	10.65	141.8

表 11-3　　　　　　　　　　　　　最小运行方式

	三相短路电流/kA					三相短路容量/MVA
	$I_k^{(3)}$	$I^{(3)}$	$I^{(3)}\infty$	$i_{sh}^{(3)}$	$I_{sh}^{(3)}$	$S_k^{(3)}$
k-1 点	0.52	0.52	0.52	1.33	0.79	54.3
k-2 点	202	202	202	372	220	40

11.4.7　导线、电缆的选择

为了保证供电系统安全、可靠、优质、经济地运行，进行导线和电缆截面时必须满足下列条件。

1. 发热条件

导线和电缆（包括母线）在通过正常最大负荷电流即线路计算电流时产生的发热温度，不应超过其正常运行时的最高允许温度。

2. 电压损耗条件

导线和电缆在通过正常最大负荷电流即线路计算电流时产生的电压损耗，不应超过其正常运行时允许的电压损耗。对于工厂内较短的高压线路，可不进行电压损耗校验。

3. 经济电流密度

35kV 及以上的高压线路及电压在 35kV 以下但距离长、电流大的线路，其导线和电缆截面宜按经济电流密度选择，以使线路的年费用支出最小。所选截面，称为"经济截面"。此种选择原则，称为"年费用支出最小"原则。工厂内的 10kV 及以下线路，通常不按此原则选择。

4. 机械强度

导线（包括裸线和绝缘导线）截面不应小于其最小允许截面。对于电缆，不必校验其机械强度，但需校验其短路热稳定度。母线也应校验短路时的稳定度。对于绝缘导线和电缆，还应满足工作电压的要求。

根据设计经验，一般 10kV 及以下高压线路及低压动力线路，通常先按发热条件来选择截面，再校验电压损耗和机械强度。低压照明线路，因其对电压水平要求较高，因此通常先按允许电压损耗进行选择，再校验发热条件和机械强度。对长距离大电流及 35kV 以上的高压线路，则可先按经济电流密度确定经济截面，再校验其他条件。

架空进线的选择按发热条件选择导线截面。补偿功率因素后的线路计算电流：

已知 $I30 = 76.33A$

查得 $j_{ec} = 1.65$，因此，$A_{ec} = 76.33/1.65 = 46.26\text{mm}^2$。选择准截面 45mm²，即选 LGJ-45 型铝绞线，校验发热条件和机械强度都合格。

11.4.8　高、低压设备的选择

高压设备选择的一般要求必须满足一次电路正常条件下和短路故障条件下的工作要求，同时设备应工作安全可靠，运行方便，投资经济合理。高压刀开关柜的选择应满足变电所一次电路图的要求，并对各方案进行经济比较优选出开关柜型号及一次接线方案编号，同时确定其中所有一次设备的型号规格。工厂变电所高压开关柜母线宜采用 LMY 型硬母线。高压开关柜是按一定的线路方案将有关一、二次设备组装而成的一种高压成套配电装置，在发电厂和变配电所中作为控制和保护发电机、变压器和高压线路之用，也可作为大型高压开关设备、保护电器、监视仪表和母线、绝缘子等。高压开关柜有固定式和手车式（移式）两大类型。由于本设计是 10kV 电源进线，则可选用较为经济的固定式高压开关柜，这里选择 GG1A-10Q（F）型。

11.4.9　变压器的继电保护

按 GB50062-92《电力装置的继电保护和自动装置设计规范》规定：对电力变压器的下列故障及异常运行方式，应装设相应的保护装置。

（1）绕组及其引出线的相间短路和在中性点直接接地侧的单相接地短路。

（2）绕组的匝间短路。

（3）外部相间短路引过的过电流。

（4）中性点直接接地电力网中外部接地短路引起的过电流及中性点过电压。

（5）过负荷。

（6）油面降低。

（7）变压器温度升高或油箱压力升高或冷却系统故障。

对于高压侧为 6～10kV 的车间变电所主变压器来说，通常装设有带时限的过电流保护；如过电流保护动作时间大于 0.5～0.7s 时，还应装设电流速断保护。容量在 800kV·A 及以上的油浸式变压器和 400kV·A 及以上的车间内油浸式变压器，按规定应装设瓦斯保护（又称气体继电保护）。容量在 400kV·A 及以上的变压器，当数台并列运行或单台运行并作为其他负荷的备用电源时，应根据可能过负荷的情况装设过负荷保护。过负荷保护及瓦斯保护在轻微故障时（通称"轻瓦斯"），动作于信号，而其他保护包括瓦斯保护在严重故障时（通称"重瓦斯"），一般均动作于跳闸。

对于高压侧为 35kV 及以上的工厂总降压变电所主变压器来说，也应装设过电流保护、电流速断保护和瓦斯保护；在有可能过负荷时，也需装设过负荷保护。但是如果单台运行的变压器容量在 10 000kV·A 及以上和并列运行的变压器每台容量在 6 300kV·A 及以上时，则要求装设纵联差动保护来取代电流速断保护。

在本设计中，根据要求需装设过电流保护、电流速断保护、过负荷保护和瓦斯保护。对于由外部相间短路引起的过电流，保护应装于下列各侧。

（1）对于双线圈变压器，装于主电源侧。

（2）对三线圈变压器，一般装于主电源的保护应带两段时限，以较小的时限断开未装保护的断路器。当以上方式满足灵敏性要求时，则允许在各侧装设保护。各侧保护应根据选择性的要求装设方向元件。

（3）对于供电给分开运行的母线段的降压变压器，除在电源侧装设保护外，还应在每个供电支路上装设保护。

（4）除主电源侧外，其他各侧保护只要求作为相邻元件的后备保护，而不要求作为变压器内部故障的后备保护。

（5）保护装置对各侧母线的各类短路应具有足够的灵敏性。相邻线路由变压器作远后备时，一般要求对线路不对称短路具有足够的灵敏性。相邻线路大量瓦斯时，一般动作于断开的各侧断路器。如变压器高采用远后备时，不作具体规定。

（6）对某些稀有的故障类型（例如 110kV 及其以上电力网的三相短路）允许保护装置无选择性动作。

1. 差动保护

变压器差动保护动作电流应满足以下 3 个条件。

（1）应躲过变压器差动保护区外出现的最大短路不平衡电流。

（2）应躲过变压器的励磁涌流。

（3）在电流互感器二次回路端线且变压器处于最大负荷时，差动保护不应动作。

2. 变压器的过电流保护

（1）过电流保护动作电流的整定

$$I_{L.max} = 2 \times 5\ 700/(\sqrt{3} \times 60)A = 109.7A$$

取 $K_{rel} = 1.3$，$K_i = 150/5 = 30$，$K_W = 1$，$K_{re} = 0.8$

因此

$$I_{op} = K_{rel} \times K_W \times I_{L.max}/(K_r \times eK_i)= 1.3 \times 1 \times 109.7A/(0.8 \times 30) = 5.94A$$

故动作电流整定为 6A。

（2）保护动作时间

$$t \leq t_1 - \Delta t = 2 - 0.5 = 1.5s$$

（3）变压器过电流保护的灵敏度

$$I_{k.max} = 0.866 \times 7.02 \times 1\,000 \times 10/60 = 1\,037A$$

则

$$Sp = K_W \times I_{k.min}/(K_i \times I_{op})= 1 \times 1\,037/(6 \times 30)= 5.761 > 1.5$$

满足保护灵敏度的要求。

（4）结线图

变压器的过负荷保护：

过负荷保护动作电流的整定

$$I_{OP}(OL)= 1.3 I_{N1.T}/K_i = 1.3 \times 104/40A = 3A$$

动作时间取 10～15s。

11.4.10　变压器的瓦斯保护

瓦斯保护，又称气体继电保护，是保护油浸式电力变压器内部故障的一种基本的保护装置。按 GB－50062-92 规定，800kV·A 及以上的一般油浸式变压器和 400kV·A 及以上的车间内油浸式变压器，均应装设瓦斯保护。

瓦斯保护的主要元件是气体继电器。它装设在变压器的油箱与油枕之间的联通管上。为了使油箱内产生的气体能够顺畅地通过气体继电器排往油枕，变压器安装应取 1%～1.5% 的倾斜度；而变压器在制造时，联通管对油箱顶盖也有 2%～4% 的倾斜度。

当变压器油箱内部发生轻微故障时，由故障产生的少量气体慢慢升起，进入气体继电器的容器，并由上而下地排除其中的油，使油面下降，上油杯因其中盛有残余的油而使其力矩大于另一端平衡锤的力矩而降落。这时上触点接通而接通信号回路，发出音响和灯光信号，这称之为"轻瓦斯动作"。

当变压器油箱内部发生严重故障时，由故障产生的气体很多，带动油流迅猛地由变压器油箱通过联通管进入油枕。这大量的油气混合体在经过气体继电器时，冲击挡板，使下油杯下降。这时下触点接通跳闸回路（通过中间继电器），同时发出音响和灯光信号（通过信号继电器），这称之为"重瓦斯动作"。

如果变压器油箱漏油，使得气体继电器内的油也慢慢流尽。先是继电器的上油杯下降，发出报警信号，接着继电器内的下油杯下降，使断路器跳闸，同时发出跳闸信号。

变压器瓦斯保护动作后的故障分析：变压器瓦斯保护动作后，可由蓄积于气体继电器内的气体性质来分析和判断故障的原因及处理要求，如表 11-4 所示。

表 11-4　　　　　　　　　　　　故障的原因及处理

气体性质	故障原因	处理要求
无色、无臭、无可燃	变压器内含空气	允许继续运行
灰白色、有臭味、可燃	纸质绝缘烧毁	应立即停电检修
黄色、难燃	木质绝缘烧毁	应停电检修
深灰色或黑色、易燃	油内闪络，油质碳化	应分析油样，必要时停电检修

11.4.11　二次回路操作电源和中央信号装置

一、二次回路的操作电源

二次回路操作电源是供高压断路器跳、合闸回路和继电保护装置、信号回路、监测系统及其他二次回路所需的电源。因此对操作电源的可靠性要求很高，容量要求足够大，尽可能不受供电系统运行的影响。

二次回路操作电源，分直流和交流两大类。直流操作电源又有由蓄电池组供电的电源和由整流装置供电的电源两种。交流操作电源又有由所用（站用）变压器供电的和由仪用互感器供电的两种。其中，蓄电池主要有铅酸蓄电池和镉镍蓄电池两种；整流电源主要有硅整流电容储能式和复式整流两种。而交流操作电源可分为电流源和电压源两种。

采用镉镍蓄电池组作操作电源，除不受供电系统运行情况的影响、工作可靠外，还有大电流放电性能好，比功率大，机械强度高，使用寿命长，腐蚀性小，无需专用房间等优点，从而大大降低了投资等优点，因此在工厂供电系统中应用比较普遍。采用交流操作电源，可使二次回路大大简化，投资大大减少，工作可靠，维护方便，但是它不适于比较复杂的电路。

二、中央信号装置

中央信号装置是指装设在变配电所值班室或控制室的信号装置。中央信号装置包括事故信号和预告信号两种。

中央信号装置的要求是：在任一断路器事故跳闸时，能瞬时发出音响信号，并在控制屏上或配电装置有表示事故跳闸的具体断路器位置的灯光指示信号。事故音响信号通常采用电笛（蜂鸣器），应能手动或自动复归。

中央事故信号装置按操作电源分，有直流操作的交流操作的两类。按事故音响信号的动作特性分，有不能重复动作的和能重复动作的两种。

中央预告信号装置的要求是：当供电系统中发生故障和不正常工作状态但不需立即跳闸的情况时，应及时发出音响信号，并有显示故障性质和地点的指示信号（灯光或光字牌指示）。预告音响信号通常采用电铃，应能手动或自动复归。

中央预告信号装置亦有直流操作的和交流操作的两种，同样有不能重复动作的和能重复动作的两种。

利用 ZC-23 型冲击继电器的中央复归重复动作的事故音响信号装置接线图如图 11-18 所示。

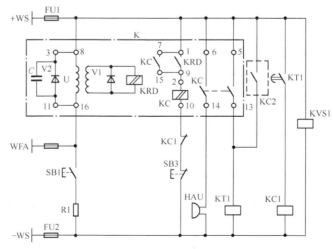

图 11-18　中央事故信号回路

图 11-18 中，K 为冲击继电器，KT1 为时间继电器，KC1、KC2 为中间继电器，KVS1 为电源监视继电器，HAU 为蜂鸣器，SB1 为试验按钮，SB2 为音响解除按钮。

（1）事故信号回路的启动

① 试验按钮启动。按下试验按钮 SB1，脉冲电流从冲击继电器 K 的 8 号端子输入，冲击继电器 K 内部的干簧继电器 KRD 动作；KRD 动合触点闭合，启动 K 内部的出口中间继电器 KC，KC 动合触点闭合，接通蜂鸣器 HAU 回路，HAU 发出音响。

② 自动启动。当断路器的跳、合闸位置与其控制开关位置不一致时，信号小母线负电源"-WS"经断路器动断触点、控制开关、电阻接到事故音响小母线 WFA 上，脉冲电流从冲击继电器 K 的 8 号端子输入，冲击继电器 K 动作，HAU 发出音响。

③ 重复自动启动。当又一个断路器的跳、合闸位置与其控制开关位置不一致时，该断路器事故音响启动回路与之前的另一个（或多个）断路器事故音响启动回路相并联，又产生了脉冲电流；此脉冲电流从冲击继电器 K 的 8 号端子输入，冲击继电器 K 动作，HAU 再次发出音响。

（2）事故信号回路的复归

① 按钮复归。当冲击继电器 K 动作，HAU 发出音响后，按下音响解除按钮 SB2；冲击继电器内部的出口中间继电器 KC 线圈断电，KC 动合触点打开，HAU 断电，音响被解除。

② 自动复归。当冲击继电器 K 动作，HAU 发出音响；同时，冲击继电器 K 内部的出口中间继电器 KC 动合触点启动时间继电器 KT1，经过延时 KT1 动合触点闭合；中间继电器 KC1 动作，KC1 动断触点打开，出口中间继电器 KC 线圈断电，KC 动合触点打开；HAU 断电，音响被解除。

（3）事故信号电源回路监视。当信号电源失电或电压降低时，电源监视继电器 KVS1 动作，其动断触点延时闭合，启动中央预告信号回路光字牌 H1。

图 11-19 所示为 ZC-23 型冲击继电器构成的中央预告信号回路。

其中，K1 为预告信号启动冲击继电器，K2 为预告信号自动返回冲击继电器，K1 与 K2 继电器的输入端反极性串联；KT2 为时间继电器，KC2 为中间继电器，KVS2 为电源监视继电器，HAB 为警铃，SB2 为音响试验按钮，SB 为试验按钮，SB4 为音响解除按钮，H1、H2 为光字牌，SM 为光字牌试验转换开关。

（1）预告信号回路的启动

① 试验按钮启动。按下试验按钮 SB2，冲击电流从冲击继电器 K1 的 8 号端子输入，冲击继电器 K1 内部的干簧继电器 KRD 动作；KRD 动合触点闭合，启动冲击继电器 K1 内部的出口中间继电器 KC；K1 动合触点闭合，启动时间继电器 KT2；KT2 动合触点延时闭合，启动中间继电器 KC2；KC2 动合触点闭合，接通警铃 HAB 回路，HAB 发出音响。

② 自动启动。将光字牌试验转换开关 SM 置于"工作"位置，其触点 SM（13-13）、SM（15-16）接通，预告信号小母线 1WAS、2WAS 连接在一起。若发生中央事故信号回路信号电源失电，电源监视继电器 KVS1 动作，其动断触点延时闭合，信号电源小母线正电源经光字牌 H1、预告信号小母线 1WAS 和 2WAS、SM（13-13）和 SM（15-16）接到冲击继电器 K1 的 8 号端子；光字牌 H1 亮，同时脉冲电流使 K1 动作，警铃 HAB 发出音响。

③ 重复自动启动。当又一个电气设备发生异常运行时，该设备保护动作，启动对应光字牌；该光字牌回路与之前的另一个（或多个）光字牌回路相并联，又产生了脉冲电流；此脉冲电流从冲击继电器 K1 的 8 号端子输入，冲击继电器 K1 动作，HAB 再次发出音响。

（2）预告信号回路的复归

① 按钮复归。按下音响解除按钮 SB4，冲击继电器 K1 内部的出口中间继电器 KC 线圈断电，

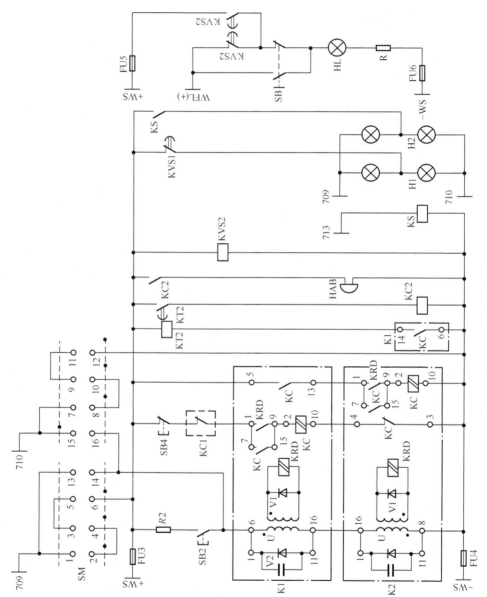

图 11-19 中央预告信号回路

KC 动合触点打开，KT2 线圈断电，KT2 动合触点打开，KC2 线圈断电，KC2 动合触点打开，HAU 断电，音响信号被解除。

② 信号自动复归。运行人员根据光字牌信号，查找电气设备的缺陷，及时进行处理，使该设备保护复归，光字牌灭灯。

同时，冲击继电器 K1 的 8 号端子，失去信号电源小母线正电源；由于冲击继电器输入回路电流突然减小，K2 动作；冲击继电器 K2 内部的出口中间继电器 KC 线圈断电；KC 动合触点打开，KT2 线圈断电；KT2 动合触点打开，KC2 线圈断电；KC2 动合触点打开，HAU 断电，音响信号被解除。

③ 光字牌回路试验检查。将光字牌试验转换开关 SM 置于"试验"位置，其触点 SM（1-2）、SM（3-4）、SM（5-6）接通，预告信号小母线 1WAS 与信号电源小母线正电源相连；触点 SM（7-8）、SM（9-10）、SM（11-12）接通，预告信号小母线 2WAS 与信号电源小母线负电源相连；光字牌灯全亮。

④ 预告信号电源回路监视。当信号电源失电或电压降低时，电源监视继电器 KVS2 动作，其动断触点闭合，接通闪光信号小母线，信号灯 HL 闪光。

11.4.12　电测量仪表与绝缘监视装置

一、电测量仪表

这里的"电测量仪表"按 GBJ63—90《电力装置的电测量仪表装置设计规范》的定义，"是对电力装置回路的电力运行参数所经常测量、选择测量、记录用的仪表和作计费、技术经济分析考核管理用的计量仪表的总称。"

为了监视供电系统一次设备（电力装置）的运行状态和计量一次系统消耗的电能，保证供电系统安全、可靠、优质和经济合理地运行，工厂供电系统的电力装置中必须装设一定数量的电测量仪表。

电测量仪表按其用途分为常用测量仪表和电能计量仪表两类，前者是对一次电路的电力运行参数作经常测量、选择测量和记录用的仪表，后者是对一次电路进行供用电的技术经济考核分析和对电力用户用电量进行测量、计量的仪表，即各种电能表。

供电系统变配电装置中各部分仪表的配置要求如下。

（1）在工厂的电源进线上，或经供电部门同意的电能计量点，必须装设计费的有功电能表和无功电能表，而且宜采用全国统一标准的电能计量柜。为了解负荷电流，进线上还应装设一只电流表。

（2）变配电所的每段母线上，必须装设电压表测量电压。在中性点非有效接地的（即小接地电流的）系统中，各段母线上还应装设绝缘监视装置。如出线很少时，绝缘监视电压表可不装设。

（3）35～110/6～10kV 的电力变压器，应装设电流表、有功功率表、无功功率表、有功电能表和无功电能表各一只，装在哪一侧视具体情况而定。6～10/3～6kV 的电力变压器，在其一侧装设电流表、有功和无功电能表各一只。6～10/0.4kV 的电力变压器，在高压侧装设电流表和有功电能表各一只，如为单独经济核算单位的变压器，还应装设一只无功电能表。

（4）3～10kV 的配电线路，应装设电流表、有功和无功电能表各一只。如不是送往单独经济核算单位时，可不装无功电能表。当线路负荷在 5 000kV·A 及以上时，可再装设一只有功功率表。

（5）380V 的电源进线或变压器低压侧，各相应装一只电流表。变压器高压侧应装设有功电能表一只。

（6）低压动力线路上，应安装一只电流表。低压照明线路及三相负荷不平衡率大于 15% 的线路上，应装设三只电流表分别测量三相电流。如需计量电能，一般应装设一只三相四线有功电能表。对负荷平衡的动力线路，可只装设一只单相有功电能表，实际电能按其计度的 3 倍计。

（7）并联电力电容器组的回路上，应装设三只电流表，分别测量三相电流，并应装设一只无功电能表。

二、绝缘监视装置

绝缘监视装置用于小接地电流的系统中，以便及时发现单相接地故障，设法处理，以免故障发展为两相接地短路，造成停电事故。

6～35kV 系统的绝缘监视装置，可采用三相双绕组电压互感器和 3 只电压表，也可采用 3 个单相三绕组电压互感器或者一个三相五芯柱三绕组电压互感器。接成 Y0 的二次绕组，其中 3 只电压表均接各相的相电压。当一次电路其中一相发生接地故障时，电压互感器二次侧的对应相的电压表指零，其他两相的电压表读数则升高到线电压。由指零电压表的所在相即可得知该相发生了单相接地故障，但不能判明是哪一条线路发生了故障，因此这种绝缘监视装置是无选择性的，只适于出线不多的系统及作为有选择性的单相接地保护的一种辅助装置。

11.4.13 防雷与接地

一、防雷

1. 防雷设备

防雷的设备主要有接闪器和避雷器。其中，接闪器就是专门用来接受直接雷击（雷闪）的金属物体。接闪的金属称为避雷针。接闪的金属线称为避雷线，或称架空地线。接闪的金属带称为避雷带。接闪的金属网称为避雷网。

避雷器是用来防止雷电产生的过电压波沿线路侵入变配电所或其他建筑物内，以免危及被保护设备的绝缘。避雷器应与被保护设备并联，装在被保护设备的电源侧。当线路上出现危及设备绝缘的雷电过电压时，避雷器的火花间隙就被击穿，或由高阻变为低阻，使过电压对大地放电，从而保护了设备的绝缘。避雷器的形式，主要有阀式和排气式等。

2. 架空线路的防雷措施

架设避雷线：这是防雷的有效措施，但造价高，因此只在 66kV 及以上的架空线路上才沿全线装设，35kV 的架空线路上，一般只在进出变配电所的一段线路上装设，而 10kV 及以下的线路上一般不装设避雷线。

提高线路本身的绝缘水平：在架空线路上，可采用木横担、瓷横担或高一级的绝缘子，以提高线路的防雷水平，这是 10kV 及以下架空线路防雷的基本措施。

利用三角形排列的顶线兼作防雷保护线：由于 3～10kV 的线路是中性点不接地系统，因此可在三角形排列的顶线绝缘子装以保护间隙。在出现雷电过电压时，顶线绝缘子上的保护间隙被击穿，通过其接地引下线对地泄放雷电流，从而保护了下面两根导线，也不会引起线路断路器跳闸。

装设自动重合闸装置：线路上因雷击放电而产生的短路是由电弧引起的。在断路器跳闸后，电弧即自行熄灭。如果采用一次 ARD，使断路器经 0.5s 或稍长一点时间后自动重合闸，电弧通常不会复燃，从而能恢复供电，这对一般用户不会有什么影响。

个别绝缘薄弱地点加装避雷器：对架空线路上个别绝缘薄弱地点，如跨越杆、转角杆、分支杆、带拉线杆以及木杆线路中个别金属杆等处，可装设排气式避雷器或保护间隙。

3. 变配电所的防雷措施

装设避雷针：室外配电装置应装设避雷针来防护直接雷击。如果变配电所处在附近高建（构）筑物上防雷设施保护范围之内或变配电所本身为室内型时，不必再考虑直击雷的保护。

高压侧装设避雷器：这主要用来保护主变压器，以免雷电冲击波沿高压线路侵入变电所，损坏了变电所的这一最关键的设备。为此要求避雷器应尽量靠近主变压器安装。阀式避雷器至 3～10kV 主变压器的最大电气距离如表 11-5 所示。

表 11-5	主变压器的最大电气距离			
雷雨季节经常运行的进线路数	1	2	3	≥4
避雷器至主变压器的最大电气距离/m	15	23	27	30

避雷器的接地端应与变压器低压侧中性点及金属外壳等连接在一起。在每路进线终端和每段母线上，均装有阀式避雷器。如果进线是具有一段引入电缆的架空线路，则在架空线路终端的电缆头处装设阀式避雷器或排气式避雷器，其接地端与电缆头外壳相连后接地。

4. 低压侧装设避雷器

这主要用在多雷区用来防止雷电波沿低压线路侵入而击穿电力变压器的绝缘。当变压器低压侧中性点不接地时（如 IT 系统），其中性点可装设阀式避雷器或金属氧化物避雷器或保护间隙。

在本设计中，配电所屋顶及边缘敷设避雷带，其直径为 8mm 的镀锌圆钢，主筋直径应大于或等于 10mm 的镀锌圆钢。

二、接地

1. 接地与接地装置

电气设备的某部分与大地之间做良好的电气连接，称为接地。埋入地中并直接与大地接触的金属导体，称为接地体，或称接地极。专门为接地而人为装设的接地体，称为人工接地体。兼作接地体用的直接与大地接触的各种金属构件、金属管道及建筑物的钢筋混凝土基础等，称为自然接地体。连接接地体与设备、装置接地部分的金属导体，称为接地线。接地线在设备、装置正常运行情况下是不载流的，但在故障情况下要通过接地故障电流。

接地线与接地体合称为接地装置。由若干接地体在大地中相互用接地线连接起来的一个整体，称为接地网。其中接地线又分为接地干线和接地支线。接地干线一般应采用不少于两根导体在不同地点与接地网连接。

2. 确定此配电所公共接地装置的垂直接地钢管和连接扁钢

（1）确定接地电阻。按相关资料可确定此配电所公共接地装置的接地电阻应满足以下两个条件。

$$R_E \leq 250V/I_E$$
$$R_E \leq 10\Omega$$

式中，I_E 的计算为

$$I_E = I_C = 60 \times (60 + 35 \times 4)A/350 = 34.3A$$

故

$$R_E \leq 350V/34.3A = 10.2\Omega$$

综上可知，此配电所总的接地电阻应为 $R_E \leq 10\Omega$

（2）接地装置初步方案。现初步考虑围绕变电所建筑四周，距变电所 2～3m，打入一圈直径为 50mm、长为 2.5m 的钢管接地体，每隔 5m 打入一根，管间用 $40 \times 4mm^2$ 的扁钢焊接。

（3）计算单根钢管接地电阻。查相关资料得土质的 $\rho = 100\Omega \cdot m$，则单根钢管接地电阻 $R_E^{(1)} \approx 100\Omega \cdot m/2.5m = 40\Omega$。

（4）确定接地钢管数和最后的接地方案。根据 $R_E^{(1)}/R_E = 40/4 = 10$。但考虑到管间的屏蔽效应，初选 15 根直径为 50mm、长为 2.5m 的钢管作接地体。以 $n = 15$ 和 $a/l = 2$ 再查有关资料可得 $\eta_E \approx 0.66$。因此可得

$$n = R_E^{(1)}/(\eta_E R_E) = 40\Omega/(0.66 \times 4)\Omega \approx 15$$

考虑到接地体的均匀对称布置，选 16 根直径为 50mm、长为 2.5m 的钢管作接地体，用 $40 \times 4mm^2$ 的扁钢连接，环形布置。

11.5 变电站电气主接线设计

一、变电站主接线的选择原则

变电站主接线的选择原则应考虑以下几点。

（1）当满足运行要求时，应尽量少用或不用断路器，以节省投资。

（2）当变电所有两台变压器同时运行时，二次侧应采用断路器分段的单母线接线。

（3）当供电电源只有一回线路，变电所装设单台变压器时，宜采用线路变压器组接线。

（4）为了限制出线侧短路电流，具有多台主变压器同时运行的变电所，应采用变压器分列运行。

（5）接在线路上的避雷器，不宜装设隔离开关；但接在母线上的避雷器，可与电压互感器合用一组隔离开关。

（6）6～10kV 固定式配电装置的出线侧，在架空线路或有反馈可能的电缆出线回路中，应装设线路隔离开关。

（7）采用 6～10 kV 熔断器负荷开关固定式配电装置时，应在电源侧装设隔离开关。

（8）由地区电网供电的变配电所电源出线处，宜装设供计费用的专用电压、电流互感器（一般都安装计量柜）。

（9）变压器低压侧为 0.4kV 的总开关宜采用低压断路器或隔离开关。当有继电保护或自动切换电源要求时，低压侧总开关和母线分段开关均应采用低压断路器。

（10）当低压母线为双电源，变压器低压侧总开关和母线分段开关采用低压断路器时，在总开关的出线侧及母线分段开关的两侧，宜装设刀开关或隔离触头。

二、主接线方案选择

变电所的主接线设计应根据负荷大小、负荷性质、电源条件、变压器台数和容量等综合分析来确定。

对于电源进线电压为 35kV 及以上的大中型工厂，通常是先经工厂总降压变电所将电源电压降为 6～10kV 的高压配电电压，然后再经车间变电所的配电变压器降为 380/220V 的一般低压设备所需的电压。

总降压变电所主接线图表示工厂接受和分配电能的路径，由各种电力设备（变压器、避雷器、断路器、互感器、隔离开关等）及其连接线组成，通常用单线表示。

主接线对变电所设备选择和布置、运行的可靠性和经济性、继电保护和控制方式都有密切关系，是供电设计中的重要环节。

总降压变电所的主接线设计原则如下。

（1）一台主变压器的总降压变电所

总降压变电所为单电源进线和一台变压器时，一般采用一次侧无母线、二次侧单母线的主接线，如图 11-20 所示。

这种接线简单经济，需用设备少，建设快，所用费用低。不过，一旦线路或变压器发生故障，需要全部停电，所以供电的可靠性不高，适用于三类负荷的企业。

（2）两台主变压器的总降压变电所

① 一次侧采用内桥或外桥接线、二次侧采用单母线分段接线，如图 11-21 所示。

这种主接线所用设备少，结构简单，占地面积小，供电可靠性高。可供一、二类负荷，适用于具有两台变压器的总降压变电所。

② 一、二次侧均采用单母线分段接线。该主接线方式如图 11-22 所示。

这种接线的供电可靠性高，运行灵活，但所用高压开关设备较多，投资较大。可供一、二类负荷，适用于一、二次侧进出线较多的总降压变电所。

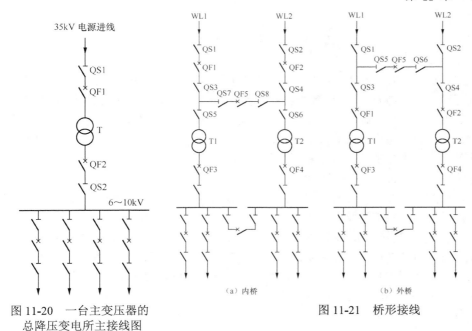

图 11-20 一台主变压器的
总降压变电所主接线图

图 11-21 桥形接线

③ 一、二次侧均采用双母线。该主接线方式如图 11-23 所示。

这种接线的供电可靠性高，运行灵活，但设备投资较大，配电装置复杂，占地面积大，适用于负荷容量大，进、出线回路多的发电厂或区域变电所。

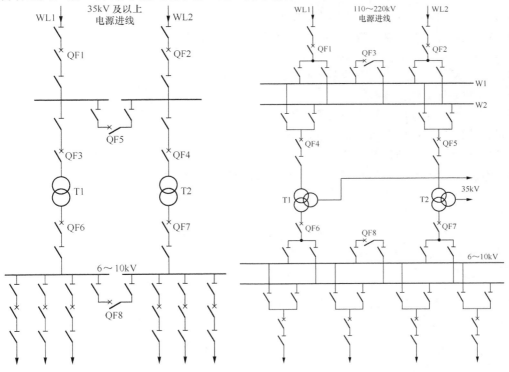

图 11-22 一、二次侧采用单母线分段的
总降压变电所主接线图

图 11-23 一、二次侧采用双母线的
总降压变电所主接线图

本 章 小 结

电气设备图形符号主要用于各种类型的电气设备或电气设备部件，使操作人员容易明白其用途和操作方法，也可用于安装或移动电气设备的场合，诸如禁止、警告、规定或限制等注意的事项。

工厂供电，是指工厂所需电能的供应和分配，亦称工厂配电。设计基本内容包括：负荷计算；工厂总降压变电所的位置和主变压器的台数及容量选择；工厂总降压变电所主接线设计；工厂供、配电系统短路电流计算；变电所高、低压侧设备选择等。

高压设备选择的一般要求必须满足一次电路正常条件下和短路故障条件下的工作要求，同时设备应工作安全可靠，运行方便，投资经济合理。高压刀开关柜的选择应满足变电所一次电路图的要求，并对各方案进行经济比较优选出开关柜型号及一次接线方案编号，同时确定其中所有一次设备的型号规格。

瓦斯保护，又称气体继电保护，是保护油浸式电力变压器内部故障的一种基本的保护装置。瓦斯保护的主要元件是气体继电器。它装设在变压器的油箱与油枕之间的联通管上。

防雷的设备主要有接闪器和避雷器。其中，接闪器就是专门用来接受直接雷击的金属物体。电气设备的某部分与大地之间做良好的电气连接，称为接地。埋入地中并直接与大地接触的金属导体，称为接地体，或称接地极。

习 题

11-1 工厂供电设计遵循的原则是什么？

11-2 工厂供电设计的主要内容有哪些？

11-3 负荷计算的方法有哪几种？主要有哪些计算公式？

11-4 功率补偿的计算方法如何？

11-5 工厂供电设计中，变压器如何选择？

11-6 短路计算包括哪些？

11-7 导线、电缆的选择须满足哪些条件？

11-8 架空线路的防雷措施有哪些？

11-9 变配电所的防雷措施是什么？

11-10 变电站主接线的选择原则有哪些？主接线方案如何选择？

第 **12** 章 电力系统运行

电力系统的电源所发出的有功功率，应能随负荷的增减、网络损耗的增减而相应调节变化，才可保证整个系统有功功率的平衡。在有功功率合理分配的同时，还应做到无功功率的合理分布。

本章主要介绍有功功率及频率的调整方法，无功功率及电压的调整措施，以及电力系统运行的稳定性，电网运行的经济性及降损的主要技术措施。重点介绍电力系统的功率调整及频率调整方法。

12.1 有功功率及频率的调整

一、有功功率负荷

电力系统运行中，负荷无时无刻不在变化。典型的负荷种类有以下 3 种。

（1）负荷变化幅度小，周期很短。这种负荷的变化有很大的偶然性。

（2）负荷变化幅度较大，周期较长。具有这种变化特点的负荷主要是工业中的大电机、电炉等负载的启停，这种负载具有一定的冲击性。

（3）负荷变化幅度最大，周期也最长，且变化较缓慢。这种负荷主要是人们生产、生活及气象条件的变化等引起的，这种负荷变化可以预测。

上述 3 种负荷的变化，能够引起电力系统频率的变化。由于电力系统负荷的这种经常性变化，随时都将打破电源有功出力与负荷消耗的有功功率之间的平衡。为保证供电的可靠性和电能质量，在电力系统运行中必须调节电源的功率，使电源发出的功率能跟上系统负荷的变化，从而使系统的功率重新平衡，且使系统的频率运行在允许的波动范围并趋于稳定。

二、有功功率电源

电力系统在稳定运行时有功功率的平衡是指，电源发出的有功功率满足负荷消耗的有功功率和传输电功率时在网络中损耗的有功功率之和，即

$$\sum_{i=1}^{n} P_{Gi} = \sum_{i=1}^{n} P_{Li} + \Delta P_{\Sigma} \qquad (12\text{-}1)$$

上式中，$\sum_{i=1}^{n} P_{Gi}$ 为系统中所有电源发出的有功之和；$\sum_{i=1}^{n} P_{Li}$ 为系统中所有负荷消耗的有功之和；ΔP_{Σ} 为全网络中有功功率损耗之和。

电力系统的电源所发出的有功功率，应能随负荷的增减、网络损耗的增减而相应调节变化，才可保证整个系统有功功率的平衡。各类发电厂的发电机组组成了电力系统的有功功率电源，所有发电机的额定容量之和称为系统的总装机容量。系统中可投入发电设备的总容量之和称为系统

的有功电源容量。有功电源容量并不是始终等于系统的总装机容量，因为它既不能保证在装设备都不间断运行，也不能保证运行中的发电机组都能按额定功率发电。例如，有些机组需要定期检修，水电机组受水库调度的制约、火电机组受燃料的制约。

由以上分析可知，系统的电源容量应不小于系统总的发电负荷。为保证供电可靠性和电量质量以及有功功率的经济分配，发电厂必须有足够的备用容量。系统的备用容量就是系统的电源容量大于发电负荷的部分，一般要求备用容量达最大发电负荷的 20%～30%。

三、电力系统有功功率的分配

电力系统中有功功率的分配问题有两方面的主要内容，一是有功电源的组合，它是指系统中发电设备或发电厂的合理组合，包括机组的组合顺序、机组的组合数量和机组的开停时间；二是有功负荷在运行机组间的分配，它是指系统的有功负荷在各运行的发电机组或发电厂间的合理分配。

按各类发电厂的特点，可将各类发电厂承担负荷的顺序做出大致排序，原则如下：充分合理利用水利资源，尽量避免弃水；最大限度地降低火电厂煤耗，并充分发挥高效机组的作用；降低火力发电的成本，执行国家的有关燃料政策，减少烧油，增加燃用劣质煤、当地煤。这样，便可定性地确定在枯水季节和丰水季节各类电厂在日负荷曲线中的安排。

四、电力系统的频率调整

1. 频率调整的必要性

频率是衡量电能质量的指标之一，频率质量的下降不仅影响用户的用电质量，同时对电力系统本身影响也很大，严重时可造成系统的瓦解。

各种电气设备均按额定频率设计，频率质量的下降将影响到各行各业。因此，必须调整频率使之保持在规定的范围内，这就要求进行频率的调整与控制。

2. 电力系统的频率特性

（1）电源有功功率静态频率特性

电源有功功率静态频率特性可理解为发电机组的原动机机械功率与角速度或频率的关系。

未配置自动调速系统时，原动机机械功率的静态频率特性可由下式表示

$$P_m = C_1\omega - C_2\omega^2 = C_1f - C_2f^2 \qquad (12\text{-}2)$$

式中，C_1、C_2 为常数。其特性曲线如图 12-1 所示。

发电机组配置自动调速系统后，原动机将自动调整进汽量或进水量的大小，以满足负荷变动的需要，从而保证频率偏差在允许的范围内。对应不同汽门开度，原动机的静态频率特性为一族曲线，如图 12-2 所示。

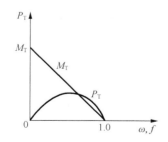

图 12-1　原动机机械功率的静态频率特性曲线

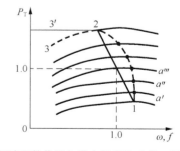

图 12-2　调速器的作用与发电机组的功率—频率静态特性

随着发电机组调速器的动作，进汽量或进水量的变化使原动机的运行点从一条曲线过渡到另一条曲线，如图中的运行点 a'，a''，a'''，… 反映这种调整结束后发动机输出功率与频率关系的

曲线称为发电机组的功率—频率静态特性，它可以近似地用直线 1-2-3 表示。

（2）电力系统负荷的静态频率特性

电力系统中用电负荷从系统中取用有功功率的多少，与用户的生产制度与生产状况有关，与系统的电压有关，还与系统的频率有关。假设前两项因素不变，仅考虑有功负荷随频率的变化的特性称为负荷的频率静态特性。

负荷模型中，负荷与频率的关系可用多项式表示

$$P_{LD} = a_0 P_{LDN} + a_1 P_{LDN}\left(\frac{f}{f_N}\right) + a_2 P_{LDN}\left(\frac{f}{f_N}\right)^2 + \cdots + a_n P_{LDN}\left(\frac{f}{f_N}\right)^n \tag{12-3}$$

式中，P_{LD} 为对应频率为 f 时的负荷功率；P_{LDN} 为对应频率为 f_N 时的负荷功率；a_0，a_1，$\cdots$，a_n 为代表各类频率负荷占总负荷的比重。

一般情况下，上述多项式取 3 次方，因更高次方比例的负荷比重很小，可略去。把这一有功功率负荷的频率静态方程用曲线表示出来，如图 12-3 所示。由于电力系统运行允许的频率变化范围很小，在较小的频率范围内，该曲线接近直线。

五、电力系统的频率调整

电力系统中有功功率和频率的调整大体上分为一次、二次、三次调整。针对前述第一种负荷变动引起的频率变化进行的调整，称为频率的一次调整。调节的手段一般是采用发电机组上装设调速器系统。针对第二种负荷变动引起的频率偏移进行调整，称为频率的二次调整。调节的手段一般是采用发电机组上装设调频器系统。针对第三种规律性变动的负荷引起频率偏移的调整，称为频率的三次调整。通常是通过负荷预计得到负荷曲线，按最优化准则分配负荷，从而在各发电厂或发电机组间实现有功负荷的经济分配，这属于电力系统经济运行的问题，或称经济调度。

1. 频率的一次调整

频率的一次调整可结合发电机组的有功频率静态特性和负荷频率静态特性进行分析。假设系统中有一台发电机组和一个综合负荷，它们的频率静态特性曲线如图 12-4 所示。

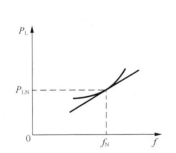

图 12-3　有功负荷频率静态特性

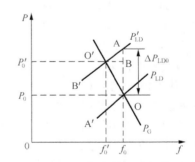

图 12-4　频率的一次调整

负荷突然增加 ΔP_{LD0}，其特性曲线将由 P_{LD} 平行上移至 P'_{LD} 处，此时发电机来不及调整出力，系统功率失去平衡，发电机转速下降，系统频率下降；而转速的下降使发电机调速器动作，调整出力，运行点沿发电机功率—频率特性曲线 P_G 上移；负荷功率本身的调节是使其随系统频率的下降而减小，应沿向 P'_{LD} 下移。负荷与发电机的共同调节，使它们的特性曲线又重新交于 O' 点而达到新的平衡，此时系统频率偏离原来值 Δf，调整的结果如下。

负荷减小的功率为

$$\Delta P_{LD} = K_L \Delta f \tag{12-4}$$

式中，K_L 为负荷的线性化频率静特性的斜率，称其为负荷的单位调节功率。

发电机增加的功率为

$$\Delta P_G = -K_G \Delta f \qquad (12-5)$$

式中，K_G 为发电机组的有功功率静态频率特性斜率的负值，称其为发电机组的单位调节功率。由此得

$$\Delta P_{LD0} + K_L \Delta f = -K_G \Delta f \qquad (12-6)$$

$$\Delta P_{LD0} = -(K_G + K_L)\Delta f = -K_s \Delta f \qquad (12-7)$$

式中，$K_G + K_L$ 称为系统的单位调节功率，它等于参与一次调整的发电机组的单位调节功率和负荷的单位调节功率之和。

若系统中有 n 台机组，只有 m 台机组参与一次调整时（$m \leqslant n$），则系统的单位调节功率为

$$K_s = \sum_{i=1}^{m} K_{Gi} + K_L \qquad (12-8)$$

式中，i 为参与一次调整的发电机号，$i = 1, 2, \cdots, m$。

根据 K_s 值的大小，可以确定在允许的频率偏移范围内，系统所能承受的负荷变化量。

系统的单位调节功率取决于发电机组和负荷两方面，但它只能通过控制、整定发电机组的单位调节功率而调节。系统单位调节功率大些，有利于保证承受相同负荷变动时的频率偏差小一些，但单台发电机组的单位调节功率不能整定过大，否则会使各机组分配负荷相差悬殊，造成因个别机组过早退出调节而减小系统的单位调节功率和调节能力。

2. 频率的二次调整

二次调整是通过发电机组的调频系统完成的。它的作用在于：负荷变动时，手动或自动操作调频器，使发电机组的有功—频率静态特性平行上下移动，从而使负荷变动引起的频率偏移能保持在允许范围内。

电力系统每台机组都装有调速器，在机组尚未满载时，每台机组都参加一次调频。而二次调频却不同，一般仅选定系统中的一个或几个电厂担负二次调频任务。担负二次调频任务的电厂称为调频厂。调频厂有主调频厂和辅助调频厂之分。选择的调频厂应满足以下条件。

（1）具有足够的容量。

（2）具有较快的调整速度。

（3）调整范围的经济性要好。

火电厂受锅炉技术最小负荷的限制，可调容量仅为其额定容量的 30%～75%，小者对应高温高压电厂，大者对应中温中压电厂。水电厂的调整容量大于火电厂，水电厂的调整速度较快，且适宜承担急剧变动的负荷。综上所述，一般应选择系统中容量较大的水电厂作为调频厂。若水电厂调节容量不足或无水电厂，则可选中温中压火电厂作为调频厂。系统中的主要调频任务要依靠主调频厂来完成。

12.2 无功功率及电压的调整

电气设备的电压是衡量电能质量的重要指标，各种电气设备都是设计在额定电压下运行的，这样既安全又有最高的效率。

电力系统在正常运行时，由于网络中电压损耗的存在，当用电负荷变化或系统运行方式变化时，网络中的电压损耗也将发生变化，从而网络中的电压分布将不可避免地随之而发生变化。要

使系统中各处的电压都在允许的偏移范围内，需要采用多种调压措施。电力系统的负荷由各种类型的用电设备组成，一般以异步电动机为主体。

一、电力系统的电压偏移与无功平衡

1. 电压偏移的影响

电力系统的负荷包括有电动机、照明设备、电热器具、家用电器、冲击性负荷（电弧炉、轧钢机等）。所有的用电设备都是以额定电压为条件制造的，最理想的工作电压是额定电压。

（1）对用电设备的影响。

① 异步电动机。（电力系统负荷中占较大比重，如起重机、磨煤机、碎石机）转矩与端电压平方成正比。端电压降低太多，使带额定负荷的电动机可能停止，重载电机可能无法启动。且带负载的电动机电流增大，使绕组温升，加速绝缘老化；电压过高，对绝缘不利；

② 白炽灯。端电压低于额定电压，会使发光效率和光通量下降。端电压高于额定电压 5%，则寿命会减少一半，但发光效率会提高。

③ 电热器具 （阻抗值不随电压变化的负荷）。电压变化会影响其出力。

④ 精密仪器加工业。如电子元件加工业，电压大幅波动会产生大量不合格产品。

综上所述，电压偏移越小越好。但由于电力系统节点多、结构复杂、负荷分布不均又经常变动，故保证所有节点电压都是额定电压是不可能的。

（2）对电力系统本身电压降低，使网络中功率损耗和电能损耗加大，可能危及电力系统稳定性；电压过高，电气设备绝缘易受损。

2. 电压偏移标准

正常情况下：35kV 及以上　　±5%；

10kV 及以下　　±7%；

低压照明　+5%，−10%；

低压照明与动力混合使用　+5%，−7%

事故情况下：电压偏移允许值比正常值多 5%；

电压的正偏移不大于 10%。

3. 负荷的电压静态特性

负荷的电压静态特性是指系统频率一定时，负荷功率随电压变化的关系。

（1）有功负荷的电压静态特性取决于负荷性质及各类负荷所占的比重。

同步电动机：有功功率与电压无关；

异步电动机：有功功率基本上与电压无关；

白炽灯：其电阻值随温度而变化，$P = KU^{1.6}$。

阻抗不随电压变化的负荷：如电热、电炉、整流负荷等，$P = \dfrac{U^2}{R}$。

（2）无功负荷的电压静态特性

异步电动机

$$Q_M = Q_m + Q_\delta = \frac{U^2}{X_m} + I^2 X \qquad (12\text{-}9)$$

励磁功率 Q_m 与电压平方成正比，电压比较高时，由于磁饱和曲线的影响，X_m 有所下降，则 Q_m 随电压变化曲线略高于二次曲线。

电压降低时，负载不变的情况下，定子电流增大，则漏抗中损耗 Q_δ 也增大。故在额定电压附近，电动机的无功随电压升降而增减。当电压显著低于额定电压时，漏抗损耗占主要部分，随电压降低而升高。

阻抗不随电压变化的负荷

$$Q = \frac{U^2}{X} \qquad\qquad (12\text{-}10)$$

4. 无功功率平衡

首先了解一下相关的定义和概念。

无功功率平衡：无功功率电源发出的无功功率＝用户所需的无功＋系统无功损耗。

无功功率电源：发电机、调相机、静电电容器、静止补偿器等。

无功负荷：除白炽灯和纯电阻性加热设备外的其他用电设备均需要无功，其中异步电动机占很大比重。

无功损耗：线路和变压器上的无功损耗。

据统计，用户需要的无功≈50%～100%用户需要的有功，由负荷无功功率电压静止特性可知，要维持负荷点电压在额定值附近就必须提供足够的无功，否则电压会降低。

二、电力系统中的无功电源

（1）发电机：发电机作为无功源既可发出感性无功，又可发出容性无功，在进行无功调整时，首先应充分利用发电机的无功输出能力。

（2）调相机：是只发无功功率的同步发电机。过励磁运行时，向系统发出感性无功功率，欠励磁运行时，从系统吸收感性无功。欠励磁运行时的容量约为过励磁运行时容量的50%，带励磁调节装置的调相机，可根据其所在点的电压自动平滑地改变出力，有强行励磁装置时，系统故障情况下也可维持该机的出口电压。

调相机特点是：运行维护复杂，有功损耗大；满载时达额定容量的 1.5%～3%；容量越小，损耗占的比重越大，故容量小于 5Mvar 时，不宜用调相机；同时可平滑调整无功出力，系统故障时也可按要求输出无功。

（3）静电电容器：可按三角形或星形接法并联在线路上，只能向系统提供感性无功，当端口电压下降时，出力会显著下降。其特点是无功输出调节能力差，输出无功受端口电压限制；单位容量成本低，且与总容量大小无关，安装维护方便；有功损耗小，满载时仅为额定容量的 0.3%～0.5%；可集中使用，也可分散就地供应无功，从而减少网络电能损耗。

（4）静止补偿器：是由可控硅控制的电抗器与电容器并联组成的。其特点是吸收或发出感性无功；快速跟踪负荷，响应速度快；运行时有功损耗小，满载时不超过额定容量的 1%；可靠性高，维护工作量小；不增加短路电流，可控硅控制电抗器时，电网中产生高次谐波。

三、电力系统的无功负荷和无功功率损耗

异步电动机在电力系统负荷中占很大的比重，故电力系统的无功负荷与电压的静态特性主要由异步电动机决定。异步电动机的无功损耗为

$$Q_{\mathrm{M}} = Q_m + Q_\sigma = \frac{U^2}{X_m} + I^2 X_\sigma \qquad\qquad (12\text{-}11)$$

式中，Q_m 为异步电动机的励磁功率，它与施加于异步电动机的电压平方成正比；Q_σ 为异步电动机漏抗 X_σ 中的无功损耗，它与负荷电流平方成正比。由上式两部分无功功率的特点可见，电动机取用的无功功率随电压的升降而增减。

网络的无功损耗包括变压器和输电线路的无功损耗。变压器的无功损耗为

$$Q_\mathrm{T} = \Delta Q_0 + \Delta Q_\mathrm{T} = U^2 B_\mathrm{T} + I^2 X_\mathrm{T} = \frac{I_0\%}{100}S_\mathrm{N} + \frac{U_\mathrm{k}\%S^2}{100S_\mathrm{N}}$$ （12-12）

式中，ΔQ_0 为变压器空载无功损耗，它与所施加电压的平方成正比；ΔQ_T 为变压器绕组漏抗中的无功损耗，与通过变压器的电流的平方成正比。

变压器的无功功率损耗在系统的无功需求中占有相当的比重。一般电力系统从电源到用户需要经过多级变压，因此，变压器中的无功功率损耗的数值将是相当可观的。

输电线路的无功功率损耗分为两部分，其串联电抗中的无功功率损耗与通过线路的功率或电流的平方成正比，而其等值并联电纳中发出的无功功率与电压的平方成正比。输电线路等值的无功消耗特性取决于输电线路传输的功率与运行电压水平。当传输功率较大，线路电感中消耗的无功功率大于线路电容中发出的无功功率时，线路等值为消耗无功；当传输功率较小、线路运行电压水平较高，电容中产生的无功功率大于电抗中消耗的无功功率时，线路等值为无功电源。

除白炽灯等少数纯阻性用电设备外大部分用电设备都需要无功。

1. 变压器

变压器中的无功功率损耗分两部分，即励磁支路损耗和绕组漏抗中的损耗。其中，励磁支路损耗的百分值基本上等于空载电流的百分值，约为 1%～2%；绕组漏抗中损耗，在变压器满载时，基本上等于短路电压的百分值，约为 10%。

对于一台变压器或一级变压的网络而言，变压器中的无功损耗并不大，满载时约为它额定容量的百分之十几，但对多电压级网络，变压器中的无功损耗就相当可观。

2. 电力线路上的无功损耗

线路上的无功损耗也分两部分，即并联电纳和串联电抗中的无功损耗。并联电纳中的这种损耗又称充电功率，与线路电压的平方成正比，呈容性。串联电抗中的这种损耗与负荷电流的平方成正比，呈感性。

35kV 及以下架空线的充电功率较小，总体上是消耗无功的；110kV 及以上架空线，当输送功率较大时，电抗总消耗的无功大于电纳中产生的无功，总体上是无功负载；输送功率较小时，为无功电源。

四、无功功率补偿

无功补偿的意义是，提高电网输送能力，减少系统元件容量；降低网络功率损耗和电能损耗；改善电压质量。

1. 高压电力网的无功补偿

330～500kV：分层分区就地平衡，安装并联电抗器补偿线路充电功率；

220kV 变电所：最大负荷时，一次侧功率因数不低于 0.95；

最小负荷时，一次侧功率因数不高于 0.98，二次侧功率因数不小于 0.95～1。

110kV 及以下变电所：最小负荷时，一次侧功率因数不高于 0.98。

2. 中低压配电网无功功率补偿

无功功率应就地补偿，具体方法是：提高用户的功率因数；配电线路及变电所分散安装电力电容器；对大容量轧钢设备等冲击性的动态无功负荷，装设静止无功补偿设备或采用可控硅开关自动快速投切电容器组。

3. 配电网无功补偿的配置原则

配电网无功补偿的配置原则采取，"就地补偿、分级分区平衡"。

① 总体平衡和局部平衡相结合：尽量避免不同分区之间无功的远距离输送和交换。

② 电业部门补偿和用户补偿相结合。

③ 分散补偿和集中补偿相结合，以分散为主：集中补偿是指在变电所集中装设容量较大的补偿设备；分散补偿是指在配电网的分散区，如配电线路、变压器和用电设备，分散进行无功补偿。

④ 降损与调压相结合，以降损为主。

五、电力系统正常运行时的调压方法

（1）逆调压：高峰负荷时升高中枢点电压（至 $105\%U_N$），低谷负荷时降低中枢点电压（至 $105\%U_N$）。适用于供电线路较长，负荷变动较大的中枢点。

调压设备：调相机、静电电容器、有载调压变压器。

（2）顺调压：高峰负荷时允许中枢点电压降低（但不低于102.5%），低谷负荷时允许中枢点电压升高（但不允许高于107.5%）。适用于供电线路不长，负荷变动不大的中枢点。不用装特殊的调压设备。

（3）常调压：任何情况下都保证中枢点电压基本不变。如（102%～105%）。通过合理选择变压器变比和并联电容器来调压，故障时允许电压偏移较正常时大 5%。

六、电力系统的调压措施

以图 12-5 为例，略去线路、变压器的对地导纳支路，则负荷点的电压为（不计网损）

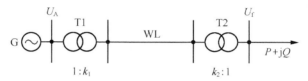

图 12-5　简单电力系统

$$U_f = \left(U_A \cdot k_1 - \frac{PR+QX}{U_N} \right) \cdot \frac{1}{k_2} \qquad （12-13）$$

则调整用户端电压 U_f 可采取以下措施，调整励磁以改变发电机端电压 U_A，改变变压器分接头位置；改变电力网无功功率分布；改变输电线路的参数。

1. 利用发电机进行调压

在各种调压手段中，应首先考虑利用发电机进行调压。

利用发电机进行逆调压，可使最远端负荷点电压变动范围缩小 5%。

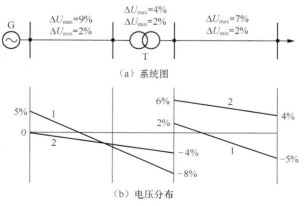

图 12-6　发电机逆调压时的电压分布

1—最大负荷时电压分布；2—最小负荷时电压分布

如果供电线路不长，电压损耗不大，仅用发电机逆调压就可满足要求；但若经多级变压向远处负荷供电，仅依靠发电机调压不能满足负荷对电压质量的要求。

2. 改变变压器变比调压

双绕组变压器的高压侧和三绕组变压器的高、中压侧往往有若干个分接头可供选择。

其中，对应于 U_N 的分接头成为主接头。6 000kV·A 以下的变压器有 3 个分接头，$U_N \pm 5\%$，8000kV·A 以上的变压器有 5 个分接头，$U_N \pm 2 \times 2.5\%$。如图 12-7 所示。

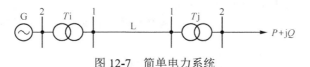

图 12-7　简单电力系统

图中，T_i 为升压变压器，T_j 为降压变压器。

现以 T_j 为例说明降压变压器分接头的选择方法。

已知最大负荷时高压侧母线电压为 $U_{j1.max}$，变压器 T_j 的电压损失为 $\triangle U_{jt.max}$，低压侧母线要求的电压为 $U_{j2.max}$。求最大负荷时应选择的 T_j 的高压侧分接头电压 $U_{jt.max}$。

分析：

$$U_{j2.max} = \frac{U'_{j2.max}}{K_{j.max}} \tag{12-14}$$

其中，$U_{j2.max}$ 为最大负荷时，归算至高压侧的低压母线电压；$K_{j.max}$ 为最大负荷时 T_j 应选的变比。

$$U'_{j2.max} = U_{j1.max} - U_{jt.max} \tag{12-15}$$

$$K_{j.max} = \frac{U_{jt.max}}{K_{j2N}} \tag{12-16}$$

其中，U_{j2N} 为 T_j 低压侧的额定电压。

则联立上式，可得

$$U_{jt.max} = \frac{\left(U_{j1.max} - \Delta U_{jt.max}\right) \cdot U_{j2N}}{U_{j2.max}} \tag{12-17}$$

同理，可得最小负荷时变压器 T_j 应选择的高压侧分接头电压 $U_{jt \cdot min}$

$$U_{jt.min} = \frac{\left(U_{j1.min} - \Delta U_{jt.min}\right) \cdot U_{j2N}}{U_{j2.min}} \tag{12-18}$$

若为无载调压，则变压器分接头应取

$$U_{jt} = \frac{U_{jt.max} + U_{jt.min}}{2} \tag{12-19}$$

根据计算得出的 U_{jt} 选择与之最接近的分接头，然后校验所选的分接头能否使 T_j 的低压侧母线电压满足调压要求。

升压变压器分接头选择

$$U_{it.max} = \frac{\left(U_{i1.max} - \Delta U_{it.max}\right) \cdot U_{i2N}}{U_{i2.max}} \tag{12-20}$$

$$U_{it.min} = \frac{(U_{i1.min} - \Delta U_{it.min}) \cdot U_{i2N}}{U_{i2.min}} \quad (12\text{-}21)$$

$$U_{it} = \frac{U_{it.max} + U_{it.min}}{2} \quad (12\text{-}22)$$

以上为无载调压；若为有载调压，则可分别选择最大、最小负荷时应选择的分接头，不必取平均。

（3）改变电力网中的无功功率分布进行调压

电压损耗是造成电压偏移的主要原因，当线路参数一定时，决定电压损失的因素有两个：P 和 Q。

$$\Delta U = \frac{PR + QX}{U} \quad (12\text{-}23)$$

有功源只有发电机，且发电机、有功负荷不宜改动，故不可能通过改变有功分布来调压。由于无功源除发电机外，还有调相机、电容器等，这些无功补偿装置的安装位置可动，故可通过改变无功分布来调压。并非所有场合都可用改变无功分布的方法来调压，只有当系统参数中 $R<X$ 时，才可用。

改变电力网无功分布的具体做法：在输电线路末端靠近负荷处装设并联电容器或调相机，如图 12-8 所示。

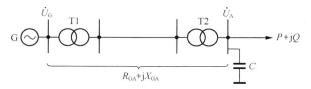

图 12-8　简单系统无功补偿

令补偿前后 U_G 不变。

分析未装无功补偿设备时

$$U_G = U_A' + \frac{PR_{GA} + QX_{GA}}{U_A'} \quad (12\text{-}24)$$

式中，U_A' 为折算至高压侧的低压电压。

装无功补偿设备后

$$U_G = U_{AC}' + \frac{PR_{GA} + (Q - Q_C)X_{GA}}{U_{AC}'} \quad (12\text{-}25)$$

则

$$U_A' + \frac{PR_{GA} + QX_{GA}}{U_A'} = U_{AC}' + \frac{PR_{GA} + (Q - Q_C)X_{GA}}{U_{AC}'} \quad (12\text{-}26)$$

故

$$Q_C = \frac{U_{AC}'}{X_{GA}}\left[(U_{AC}' - U_A') + \left(\frac{PR_{GA} + QX_{GA}}{U_{AC}'} - \frac{PR_{GA} + QX_{GA}}{U_A'}\right)\right] \quad (12\text{-}27)$$

近似地

$$Q_{\mathrm{C}} = \frac{U'_{\mathrm{AC}}}{X_{\mathrm{GA}}}\left(U'_{\mathrm{AC}} - U'_{\mathrm{A}}\right) \tag{12-28}$$

补偿后低压侧实际电压为 U_{AC}，则

$$Q_{\mathrm{C}} = \frac{U_{\mathrm{AC}}}{X_{\mathrm{GA}}}\left(U_{\mathrm{AC}} - \frac{U'_{\mathrm{A}}}{K}\right) \cdot K^2 \tag{12-29}$$

由上式可见，若要确定 Q_{C}，则应先确定变压器变比 K，而 K 的确定与补偿设备的类型有关。用静电电容器时，最小负荷时电容器全部退出，最大负荷时全部投入。用调相机时，最小负荷时吸收 $\frac{1}{2}Q_{\mathrm{CN}}$ 或（50%～60%）Q_{CN}，最大负荷时发出 Q_{CN}。

则用静电电容器时负荷确定如下。

（1）最小负荷确定 K：

$$U_{\mathrm{t.min}} = \frac{U'_{\mathrm{AC.min}}}{U_{\mathrm{AC.min}}}U_{\mathrm{AN}} \tag{12-30}$$

$$K = \frac{U_{\mathrm{t.min}}}{U_{\mathrm{AN}}} \tag{12-31}$$

（2）最大负荷确定 Q_{C}：

$$Q_{\mathrm{C}} = \frac{U_{\mathrm{AC.max}}}{X_{\mathrm{GA}}}\left(U_{\mathrm{AC.max}} - \frac{U'_{\mathrm{A.max}}}{K}\right) \cdot K^2 \tag{12-32}$$

用调相机

$$Q_{\mathrm{Cn}} = \frac{U'_{\mathrm{AC.max}}}{X_{\mathrm{GA}}}(U'_{\mathrm{AC.max}} - U'_{\mathrm{A.max}}) - (0.5 \sim 0.6)Q_{\mathrm{CN}}$$

$$= \frac{U'_{\mathrm{AC.min}}}{X_{\mathrm{GA}}}(U'_{\mathrm{AC.min}} - U'_{\mathrm{A.min}}) \tag{12-33}$$

则

$$-(0.5 \sim 0.6) = \frac{U'_{\mathrm{AC.min}}}{U'_{\mathrm{AC.max}}}\frac{(U'_{\mathrm{AC.min}} - U'_{\mathrm{A.min}})}{(U'_{\mathrm{AC.max}} - U'_{\mathrm{A.max}})} = \frac{U_{\mathrm{AC.min}}(U_{\mathrm{AC.min}} \cdot K - U'_{\mathrm{A.min}})}{U_{\mathrm{AC.max}}(U_{\mathrm{AC.max}} \cdot K - U_{\mathrm{A.max}})} \tag{12-34}$$

用上式求出 K，然后选择合适的分接头，用下式求 Q_{CN}

$$Q_{\mathrm{CN}} = \frac{U'_{\mathrm{AC.max}}}{X_{\mathrm{GA}}}\left(U_{\mathrm{AC.max}} - \frac{U'_{\mathrm{A.max}}}{K}\right) \cdot K^2 \tag{12-35}$$

实际计算步骤

（1）计算出 $U'_{\mathrm{A.max}}$，$U'_{\mathrm{A.min}}$。

（2）选择无功补偿装置类型。

（3）确定 K（先确定变压器高压侧分接头）。

（4）计算 Q_{C}。

（5）验算电压偏移。

4. 改变输电线路参数来调压

高压网中 $X \gg R$，用串联电容器的方法改变线路电抗以减少电压损耗

图 12-9 串联电容补偿原理图

$$\Delta U = \frac{PR + QX}{U} \tag{12-36}$$

P、Q 一定时。低压网中，R 较大，通过增大导线截面来改变电阻以减少电压损耗。

未串联 X_C 时

$$\Delta U_{AB} = \frac{P_A R + Q_A X}{U_A} \tag{12-37}$$

串联 X_C 后

$$\Delta U'_{AB} = \frac{P_A R + Q_A (X - X_C)}{U_A} \tag{12-38}$$

电压损耗减小了，则 U_B 电压水平提高了。

$$\Delta U_{AB} - \Delta U'_{AB} = \frac{X_C Q_A}{U_A} \tag{12-39}$$

则

$$X_C = \frac{U_A}{Q_A}(\Delta U_{AB} - \Delta U'_{AB}) \tag{12-40}$$

若 U_A 已知，且末端要提高的电压也已经给定，则

$$Q_C = 3I^2 X_C = \frac{P_A^2 + Q_A^2}{U_A^2} \cdot X_C \tag{12-41}$$

以上调压方式，当负荷功率因数低时，调压效果好；相反，则不宜使用。

【例 12-1】 某变电站装设一台双绕组变压器，型号为 SFL-31500/110，变比为 110±2×2.5%/38.5kV，空载损耗 $\Delta P_0 = 86$ kW，短路损耗 $\Delta P_K = 200$kW，短路电压百分值 $U_k\% = 10.5$，空载电流百分值 $I_0\% = 2.7$。变电站低压侧所带负荷为 $S_{max} = 20 + j10$MVA，$S_{mix} = 10 + j7$MVA，高压母线电压最大负荷时为 102kV，最小负荷时为 105kV，低压母线要求逆调压，试选择变压器分接头电压。

【解】 计算中略去变压器的励磁支路、功率损耗及电压降落的横分量。
变压器的阻抗参数

$$R_T = (\Delta P_K U_N^2)/(1\,000 S_N^2) = (200 \times 110^2)/(1000 \times 31.5^2) = 2.44(\Omega) \tag{12-42}$$

$$X_T = (U_k\% U_N^2)/(100 S_N) = (10.5 \times 110^2)/(100 \times 31.5) = 40.3(\Omega) \tag{12-43}$$

变压器最大、最小负荷下的电压损耗为

$$\Delta U_{T.max} = \frac{P_{max} R_T + Q_{max} X_T}{U_{1max}} = \frac{20 \times 2.44 + 10 \times 40.3}{102} = 4.43(kV) \tag{12-44}$$

$$\Delta U_{T.min} = \frac{P_{min} R_T + Q_{min} X_T}{U_{1min}} = \frac{10 \times 2.44 + 7 \times 40.3}{105} = 2.92(kV) \tag{12-45}$$

变压器最大、最小负荷下的分接头电压为

$$U_{1t.max} = (U_{1max} - \Delta U_{tmax})\frac{U_{2N}}{U_{2max}} = (102 - 4.43)\frac{38.5}{35 \times 105\%} = 102.2(kV) \tag{12-46}$$

$$U_{1t.min} = (U_{1min} - \Delta U_{tmin})\frac{U_{2N}}{U_{2min}} = (105 - 2.92) \times \frac{38.5}{35} = 112.3(kV) \tag{12-47}$$

$$U_{1t} = (102.2 + 112.3)/2 = 107.25(kV)$$

选择分接头电压为 107.25kV。此时，低压母线按所选分接头电压计算的实际电压为

$$U_{2t.max} = (U_{1.max} - \Delta U_{T.max}) \frac{U_{2N}}{U_{1t}} = 97.57 \times \frac{38.5}{107.25} = 35(kV) < 35 \times 105\% = 36.7(kV) \tag{12-48}$$

$$U_{2t.min} = (U_{1.min} - \Delta U_{T.min}) \frac{U_{2N}}{U_{1t}} = 102.08 \times \frac{38.5}{107.25} = 36.6(kV) > 35(kV) \tag{12-49}$$

可见，所选分接头满足调压要求。

【例 12-2】 有一条 35kV 的供电线路，线路末端负荷为 8 + j6MVA，线路阻抗 12.54 + j15.2 Ω，线路首端电压保持 37kV。现在线路上装设串联电容器以便使线路末端电压维持 34kV，若选用 YL1.05-30-1 单相油浸纸质移相电容器，其额定电压为 1.05kV、$Q_{NC} = 30$kvar，需装设多少个电容器，其总容量是多少？

【解】 补偿前线路的功率损耗为

$$\Delta S_L = \frac{8^2 + 6^2}{35^2}(12.54 + j15.2) = 1.024 + j1.241(MVA) \tag{12-50}$$

线路首端功率为

$$S = 8 + j6 + 1.024 + j1.241 = 9.024 + j7.241(MVA) \tag{12-51}$$

线路的电压降为

$$\Delta U = \frac{9.024 \times 12.54 + 7.241 \times 15.2}{37} = 6.03(kV) \tag{12-52}$$

补偿后要求的压降为 37-34 = 3kV。

补偿容抗计算值为

$$X_C = \frac{35 \times (6.03 - 3)}{7.241} = 14.64(\Omega) \tag{12-53}$$

线路通过的最大电流

$$I_{max} = \frac{\sqrt{9.024^2 + 7.241^2}}{\sqrt{3} \times 37} = 0.181(kA) = 181(A) \tag{12-54}$$

选用额定电压为 $U_{NC} = 1.05$kV，容量为 30kvar 的电容器，其单个电容器的额定电流为

$$I_{NC} = \frac{30}{1.05} = 28.57(A) \tag{12-55}$$

单个电容器的容抗为

$$X_{NC} = \frac{1050}{28.57} = 36.75(\Omega) \tag{12-56}$$

需要并联的支路数计算为

$$m \geq \frac{I_{max}}{I_{NC}} = \frac{181}{28.57} = 6.34 \tag{12-57}$$

需要串联的个数计算为

$$n \geq \frac{I_{max} X_C}{U_{NC}} = \frac{181 \times 14.64}{1050} = 2.52 \tag{12-58}$$

取 $m = 7$、$n = 3$，则总的补偿容量为

$$Q_C = 3mn Q_{NC} = 3 \times 7 \times 3 \times 30 = 1\ 890(kvar) \tag{12-59}$$

对应的补偿容抗为

$$X_C = \frac{3X_{NC}}{7} = \frac{3 \times 36.75}{7} = 15.75(\Omega) \tag{12-60}$$

补偿后线路末端电压为

$$U_{2C} = 37 - \frac{9.024 \times 12.54 + (15.2 - 15.75) \times 7.241}{37} = 34.05(kV) \qquad （12\text{-}61）$$

满足调压要求。

12.3 系统运行的稳定性

所谓电力系统运行的稳定性，就是指在受到外界干扰的情况下，发电机组间维持同步运行的能力。研究电力系统稳定性问题，归结为研究当系统受到扰动后的运动规律，从而判断系统是否可能失去稳定而研究提高系统稳定性的措施。电力系统稳定性问题，是一个机械运动过程和电磁暂态过程交织在一起的复杂问题，属于电力系统机电暂态过程的范畴。根据扰动量的大小，可将电力系统稳定性分为静态稳定性和暂态稳定性两大类型。

一、影响电力系统运行稳定性的因素

在电力系统中，各同步发电机是并联运行的，使并联的所有发电机保持同步是电力系统维持正常运行的基本条件之一。

电力系统的稳定性与系统的发展密切相关。对于早期孤立运行的发电厂和发电机并列的运行在公共母线上，并列运行的稳定性问题并不严重。随着系统容量和供电范围的扩大，许多发电厂并联运行在同一电力系统时，并列运行稳定性日益严重。在现代电力系统中，稳定性问题常称为制约交流远距离输电的输送容量的决定性因素。当电力系统失去稳定时，系统内的同步发电机失步，系统发生振荡，结果会使系统解体，可能造成大面积的用户停电。因此，失去稳定性是电力系统最严重的故障。

电力系统在运行中时刻受到小的扰动，例如负荷的随机变化，汽轮机蒸汽压力的波动、发电机端电压发射点小的偏移等。在小扰动作用下，系统将会偏离运行平衡点，如果这种偏离很小，小扰动消失后，系统又重新恢复平衡，则称系统是静态稳定的。如果偏离不断扩大，不能重新恢复原来的平衡状态，则系统不能保持静态稳定。电力系统运行时还会受到大的扰动，例如，电气元件的投入或切除、输电线路发生短路故障等。在大扰动作用下，如果系统运行状态的偏离是有限的，且在大扰动结束后又达到了新的平衡，则称系统是暂态稳定的。如果偏离不断扩大，不能重新恢复平衡，则称系统失去了暂态稳定。

电力系统在运行中，可能会受到较大的扰动，例如，电气元件的投入或切除、输电线路发生短路故障等。在大扰动作用下，如果系统运行状态的偏离是有限的，且在大扰动结束后又达到了新的平衡，则称系统是暂态稳定的。如果偏离不断扩大，不能重新恢复平衡，则称系统失去了暂态稳定。

二、提高电力系统稳定性的措施

现阶段电力系统根据扰动量的大小，可将电力系统稳定性分为静态稳定性和暂态稳定性两大类型。

1. **提高电力系统静态稳定性的措施**

从静态稳定的分析可以看出，提高电力系统的静态稳定性，应着力于提高电力系统功率极限。

（1）提高发电机电势。提高发电机电势是提高电力系统的功率极限最有效的措施，它主要依靠采用自动励磁调节器并改善其性能来实现。在现代电力系统中，几乎所有的发电机都装有自动励磁调节装置。自动励磁调节器明显地提高了功率极限。当发电机装有比例式励磁调节器时，在静态稳定分析中发电机所呈现的电抗由大到小，并近似维持暂态电势为常数。当有磁力式励磁调节器时，相当于把发电机电抗减小到接近于零，即近似当做发电机端电压维持恒定，这就大大地提高了发电机的功率极限，对提高静态稳定性极为有利。自动励磁调节器在整个发电机投资中所占的比重很小，所以，在各种提高稳定性的措施中，总是优先考虑使用或改善自动励磁调节装置。

（2）减少系统的总电抗。从简单电力系统的功率极限表达式可以看出，输电系统的功率极限与系统总电抗成反比，系统电抗越小，功率极限就越大，系统稳定性也就越高。输电系统的总电抗由发电机、变压器和输电线路的电抗组成。发电机和变压器的电抗与它们的结构尺寸有关，一般在发电机和变压器设计时，已考虑在投资和材料相同的条件下，力求使它们的电抗减小一些。当发电机和变压器装有自动励磁调节器时，发电机的实际电抗已由大减小。因此，从发电机结构方面去减小电抗的作用有限。对于变压器而言，其短路阻抗直接影响到制造成本和运行性能，也不宜改变。自耦变压器除具有损耗小、体积小、价格便宜的优点外，它的电抗也较小，对提高稳定性有利，故在超高压电力系统中得到了广泛的应用。相对而言，设法减少输电线的电抗，则是一个可循的途径。主要方法之一是采用分裂导线，这可以使线路电抗约减少 20%，而且还能减少或避免电晕所引起的有功功率损耗。减少输电线电抗的另一方法是采用串联电容补偿。一般来说，补偿度越大，对系统稳定越有利，但过大的补偿度可能引起发电机的自励磁等异常情况，影响线路继电保护的正确动作，增大短路电流等，一般取补偿度为 0.2～0.5。此外，在超高压远距离输电中，如输电功率受稳定性限制，也可采用增加输电回路数，减少等值电抗，以达到提高输电功率的目的。

（3）提高和稳定系统电压。要提高系统运行电压水平，最主要的是系统中应装设充足的无功电源。在远距离输电线的中途或在负荷中心装设同步调相机，将有助于提高和稳定系统的运行电压水平，从而提高系统运行的稳定性。合理地选用高一级的电压，除了降低损耗、增加输电容量等作用外，还能提高电力系统的功率极限，这在设计新线路或改造旧线路时常作为一个措施来考虑。这是因为对于同一结构的输电线路，采用的额定电压越高，线路电抗的标幺值就越小，功率极限就越高。

2. 提高电力系统的暂态稳定性的措施

一般来说，提高电力系统静态稳定的措施也有助于提高暂态稳定性。如果提高了故障时和故障切除后的功率极限，这显然增加了最大可能的减速面积，减小了加速面积，从而有利于系统保持暂态稳定。此外，从暂态稳定分析来看，除提供系统的功率极限外，还可以采取一些相应的措施，减少发电机转子相对运动的振荡幅度，提高系统的暂态稳定性。对其中一些主要措施列举如下。

（1）使用切除故障。利用快速继电保护装置和快速动作的断路器尽快切除故障是提高暂态稳定性的重要措施。实行快速强行励磁在系统发生短路故障时，发电机实行快速强行励磁，能迅速提高发电机的电势，提高故障时和故障切除后发电机的功率特性，将有利于提高系统的暂态稳定性。

（2）采用自动重合闸装置。高压输电线的短路故障绝大多数是瞬时性地采用自动重合闸装置，在故障发生后，由继电保护装置启动断路器把故障线路切除，待故障消失后，又立即自动将这一线路重新投入运行，使系统恢复双回线供电，提高了系统的功率极限，有利于保持暂态稳定，同时也提高了供电的可靠性。

（3）改善原动机的调节特性。电力系统受到大扰动后，由于发电机输出的电磁功率突然变化，而原动机的功率由于惯性及调速器的时滞等原因，功率不可能及时相应变化，从而造成了发电机轴上功率的不平衡，引起发电机产生剧烈的相对运动，甚至破坏系统的稳定性。如果原动机调速系统能实现快速调节，使它的功率变化能跟上电磁功率的变化，则机组轴上的不平衡功率便可减小，从而防止暂态稳定性的破坏。此外，对于并联运行发电机组，也可在故障发生后切除部分发电机组，以减少过剩功率，或采用机械制动的方法来消耗掉一部分原动机的机械功率。

（4）采用电气制动。所谓"电气制动"，就是在送端发电机附近装设一电阻性负载，当系统发生短路故障而引起发电机产生过剩功率时，自动地投入这一电阻负荷以吸收过剩功率，抑制发电机的加速，因而，提高了电力系统的暂态稳定性。

总之，电力系统是由发电、供电和用电设备组合在一起的一个整体，各设备之间相互关联，某一个设备运行情况变化（如参数改变、发生事故等），都会影响到其他设备，有时甚至会波及整个电力系统。因此，当电力系统的生产秩序遭受扰乱时，系统应能自动地迅速消除扰乱，继续正常工作，这就是电力系统应该具备的稳定运行能力。这种能力的大小取决于系统结构、设备性能和运行参数等多方面的因素。换言之，对于具体的电力系统，保持稳定运行的能力有大小，如果超过能力的限度，电力系统就会失去稳定，发电机就不能正常发电，用户就不能正常用电，并且引起系统运行参数的巨大变化，往往会造成大面积停电事故。可见电力系统稳定运行是关系安全生产的重大问题。

12.4　电网运行的经济性

电力是一种使用方便的优质二次能源，广泛应用于国计民生各个领域，当今世界"能源的发展是以电力为中心"。根据有关资料的估算：从发电到供电，一直到用电的过程——广义电力系统中的各种电气设备（包括发电机、变压器、电力线路、电动机等）全部的电能消耗约占发电量的 28%～33%。这对全国来说一年就有 3 178～3 746 亿 kW·h 的电能损耗在运行的电气设备中，相当于 10 个中等用电量省的用电量之和。这说明节电潜力非常之大。在 21 世纪中为保证国民经济高速稳定的发展，寻求一条不用物资投资，依靠高新技术就能节电的途径具有重大意义。电网经济运行就是不用物资投资取得明显节能效果的一项内涵节电技术。

一、电网经济运行的基本性质

（1）科学性。该技术是经过严谨的理论分析，精确的动态计算式的判定和实例验证而得出的，它用科学理论纠正了误把浪费当节约的陈旧观念和习惯做法。

（2）系统性。该技术是立足于整体最佳的节电方法，以达到既考虑到有功电量节约又考虑到无功电量节约的综合最佳运行状态；既考虑到用电单位的节电，又考虑到供电网线损降低的系统最优化；当有多台变压器以及线路供电时，不应仅考虑单台单线最佳，而是立足于总体最优的系统性。

（3）实用性。该技术涉及的内容都来源于生产工况存在的实际问题，然后用科学的理论和定量的计算来回答这些问题，因此它符合实践—理论—再实践的过程。

（4）效益性。该技术主要是利用现有设备条件，用科学理论手段进行择优汰劣，从而达到节电的目的，属于国内外效益性很强的高新节电技术。

二、电网经济运行降损的主要技术措施

电力网电能损耗率（简称线损率）是电力部门的一项重要技术经济指标，也是电力系统规划设计水平、生产技术水平和经营管理水平的综合反映，强化线损管理，降低电网损耗，对搞好节能和降低电价具有重要意义。

网损率是国家对电力系统考核的一项重要技术经济指标，也是衡量电企业管理水平的重要标志之一。其公式为：电网损耗率 = 电网损耗电量/供电量 × 100%。

电网的电能损耗不仅耗费一定的能源，而且占用一部分发电供电设备容量。例如，一个年供电量为 10^{10}kW·h 的中型电力系统，以网损率为 10% 计算，全年损失电量达 10^9kW·h。将网损降至 9%，则一年可节约 10^8kW·h 电量，相当于节约 4 万吨标准煤（以煤耗 400g/kW·h 计算）。由此可见，降低网损是电力系统节约能源、提高经济效益的一项重要工作。

1. 合理进行电网改造，降低电能损耗

由于各种原因电网送变电容量不足，出现"卡脖子"、供电半径过长等。这些问题不但影响了供电的安全和质量，而且也影响着线损。电力网改造是一次机遇，要抓住城农网改造，认真彻底地改善不合理的布局与设备。要充分利用在现有电网的改造基础上，提高电网供电容量和保证供电质量的前提下，运用优化定量技术降低城乡电网的线损，如老旧变压器淘汰中要劣中汰劣，新型变压器选型中要优中选优，既要根据城网和农网负载分布的特点，调整变压器运行位置与供电线路实现优化组合，又要根据电网中变压器与供电线路的分布状况，优化负载经济分配和电网经济运行方式。总之，由于电力行业是技术密集型行业，在城乡电网改造中应贯彻"科教兴电"的方针，依靠科技进步和推广以计算机应用为主要内容的先进技术，提高电网安全经济供电的管理水平。在城乡电网建设和改造过程中要优化调整城乡电网的电力结构和提高电网结构中的技术含量。把电网建成"安全经济型电网"，为电网安全供电奠定良好的基础。在电网运行中最大限度地降低电网的线损，为缩小与发达国家电网线损的差距做出贡献。

2. 合理安排变压器的运行方式，保证变压器经济运行

变压器经济运行应在确保变压器安全运行和保证供电质量的基础上，充分利用现有设备，通过择优选取变压器最佳运行方式、负载调整的优化、变压器运行位置最佳组合以及改善变压器运行条件等技术措施，从而最大限度地降低变压器的电能损失和提高其电源侧的功率因数，所以变压器经济运行的实质就是变压器节电运行。变压器经济运行节电技术是把变压器经济运行的优化理论及定量化的计算方法与变压器各种实际运行工况密切结合的一项应用技术。该项节电技术不用投资，在某些情况下还能节约投资（节约电容器投资和减少变压器投资）所以，变压器经济运行节电技术属于知识经济范畴，是向智力挖潜、向管理挖潜实施内涵节电的一种科学方法。

3. 合理调节配网运行方式使其经济运行

电力系统的经济运行主要是确定机组的最佳组合和经济地分配负荷。电网要考虑的是全系统的经济性，是在保证区域电网（110kV 以上）和地区电网（110kV 以下的城区网、农网和企业网）的安全运行和保证供电质量的基础上，充分利用电网中现有输（配）变电设备，在系统有功负荷经济分配的前提下，做到配电网及其设备的经济运行是降低线损的有效措施。

4. 合理配置电网的补偿装置，合理安排补偿容量

（1）增装无功补偿设备，提高功率因数。对农网线路，合理增设电容器，增强无功补偿，提高功率因数，根据供电网络情况，运用集中补偿和分散补偿相结合的方法，变电所可通过高压柜灵活控制功率因数的变化。

（2）无功功率的合理分布。在有功功率合理分配的同时，应做到无功功率的合理分布。按照就近的原则安排减少无功远距离输送。对各种方式进行线损计算，制定合理的补偿方式。

（3）合理考虑并联补偿电容器的运行。过去主要考虑投入电容器能减少变压器和线路损耗，而忽视了电容器的投入会增加电容器的介质损耗，所以应以总损耗最小为基础来计算投切电容器的临界点负载和多组电容器的经济运行区间。

5. 做到经济调度，有效降低网损

（1）电网经济调度是以电网安全运行调度为基础，以降低电网线损为目标的调度方式。经济调度是属于知识密集和技术密集型领域，是按电网经济运行的科学理论，实施全面电网经济运行的调度方式。

（2）合理制定电网的运行方式。合理调整电网年度、季度运行方式，把各种变电设备和线路有机地组合起来充分挖掘设备的潜力，减少网络损耗，提高供电的可靠性。

（3）根据电网实际潮流变化及时调整运行方式。做好电网的经济调度，根据电网的实际潮流变化，及时合理地调整运行方式，做好无功平衡，改善电压质量，组织定期的负荷实测和理论计算，使电网线损与运行方式密切结合，实现电网运行的最大经济效益。尤其在农网运行中，应合理调度电力负荷，强化用电负荷管理，从而达到配电网络的降损节能。

三、降低网损的组织措施

1. 应充分重视线损管理工作

负责线损工作管理的部门编制线损计划指标，拟订降损措施，进行线损分析，组织技术培训，总结交流经验。

2. 实行指标管理

网损率指标应实行分级管理、分级考核。其管理和考核范围按调度管辖范围或电压等级划分。为了便于落实网损管理工作，可将网损指标具体分解为各项小指标，如降损电量完成率；电能表的校前合格率、校验率、调换率；母线电量不平衡率等。在运行中要对网损率进行统计考核、分析，找出网损率变化的原因，不断总结经验。

3. 加强用电管理

加强用电管理，也是降低线损的重要措施之一。要加强对报装、接电、抄表、校核、收费、用电监察等项工作的管理，发现问题，尽快处理，防止窃电和违章用电。加强对用户无功电力的管理，提高用户功率补偿设备的运行效果，帮助和督促用户提高功率因数。居民生活小区的负荷变动不容忽视，夏季、冬季大量空调等电器投运，不仅负荷加大，功率因数也会大大降低，此时应及时进行无功补偿。对于没有采用无功补偿的配电台区，容量在 50kVA 及以上的为降低线损，可考虑采用随变压器补偿。无功补偿容量按变压器的额定容量的 20%～40% 计算，并将电容器和微机型无功功率自动补偿控制器集中安装于变压器配电箱内。

4. 加强计量

加强对计量工作的管理，确保计量装置的准确性，要按规定定期校验和调换电能表，高压电能表的校前合格率应达 97% 以上。严格按规程定期校验及轮换电能表和互感器，尤其要注意对大用户的计量表计加强管理。优先采用新型电子式电能表，不但计量更准确，自身损耗也低。

网损管理离不开降损措施的实施，只有把各种降损措施有效地实施了，真正地落实了，才能使线损降下来，社会供电才能获得保障，电力部门才能获得好的经济效益。

四、电网经济运行是一种科学方法

（1）择优化。优胜劣汰的自然法则充满着整个自然界，任何新技术的实质都是人们寻求到的择优汰劣的结果。变压器及其供电系统经济运行节电技术正是运用优化理论对各种运行工况进行择优汰劣而达到节电目的的技术。

（2）定量化。任何一门科学都必须以定量化计算式作为基础，仅有定性分析的原则，没有定量计算则构不成一门完整的学科。变压器及其供电系统经济运行节电技术是以近千个定量计算式作为判断优劣的基础，它已进入定量化学科领域。

（3）有序化。从无序化到有序化是事物向纵深发展的必然规律，长期以来变压器及电力线路经济运行方式基本上处于无序状态（没有按择优化运行），电网经济运行理论为电网经济运行走向有序化提供了理论基础。

电网改造节电技术、配电网经济运行方式、输电网经济运行方式、配电网经济调度、输电网经济调度、双绕组变压器经济运行和三绕组变压器经济运行等系列软件均属于软科学技术，是电网改造和电网经济运行节电降耗的专家系统，属于以智力资源为依托的知识经济领域。

本 章 小 结

电力系统在稳定运行时有功功率的平衡是指，电源发出的有功功率满足负荷消耗的有功功率和传输电功率时在网络中损耗的有功功率之和。电力系统的电源所发出的有功功率，应能随负荷的增减、网络损耗的增减而相应调节变化，才可保证整个系统有功功率的平衡。

电力系统中有功功率和频率的调整大体上分为一次、二次、三次调整。一次调节的手段一般是采用发电机组上装设调速器系统。二次调节的手段一般是采用发电机组上装设调频器系统。三次调节通常是通过负荷预计得到负荷曲线，按最优化准则分配负荷，从而在各发电厂或发电机组间实现有功负荷的经济分配。

电力系统的调压措施有：利用发电机进行调压；改变变压器变比调压；改变电力网中的无功功率分布进行调压；改变输电线路参数来调压。

电力系统运行的稳定性，就是指在受到外界干扰的情况下，发电机组间维持同步运行的能力。电力系统根据扰动量的大小，可将电力系统稳定性分为静态稳定性和暂态稳定性两大类型。提高电力系统功率极限有利于提高电力系统的静态稳定性；减少发电机转子相对运动的振荡幅度有利于提高系统的暂态稳定性。

电网经济运行降损的主要技术措施是：合理进行电网改造，降低电能损耗；合理安排变压器的运行方式，保证变压器经济运行；合理调节配电网运行方式使其经济运行；合理配置电网的补偿装置，合理安排补偿容量；做到经济调度，有效降低网损。

习 题

12-1　电力系统典型的负荷种类有几种？
12-2　什么是电力系统有功功率的平衡？
12-3　电力系统负荷具有怎样的静态频率特性？
12-4　电力系统是如何实现频率调整的？
12-5　电力系统中的无功电源都有哪些？
12-6　无功补偿的意义是什么？
12-7　电力系统正常运行时的调压方法有哪些？
12-8　调整用户端电压可采取哪些措施？
12-9　影响电力系统运行稳定性的因素是什么？提高稳定性的措施有哪些？
12-10　电网经济运行降损的主要技术措施有哪些？

参 考 文 献

[1]　贺家李，宋从矩．电力系统继电保护原理[M]．增订版．北京：中国电力出版社，2004．

[2]　马永翔，王世荣．电力系统继电保护[M]．北京：中国林业大学，北京大学出版社，2006

[3]　熊信银．电气工程基础[M]．武汉：华中科技大学出版社，2005．

[4]　王玉华，赵志英．工厂供配电[M]．北京：中国林业大学出版社，北京大学出版社，2006．

[5]　李兴源．高压直流输电系统的运行和控制[M]．北京：科学出版社，1998．

[6]　陈慈萱．电气工程基础（上册）[M]．北京：中国电力出版社，2003．

[7]　J.J.卡西，S.A.纳萨尔．电气工程基础．北京：科学出版社，2002．

[8]　李林易．输电线路设计中的防雷措施及应用．云南电业，2010,1:37-38．

[9]　关建民．发电厂信息系统的防雷保护．电工技术杂志，2003,9:34-36,56．

[10]　孙丽华．电力工程基础[M]．北京：机械工业出版社，2006．

[11]　冯建勤等．电气工程基础[M]．北京：中国电力出版社，2010．

[12]　赵亮．变电站的防雷保护．农村电工，2009,7:36．

[13]　孙景梅．浅谈电气装置的接地和漏电保护器的应用．电工开关，1998,3:25-27．

[14]　任元会．低压配电线路保护和保护电器选择（Ⅰ）．低压电器，1997,1:41-43．

[15]　任元会．低压配电线路保护和保护电器选择（Ⅱ）．低压电器，1997,2:37-42．

[16]　杨洪宇．低压保护电器的选择．电气技术，2007,2:123-125．

[17]　刘介才．工厂供电[M]．北京：机械工业出版社，2009．

[18]　李宗纲等．工厂供电设计[M]．长春吉林科学技术出版社，1985．

[19]　苏文成．工厂供电[M]．北京：机械工业出版社，2005．